三位一体实战精讲系列丛书

# 51 单片机 C 语言应用开发三位一体实战精讲

刘波文　刘向宇　黎胜容　编著

北京航空航天大学出版社

## 内 容 简 介

全书以 51 系列单片机(8051/AT89)为写作平台,以工程应用为核心,通过大量实例精讲的形式,详细介绍 51 单片机项目开发的方法与技巧。全书分为 2 篇共 17 章,第一篇为开发基础篇,简要介绍 51 单片机的硬件结构、指令系统以及常用开发工具,引导读者开发入门;第二篇为应用实例篇,通过 15 个实例,对智能仪器仪表、自动工业控制、数字消费电子、网络与通信以及汽车与医疗电子 5 个部分详细而深入地阐述开发的思路、流程和经验技巧。实例全部来自于工程实践,代表性和指导性强,读者通过学习后举一反三,设计水平将得到快速提高,逐步从入门达到精通的水平。

本书不但详细介绍了 51 单片机的硬件设计和软件编程,而且提供了完善的设计思路与方案,总结了作者的开发心得和注意事项,以帮助读者理解精髓,学懂学透。

此外,随书附赠光盘中还提供了全书实例的开发思路、方法和过程的语音视频讲解,手把手指导读者温习巩固;另外还开展开发板空板免费有限赠送活动,让读者学练结合,最大化地实现学习价值。

本书适合计算机、自动化、电子及硬件等相关专业大学生,以及从事 51 单片机开发的科研人员使用,是学习 51 单片机开发的必备参考宝典。

图书在版编目(CIP)数据

51 单片机 C 语言应用开发三位一体实战精讲 / 刘波文,刘向宇,黎胜容编著. -- 北京:北京航空航天大学出版社,2011.6
 ISBN 978-7-5124-0400-7

Ⅰ. ①5… Ⅱ. ①刘… ②刘… ③黎… Ⅲ. ①单片微型计算机—C 语言—程序设计 Ⅳ. ①TP368.1②TP312

中国版本图书馆 CIP 数据核字(2011)第 058307 号

版权所有,侵权必究。

**51 单片机 C 语言应用开发三位一体实战精讲**
刘波文 刘向宇 黎胜容 编著
责任编辑 宋淑娟

\*

北京航空航天大学出版社出版发行
北京市海淀区学院路 37 号(邮编 100191) http://www.buaapress.com.cn
发行部电话:(010)82317024 传真:(010)82328026
读者信箱:emsbook@gmail.com 邮购电话:(010)82316936
北京时代华都印刷有限公司印装 各地书店经销

\*

开本:787 mm×1 092 mm 1/16 印张:26.5 字数:678 千字
2011 年 6 月第 1 版 2011 年 6 月第 1 次印刷 印数:5 000 册
ISBN 978-7-5124-0400-7 定价:49.00 元(含光盘 1 张)

# 前言

51单片机是目前应用最广泛的8位单片机,典型产品有Intel公司的MCS-51系列(如8051/8052、8031/8032、8751/8752等)和Atmel公司的89C51、89C52、89C2051等系列,它们具有性价比高、稳定、可靠、高效等特点,已成为当今8位单片机中具有标准意义的单片机,是大多数初级单片机用户的首选。目前市场上同类的51单片机书籍虽然很多,但是,这些书要么主要介绍编程语言和开发工具,要么从技术角度讲解一些实例,弱化了工程应用,针对性不强;同时,又仅停留于书面文字介绍上,图书以外的服务是一个空白,读者获取价值受限。

**本书内容安排**

本书将弥补以上不足,重点围绕应用和实用的主题展开介绍,提供给读者三位一体的服务——实例+视频+开发板。全书包括2篇共17章,主要内容安排如下:

第一篇(第1~2章)为开发基础,简要介绍51单片机的硬件结构、指令系统以及常用开发工具,使读者对51单片机的特点有一个入门性的了解,为后续实例的学习打好基础。

第二篇(第3~17章)为应用实例,重点通过15个实例,详细深入地阐述51单片机的项目开发应用,具体包括3个智能仪器仪表实例、3个自动工业控制实例、3个数字消费电子实例、2个网络与通信实例,以及4个汽车与医疗电子实例。实例典型,类型丰富,覆盖面广,全部来自于实践并已调试通过,代表性和指导性强,利于读者举一反三,是作者多年开发经验的总结。读者通过学习,设计水平可以快速提高,最终步入高级工程师的行列。

**本书主要特色**

与同类型图书相比,本书主要具有以下特色:

(1) 强调实用和应用两大主题。基于应用最广泛的MCS-51(8051/AT89)单片机平台,实例典型丰富,技术流行先进,不但详细介绍了51单片机的硬件设计和软件编程,而且提供了完善的设计思路与方案,总结了作者的开发心得和注意事项,对实例的程序代码做了详细注释,以帮助读者掌握开发精髓,学懂学透。

(2) 注重三位一体——实例+视频+开发板。除了实例讲解注重细节外,附赠光盘中还提供全书实例的开发思路、方法和过程的语音视频讲解,手把手指导读者温习巩固所学知识。

此外,还开展开发板空板免费有限赠送活动。为了促进读者更好地学习51单片机,作者还设计制作了配套开发板,有需要的读者通过发邮件(powenliu@yeah.net)进行问题验证后即可获得,物超所值。

本书适合计算机、自动化、电子及硬件等相关专业大学生,以及从事51单片机开发的科研人员使用,是学习51单片机项目开发的理想参考书。

全书主要由刘波文、刘向宇和黎胜容编写,另外参加编写的人员有:黎双玉、邱大伟、赵汶、陈超、黄云林、孙智俊、郑贞平、张小红、曹成、陈平、喻德、马龙梅、涂志涛、刘红霞、刘铁军、何文斌、邓力和王乐等,在此一并表示感谢!

由于时间仓促,加之作者水平有限,书中不足之处,欢迎广大读者批评指正。

# 目 录

## 第一篇　开发基础

### 第1章　51单片机入门 ················· 3
#### 1.1　51单片机的硬件结构 ················· 3
##### 1.1.1　引脚及其功能 ················· 3
##### 1.1.2　硬件内部结构 ················· 5
#### 1.2　51单片机工作方式和指令系统 ················· 23
##### 1.2.1　单片机的工作方式 ················· 24
##### 1.2.2　单片机的指令系统 ················· 27
### 第2章　51单片机常用开发工具 ················· 48
#### 2.1　Keil 编译器 ················· 48
##### 2.1.1　Keil 编译器开发流程 ················· 48
##### 2.1.2　使用 Keil 开发应用软件 ················· 49
##### 2.1.3　dScope for Windows 的使用 ················· 54
#### 2.2　Proteus ISIS 仿真 ················· 59
##### 2.2.1　Proteus ISIS 的启动 ················· 59
##### 2.2.2　Proteus ISIS 工作界面 ················· 60
##### 2.2.3　Proteus ISIS 使用实例 ················· 62

## 第二篇　应用实例

### 第一部分　智能仪器仪表

### 第3章　数字频率计的设计 ················· 73
#### 3.1　实例说明 ················· 73
#### 3.2　设计思路分析 ················· 73
#### 3.3　硬件设计 ················· 74
##### 3.3.1　信号转换电路 ················· 74
##### 3.3.2　分频电路 ················· 74
##### 3.3.3　数据选择电路 ················· 76
##### 3.3.4　单片机控制系统 ················· 77
##### 3.3.5　显示电路 ················· 77
#### 3.4　软件设计 ················· 78
##### 3.4.1　数字频率计的算法设计 ················· 78
##### 3.4.2　主程序流程 ················· 78

3.4.3　程序代码及注释 ·············································································· 79
　　3.4.4　程序调试说明 ·············································································· 86
3.5　实例总结 ····························································································· 87

# 第4章　电子指南针的设计 ············································································ 88
4.1　实例说明 ····························································································· 88
4.2　设计思路分析 ······················································································· 89
4.3　硬件设计 ····························································································· 90
　　4.3.1　磁场强度采集模块 ········································································ 90
　　4.3.2　单片机模块 ·················································································· 93
　　4.3.3　通信电路模块 ·············································································· 94
　　4.3.4　实时时钟模块 ·············································································· 95
　　4.3.5　液晶显示模块 ·············································································· 96
　　4.3.6　系统输入电路 ·············································································· 97
4.4　软件设计 ····························································································· 98
　　4.4.1　软件设计流程及说明 ····································································· 98
　　4.4.2　程序代码及注释 ··········································································· 99
4.5　实例总结 ··························································································· 106

# 第5章　智能数字采集仪表 ············································································ 107
5.1　实例说明 ··························································································· 107
　　5.1.1　功能和技术指标 ··········································································· 107
　　5.1.2　功能介绍和使用方法 ····································································· 107
5.2　设计思路分析 ····················································································· 108
5.3　硬件设计 ··························································································· 109
　　5.3.1　电压采集模块 ············································································· 109
　　5.3.2　控制按键和LED数码管显示模块 ···················································· 112
　　5.3.3　数据存储模块 ············································································· 114
　　5.3.4　实时时钟模块 ············································································· 115
　　5.3.5　RS485通信模块 ·········································································· 116
　　5.3.6　电源供电模块 ············································································· 119
　　5.3.7　单片机模块 ················································································ 120
5.4　软件设计 ··························································································· 122
　　5.4.1　软件流程 ···················································································· 122
　　5.4.2　各功能软件模块 ·········································································· 123
5.5　实例总结 ··························································································· 137

## 第二部分　自动工业控制

# 第6章　超声波测距系统 ··············································································· 138
6.1　实例说明 ··························································································· 138
6.2　设计思路分析 ····················································································· 139
6.3　硬件设计 ··························································································· 140

## 目录

- 6.3.1 单片机控制部分 …… 141
- 6.3.2 超声波发射部分 …… 144
- 6.3.3 超声波接收部分 …… 146
- 6.3.4 温度采集部分 …… 147
- 6.3.5 红外遥控部分 …… 148
- 6.3.6 LCD 显示部分 …… 148
- 6.3.7 电源部分 …… 149
- 6.4 软件设计 …… 150
- 6.5 实例总结 …… 163

### 第7章 公路温度采集存储器 …… 164
- 7.1 实例说明 …… 164
  - 7.1.1 应用背景 …… 164
  - 7.1.2 功能和技术指标 …… 164
- 7.2 设计思路分析 …… 165
  - 7.2.1 系统设计的关键问题 …… 165
  - 7.2.2 系统总体结构 …… 166
- 7.3 硬件设计 …… 167
  - 7.3.1 电源模块 …… 167
  - 7.3.2 单片机最小系统 …… 168
  - 7.3.3 温度采集模块 …… 169
  - 7.3.4 数据保存模块 …… 171
  - 7.3.5 时钟模块 …… 172
  - 7.3.6 液晶显示模块 …… 173
  - 7.3.7 继电器模块 …… 173
  - 7.3.8 键盘输入和串口通信模块 …… 174
- 7.4 软件设计 …… 175
  - 7.4.1 软件流程 …… 175
  - 7.4.2 中断服务子程序 …… 178
  - 7.4.3 液晶显示 …… 179
  - 7.4.4 时钟模块 …… 181
  - 7.4.5 数据保存 …… 182
  - 7.4.6 温度采集 …… 187
  - 7.4.7 键盘扫描 …… 190
  - 7.4.8 主函数 …… 193
- 7.5 实例总结 …… 194

### 第8章 晶闸管数字触发器 …… 195
- 8.1 实例说明 …… 195
  - 8.1.1 应用背景 …… 195
  - 8.1.2 功能和技术指标 …… 197
- 8.2 设计思路分析 …… 197

- 8.2.1 设计的关键问题 197
- 8.2.2 总体设计方案 199
- 8.3 硬件设计 200
  - 8.3.1 同步信号取样电路 200
  - 8.3.2 单片机最小系统 202
  - 8.3.3 双窄脉冲形成模块 202
  - 8.3.4 脉冲隔离放大电路 204
  - 8.3.5 A/D采样电路 204
  - 8.3.6 数码管显示模块 207
  - 8.3.7 按键输入模块 207
- 8.4 软件设计 207
  - 8.4.1 数字触发器的工作过程 208
  - 8.4.2 主函数及流程 209
  - 8.4.3 按键扫描子程序 210
  - 8.4.4 A/D采样子程序 211
  - 8.4.5 数码管显示子程序 212
  - 8.4.6 外部中断0子程序 213
  - 8.4.7 定时器0中断服务子程序 214
  - 8.4.8 定时器1中断服务子程序 215
- 8.5 实例总结 216

## 第三部分 数字消费电子

### 第9章 简易音乐播放器系统设计 217
- 9.1 实例说明 217
- 9.2 设计思路分析 217
- 9.3 硬件设计 218
- 9.4 软件设计 219
  - 9.4.1 软件设计思想 219
  - 9.4.2 程序设计流程 221
  - 9.4.3 程序代码及注释 221
- 9.5 实例总结 225

### 第10章 单片机控制的数字FM收音机 226
- 10.1 实例说明 226
- 10.2 设计思路分析 227
- 10.3 硬件设计 227
  - 10.3.1 单片机模块 228
  - 10.3.2 FM模块 229
  - 10.3.3 功放模块 238
- 10.4 软件设计 239
  - 10.4.1 软件设计流程 239

## 目录

  10.4.2 程序代码及注释 …………………………………………………… 240
 10.5 实例总结 ……………………………………………………………………… 249

### 第11章 具有语音报时功能的电子时钟系统 …………………………………… 250
 11.1 实例说明 ……………………………………………………………………… 250
 11.2 设计思路分析 ………………………………………………………………… 251
 11.3 硬件设计 ……………………………………………………………………… 251
  11.3.1 系统电源模块 ………………………………………………………… 251
  11.3.2 单片机模块 …………………………………………………………… 252
  11.3.3 LED显示模块 ………………………………………………………… 254
  11.3.4 时钟电路模块 ………………………………………………………… 255
  11.3.5 语音报时模块 ………………………………………………………… 257
  11.3.6 按键控制模块 ………………………………………………………… 261
 11.4 软件设计 ……………………………………………………………………… 262
  11.4.1 电子时钟的算法 ……………………………………………………… 262
  11.4.2 程序流程图 …………………………………………………………… 264
  11.4.3 程序代码及注释 ……………………………………………………… 264
 11.5 实例总结 ……………………………………………………………………… 283

## 第四部分 网络与通信

### 第12章 无线交通灯控制系统 ……………………………………………………… 284
 12.1 实例说明 ……………………………………………………………………… 284
 12.2 设计思路分析 ………………………………………………………………… 285
 12.3 硬件设计 ……………………………………………………………………… 285
  12.3.1 单片机模块 …………………………………………………………… 285
  12.3.2 无线收发模块 ………………………………………………………… 289
  12.3.3 三色LED灯模块 ……………………………………………………… 293
  12.3.4 数码管显示模块 ……………………………………………………… 294
  12.3.5 电源模块 ……………………………………………………………… 295
 12.4 软件设计 ……………………………………………………………………… 296
  12.4.1 程序设计流程 ………………………………………………………… 297
  12.4.2 程序代码及注释 ……………………………………………………… 298
 12.5 实例总结 ……………………………………………………………………… 302

### 第13章 GPS经纬度信息显示系统的设计 ……………………………………… 304
 13.1 实例说明 ……………………………………………………………………… 304
 13.2 设计思路分析 ………………………………………………………………… 304
  13.2.1 GPS OEM板组成结构及原理 ……………………………………… 304
  13.2.2 GPS接收机的数据格式 ……………………………………………… 306
 13.3 硬件设计 ……………………………………………………………………… 307
  13.3.1 单片机模块 …………………………………………………………… 307
  13.3.2 GPS接收模块 ………………………………………………………… 308

| | | |
|---|---|---|
| 13.3.3 | LCD1602 显示模块 | 309 |
| 13.4 | 软件设计 | 312 |
| 13.5 | 实例总结 | 317 |

## 第五部分　汽车与医疗电子

### 第 14 章　公交车自动报站系统设计 ... 318
- 14.1 实例说明 ... 318
- 14.2 设计思路分析 ... 319
  - 14.2.1 红外线发射和接收模块 ... 319
  - 14.2.2 单片机模块 ... 319
  - 14.2.3 语音模块 ... 319
- 14.3 硬件设计 ... 320
  - 14.3.1 单片机的选择和外围电路的设计 ... 320
  - 14.3.2 晶振电路 ... 320
  - 14.3.3 复位电路 ... 321
  - 14.3.4 显示和驱动电路的设计 ... 321
  - 14.3.5 放音电路的设计 ... 326
- 14.4 软件设计 ... 328
  - 14.4.1 主程序流程 ... 328
  - 14.4.2 信号查询子程序 ... 328
  - 14.4.3 语音播报子程序 ... 329
  - 14.4.4 数据发送子程序 ... 330
  - 14.4.5 上电、掉电子程序 ... 331
  - 14.4.6 部分源代码 ... 331
- 14.5 实例总结 ... 345

### 第 15 章　汽车自动刹车系统设计 ... 346
- 15.1 实例说明 ... 346
- 15.2 设计思路分析 ... 346
  - 15.2.1 超声波测距原理 ... 347
  - 15.2.2 霍尔传感器测速原理 ... 347
  - 15.2.3 自动刹车原理 ... 347
- 15.3 硬件设计 ... 347
- 15.4 软件设计 ... 351
  - 15.4.1 软件流程 ... 351
  - 15.4.2 程序初始化与主程序 ... 352
  - 15.4.3 中断子程序 ... 353
  - 15.4.4 超声波发生子程序 ... 354
  - 15.4.5 显示子程序 ... 354
  - 15.4.6 延时子程序 ... 355
- 15.5 实例总结 ... 356

## 第16章 多功能智能电动小车设计 ······ 357
### 16.1 实例说明 ······ 357
### 16.2 设计思路分析 ······ 358
### 16.3 硬件设计 ······ 359
#### 16.3.1 单片机模块 ······ 359
#### 16.3.2 测速模块 ······ 360
#### 16.3.3 路面检测模块 ······ 361
#### 16.3.4 LCD显示模块 ······ 361
#### 16.3.5 控制模块 ······ 362
#### 16.3.6 模式选择模块 ······ 363
### 16.4 软件设计 ······ 364
#### 16.4.1 软件设计流程 ······ 364
#### 16.4.2 定时器和中断处理程序 ······ 364
#### 16.4.3 LCD显示处理程序 ······ 370
#### 16.4.4 主程序及注释 ······ 373
### 16.5 实例总结 ······ 390

## 第17章 医疗输液控制系统 ······ 391
### 17.1 实例说明 ······ 391
### 17.2 设计思路分析 ······ 392
### 17.3 硬件设计 ······ 393
#### 17.3.1 单片机模块 ······ 393
#### 17.3.2 系统电压监控、复位模块 ······ 394
#### 17.3.3 按键模块电路 ······ 396
#### 17.3.4 点滴检测电路 ······ 397
#### 17.3.5 液面检测电路 ······ 397
#### 17.3.6 LED数码管显示电路 ······ 398
#### 17.3.7 报警电路 ······ 400
#### 17.3.8 步进电机驱动模块 ······ 401
### 17.4 软件设计 ······ 402
#### 17.4.1 主站程序设计 ······ 402
#### 17.4.2 从站程序设计 ······ 403
#### 17.4.3 液滴速度检测程序 ······ 408
### 17.5 实例总结 ······ 410

## 参考文献 ······ 411

# 第一篇 开发基础

第1章 51单片机入门
第2章 51单片机常用开发工具

# 第一篇 天文基础

# 第 1 章
# 51 单片机入门

单片机的全称是单片微型计算机(single chip microcomputer),是一种在单硅片上集成了微型计算机主要功能部件的集成芯片。如一个微型计算机系统,内部集成了中央处理器(CPU)、随机数据存储器(RAM)、只读程序存储器(ROM)、定时器/计数器、输入/输出(I/O)接口电路以及串行通信接口等主要功能部件。单片机型号很多,其中使用最为普遍且最流行的是 51 系列单片机。51 单片机主要包括 MCS-51 和 AT89 两个系列。MCS-51 系列单片机是 Intel 公司开发的非常成功的产品,具有性价比高、稳定、可靠、高效等特点,已成为当今 8 位单片机中具有标准意义的单片机,应用非常广泛,主要产品有 8031/8051/8052/8751/8752。随着技术的不断发展,其他公司生产的与 MCS-51 系列单片机兼容或与 MCS-51 内核相似的单片机不断出现,其中最具有代表性的是 AT89 系列单片机,该系列单片机是 ATMEL 公司基于 MCS-51 单片机研发出来的 8 位 Flash 单片机,它是一种与 MCS-51 兼容但性能高于 MCS-51 的单片机,其最大特点是在片内含有 Flash 存储器,因此,广泛应用于便携式、省电及特殊信息保存的仪器和系统中。本章将围绕这两种 51 系列单片机的产品进行介绍。

## 1.1 51 单片机的硬件结构

下面以 Intel 公司的 MCS-51 系列单片机为介绍对象。该系列的单片机芯片有许多种,如 8051/8052,8031/8032 和 8751/8752 等,因它们的基本组成、基本性能和指令系统都相同,故读者学习一两种后即可以触类旁通。

### 1.1.1 引脚及其功能

51 单片机的引脚分布如图 1-1 所示,各引脚的功能简要说明如下。

**1. 电源引脚 VCC 和 GND**

VCC(40 脚)是电源端,为 +5 V。
GND(20 脚)是接地端。

**2. 时钟电路引脚 XTAL0 和 XTAL1**

XTAL0(18 脚)接外部晶体的一端。在 51 片内,它是振荡电路反向放大器的输出端,振荡电路的频率就是晶体的固有频率。当需要采用外部时钟电路时,该引脚输入外部时钟脉冲;若要检查振荡电路是否正确工作,则可用示波器察看 X2 端是否有脉冲信号输出。

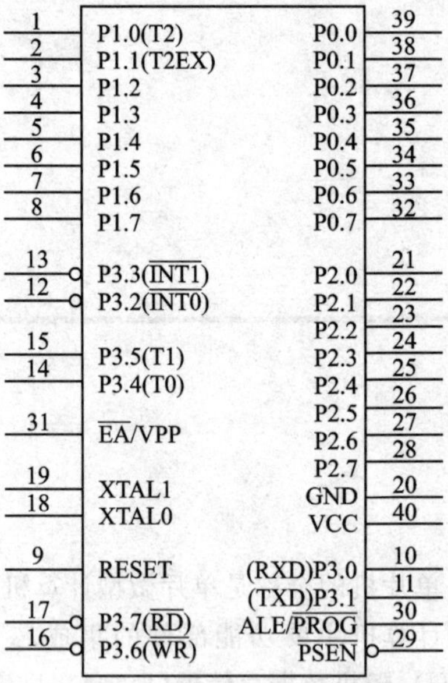

XTAL1(19 脚)接外部晶体的另一端。在 51 片内,它是振荡电路反向放大器的输入端。当采用外部时钟时,该引脚必须接地。

**3. 控制信号引脚 RESET,ALE/$\overline{PROG}$,$\overline{PSEN}$ 和 $\overline{EA}$/VPP**

RESET(9 脚)是复位信号输入端,高电平有效。当此引脚保持 2 个机器周期(24 个时钟振荡周期)的高电平时,就可以完成复位操作。该引脚的第二功能是备用电源输入端,当主电源 VCC 发生故障降低到低电平规定值时,单片机自动将+5 V 电源接入 RESET 端,为随机存储器 RAM 提供备用电源,以保证存储在 RAM 中的信息不会丢失,以便在恢复供电后能继续正常工作。

图 1-1 51 单片机引脚分布图

ALE/$\overline{PROG}$(30 脚)为地址锁存允许信号端。当 51 单片机上电正常工作后,ALE 引脚不断向外输出正脉冲信号,其频率为振荡器频率的 1/6。当 CPU 访问片外存储器时,ALE 输出信号作为锁存低 8 位地址的控制信号。当 CPU 访问片外数据存储器时,会丢失 1 个脉冲。在 CPU 平时不访问片外存储器时,ALE 端也以 1/6 的振荡频率固定输出正脉冲,因而 ALE 信号可以用做对外输出时钟或定时信号。ALE 端的负载驱动能力为 8 个 LS 型 TTL。当使用其第 2 个功能$\overline{PROG}$时,此引脚用于向片内带有 EPROM 的 51 单片机提供编程脉冲输入。

$\overline{PSEN}$(29 脚)为程序存储允许输出信号端。在访问片外程序存储器时,此端定时输出脉冲作为读片外程序存储器的选通信号。此引脚接 EPROM 的 OE 端,$\overline{PSEN}$端有效,即允许读出 EPROM/ROM 中的指令码。在 CPU 从外部 EPROM/ROM 取指令期间,$\overline{PSEN}$信号在每个机器周期(12 个时钟期间)中两次有效。不过,在访问片外 RAM 时,会少产生两次$\overline{PSEN}$负脉冲信号。$\overline{PSEN}$端同样可驱动 8 个 LS 型 TTL。要想检查一个小型 8051 系统上电后 CPU 能否正确从 EPROM/ROM 中读取指令码,也可用示波器观测$\overline{PSEN}$端有无脉冲输出,若有,则说明工作基本正常。

$\overline{EA}$/VPP(31 脚)是外部程序存储器地址允许输入端/固化编程电压输入端。当$\overline{EA}$脚接高电平时,CPU 只访问片内 EPROM/ROM 并执行内部程序存储器中的指令,但在 PC(程序计数器)的值超过 0FFFH 时,将自动转向执行片外程序存储器内的程序。当$\overline{EA}$脚为低电平(接地)时,CPU 只访问外部 EPROM/ROM 并执行外部程序存储器中的指令,而不管是否有片内程序存储器。对于无片内 ROM 的 8031 或 8032,须外扩 EPROM,此时必须将$\overline{EA}$引脚接地。如果使用片内 ROM 的 8051,外扩低 4 KB 的 EPROM 也是可以的,但应使$\overline{EA}$接地。此引脚的第二功能 VPP 是在对 8751 片内 EPROM 固化编程时,作为施加较高编程电压(一般为 21 V)的输入端。

**4. 输入/输出端口 P0,P1,P2 和 P3**

P0 口(P0.0~P0.7,39~32 脚)是一个漏极开路的 8 位准双向 I/O 端口。作为漏极开路的输出端口,每位能驱动 8 个 LS 型 TTL 负载。当 P0 口作为输入口使用时,应先向锁存器(地址 80H)写入全 1,此时 P0 口的全部引脚浮空,可作为高阻抗输入。作为输入口使用时要先写 1,这就是准双向的含义。

在 CPU 访问片外存储器时,P0 口是分时提供低 8 位地址和 8 位数据的复用总线。在此期间,P0 口内部上拉电阻有效。对于 8751 单片机,因不需外扩 EPROM,所以 P0 口可作为一个数据输入/输出口,此时若 P0 口用做输入,则需外接上拉电阻。

P1 口(P1.0~P1.7,1~8 脚)是一个带内部上拉电阻的 8 位准双向 I/O 端口。P1 口的每一位能驱动(吸收或输出电流)4 个 LS 型 TTL 负载。在 P1 口作为输入口使用时,应先向 P1 口锁存器(地址 90H)写入全 1,此时 P1 口引脚由内部上拉电阻接成高电平。

P2 口(P2.0~P2.7,21~28 脚)是一个带内部上拉电阻的 8 位准双向 I/O 端口。P2 口的每一位能驱动(吸收或输出电流)4 个 LS 型 TTL 负载。

P3 口(P3.0~P3.7,10~17 脚)是一个带内部上拉电阻的 8 位准双向 I/O 端口。P3 口的每一位能驱动(吸收或输出电流)4 个 LS 型 TTL 负载。P3 口与其他 I/O 端口有很大区别,除作为一般准双向 I/O 口外,其每个引脚还具有专门的功能。

## 1.1.2 硬件内部结构

### 1.1.2.1 功能模块

51 单片机内部的基本功能模块如图 1-2 所示。51 单片机可以分为 CPU、存储器(RAM 和 ROM)、并行口、串行口、定时器/计数器和中断系统几部分。

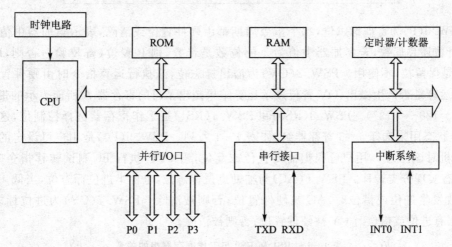

图 1-2 51 单片机的内部功能模块

### 1.1.2.2 CPU

51 单片机最为核心的部分是中央处理器 CPU,它由运算器和控制逻辑构成,其中包括若干特殊功能寄存器(SFR)。

### 1. 运算器

运算器除了以算术逻辑单元 ALU 为中心外，还包括累加器 ACC(或者写为 A)、暂存寄存器、B 寄存器以及程序状态寄存器 PSW 等。

ALU 是单片机中必不可少的数据处理单元之一，可以对数据进行加、减、乘、除等算术运算，"与"、"或"、"异或"等逻辑运算以及位操作运算。

累加器 ACC 是 CPU 中使用最频繁的一个寄存器，是 ALU 单元的输入之一，因而也是处理数据源之一，同时它又是 ALU 运算结果的存放单元，即 ALU 运算结果通过内部总线送入累加器 ACC 中存放。CPU 中的数据传送大部分都通过累加器，所以它又相当于一个数据中转站。当然，51 单片机也增加了一些可以不经过累加器的指令，如寄存器与直接寻址单元之间的传送指令，直接寻址单元与间接寻址单元之间的传送指令，以及寄存器、间接寻址单元、直接寻址单元与立即数之间的传送指令。这些指令既加快了传送速度，又减少了累加器的堵塞现象。

暂存寄存器用来暂存从数据总线或通用寄存器送来的操作数，并把它作为另一个操作数。

B 寄存器在乘法和除法指令中作为 ALU 的输入之一。在乘法中，ALU 的两个输入分别为 A 和 B，运算结果存放在 A 和 B 寄存器中，A 中存放乘积的低 8 位，B 中存放高 8 位。在除法中，被除数取自 A，除数取自 B，商存放于 A，余数存放于 B。在其他情况下，B 寄存器可以作为内部 RAM 的一个单元来使用。

程序状态字 PSW 是一个逐位定义的 8 位寄存器，其内容的主要部分是 ALU 单元的输出，用来寄存本次运算的特征信息。PSW 是一个程序可访问的寄存器，而且可以按位访问，格式如下：

| MSB | | | | | | | LSB |
|---|---|---|---|---|---|---|---|
| CY | AC | F0 | RS1 | RS0 | OV | — | P |

其中，PSW.0(P)为奇偶标志位，每个指令周期都由硬件置位或清除，表示累加器中值为 1 的位数是奇数还是偶数，若累加器中值为 1 的位数是奇数，则 P 置位(奇校验)；否则，P 清除。PSW.1 是保留位，不使用。PSW.2(OV)为溢出标志位，当执行运算指令时由硬件置位或清除，指示运算是否产生溢出，OV 置位表示运算结果超出了目的寄存器 A 所能表示的带符号数的范围(−128～+127)。PSW.3(RS0)和 PSW.4(RS1)是工作寄存器选择控制位，这两位的 4 种组合状态用来选择 0～3 寄存器组，如表 1-1 所列。PSW.5(F0)是用户可设定的通用标志位，开机时该位为 0，用户可根据需要置位或复位，当 CPU 执行 F0 测试转移指令时，根据 F0 的状态实现分支转移。PSW.6(AC)为辅助进位标志位，也称半进位标志位，当低 4 位数向高 4 位数发生进位或借位时，AC 被硬件置位；否则被清除。PSW.7(CY)为进位标志位，当 8 位数据有进位或借位时 CY 被硬件置位；否则被清除。

表 1-1　RS1 和 RS0 与工作寄存器组的关系

| RS1 | RS0 | 工作寄存器组 | RS1 | RS0 | 工作寄存器组 |
|---|---|---|---|---|---|
| 0 | 0 | 0 组(00～07) | 1 | 0 | 2 组(10～17) |
| 0 | 1 | 1 组(08～0F) | 1 | 1 | 3 组(18～1F) |

**2. 控制逻辑**

控制逻辑主要包括定时和控制逻辑、指令寄存器 IR、指令译码器 ID 以及地址指针 DPTR 和程序计数器 PC 等。单片机是程序控制式计算机,其运行过程是在程序控制下逐条执行程序指令的过程,首先顺序地从程序存储器中取出指令送到指令寄存器 IR 中,然后指令译码器 ID 进行译码,译码产生一系列符合定时要求的位操作信号,用以控制单片机各部分的动作。

时钟是时序的基础,51 单片机时钟的产生有两种方式:内部方式和外部方式。8051 内部有晶体振荡电路,只要在外部加上石英振荡晶体,即可产生频率非常稳定的振荡信号,这种方式称为内部方式。外部方式指通过 XTAL1 和 XTAL2 引脚直接接外部时钟。

时钟是单片机工作的时序来源,所有 8051 单片机的时钟序列都以此时钟为基准。MCS-51 的 1 个机器周期含有 6 个时钟周期,而每个时钟周期是振荡周期的 2 倍,因此 1 个机器周期共有 12 个振荡周期。振荡周期是指振荡源的周期,当为内部产生方式时,即为石英晶体的振荡周期。例如,如果振荡器的频率为 12 MHz,那么 1 个振荡器周期为 1/12 μs,而 1 个机器周期则为 1 μs。51 单片机的指令周期是指完成 1 条指令所占用的全部时间。指令周期含 1~4 个机器周期,其中多数为单周期指令,还有 2 周期和 4 周期指令。

### 1.1.2.3 并行 I/O 端口

MCS-51 单片机有 4 个 8 位并行端口 P0、P1、P2 和 P3,共 32 根 I/O 线,实际上它们就是特殊功能寄存器 SFR 中的 4 个。每个端口都是 8 位准双向口,共占用 32 条引脚。每个端口都由 4 部分构成,即端口锁存器(即特殊功能寄存器 P0~P3)、输入缓冲器、输出驱动器和引至芯片外的端口引脚。这 4 个端口都是双向通道,每一条 I/O 线都能独立地用做输入或输出,当作为输出时数据可以锁存,当作为输入时数据可以缓冲,但这 4 个通道的功能并不完全相同。

4 个端口在以 I/O 方式工作时,特性基本相同:

① 当作为输出口使用时,内部带锁存器,故可以直接与外设相连,而不必外加锁存器。

② 当作为输入口使用时,有 2 种工作方式,即读端口和读引脚。读端口实际上并不从外部读入数据,而只是把端口寄存器中的内容读入到内部总线,在经过某种运算和变换后,再写回到端口寄存器。属于这类操作的指令很多,如对端口内容取"反"等。而当读引脚时,才真正把外部数据读入到内部总线。CPU 根据不同指令,发出"读端口"或"读引脚"信号,以完成 2 种不同的操作。

③ 在端口作为外部输入线,也就是读引脚时,要先通过指令把端口锁存器置 1,然后再实行读引脚操作,否则就可能读入出错。若不先对端口锁存器置 1,由于端口锁存器中的原有状态可能为 0,则当加到输出驱动场效应管栅极的信号为 1 时,该场效应管导通,对地呈现低阻抗;这时即使引脚上输入的是 1,也会因端口的低阻抗而使信号变低,使得外加的 1 信号读入后不一定为 1。若先执行置 1 操作,则可以驱动场效应管截止,引脚信号直接加到三态缓冲器,实现正确的读入。由于在输入操作时还必须附加一个准备动作,所以这类 I/O 口被称为"准双向"口。

在 4 个端口中,P1 口只能用做 I/O 口,而 P0、P2 和 P3 口还具有其他功能。P0 口可作地址/数据总线分时使用,包括用做输入数据和输出地址/数据总线。P2 口可作为输出的高 8 位地址线。8051 芯片引脚中没有专门的数据和地址总线,在向外扩展存储器和接口时,由 P2 口输出地址总线的高 8 位 A15~A8,由 P0 口输出地址总线的低 8 位 A7~A0;同时,对 P0 口采用总线复用技术,P0 口兼作 8 位双向数据总线 D7~D0。P3 口也具有第二功能,8 个引脚可按位单独定义,如表 1-2 所列。

表 1-2　P3 口的第二功能

| P3 口 | 第二功能 | 注　释 |
|---|---|---|
| P3.0 | RXD | 串行输入口 |
| P3.1 | TXD | 串行输出口 |
| P3.2 | $\overline{INT0}$ | 外部中断 0 输入(低电平有效) |
| P3.3 | $\overline{INT1}$ | 外部中断 1 输入(低电平有效) |
| P3.4 | T0 | 计数器 0 计数输入 |
| P3.5 | T1 | 计数器 1 计数输入 |
| P3.6 | $\overline{WR}$ | 外部数据 RAM 写选通(低电平有效) |
| P3.7 | $\overline{RD}$ | 外部数据 RAM 读选通(低电平有效) |

P0 端口的输出级与 P1~P3 端口的输出级在结构上不同,因此它们的负载能力和接口要求也不相同。

P0 端口与其他端口不同,其输出级无上拉电阻。当用做普通 I/O 端口时,输出级是开漏电路,需外接上拉电阻才能驱动 MOS 电路;当用做地址/数据总线时,则无需外接上拉电阻。P0 端口的每一位输出可驱动 8 个 LS 型 TTL 负载。

P1~P3 端口的输出级接有内部上拉负载电阻,所以不需外接上拉电阻就能直接驱动 MOS 电路,它们的每一位输出都可驱动 4 个 LS 型 TTL 负载。对于 8051 单片机,端口只能提供几毫安的输出电流,所以,当作为输出口去驱动一个普通晶体管的基极(或 TTL 电路输入端)时,应在端口与晶体管基极间串联一个电阻,以限制高电平输出时的电流。

### 1.1.2.4　存储器结构

51 系列单片机存储器采用的是哈佛(Harvard)结构,即将程序存储器和数据存储器完全分开,二者各有自己的寻址方式、寻址空间和控制系统。

图 1-3 是 51 单片机存储器的映像图。

51 单片机的存储器包括:

① 内部数据存储器(RAM)　8051/8031 为 128 B,8052/8032 为 256 B。

② 内部程序存储器(ROM)　8051 为 4 KB,8052 为 8 KB。

③ 外部扩充数据存储器(RAM)　最大可扩充至 64 KB(不含内部 RAM)。

④ 外部扩充程序存储器(ROM)　最大可扩充至 64 KB(含内部 ROM)。

在逻辑上实际上有 3 个存储器空间,它们是片内片外统一的 64 KB 程序存储器地址空间、片内 256 B 数据存储器地址空间和片外 64 KB 数据存储器地址空间。在访问这三个不同逻辑空间时,应选用不同形式的指令。

ROM 是 51 单片机的程序存储器,这段区域用于存放应用程序。8051 系列单片机内部提供 4 KB 的程序存储器,而 8031 和 8032 则不含此单元,这时就需要外部提供程序存储器。CPU 可以选择由内部程序区启动或由外部程序区启动,内部程序区启动具有保护功能。CPU 选择访问片内或片外存储器是由 EA 引脚的电平决定的。

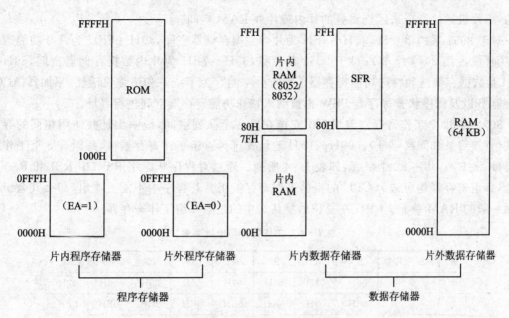

图 1-3  51 单片机存储器映像图

当 EA 引脚接高电平时,程序从片内程序存储器开始执行,即访问片内 ROM,当 PC 值超过片内 ROM 的容量时,会自动转向片外程序存储器空间执行。当 EA 引脚接低电平时,系统全部执行片外程序存储器程序。

对于有片内 ROM 的 51 单片机,正常运行时,应将 EA 引脚接高电平;若接低电平,则用于调试状态,即将欲调试的程序设置在与片内 ROM 空间重叠的片外程序存储器内,CPU 执行片外程序存储器中的程序进行调试。对于片内无 ROM 的 8031/8032 单片机,EA 引脚应接低电平,系统执行片外程序存储器中的程序。无论是从片内还是片外程序存储器读取指令,其操作速度是相同的。

程序存储器中某些单元被保留用做特定的程序入口地址。

0000H~0002H 单元用于初始化。系统复位后的 PC 地址为 0000H,系统从 0000H 单元开始取指令执行程序,一般在此单元设置一条无条件转移指令,使之转向用户主程序处执行。

0003H~002BH 单元也被保留使用,其中有 6 个单元用于中断源的中断服务程序的入口地址。各个中断对应的起始地址如表 1-3 所列。

表 1-3  各个中断对应的地址列表

| 中断名 | 对应地址 | 中断名 | 对应地址 |
| --- | --- | --- | --- |
| 复位或非屏蔽中断 | 0000H | 定时/计数器 T1 中断 | 001BH |
| 外部中断 0 | 0003H | 串行口中断 | 0023H |
| 定时/计数器 T0 中断 | 000BH | 定时/计数器 T2 中断(8052) | 002BH |
| 外部中断 1 | 0013H | | |

RAM 是 51 单片机的数据存储器,用于存放程序运行时产生的中间结果以及暂存和缓冲数据及标志位等,RAM 区域是可以随时读/写的。RAM 空间也分为片内和片外两大部分。片外 RAM 空间为 64 KB(0000H~FFFFH),它与片内 RAM 在低地址 00H~0FFH 处是重

叠的,单片机通过指令来区别重叠的片内或片外RAM空间。

对于8051系列单片机,00H~7FH为片内数据存储器空间,80H~FFH为特殊功能寄存器空间(仅占用20多字节);对于8052单片机,00H~7FH为片内数据存储器空间,80H~FFH是数据存储器和特殊功能寄存器地址重叠空间。为了统一和增强灵活性,累加器ACC、寄存器B以及程序状态字PSW也被纳入特殊功能寄存器空间进行寻址。

8051的32个工作寄存器与RAM安排在同一个队列空间,统一编址并使用相同的寻址方式(直接寻址和间接寻址)。00H~1FH地址安排为4组工作寄存器区,每组有8个工作寄存器(R0~R7),共占32个单元,如表1-4所列。通过对程序状态字PSW中RS1和RS0的设置,每组寄存器均可选为CPU的当前工作寄存器组。若程序中不需要4组,那么其余组可用做一般的RAM单元。CPU在复位后默认选中的是第0组工作寄存器。

表1-4　工作寄存器地址列表

| 组 | RS1 | RS0 | R0 | R1 | R2 | R3 | R4 | R5 | R6 | R7 |
|---|---|---|---|---|---|---|---|---|---|---|
| 0 | 0 | 0 | 00H | 01H | 02H | 03H | 04H | 05H | 06H | 07H |
| 1 | 0 | 1 | 08H | 09H | 0AH | 0BH | 0CH | 0DH | 0EH | 0FH |
| 2 | 1 | 0 | 10H | 11H | 12H | 13H | 14H | 15H | 16H | 17H |
| 3 | 1 | 1 | 18H | 19H | 1AH | 1BH | 1CH | 1DH | 1EH | 1FH |

工作寄存器区后面的16B单元(20H~2FH)为位寻址区,可用位寻址方式访问其各位,这128个位的位地址为00H~7FH,其位地址分布如表1-5所列。注意,低128B RAM单元的地址范围也是00H~7FH,可通过不同的寻址方式来区分。通过执行特定指令可直接对位寻址区的某一位操作。

表1-5　RAM位寻址区位地址列表

| 字节地址 | MSB | | | 位地址 | | | | LSB |
|---|---|---|---|---|---|---|---|---|
| 2FH | 7F | 7E | 7D | 7C | 7B | 7A | 79 | 78 |
| 2EH | 77 | 76 | 75 | 74 | 73 | 72 | 71 | 70 |
| 2DH | 6F | 6E | 6D | 60C | 6B | 6A | 69 | 68 |
| 2CH | 67 | 66 | 65 | 64 | 63 | 62 | 61 | 60 |
| 2BH | 5F | 5E | 5D | 5C | 5B | 5A | 59 | 58 |
| 2AH | 57 | 56 | 55 | 54 | 53 | 52 | 51 | 50 |
| 29H | 4F | 4E | 4D | 4C | 4B | 4A | 49 | 48 |
| 28H | 47 | 46 | 45 | 44 | 43 | 42 | 41 | 40 |
| 27H | 3F | 3E | 3D | 3C | 3B | 3A | 39 | 38 |
| 26H | 37 | 36 | 35 | 34 | 33 | 32 | 31 | 30 |
| 25H | 2F | 2E | 2D | 2C | 2B | 2A | 29 | 28 |
| 24H | 27 | 26 | 25 | 24 | 23 | 22 | 21 | 20 |
| 23H | 1F | 1E | 1D | 1C | 1B | 1A | 19 | 18 |
| 22H | 17 | 16 | 15 | 14 | 13 | 12 | 11 | 10 |
| 21H | 0F | 0E | 0D | 0C | 0B | 0A | 09 | 08 |
| 20H | 07 | 06 | 05 | 04 | 03 | 02 | 01 | 00 |

## 第1章 51单片机入门

在51单片机片内高128 B RAM中,除程序计数器PC外,有21个特殊功能寄存器(SFR),它们离散地分布在80H~FFH空间中。访问SFR寄存器仅允许使用直接寻址方式。在21个特殊功能寄存器中,有11个具有位寻址能力,它们的字节地址正好能被8整除,这些特殊功能寄存器及其地址分布如表1-6所列。

表1-6  51单片机特殊功能寄存器及地址分配列表

| 符 号 | 名 称 | 地 址 |
| --- | --- | --- |
| ACC | 累加器 | E0H |
| B | B寄存器 | F0H |
| PSW | 程序状态寄存器 | D0H |
| SP | 栈指针 | 81H |
| DPTR | 数据指针(高位DPH,低位DPL) | 83H(高位)82H(低位) |
| P0 | P0端口锁存寄存器 | 80H |
| P1 | P1端口锁存寄存器 | 90H |
| P2 | P2端口锁存寄存器 | A0H |
| P3 | P3端口锁存寄存器 | B0H |
| IP | 中断优先级控制寄存器 | B8H |
| IE | 中断允许控制寄存器 | A8H |
| TMOD | 定时/计数器工作方式状态寄存器 | 89H |
| TCON | 定时/计数器控制寄存器 | 88H |
| TH0 | 定时/计数器0(高字节) | 8CH |
| TL0 | 定时/计数器0(低字节) | 8AH |
| TH1 | 定时/计数器1(高字节) | 8DH |
| TL1 | 定时/计数器1(低字节) | 8BH |
| SCON | 串行口控制寄存器 | 98H |
| SBUF | 串行数据缓冲器 | 99H |
| PCON | 电源控制寄存器 | 7H |

累加器ACC是51单片机最常用也是最繁忙的8位特殊功能寄存器,许多指令的操作数都取自ACC,许多运算结果也都存于ACC中。在指令系统中采用A作为其助记符。

B寄存器主要用于乘、除指令。乘法指令的两个操作数分别取自A和B,乘积也存于其中。在除法指令中,A存放被除数,B存放除数,结果的商存放于A中,余数存放于B中。在其他指令中,B可作为一般寄存器或一个RAM单元使用。

程序状态寄存器PSW是一个8位特殊功能寄存器,其各位包含了程序执行后的状态信息,供程序查询或判别之用,具体可参见1.1.2.2小节中程序状态字的说明部分。

堆栈指针SP为8位特殊功能寄存器,其内容即堆栈指针可指向8051片内00H~7FH RAM空间的任何单元。系统复位后,SP初始化为07H,即指向地址为07H的RAM单元。在片内RAM中专门开辟一块区域作为堆栈空间,数据的存取是以"先进后出"的方式进行的,这种方式对于处理中断、调用子程序都非常方便。堆栈有两种操作,即数据压入(PUSH)和数据弹出(POP)。栈顶由堆栈指针 SP 自行管理,每次压入或弹出数据之后,SP 会自动调整以保持指示堆栈顶部的位置。在使用堆栈之前,先给 SP 赋初始值,以规定堆栈的起始位置,这称为栈底。当数据压入堆栈后,SP 自动加 1,即 RAM 地址单元加 1,这是当前的栈顶位置。SP 是一个双向计数器,压栈时自动增值,出栈时自动减值。8051 单片机的这种堆栈结构属于向上生长型的堆栈,有的微处理器会使用向下生长的堆栈结构。在写 51 单片机程序时,在程序起始时一定要设置 SP 值,以便程序有足够的堆栈空间,也可利用软件程序随时机动地调整 SP 的值。

DPTR 是一个 16 位的特殊功能寄存器,起到数据指针的作用,其高位字节寄存器用 DPH 表示(地址 83H),低位字节寄存器用 DPL 表示(地址 82H)。DPTR 既可以作为一个 16 位寄存器来处理,也可以作为两个独立的 8 位寄存器 DPH 和 DPL 使用。51 单片机中只有一个 16 位数据指针,所以程序中 DPTR 的使用率很高,例如,当想要得到一个程序码(MOVC 指令)或是对外部数据空间执行存取运行指令(MOVX)时,都需要用到 DPTR。

P0~P3 为 4 个 8 位特殊功能寄存器,分别是 4 个并行 I/O 端口的锁存器。它们都有字节地址,每个端口锁存器还有位地址,所以,当每条 I/O 线独立用做输入或输出时,数据可以锁存;当用做输入时,数据可以缓冲。

表 1-6 中的其他特殊功能寄存器将在下面介绍定时/计数器、串行口和中断系统时再进行详细说明。

#### 1.1.2.5 定时/计数器

定时/计数器是 51 单片机的重要部件,其工作方式灵活,编程简单,它的使用大大减轻了 CPU 的负担,并且简化了外围电路。

在 51 单片机中,8051 子系列单片机有 2 个定时/计数器 T0 和 T1,8052 子系列单片机(8032/8052)除了有上述 2 个定时/计数器以外,还有 1 个定时/计数器 T2,后者的功能比前两者强。

定时/计数器的使用与特殊功能寄存器 TMOD,TCON 和 T2CON 密切相关。

**1. 定时/计数器的控制和状态寄存器**

特殊功能寄存器 TMOD 和 TCON 用于控制和确定定时/计数器的功能和操作模式。这些寄存器的内容由软件设定。系统复位时,它们的所有位都被清零。

TMOD 用于控制定时/计数器 T0 和 T1 的操作模式,是一个逐位定义的 8 位寄存器,只能字节寻址,字节地址为 89H。TMOD 各位定义如下:

| MSB | | | | | | | LSB |
| --- | --- | --- | --- | --- | --- | --- | --- |
| GATE | C/T | M1 | M0 | GATE | C/T | M1 | M0 |

其中低 4 位用于控制 T0,高 4 位用于控制 T1。

GATE 是选通门,当 GATE=1 时,只有 INT0 或 INT1 引脚为高电平,并且当 TR0 或 TR1 置 1 时,相应的定时/计数器才被选通工作。若 GATE=0,则只要 TR0 或 TR1 置 1,定时/计数器就被选通,而与 INT0 或 INT1 无关。

C/T 是计数器/定时器方式选择位。当 C/T=0 时,设置为定时器方式,内部计数器的输入是内部脉冲,其周期等于机器周期。当 C/T=1 时,设置为计数器方式,内部计数器的输入是来自 T0(P3.4)或 T1(P3.5)端的外部脉冲。

M0 和 M1 是操作模式选择位。这两位可以形成 4 种编码,对应 4 种操作方式,如表 1-7 所列。

表 1-7 操作模式选择位

| M1 | M0 | 操作模式 |
| --- | --- | --- |
| 0 | 0 | 模式 0:TLx 中的低 5 位与 THx 中的 8 位一起构成 13 位计数器 |
| 0 | 1 | 模式 1:TLx 与 THx 构成全 16 位计数器 |
| 1 | 0 | 模式 2:8 位自动重装载的定时/计数器,每当 TLx 溢出时,THx 中的内容重新装入 TLx 中 |
| 1 | 1 | 模式 3:对于定时器 0,分为 2 个 8 位计数器;对于定时器 1,停止计数 |

控制寄存器 TCON 也是一个逐位定义的 8 位寄存器,它既可字节寻址,也可位寻址,字节地址为 88H,位地址为 88H~8FH。TCON 各位定义如下:

| MSB | | | | | | | LSB |
| --- | --- | --- | --- | --- | --- | --- | --- |
| TF1 | TR1 | TF0 | TR0 | IE1 | IT1 | IE0 | IT0 |

TF1 是定时器 1 溢出标志,当定时/计数器 1 溢出时,由硬件置位,申请中断。进入中断服务后被硬件自动清除。

TR1 是定时器 1 运行控制位,靠软件置位或清除,置位时,定时/计数器 1 接通工作;清除时,停止工作。

TF0 是定时器 0 溢出标志,当定时/计数器 0 溢出时,由硬件置位,申请中断。进入中断服务后被硬件自动清除。

TR0 是定时器 0 运行控制位,靠软件置位或清除,置位时,定时/计数器 0 接通工作;清除时,停止工作。

IE1 是外部沿触发中断 1 请求标志,当检测到在 INT 引脚上出现的外部中断信号的下降沿时,由硬件置位,请求中断。进入中断服务后被硬件自动清除。

IT1 是外部中断 1 类型控制位,靠软件置位或清除,以控制外部中断的触发类型。当 IT1=1 时,后沿触发;当 IT1=0 时,低电平触发。

IE0 是外部沿触发中断 0 请求标志,当检测到在 INT 引脚上出现的外部中断信号的下降沿时,由硬件置位,请求中断。进入中断服务后被硬件自动清除。

IT0 是外部中断 0 类型控制位,靠软件置位或清除,以控制外部中断的触发类型。当 IT0=1 时,后沿触发;当 IT0=0 时,低电平触发。

8052 子系列单片机还有一个定时/计数器 T2,对应它的是控制寄存器 T2CON,这是一个逐位定义的 8 位寄存器,既可字节寻址,也可位寻址,字节地址为 98H,位地址为 0C8H~0CFH。T2CON 各位定义如下:

| MSB | | | | | | | LSB |
| --- | --- | --- | --- | --- | --- | --- | --- |
| TF2 | EXF2 | RCLK | TCLK | EXEN2 | TR2 | C/T2 | CP/RL2 |

TF2 是定时器溢出标志,当定时器溢出时置位,并申请中断,只能用软件清除。但在波特率发生器方式下,也即 RCLK=1 或 TCLK=1 时,定时器溢出也不对 TF2 置位。

EXF2 是定时器 2 外部标志,当 EXEN2＝1,且 T2EX 引脚上出现负跳变而造成捕获或重装载时,EXF2 置位,申请中断。EXF2 要靠软件清除,这一点使用时需特别注意。

RCLK 是接收时钟标志,由软件置位或清除,用以选择定时器 2 或 1 作为串行口接收波特率发生器。当 RCLK＝1 时,用定时器 2 溢出脉冲作为串行口的接收时钟;当 RCLK＝0 时,用定时器 1 的溢出脉冲作为接收时钟。

TCLK 是发送时钟标志,由软件置位或清除,用以选择定时器 2 或 1 作为串行口发送波特率发生器。当 TCLK＝1 时,用定时器 2 溢出脉冲作为串行口的发送时钟;当 TCLK＝0 时,用定时器 1 的溢出脉冲作为发送时钟。

EXEN2 是定时器外部允许标志,由软件置位或清除,以允许或不允许用外部信号来触发捕获或重装载操作。当 EXEN2＝1 时,若定时器 2 未用做串行口的波特率发生器,则当在 T2EX 端出现信号负跳变时,将造成定时器 2 捕获或重装载,并置 EXF2 标志为 1,请求中断。当 EXEN2＝0 时,T2EX 端的外部信号不起作用。

TR2 为定时器 2 运行控制位,由软件置位或清除,以决定定时器 2 是否运行。当 TR2＝1 时,启动定时器;否则,停止。

C/T2 是定时/计数器方式选择位,由软件置位或清除。当 C/T2＝0 时,选择定时器方式;当 C/T2＝1 时,选择计数器方式。

CP/RL2 是捕获/重装载标志,由软件置位或清除。若 CP/RL2＝1,则选择捕获功能,此时若 EXEN2＝1,且 T2EX 端的信号负跳变时,发生捕获操作,即把 TH2 和 TL2 的内容传递给 RCAP2H 和 RCAP2L。当 CP/RL2＝0 时,选择重装载功能,此时若定时器 2 溢出,或在 EXEN2＝1 条件下 T2EX 端信号负跳变,都会造成重装载操作,即把 RCAP2H 和 RCAP2L 的内容传送给 TH2 和 TL2。

专用寄存器 TMOD,TCON 和 T2CON 都可按位寻址,所以上述描述的所有标志位都可由软件设置或清除。

**2. 定时/计数器 T0 和 T1**

定时/计数器 T0 和 T1 的 TMOD 寄存器中各有 1 个控制位 C/T,用于控制 T0 或 T1 工作在定时器或者计数器方式。

当 C/T＝0 时,选择定时器工作方式,计数输入信号是内部时钟脉冲,每个机器周期使寄存器的值增 1。1 个机器周期等于 12 个振荡周期,所以计数速率为振荡器频率的 1/12。当采用 12 MHz 晶体时,计数速率为 1 MHz。定时器的定时时间与系统的振荡频率、计数器的长度以及初值有关。

当 C/T＝1 时,选择计数器工作方式,计数脉冲来自相应的外部输入引脚 T0(P3.4)和 T1(P3.5)。当输入信号产生由 1 至 0 的跳变时,计数寄存器(TH0 和 TL0 或 TH1 和 TL1)的值增 1。

对于定时/计数器 T0 和 T1 还存在 4 种操作模式,其中前 3 种模式对于 T0 和 T1 是相同的,而模式 3 对两者则不同。首先以 T0 为例说明前 3 种模式。

对于模式 0,16 位寄存器 TH0＋TL0 只用了 13 位,TL0 的高 3 位不使用。对于 13 位计数器,最长的计数为 $2^{13}=8\ 192$ 个脉冲。若脉冲由内部提供(定时/计数器 T0)且石英晶体为 12 MHz 时,一个脉冲时间为 1 μs,最长计时时间为 8 192 μs,最短计时时间为 1 μs。若 C/T＝1,则脉冲由外部 T0 引脚输入,可对外部输入的脉冲数计数。若要取得 $t$ 时间(单位为 μs)的定

时,则需将定时器寄存器设置为

$$TL0=(8\ 192-t)\ MOD\ 32, \quad TH0=(8\ 192-t)/32$$

模式 1 和模式 0 几乎完全相同,唯一的差别是:在模式 1 中,定时器寄存器 TH0 和 TL0 是以全 16 位参与操作的。16 位计数器最长的计数为 $2^{16}=65\ 536$ 个脉冲。若脉冲周期为 $1\ \mu s$,则其最长计时时间为 $65\ 536\ \mu s$,最短计时时间为 $1\ \mu s$。若要取得 $t$ 时间(单位为 $\mu s$)的定时,则需将定时器寄存器设置为

$$TL0=(65\ 536-t)\ MOD\ 256, \quad TH0=(65\ 536-t)/256$$

模式 2 把定时器寄存器 TL0 配置成一个可以自动重装载的 8 位计数器。当 TL0 计数溢出时,不仅使溢出标志 TF0 置 1,而且还自动把 TH0 中的内容重装载到 TL0 中。TH0 的内容可由软件预置,重装载后其内容不变。若要取得 $t$ 时间(单位为 $\mu s$)的定时,则可将定时器寄存器设置为

$$TL0=256-t, \quad TH0=256-t$$

前 3 种模式对于定时/计数器 T1 也是相同的。

模式 3 对于定时/计数器 T0 和 T1 是不同的。T0 工作在模式 3 会分成两个互相独立的 8 位定时器,其中 TL0 的操作情况与模式 0 和模式 1 类似,由 T0 控制,而 TH0 被规定只用做定时器,由 T1 的 TR1 所控制,且 TH0 控制了 T1 的中断 TF1。当 T1 工作在模式 3 时,会使 T1 停止计时,其作用如同使 TR1=0。

定时/计数器 T0 和 T1 的其他相关设置可参见前面介绍的 TMOD 和 TCON 各位的设置。

### 3. 定时/计数器 T2

T2 是一个具有 16 位自动重装载或捕获能力的定时/计数器,专用寄存器 T2CON 是其控制寄存器。它有两种工作方式,即定时/计数器方式和波特率发生器方式。

当作为定时器时,TH2 和 TL2 所计的是机器周期数;当作为计数器时,外部计数脉冲由 T2(P1.0)引脚输入,其工作情况和时序与定时/计数器 0 和 1 完全相同。在定时器和计数器工作方式下,都可以通过 T2CON 中的控制位 CP/RL2 来选择捕获能力或重装载能力。TH2 和 TL2 内容的捕获或自动装载是通过一对捕获/重装载寄存器 RCAP2H 和 RCAP2L 来实现的。TH2 和 TL2 与 RCAP2H 和 RCAP2L 之间接有双向缓冲器(三态门)。当 CP/RL2=0 时,选择自动重装载功能,即把 RCAP2H 和 RCAP2L 的数据自动装入 TH2 和 TL2 的功能。当 CP/RL2=1 时,选择捕获功能,数据传送方向正好相反。

捕获或重装载操作发生于以下两种情况:

① 当 T2 的寄存器 TH2 和 TL2 溢出时,此时若 CP/RL2=0,则打开重装载的三态缓冲器,把 RCAP2H 和 RCAP2L 的内容自动装载到 TH2 和 TL2 中。同时,溢出标志 TF2 置 1,申请中断。

② 当 EXEN2=1 且 T2EX(P1.1)引脚的信号有负跳变时,此时根据 CP/RL2 是 0 或 1 将发生捕获或重装载操作,同时 EXF2 标志置 1,申请中断。

若定时/计数器 2 的中断打开,则无论是 TF2=1 还是 EXF2=1,CPU 都会响应中断,此中断向量的地址为 2BH。响应中断后,用软件撤除中断申请,以免无休止地发生中断。TF2 和 EXF2 都是可直接寻址位,可采用"CLR TF2"和"CLR EXF2"指令来实现撤除中断申请的功能。

T2 的第二种工作方式是波特率发生器方式。波特率即每秒钟传输的数据位数。波特率发生器用于控制串行口的数据传输速率。RCLK 和 TCLK 是专用寄存器 T2CON 中的两位,分别对应串行通信接收波特率发生器和发送波特率发生器。它们的值决定串行通信的波特率发生器是定时/计数器 1 还是 2,当值为 0 时,选用定时/计数器 1;当值为 1 时,选用定时/计数器 2。当选用定时/计数器 2 作为波特率发生器时,其溢出脉冲用做串行口的时钟,此时钟频率可由内部时钟决定,也可由外部时钟决定。若 C/T2=1,则选用外部时钟,该时钟由 T2 (P1.0)引脚输入,每当外部脉冲负跳变时,计数器值增 1。外部脉冲频率不超过振荡器频率的 1/24。由于溢出时,RCAP2H 和 RCAP2L 的内容会自动装载到 TH2 和 TL2 中,故波特率的值还决定于装载值。

当定时/计数器 2 用做波特率发生器时,若 EXEN2 置 1,则 T2EX 端的信号产生负跳变,EXF2 将置 1,但不会发生重装载或捕获操作。此时,T2EX 可作为一个附加的外部时钟源。

在波特率发生器工作方式下,TH2 和 TL2 的内容不能再读/写,也不能改写 RCAP2H 和 RCAP2L。

### 1.1.2.6 串行口

MCS - 51 单片机具有一个全双工的串行通信接口,能同时进行发送和接收。它可以作为 UART(通用异步接收和发送器)使用,也可以作为同步移位寄存器使用。

**1. 数据缓冲寄存器 SBUF**

SBUF 是可直接寻址的专用寄存器。物理上它对应两个寄存器,即发送寄存器和接收寄存器。CPU 写 SBUF,就是修改发送寄存器;读 SBUF,就是读接收寄存器。接收器是双缓冲的,以避免在接收下一帧数据之前,CPU 未能及时响应接收器的中断,没有把上一帧数据读走,而产生两帧数据重叠的问题。对于发送器,为了保持最大的传输速率,一般不需要双缓冲,因为发送时 CPU 是主动的,不会产生写重叠的问题。

**2. 状态控制寄存器 SCON**

串行口状态控制寄存器 SCON 是一个逐位定义的 8 位寄存器,用于控制串行通信的方式选择、接收和发送,以及指示串行口的状态。SCON 既可字节寻址,也可位寻址,字节地址为 98H,位地址为 98H~9FH。SCON 各位的定义如下:

| MSB | | | | | | | LSB |
| --- | --- | --- | --- | --- | --- | --- | --- |
| SM0 | SM1 | SM2 | REN | TB8 | RB8 | TI | RI |

SM0 和 SM1 是串行口工作方式选择位。2 个选择位对应于 4 种工作方式,如表 1-8 所列。其中 $f_{osc}$ 是振荡器频率。

表 1-8 串行口工作方式选择位

| SM0 SM1 | | 工作方式 | 功 能 | 波特率 |
| --- | --- | --- | --- | --- |
| 0 | 0 | 0 | 8 位同步移位寄存器 | $f_{osc}/12$ |
| 0 | 1 | 1 | 10 位 UART | 可变 |
| 1 | 0 | 2 | 11 位 UART | $f_{osc}/64$ 或 $f_{osc}/32$ |
| 1 | 1 | 3 | 11 位 UART | 可变 |

SM2 在工作方式 2 和 3 中是多处理机通信使能位。在工作方式 0 中,SM2 必须为 0。在工作方式 1 中,若 SM2=1 且没有接收到有效停止位,则 RI 不会被激活。在工作方式 2 和 3 中,若 SM2=1 且接收到的第 9 位数据(RB8)为 0,则接收中断标志 RI 不会被激活;若接收到的第 9 位数据(RB8)为 1,则 RI 置 1。此功能可用于多处理机通信。

REN 为允许串行接收位,由软件置位或清除。置位时,允许串行接收;清除时,禁止串行接收。

TB8 是工作方式 2 和 3 中要发送的第 9 位数据。在许多通信协议中,该位是奇偶位。该位可按需要由软件置位或清除。在多处理机通信中,该位用于表示是地址帧还是数据帧。

RB8 是工作方式 2 和 3 中接收到的第 9 位数据(例如奇偶位或者地址/数据标志位)。在工作方式 1 中,若 SM2=0,则 RB8 是已接收的停止位。在工作方式 0 中,RB8 不使用。

TI 为发送中断标志位,由硬件置位,软件清除。在工作方式 0 中,在发送第 8 位末尾时由硬件置位;在其他工作方式中,在发送停止位开始时由硬件置位。当 TI=1 时,申请中断,CPU 响应中断后,发送下一帧数据。在任何工作方式中,都必须由软件清除 TI。

RI 为接收中断标志位,由硬件置位,软件清除。在工作方式 0 中,在接收第 8 位末尾时由硬件置位;在其他工作方式中,在接收停止位的中间由硬件置位。当 RI=1 时,申请中断,要求 CPU 取走数据。但在工作方式 1 中,当 SM2=1 且未接收到有效停止位时,不会对 RI 置位。在任何工作方式中,都必须由软件清除 RI。

系统复位时,SCON 的所有位都被清除。

电源控制寄存器 PCON 也是一个逐位定义的 8 位寄存器,目前仅有几位有定义,如下所示:

| MSB | | | | | | | LSB |
|---|---|---|---|---|---|---|---|
| SMOD | — | — | — | GF1 | GF0 | PD | IDL |

仅最高位 SMOD 与串行口控制有关,其他位与掉电方式有关。PCON 的地址为 87H,只能按字节寻址。SMOD 是串行通信波特率系数控制位。当串行工作于工作方式 1,2,3 时,若使用 T1 作为波特率发生器,且 SMOD=1,则波特率加倍。

GF1 和 GF0 用于一般用途,对于 AT89 系列单片机,为通用标志位。

PD 为电源下降位,对于 AT89 系列单片机,PD 为 1 时进入掉电状态。

IDL 为 IDLE 模式位,对于 AT89 系列单片机,IDL 为 1 时进入空闲工作方式。在 PD 和 IDL 同时为 1 时,PD 优先。

(1) 工作方式 0

当 SM0=0 且 SM1=0 时,串行口选择工作方式 0。实质上这是一种同步移位寄存器模式,其数据传输波特率固定为 $f_{osc}/12$。数据由 RXD(P3.0)引脚输入或输出,同步移位时钟由 TXD(P3.1)引脚输出。接收/发送的是 8 位数据,传输时,低位在前。帧格式如下:

| … | D0 | D1 | D2 | D3 | D4 | D5 | D6 | D7 | … |
|---|---|---|---|---|---|---|---|---|---|

此工作方式的工作过程包括发送和接收两部分。

当执行任何一条写 SBUF 指令时,就启动串行数据的发送。在执行写入 SBUF 的指令时,也将"1"写入发送移位寄存器的第9位,并使发送控制器开始发送。在这期间,内部定时保证写入SBUF与激活发送之间有一个完整的机器周期。当发送脉冲有效之后,移位寄存器的内容由RXD引脚串行移位输出,移位脉冲由TXD引脚输出。

在发送有效期间的每个机器周期,发送移位寄存器右移一位,在其左侧补"0"。当数据最高位移到移位寄存器的输出位时,原写入第9位的"1"正好移到最高位的左侧一位,由此向左的所有位均为"0",这标志着发送控制器要进行最后一次移位,并撤销发送有效,同时使发送中断标志TI置位。

当REN=1且接收中断标志RI位清除时,即启动一个接收过程。在下一个机器周期,接收控制器将"11111110"写入接收移位寄存器,并在下一周期内激发接收有效,同时由TXD引脚输出移位脉冲。在移位脉冲控制下,接收移位寄存器的内容每一个机器周期左移一位,同时由RXD引脚接收一位输入信号。

每当接收移位寄存器左移一位,原写入的"11111110"也左移一位。当最右侧的"0"移到最左侧时,标志着接收控制器要进行最后一次移位。在最后一次移位即将结束时,接收移位寄存器的内容送入接收数据缓冲寄存器SBUF中,然后在启动接收的第10个机器周期时清除接收信号,将RI置位。

(2) 工作方式1

当SM0=0且SM1=1时,串行口选择工作方式1,其数据传输波特率由定时/计数器T1和T2的溢出速率决定,也可通过程序设定。当T2CON寄存器中RCLK和TCLK置位时,用T2作为接收和发送波特率发生器;而当RCLK=TCLK=0时,用T1作为波特率发生器,两者还可以交叉使用,即发送和接收采用不同的波特率。数据由TXD引脚发送,由RXD引脚接收。

发送或接收的一帧信息为10位:1位起始位(0)、8位数据位(低位在先)和1位停止位(1)。帧格式如下:

| 起始位0 | D0 | D1 | D2 | D3 | D4 | D5 | D6 | D7 | 停止位1 |
| --- | --- | --- | --- | --- | --- | --- | --- | --- | --- |

类似于工作方式0,当执行任何一条写SBUF的指令时,就启动串行数据的发送。在执行写入SBUF的指令时,也将"1"写入发送移位寄存器的第9位,并通知发送控制器有发送请求。实际上,发送过程始于内部16分频计数器下次满度翻转(全1变全0)后的那个机器周期的开始,所以每位的发送过程与16分频计数器同步,而不是与"写SBUF"同步。

开始发送后的一个位周期,发送信号有效,开始将起始位送TXD引脚。一位时间后,数据信号有效。发送移位寄存器将数据由低位到高位顺序输出至TXD引脚。一位时间以后,第一个移位脉冲出现,将最低数据位从右侧移出,同时从左侧补入"0"。当最高数据位移至发送移位寄存器的输出端时,先前装入的第9位的"1"正好在最高数据位的左侧,而它的右侧区全部为"0"。在第10个位周期(16分频计数器回0时),发送控制器进行最后一次移位,清除发送信号,同时使TI置位。

当REN=1且RI位清除后,若在RXD引脚上检测到一个从1到0的跳变,则立即启动一次接收过程。同时复位16分频计数器,使输入位的边沿与时钟对齐,并将1FFH(即9个1)写入接收移位寄存器。接收控制器以波特率的16倍的速率继续对RXD引脚进行检测,对每一位时间的第7,8,9个计数状态的采样值采用多数表决法,当两次或两次以上的采样值相同时,采样值被接受。

如果在第1个时钟周期中接收到的不是起始位(0),那么就复位接收电路,继续检测RXD引脚上从1到0的跳变。如果接收到的是起始位,就将其移入接收移位寄存器,然后接收该帧的其他位。接收到的位从右侧移入,原来写入的"1"从左侧移出,当起始位移到最左侧时,接收控制器将控制进行最后一次移位,把接收到的9位数据送入接收数据缓冲器 SBUF 和 RB8 中,同时置位 RI。

在进行最后一次移位时,能将数据送入接收数据缓冲器 SBUF 和 RB8 且置位 RI 的条件是:

① RI=0 即上一帧数据接收完成时发出的中断请求已被响应,SBUF 中的上一帧数据已被取走;

② SM2=0 或接收到的停止位为"1"。

这两个条件若有一个不满足,所接收的数据帧就会丢失,并且无法恢复;若两者都满足,则数据位装入 SBUF,停止位装入 RB8 且置位 RI。

(3) 工作方式 2 和 3

当 SM0=1 且 SM1=0 时,串行口选择工作方式 2;当 SM0=1 且 SM1=1 时,串行口选择工作方式 3。数据由 TXD 引脚发送,由 RXD 引脚接收。

发送和接收的一帧信息为 11 位:1 位起始位(0),9 位数据位(低位在先,第 9 位数据位是可编程位)和 1 位停止位(1)。发送时可编程位(TB8)可赋 0 或 1,接收时可编程位进入 SCON 中的 RB8。帧的格式如下:

| 起始位 0 | D0 | D1 | D2 | D3 | D4 | D5 | D6 | D7 | 可编程位 D8 | 停止位 1 |
| --- | --- | --- | --- | --- | --- | --- | --- | --- | --- | --- |

工作方式 2 与 3 的工作原理类同,唯一的差别是它们的波特率产生方式不同。工作方式 2 的波特率是固定的,为 $f_{osc}/32$ 或 $f_{osc}/64$;而工作方式 3 的波特率是可变的,由定时/计数器 T1 和 T2 的溢出速率决定,具体可通过程序设定。

当执行任何一条写 SBUF 指令时,就启动串行数据的发送。在执行写入 SBUF 的指令时,也将"1"写入移位寄存器的第 9 位,并通知发送控制器有发送请求。实际上发送过程始于内部 16 分频计数器下次满度翻转(全 1 变全 0)后的那个机器周期的开始。所以每位的发送过程与 16 分频计数器同步,而不是与"写 SBUF"同步。

开始发送后的一个位周期,发送信号有效,开始将起始位送 TXD 引脚。一位时间后,数据信号有效。发送移位寄存器将数据由低位到高位顺序输出至 TXD 引脚。一位时间以后,第一个移位脉冲出现,将最低数据位从右侧移出,同时从左侧补入"0"。当最高数据位移至发送移位寄存器的输出端时,先前装入的第 9 位的"1"正好在最高数据位的左侧,而它的右侧区全部为"0"。在第 11 个位周期(16 分频计数器回 0 时,在工作方式 1 中是第 10 个位周期),发送控制器进行最后一次移位,清除发送信号,同时使 TI 置位。

当 REN=1 且 RI 位清除后,若在 RXD 引脚上检测到一个从 1 到 0 的跳变,则立即启动一次接收过程。同时复位 16 分频计数器,使输入位的边沿与时钟对齐,并将 1FFH(即 9 个 1)写入接收移位寄存器。接收控制器以波特率的 16 倍的速率继续对 RXD 引脚进行检测,对每一位时间的第 7,8,9 个计数状态的采样值采用多数表决法,当两次或两次以上的采样值相同时,采样值被接受。

如果在第 1 个时钟周期中接收到的不是起始位(0),那么就复位接收电路,继续检测 RXD 引脚上从 1 到 0 的跳变。如果接收到的是起始位,就将其移入接收移位寄存器,然后接收该帧的其他位。接收到的位从右侧移入,原来写入的"1"从左侧移出,当起始位移到最左侧时,接收控制器将控制进行最后一次移位,把接收到的 9 位数据送入接收数据缓冲器 SBUF 和 RB8 中,同时置位 RI。

在进行最后一次移位时,能将数据送入接收数据缓冲器 SBUF 和 RB8 且置位 RI 的条件是:

① RI=0;

② SM2=0 或接收到的第 9 位数据位为"1"。

这两个条件若有一个不满足,所接收的数据帧就会丢失,并且无法恢复;若两者都满足,则数据位装入 SBUF,第 9 位数据位装入 RB8 且置位 RI。

注意,与工作方式 1 不同,工作方式 2 和 3 中装入 RB8 的是第 9 位数据位,而不是停止位,所接收的停止位与 SBUF、RB8 及 RI 都无关。这一特点可用于多处理机通信。

(4) 多处理机通信

工作方式 2 和 3 有一个专门的应用领域,即多处理通信。在这两个工作方式中,接收的是 9 位数据,第 9 位进入 RB8,然后是一位停止位。可以对串行口这样来编程:当接收到停止位时,只有在 RB8=1 的条件下,串行口中断才会有效。要使串行口具有这一特点,可通过把 SCON 中的 SM2 置位 1 来实现,因为前面提到,置位 RI 产生接收中断的必要条件之二是 SM2=0 或者接收到的第 9 位数据位为"1",现在 SM2 置位 1,那么是否产生中断就完全取决于接收的第 9 位数据了,也就是只有当 RB8=1 时串行口中断才会有效。

当主处理机要发送一数据块给几个从处理机之一时,它先送出一个地址字节,以辨认目标从机。地址字节与数据字节可用第 9 位来区别,前者的第 9 位为"1",后者为"0"。因为 SM2=1,所以从机不会被一个数据字节(RB8=0)所中断,而一个地址字节(RB8=1)会中断所有从机。这样,使每一台从机都检查一下所接收到的字节,以判别自己是不是目标从机。被寻址的从机清除它的 SM2 位,并准备接收数据字节。没有被寻址的从机维持 SM2=1,这些从机将不会理睬进入到串行口的数据字节,它们可以处理自己的事情,直到一个新的地址字节的来临。

(5) 波特率的计算

工作方式 0 时的波特率由振荡器的频率 $f_{osc}$ 确定,即

$$波特率 = f_{osc}/12$$

工作方式 2 时的波特率由振荡器的频率 $f_{osc}$ 和 SMOD(专用寄存器 PCON 的最高位)共同确定,即

$$波特率 = (f_{osc}/64) \times 2^{SMOD}$$

当 SMOD=1 时,波特率=$f_{osc}/32$;当 SMOD=0 时,波特率=$f_{osc}/64$。

工作方式 1 和 3 时的波特率由定时/计数器 T1 和 T2 的溢出速率和 SMOD 共同确定。T1 和 T2 是可编程的,可选择的波特率范围较大,因此,串行口的工作方式 1 和 3 是最常用的工作方式。

用定时/计数器 T1(C/T=0)产生的波特率为

$$波特率 = (定时/计数器\ T1\ 的溢出速率) \times (2^{SMOD}/32)$$

其中,定时/计数器 T1 的溢出速率与它的工作方式有关。

当 T1 工作于方式 0 时,T1 相当于一个 13 位的计数器,其溢出速率为

$$溢出速率 = (f_{osc}/12)/(2^{13} - TC + X)$$

式中:TC 为 13 位计数器的初值;$X$ 为中断服务程序的机器周期数,在中断服务程序中需重新对定时器置数。

当 T1 工作于方式 1 时,T1 相当于一个 16 位的计数器,其溢出速率为

$$溢出速率 = (f_{osc}/12)/(2^{16} - TC + X)$$

当 T1 工作于方式 2 时,T1 工作于一个 8 位可重装载的方式,用 TL1 计数,TH1 装初值,其溢出速率为

$$溢出速率 = (f_{osc}/12)/[2^8 - (TH1)]$$

工作方式 2 是一种自动重装载方式,只需 TH1 装初值,而无需在中断服务程序中送数,不存在由于中断引起的误差,也应禁止定时器 T1 中断。这种方式对于设定波特率最为有用。

T1 工作于方式 3 时的溢出速率与 T1 工作于方式 1 时的溢出速率计算方法相同,限于篇幅,这里不再赘述。

用定时/计数器 T2(C/T=1)产生的波特率为

$$波特率 = (定时/计数器\ T2\ 的溢出速率)/16$$

其中的溢出速率为

$$溢出速率 = (f_{osc}/2)/[2^{16} - (RCAP2H, RCAP2L)]$$

其中(RCAP2H,RCAP2L)为 16 位寄存器的初值(定时常数)。

常用的各种波特率如表 1-9 所列。

表 1-9 常用的各种波特率列表

| 波特率 /(b·s$^{-1}$) | $f_{osc}$ /MHz | SMOD | 定时/计数器 T1 | | |
|---|---|---|---|---|---|
| | | | C/T | 工作方式 | 自动载入 |
| 4 800 | 12 | 1 | 0 | 2 | F3H |
| 2 400 | 12 | 0 | 0 | 2 | F3H |
| 1 200 | 12 | 1 | 0 | 2 | F6H |
| 19 200 | 11.059 2 | 1 | 0 | 2 | FDH |
| 9 600 | 11.059 2 | 0 | 0 | 2 | FDH |
| 9 600 | 11.059 2 | 1 | 0 | 2 | FAH |
| 4 800 | 11.059 2 | 0 | 0 | 2 | FAH |
| 2 400 | 11.059 2 | 0 | 0 | 2 | F4H |
| 1 200 | 11.059 2 | 0 | 0 | 2 | E8H |

### 1.1.2.7 中断系统

程序在执行过程中,允许外部或内部事件通过硬件中断程序的执行,使其转向处理外部或内部事件的中断服务程序;完成中断服务程序后,CPU 继续原来被中断的程序,这样的过程称为中断过程。能产生中断的外部或内部事件称为中断源。当几个中断源同时申请中断时,或

者 CPU 正在处理某中断事件时,又有另一事件申请中断,则 CPU 必须区分哪个中断源更为重要,从而优先处理,这就是中断优先级问题。优先级高的事件可以中断 CPU 正在处理的低级的中断服务程序,待完成了高级中断服务程序之后,再继续执行被中断了的低级中断服务程序,这就是中断的嵌套。

### 1. 中断源

80C51 有如下 5 个中断源:

- INT0(P3.2)　外部中断 0。当 IT0(TCON.0)=0 时,低电平有效;当 IT0(TCON.0)=1 时,下降沿有效。
- INT1(P3.3)　外部中断 1。当 IT1(TCON.2)=0 时,低电平有效;当 IT1(TCON.2)=1 时,下降沿有效。
- TF0　定时/计数器 T0 溢出中断。
- TF1　定时/计数器 T1 溢出中断。
- RX,TX　串行中断。

80C52 又增加了一个中断源,即定时/计数器 T2 溢出中断。

### 2. 中断相关寄存器 IE 和 IP

51 单片机有两级中断优先级,其中每个中断源的优先级都可由程序设定。中断源的中断要求能否得到响应,受中断寄存器 IE 中各位的控制。它们的优先级由中断优先级寄存器 IP 的各位确定,当同一优先级内的各中断源同时要求中断时,以内部的查询逻辑来确定响应次序。不同的中断源有不同的中断向量,这些中断向量的地址如表 1-3 所列。

允许中断寄存器 IE 的各位定义如下:

| MSB | | | | | | | LSB |
|---|---|---|---|---|---|---|---|
| EA | — | ET2 | ES | ET1 | EX1 | ET0 | EX0 |

EA 是总中断允许位。当 EA=0 时,禁止所有中断;当 EA=1 时,每个中断源是允许还是禁止由各自的允许位确定。

ET2 是定时器 2 中断允许位。当 ET2=0 时,禁止定时器 2 中断。

ES 是串行口中断允许位。当 ES=0 时,禁止串行口中断。

ET1 是定时器 1 中断允许位。当 ET1=0 时,禁止定时器 1 中断。

EX1 是外部中断 1 允许位。当 EX1=0 时,禁止外部中断 1。

ET0 是定时器 0 中断允许位。当 ET0=0 时,禁止定时器 0 中断。

EX0 是外部中断 0 允许位。当 EX0=0 时,禁止外部中断 0。

中断优先级寄存器 IP 的各位定义如下:

| MSB | | | | | | | LSB |
|---|---|---|---|---|---|---|---|
| — | — | PT2 | PS | PT1 | PX1 | PT0 | PX0 |

PT2 是定时器 2 中断优先级设定位。

PS 是串行口中断优先级设定位。

PT1 是定时器 1 中断优先级设定位。

PX1 是外部中断 1 优先级设定位。

PT0 是定时器 0 中断优先级设定位。

PX0 是外部中断 0 优先级设定位。

IP 寄存器中各位均具有以下特点,即当为 0 时,为低中断优先级;当为 1 时,为高中断优先级。系统复位后,IP 寄存器中各位均为 0,即此时全部设定为低中断优先级。在中断执行过程中,低优先级中断可被高优先级中断所中断,反之不能。另外,同级的中断不能互相中断。当几个同级的中断源同时向 CPU 申请中断时,CPU 按硬件次序排定优先权,依次为外部中断 0(INT0)、定时/计数器 T0 溢出中断、外部中断 1(INT1)、定时/计数器 T1 溢出中断、串行口中断、定时/计数器 T2 溢出中断。

**3. 外部中断的触发方式**

外部中断的触发方式分为两种:一种是电平触发,另一种是边沿触发。这两种方式由 TCON 寄存器的中断方式位 IT1 或 IT0 来控制。若 ITx=0(x 为 0 或 1),则采用电平触发方式,在 INTx(x 为 0 或 1)引脚上检测到低电平将触发外部中断;若 ITx=1,则采用边沿触发方式,在相继的两个周期中,对 INTx 引脚连续两次采样,若第一次采样为高,第二次为低,则 TCON 寄存器中的中断请求标志 IEx(x 为 0 或 1)被置 1,申请中断。

由于外部中断引脚每个机器周期被采样一次,所以为确保采样,由引脚 INTx 输入的信号应至少保持一个机器周期,即 12 个振荡周期。如果外部中断为边沿触发方式,则引脚处的高电平值和低电平值应至少各保持一个机器周期,才能确保 CPU 检测到电平的跳变。如果外部中断采用电平触发方式,则外部中断源应一直保持中断请求有效,直至所请求的中断得到响应为止。

**4. 中断请求的撤除**

CPU 响应某中断请求后,转去执行中断服务程序,在其执行中断返回指令(RETI)之前,该中断请求应该撤除,否则将引起另一次中断。

撤除中断请求的方式有以下三种:

① 由单片机内部硬件自动复位。对于定时/计数器 T0 和 T1 的溢出中断以及采用跳变触发方式的外部中断请求,在 CPU 响应中断后,由内部硬件自动复位中断标志 TF0 和 TF1 以及 IE0 和 IE1,从而自动撤除中断请求。

② 使用软件清除相应标志。对于串行接收和发送中断请求及 80C52 中的定时/计数器 T2 的溢出请求,在 CPU 响应中断后,RI、TI、TF2 和 EXF2 等中断标志位不会被硬件自动复位,而必须通过在中断服务程序中清除这些中断标志的方式才能撤除中断。

③ 其他措施。对于电平触发的外部中断,CPU 对中断引脚(INT0 和 INT1)上的信号无控制能力(在专用寄存器中,没有相应的中断请求标志),也不像某些微处理器那样,响应中断后会自动发出一个应答信号,因此需要另外采取撤除中断的措施。例如,可以利用单稳态触发器对中断信号进行整形,使之符合要求。

## 1.2　51 单片机工作方式和指令系统

51 单片机的软件是由 MCS-51 单片机指令系统来实现的,因此,了解 51 单片机的工作方式和指令系统十分重要,具有指导性的作用,下面进行详细介绍。

## 1.2.1　单片机的工作方式

51 单片机的工作方式包括：复位方式、程序执行方式、低功耗操作方式以及 EPROM 编程和校验方式。单片机不同的工作方式，代表单片机处于不同的状态。单片机工作方式的多少，是衡量单片机性能的一项重要指标。

### 1.2.1.1　复位方式

51 单片机的复位方式有上电自动复位和手工复位两种。在 MCS-51 的复位信号输入端 (RESET) 加上持续时间超过 24 个时钟周期的高电平，即可使单片机复位。当该输入端电平变低，即启动 MCS-51 从入口地址 0000H 开始工作。单片机的复位并不影响芯片内部 RAM 的状态，只要复位引脚保持高电平，单片机将循环复位。在复位有效期间内，地址锁存使能信号 ALE(Address Latch Enable)、外部程序存储器读选通信号 PSEN(Program Store Enable) 将输出高电平。复位后各内部寄存器的状态如表 1-10 所列。

表 1-10　复位后 51 单片机内部寄存器状态表

| 寄存器 | 复位状态 | 寄存器 | 复位状态 |
| --- | --- | --- | --- |
| PC | 0000H | SBUF | 00H |
| ACC | 00H | TMOD | 00H |
| B | 00H | TCON | 00H |
| PSW | 00H | TH0 | 00H |
| SP | 07H | TL0 | 00H |
| DPTR | 0000H | TH1 | 00H |
| P0~P3 | FFH | TL1 | 00H |
| IP(8051) | XXX00000B | SCON | 00H |
| IE(8051) | 0XX00000B | | |

复位电路一般有上电复位、手动开关复位和自动复位 3 种电路，如图 1-4 所示。

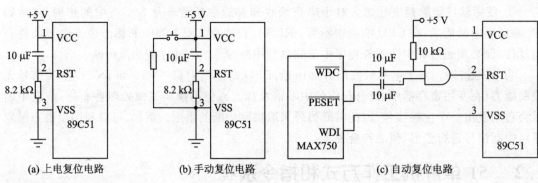

(a) 上电复位电路　　(b) 手动复位电路　　(c) 自动复位电路

图 1-4　单片机复位电路

#### 1.2.1.2 程序执行方式

程序执行方式是单片机的基本工作方式,所执行的程序可以放在内部 ROM、外部 ROM 或者同时放在内、外 ROM 中。由于单片机复位后 PC=0000H,所以程序总是从地址 0000H 开始执行。程序执行方式又可分为连续执行和单步执行两种。

**1. 连续执行方式**

连续执行方式是从指定地址开始连续执行程序存储器 ROM 中存放的程序,每读一次程序,程序计数器 PC 自动加 1。

**2. 单步执行方式**

单步运行方式是在单步运行键的控制下实现的,每按一次单步运行键,程序顺序执行一条指令。单步运行方式通常只在用户调试程序时使用,用于观察每条指令的执行情况。

#### 1.2.1.3 低功耗操作方式

在电池供电的系统中,有时为了降低电池的功耗,在程序不运行时就要采用低功耗操作方式。低功耗操作方式有两种:待机(节电)操作方式和掉电操作方式。

**1. 待机(节电)操作方式**

在待机(节电)操作方式时,CPU 的大部分电路得不到时钟信号,但中断逻辑、时间比较清零 CTC(Clear Timer on Compare)和串行口能够得到时钟信号而继续工作。因此要注意,待机状态下电源电压仍然需要维持正常值,以使中断逻辑、CTC 和串行口能够正常工作。由于待机时 CPU 的大部分电路都停止工作,所以单片机待机状态下的电源电流只有正常工作状态的 25% 左右。

51 单片机有两种方法可以终止待机状态:

① 单片机响应中断。中断响应后由硬件自动清除电源控制字中的 IDL 位,使单片机退出待机状态,继续执行使电源控制寄存器 PCON 中的 IDL=1 的那条指令后的指令。

② 硬件复位,即在 RST 引脚加入一个宽度不小于 2 个机器周期的正脉冲使单片机复位,IDL=0。在正脉冲的下降沿,单片机即退出待机状态。

**2. 掉电操作方式**

在掉电操作方式时,仅给片内 RAM 供电,片内所有其他电路都不工作。

在使用掉电操作方式时,应注意以下几点:

① 将电源控制寄存器中的 PD(Power Down)位置 1(用指令"MOV PCON,♯02H"),可使单片机进入掉电工作方式。此时振荡器停振,只有片内 RAM 和 SFR 中的数据保持不变,而包括中断系统在内的全部电路都将处于停止工作状态。

② 使用掉电操作方式时,需关闭所有外设,以保持整个系统的低功耗。

③ 要想退出掉电操作方式,只能采用硬件复位,即需要在 RST 引脚上外加一个足够宽的复位脉冲,使 8051 复位;而不能采用中断唤醒的方法。

④ 欲使 8051 从掉电操作方式退出后继续执行掉电前的程序,则必须在掉电前预先把 SFR 中的内容保存在片内 RAM 中,并在掉电操作方式退出后恢复 SFR 掉电前的内容。因为掉电操作方式的退出采用硬件复位,复位后 SFR 为初始化的内容。

在待机和掉电操作方式下,单片机内部的硬件控制电路如图 1-5 所示。

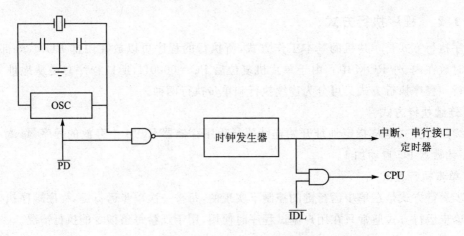

图 1-5　待机和掉电操作方式下的内部控制电路

### 1.2.1.4　EPROM 编程和校验方式

对于内部集成有 EPROM 的 MCS-51 单片机,可以进入编程或校验方式。编程时,时钟频率应该在 4~6 MHz 范围内。而在程序保密位还未设置时,无论在写入时或写入后,均可将片上程序存储器的内容读出进行校验。

**1. 签名字节的读出**

签名字节是生产厂家在生产 MCS-51 系列单片机时写入存储器中的信息。信息内容包括生产厂家、编程电压和单片机型号。

**2. 存储器编程方式**

编程的主要操作是将原始程序和数据写入内部 EPROM 中。编程时,要在引脚 VPP 端提供稳定的编程电压,从 P0 口输入编程信息,当编程脉冲输入端 $\overline{PROG}$ 输入 52 ms 宽度的负脉冲时,即完成一次写入操作。51 单片机只有两种编程电压:一种是低压编程方式,用 5 V 电压;另一种是高压编程方式,用 12 V 电压。这一编程电压可从器件封装表面读取或从签名字节中读取。

**3. 程序的校验方式**

校验的主要操作是在向片内程序存储器 EPROM 写入信息时或写入信息后,将片内 EPROM 的内容读出进行校验,以保证写入信息的正确性。

**4. EPROM 加密方式**

用户编写好的程序通过编程和校验无误写入 EPROM 中后,可进行加密保护以防止非法读出受保护的应用软件。

**5. 程序擦除工作方式**

51 单片机的片内 Flash 存储器可多次编程,但在每次对程序存储器进行编程前都必须先执行擦除操作,以使存储器单元内容变为全 FFH 状态(包括签名字节)。图 1-6

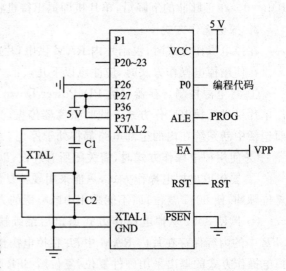

图 1-6　Flash 编程硬件逻辑电路

为 Flash 编程硬件逻辑电路图。

## 1.2.2 单片机的指令系统

指令是计算机根据人的意图所执行的操作命令,与计算机内部结构和硬件资源密切相关。计算机所能执行的全部指令的集合称为指令系统。不同系列的计算机具有不同的指令系统。

一条指令是机器语言的一条语句,包括操作码字段和操作数地址字段。对于不同的指令,指令字节数可能不同。51单片机的指令可以是单字节、双字节或三字节指令。

MCS-51单片机共有111条指令,其中,单字节指令49条,双字节指令45条,三字节指令17条。111条指令中共有33个功能,有64条指令是单机器周期指令,45条指令是双机器周期指令,只有乘法和除法指令需要四个机器周期。若系统时钟为12 MHz,则大多数指令的执行时间仅需 1 μs,最长的乘、除法指令也仅需 4 μs。

MCS-51单片机的指令系统按功能划分为五类:
① 数据传送类指令28条。
② 算术运算类指令24条。
③ 逻辑操作类指令25条。
④ 位操作类指令17条。
⑤ 控制转移类指令17条。

### 1.2.2.1 单片机的寻址方式

执行任何一条指令都需要使用操作数。寻址方式就是根据指令中给出的地址来寻找操作数地址的方式。

根据指令操作的需要,计算机有多种寻址方式。总的来说,寻址方式越多,计算机的功能就越强,灵活性越大,指令系统也越复杂。因此在设定寻址方式时,应考虑需要和可能。51单片机指令系统中共有七种寻址方式:立即寻址、直接寻址、寄存器寻址、寄存器间接寻址、变址寻址、相对寻址和位寻址。下面分别进行介绍。

**1. 立即寻址**

立即寻址是指在指令中直接给出操作数。出现在指令中的操作数称为立即数,因此就将这种寻址方式称为立即寻址。为了与直接寻址指令中的直接地址相区别,在立即数前面应加前缀"#"。立即寻址时,指令中地址码部分给出的就是操作数,即取出指令的同时立即得到了操作数。例如指令:

```
MOV    A,#3EH              ;A←3EH
```

式中3EH就是立即数,指令功能是把8位立即数3EH送入累加器A。

此外,在指令系统中还有一条16位立即数指令:

```
MOV    DPTR,#data16
```

其功能是把16位立即数送入数据指针寄存器。

**2. 直接寻址**

直接寻址时,指令中地址码部分直接给出了操作数单元的有效地址。例如指令:

```
MOV  A,7EH                    ;A←(7EH)
```

其功能是把片内 RAM 中 7EH 单元内的数据送给累加器 A。

直接寻址方式只能给出 8 位地址,因此,此种寻址方式的寻址范围只限于片内 RAM,具体地说就是:

① 低 128 单元,在指令中直接以单元地址形式给出。

② 对于特殊功能寄存器,除了可按单元地址形式给出外,还可按寄存器符号形式给出。虽然特殊功能寄存器可以使用符号标志,但在指令代码中还是按地址进行编码的。需要说明的是,直接寻址是访问特殊功能寄存器的唯一方法。

**3. 寄存器寻址**

寄存器寻址是指在指令中将指定寄存器的内容作为操作数。因此,指定了寄存器就能得到操作数。寄存器寻址时,指令中地址码给出的是某一通用寄存器的编号,例如指令:

```
MOV  A,R1                     ;A←(R1)
```

其功能是把寄存器 R1 的内容送到累加器 A 中。由于操作数在 R1 中,所以指定了 R1 也就得到了操作数。

寄存器寻址方式的寻址范围包括:

① 4 个寄存器组共 32 个通用寄存器。但在指令中只能使用当前寄存器组,因此,使用前要指定 PSW 中的 RS1 和 RS0,以选择当前寄存器组。

② 部分特殊功能寄存器。例如累加器 A、寄存器 B 以及数据指针 DPTR。

**4. 寄存器间接寻址**

寄存器间接寻址是指在指令中要到寄存器的内容所指的地址处去取操作数。可以看出,在寄存器寻址方式中,寄存器中存放的是操作数;而在寄存器间接寻址方式中,寄存器中存放的则是操作数的地址,即寄存器中存放的是地址指针。这就是说,指令的操作数是通过寄存器间接得到的,因此称为寄存器间接寻址。

寄存器间接寻址也需以寄存器符号名称的形式表示。为了与寄存器寻址区别,在寄存器间接寻址中,应在寄存器的名称前面加前缀"@",例如指令:

```
MOV  A,@R0                    ;A←((R0))
```

寄存器间接寻址的寻址范围包括:

① 片内 RAM 低 128 单元。这里只能使用 R0 或 R1 为间址寄存器,其通用形式写为@Ri(i=0,1)。

② 片外 RAM 64 KB。使用 DPTR 作为间接寻址寄存器,其形式为@DPTR。

③ 片外 RAM 低 256 单元。除可使用 DPTR 作为间接寻址寄存器外,也可使用 R0 或 R1 作为间接寻址寄存器。

④ 堆栈区。堆栈操作指令(PUSH 和 POP)也属于寄存器间接寻址指令,即以堆栈指针(SP)作为间接寻址寄存器。

**5. 变址寻址**

变址寻址是指以 DPTR 或 PC 作为基址寄存器,以累加器 A 作为变址寄存器,以两者内容相加形成的 16 位程序存储器地址作为操作数地址。例如指令:

```
MOVC    A,@A+DPTR              ;A←((A)+(DPTR))
```

其功能是将 DPTR 与 A 的内容相加所得到的程序存储器地址单元的内容送入累加器 A。

变址寻址指令有如下特点。

① 变址寻址方式只能对程序存储器进行寻址。

② 变址寻址指令只有 3 条,即:

```
MOVC    A,@A+DPTR
MOVC    A,@A+PC
JMP     @A+DPTR
```

其中前两条是程序存储器读指令,后一条是无条件转移指令。

③ 尽管变址寻址方式复杂,但这 3 条指令却都是单字节指令。

④ 变址寻址方式可用于查表操作。

**6. 相对寻址**

相对寻址是指在指令中给出的操作数为程序转移的偏移量。相对寻址方式是为实现程序的相对转移而设立的,为相对转移指令所采用。

在相对转移指令中,给出地址偏移量(在 51 系列单片机的指令系统中,以"rel"表示),把 PC 的当前值加上偏移量即构成程序转移的目的地址。而 PC 的当前值是指执行完转移指令后的 PC 值,即转移指令的 PC 值加上它的字节数。因此,转移的目的地址可用如下公式计算:

$$目的地址 = 转移指令所在地址 + 转移指令字节数 + rel$$

在 51 单片机指令系统中,有许多条相对转移指令。这些指令多数均为双字节指令,只有个别是三字节指令。偏移量 rel 是一个带符号的 8 位二进制补码数,所能表示数的范围是 $-128 \sim +127$,因此,以相对转移指令的所在地址为基点,向前最大可转移(127+转移指令字节数)个单元地址,向后最大可转移(128-转移指令字节数)个单元地址。例如指令:

```
JC    70H
```

该指令表示,若进位位 C 为 0,则程序计数器 PC 中的内容不变,不转移;若 C 为 1,则以 PC 中当前值为基地址,加上偏移量 70H 后所得结果作为该转移指令的目的地址。

**7. 位寻址**

51 单片机有位处理功能,可对数据位进行操作,因此,就有相应的位寻址方式。位寻址的寻址范围介绍如下。

(1) 片内 RAM 中的位寻址区

片内 RAM 中的单元地址 20H~2FH,共 16 个单元 128 位,为位寻址区,位地址是 00H~7FH。对这 128 位的寻址使用直接位地址表示。例如:

```
MOV    C,2BH
```

该指令的功能是把位寻址区的 2BH 位状态送给位 C。

(2) 可位寻址的特殊功能寄存器位

可位寻址的特殊功能寄存器有 11 个,对应寻址位共 83 位。对这些寻址位在指令中有以下 4 种表示方法:

① 直接使用位地址表示法。

② 单元地址加位的表示方法。例如,88H 单元的位 5,则表示为 88H.5。
③ 特殊功能寄存器符号加位的表示方法,例如,PSW 寄存器的位 5,可表示为 PSW.5。
④ 位名称表示方法,特殊功能寄存器中的一些寻址位是有名称的,例如 PSW 寄存器位 5 为 F0 标志位,则可使用 F0 表示该位。

一个寻址位有多种表示方法,看起来似乎很复杂,实际上可为程序设计带来方便。

位寻址时,操作数是二进制数的某一位,其地址出现在指令中,例如指令:

SETB　　bit　　　　　　　　;(bit)←1

### 1.2.2.2　指令格式

指令的表达形式通常有两种:一种是二进制代码,一种是助记符。

**1. 二进制代码指令**

二进制代码指令用一组"0"和"1"的二进制编码来表示一条指令,又称为机器码指令,它是唯一能被计算机直接识别和执行的指令形式。但由于这种二进制代码不够直观,难以记忆,因此人们通常不直接用它来编写程序。例如二进制代码指令"01110100 00110000"(可用十六进制表示为"74H 30H"),所要完成的操作是将数据 30H 送入累加器 ACC。这是一条双字节的二进制代码指令。

**2. 助记符指令**

助记符指令是使用英文单词或缩写来表示指令的形式,又称为汇编语言指令。这种表达形式比较直观,容易记忆,便于程序的编写和阅读。对用户而言,主要使用助记符指令编写程序,但助记符指令必须翻译成二进制代码指令后才能被计算机执行。

例如,若将数据 30H 送入累加器 ACC,则能够实现这个数据传送功能的两种指令形式比较如下:

助记符指令:MOV A,♯30H

二进制代码指令:01110100 00110000

十六进制代码:74H 30H

MCS-51 单片机汇编语言指令由操作码(助记符)和操作数两部分组成。指令格式如下:

[标号]:操作码[目的操作数],[源操作数][;注释]

其中,[ ]项是可选项。各项的含义是:

① 标号　指本条指令起始地址的符号,也称为指令的符号地址。代表该条指令在程序编译时的具体地址,标号可以被其他语句调用。从形式上看,标号是一个由 1~8 个 ASCII 码字符组成的字符串,但第一个字符必须是字母,其余可以是字母、数字或符号。结尾处使用分界符":"。一般情况下可以省略。

② 操作码　又称助记符,由对应的英文缩写构成,是指令语句的关键。它规定了指令具体的操作功能,描述指令的操作性质,是一条指令中不可缺少的内容。汇编语言程序根据操作码汇编成机器码,如果汇编后的机器码是供单片机执行的指令,就称此指令语句为可执行语句;否则,就称此指令语句为非可执行语句。操作码用 2~5 个英文字母表示,可以是大写,也可以是小写。例如:LJMP,AJMP,LCALL 等。

③ 操作数　既可以是一个具体的数据,也可以是存放数据的地址。在一条指令中可以有多个操作数,也可以一个操作数也没有。第一个操作数与操作码之间至少有一个空格,操作

数与操作数之间需用","分割。操作数中的常数可用二进制(B)、八进制(Q)、十进制(省略)、十六进制(H)表示(若采用十六进制,最高位用 A 以上的数开头时,前面必须加 0,否则机器不能识别)。

④ 注释  注释也是指令语句的可选项,是为增加程序的可读性而设置的,是针对某指令而添加的说明性文字,不产生可执行的目标代码。注释前面一定要加分号。可以在一行内仅有注释语句,此行即是一个注释行。例如:

MOV A,♯23H                    ;A←23H

其中,分号后面的内容即是对前面语句功能的注释。

**3. 指令分类及详解**

下面将指令分为 5 类。

(1) 数据传送类指令

共 28 条。数据传送类指令是编程时使用最频繁的一类指令,数据的传送是一种最基本、最主要的操作。数据传送类指令是把源操作数传送到目的操作数。指令执行后,源操作数不会改变,目的操作数修改为源操作数,或者源、目的单元内容互换。

1) 以累加器 A 为目的操作数的指令

共有 4 条,如表 1-11 所列。

表 1-11  以累加器 A 为目的操作数的指令

| 助记符 | 功能说明 | 机器码字节 |
| --- | --- | --- |
| MOV A,Rn | (Rn)→A | E8H~EFH |
| MOV A,@Ri | ((Ri))→A | E6H,E7H |
| MOV A,direct | (direct)→A | E5H direct |
| MOV A,♯data | ♯data→A | 74H data |

这组指令的功能是把源操作数送入目的操作数 A 中,源操作数的寻址方式分别为寄存器寻址、寄存器间接寻址、直接寻址和立即寻址。

**例 1-1**:若(R1)=23H,(23H)=66H,则执行指令"MOV A,@R1"后,(A)=66H,而(R1)=23H,(23H)=66H 不变。

2) 以 Rn 为目的操作数的指令

共有 3 条,如表 1-12 所列。

表 1-12  以 Rn 为目的操作数的指令

| 助记符 | 功能说明 | 机器码字节 |
| --- | --- | --- |
| MOV Rn,A | A→Rn | E8H~EFH |
| MOV Rn,direct | (direct)→Rn | E5H direct |
| MOV Rn,♯data | ♯data→Rn | 74H data |

这组指令的功能是把源操作数送入目的操作数 Rn 中,源操作数的寻址方式分别为寄存器寻址、直接寻址和立即寻址。

**例1-2**：若(53H)=40H,则执行指令"MOV R3,53H"后,(R3)=40H。

3) 以直接地址 direct 为目的操作数的指令

共有5条,如表1-13所列。

表1-13 以直接地址 direct 为目的操作数的指令

| 助记符 | 功能说明 | 机器码字节 |
| --- | --- | --- |
| MOV direct,A | A→direct | F5H direct |
| MOV direct2,direct1 | (direct1)→direct2 | 85H direct2 direct1 |
| MOV direct,#data | #data→direct | 75H direct data |
| MOV direct,Rn | (Rn)→direct | 88H~8FH direct |
| MOV direct,@Ri | ((Ri))→direct | 86H~87H direct |

这组指令的功能是把源操作数送入目的操作数 direct 中,源操作数的寻址方式分别为立即寻址、直接寻址、寄存器间接寻址和寄存器寻址。direct 是指内部 RAM 或 SFR 的地址。

**例1-3**：若R1=50H,(50H)=68H,则执行指令"MOV 30H,@R1"后,(30H)=68H,其他不变。

4) 以寄存器间接地址为目的操作数的指令

共有3条,如表1-14所列。

表1-14 以寄存器间接地址为目的操作数的指令

| 助记符 | 功能说明 | 机器码字节 |
| --- | --- | --- |
| MOV @Ri,A | A→(Ri) | F6H~F7H |
| MOV @Ri,direct | (direct)→(Ri) | A6H~A7H direct |
| MOV @Ri,#data | #data→(Ri) | 76H~77H data |

这组指令的功能是把源操作数送入目的操作数@Ri 中,源操作数的寻址方式分别是寄存器寻址、直接寻址和立即寻址。

**例1-4**：若(R0)=30H,(A)=24H,则执行指令"MOV @R0,A"后,(30H)=24H。

5) 以 DPTR 为目的操作数的指令

只有1条,如表1-15所列。

表1-15 以 DPTR 为目的操作数的指令

| 助记符 | 功能说明 | 机器码字节 |
| --- | --- | --- |
| MOV DPTR,#data16 | DPTR→data16 | 90H data16 |

51单片机只有这一条16位传送指令,其功能是把源操作数送入目的操作数 DPTR 中,16位的数据指针由 DPH 和 DPL 组成。源操作数的寻址方式为立即寻址。

**例1-5**：执行指令"MOV DPTR,#2345H"后,(DPH)=23H,(DPL)=45H。

6) 累加器 A 与片外 RAM 之间传送的指令

共有4条,如表1-16所列。

表1-16　累加器A与片外RAM之间传送的指令

| 助记符 | 功能说明 | 机器码字节 |
| --- | --- | --- |
| MOVX @Ri,A | A→((Ri)+(P2)) | F2H~F3H |
| MOVX A,@Ri | ((Ri)+(P2))→A | E2H~E3H |
| MOVX @DPTR,A | A→((DPTR)) | F0H |
| MOVX A,DPTR | ((DPTR))→A | E0H |

这组指令的功能是访问外部RAM,源操作数采用寄存器间接寻址或寄存器寻址。

**例1-6**：若(DPTR)=2010H,外部RAM(2010H)=35H,则执行指令"MOVX A,@DPTR"后,(A)=35H。

7) 累加器A与程序存储器ROM之间传送的指令

共有2条,如表1-17所列。

表1-17　累加器A与程序存储器ROM之间传送的指令

| 助记符 | 功能说明 | 机器码字节 |
| --- | --- | --- |
| MOVC A,@A+PC | (PC)+1→(PC),((A)+(PC))→A | 83H |
| MOVC A,@A+DPTR | ((A)+(DPTR))→A | E2H~E3H 93H |

这组指令的功能是读程序存储器ROM,特别适合于查阅ROM中已建立的数据表格。源操作数的寻址方式采用变址寻址。

**例1-7**：若(PC)=4000H,(A)=23H,则执行指令"MOVC A,@A+PC"后,把程序存储器中4023H单元的内容送入A。

8) 数据交换指令

共有4条,如表1-18所列。

表1-18　数据交换指令

| 助记符 | 功能说明 | 机器码字节 |
| --- | --- | --- |
| XCH A,direct | (direct)与A互换 | C5H direct |
| XCH A,@Ri | A与((Ri))互换 | C6H~C7H |
| XCH A,Rn | (A)与(Rn)互换 | C8H~CFH |
| XCHD A,@Ri | (A3~0)与((Ri)3~0) | D6H~D7H |

前3条指令的功能是字节数据交换,实现源操作数内容与A的内容进行交换。后一条指令的功能是源操作数的低半字节与A的低半字节内容交换。

**例1-8**：若(R1)=56H,(A)=20H,(56H)=46H。则：
- 执行指令"XCH A,R1"后,(A)=56H,(R1)=20H。
- 执行指令"XCHD A,@R1"后,(A)=46H,(56H)=20H。

9) 堆栈操作指令

共有2条,即进栈指令和出栈指令,如表1-19所列。

表 1-19　堆栈操作指令

| 助记符 | 功能说明 | 机器码字节 |
| --- | --- | --- |
| PUSH direct | (SP)+1→(SP),(direct)→(SP) | C0H direct |
| POP direct | ((SP))→direct,(SP)-1→SP | D0H direct |

**例 1-9**：SP=06H,(30H)=50H,执行指令"PUSH 30H"后,(07H)=50H,SP=07H。

**例 1-10**：SP=36H,(36H)=60H,执行指令"POP 40H"后,(40H)=60H,SP=35H。

从程序中可以看出,通过堆栈操作中数据"后进先出"的特点,实现了两个不同地址单元内容的交换。

(2) 算术运算类指令

算术运算类指令可以完成加、减、乘、除、加 1 和减 1 运算操作。这类指令大多都同时以 A 为源操作数之一及目的操作数。算术运算操作将影响程序状态字 PSW 中的溢出标志 OV、进位(借位)标志 C、辅助进位(辅助借位)标志 AC 和奇偶标志 P 等。

1) 不带进位的加法指令

共有 4 条,如表 1-20 所列。

表 1-20　不带进位的加法指令

| 助记符 | 功能说明 | 机器码字节 |
| --- | --- | --- |
| ADD A,#data | (A)+data→A | 24H data |
| ADD A,direct | (A)+(direct)→A | 25H direct |
| ADD A,Rn | (A)+(Rn)→A | 28H~2FH |
| ADD A,@Ri | (A)+((Ri))→A | 26H~27H |

这组指令的功能是把源操作数与累加器 A 的内容相加再送入目的操作数 A 中,源操作数的寻址方式分别为立即寻址、直接寻址、寄存器寻址和寄存器间接寻址。

影响程序状态字 PSW 中的 OV,C,AC 和 P 的情况如下：

- 进位标志 C　当和的 $D_7$ 位有进位时,C=1;否则,C=0。
- 辅助进位标志 AC　当和的 $D_3$ 位有进位时,AC=1;否则,AC=0。
- 溢出标志 OV　当和的 $D_6$ 和 $D_7$ 位只有一个进位时,OV=1;当和的 $D_6$ 和 $D_7$ 位同时有进位或同时无进位时,OV=0。溢出表示运算的结果超出了数值所允许的范围,如当两个正数相加结果为负数,或两个负数相加结果为正数时,都属于错误结果,此时 OV=1。
- 奇偶标志 P　当 A 中"1"的个数为奇数时,P=1;为偶数时,P=0。

**例 1-11**：若(A)=36H,执行指令"ADD A,#0EFH"后,结果为(A)=25H,(C)=1,(AC)=1,(P)=1,(OV)=0,(Z)=0。

2) 带借位的减法指令

共有 4 条,如表 1-21 所列。

## 第1章 51单片机入门

表 1-21 带借位的减法指令

| 助记符 | 功能说明 | 机器码字节 |
| --- | --- | --- |
| SUBB A,#data | (A)-data-(CY)→A | 94H data |
| SUBB A,directa | (A)-(direct)-(CY)→A | 95H direct |
| SUBB A,Rn | (A)-(Rn)-(CY)→A | 98H～9FH |
| SUBB A,@Ri | (A)-((Ri))-(CY)→A | 96H～97H |

这组指令的功能是把源操作数 A 的内容减去指令指定单元的内容,结果再送入目的操作数 A 中。

**例 1-12**：已知(C)=1,试分析下列指令的执行结果。

```
MOV  A,#79H
SUBB A,#56H
```

结果为(A)=22H,(C)=0,(AC)=0,(OV)=0,(P)=0,(Z)=0。

3) 带进位的加法指令

共有 4 条,如表 1-22 所列。

表 1-22 带进位的加法指令

| 助记符 | 功能说明 | 机器码字节 |
| --- | --- | --- |
| ADDC A,#data | (A)+data+(CY)→A | 34H data |
| ADDC A,direct | (A)+(direct)+(CY)→A | 35H direct |
| ADDC A,Rn | (A)+(Rn)+(CY)→A | 38H～3FH |
| ADDC A,@Ri | (A)+((Ri))+(CY)→A | 36H～37H |

这组指令的功能是把源操作数与累加器 A 的内容相加再与进位标志 C 的值相加,结果送入目的操作数 A 中。需要说明的是,所加的进位标志 C 的值是在该指令执行之前已经存在的进位标志的值。

**例 1-13**：已知(A)=AEH,(R0)=81H,(C)=1,执行指令"ADDC A,R0"后,结果为(A)=74H,(C)=1,(OV)=1,(AC)=1,(P)=0。

4) 乘法指令

只有 1 条,如表 1-23 所列。

表 1-23 乘法指令

| 助记符 | 功能说明 | 机器码字节 |
| --- | --- | --- |
| MUL AB | A 与 B 相乘,乘积高 8 位送 B,低 8 位送 A | A4H |

此指令的功能是将 A 和 B 中的两个 8 位无符号数相乘,在乘积大于 FFFFH 时,OV 置 1;否则,OV 置 0,CY 位总是为 0。

**例 1-14**：若(A)=50H,(B)=A0H,执行指令"MUL AB"后,结果为(A)=00H,(B)=32H,OV=1,C=0。

5) 除法指令

只有 1 条,如表 1-24 所列。

表 1-24 除法指令

| 助记符 | 功能说明 | 机器码字节 |
| --- | --- | --- |
| DIV AB | A 除以 B,商送 A,余数送 B | 84H |

此指令的功能是将 A 中的无符号 8 位二进制数除以寄存器 B 中的无符号 8 位二进制数,商的整数部分存放在累加器 A 中,余数部分存放在寄存器 B 中。

当除数为 0 时,存放 A 和 B 中的结果不确定,且溢出标志位 OV=1。而标志 C 总是被清 0。

**例 1-15**:若(A)=FBH,(B)=11H,执行指令"DIV AB"后,结果为(A)=0EH,(B)=0DH,OV=0,C=0。

6) 加 1 指令

共有 5 条,如表 1-25 所列。

表 1-25 加 1 指令

| 助记符 | 功能说明 | 机器码字节 |
| --- | --- | --- |
| INC A | (A)+1→A | 04H |
| INC Rn | (Rn)+1→A | 08H~0FH |
| INC direct | (direct)+1→A | 05H direct |
| INC @Ri | ((Ri))+1→A | 06H~07H |
| INC DPTR | (DPTR)+1→DPTR | A3H |

这组指令的功能是把源操作数的内容加 1,结果再送回原单元。这组指令中仅"INC A"影响 P 标志,其余指令都不影响标志位的状态。

7) 二/十进制调整指令

只有 1 条,如表 1-26 所列。

表 1-26 二/十进制调整指令

| 助记符 | 功能说明 | 机器码字节 |
| --- | --- | --- |
| DA A | 调整累加器 A 内容为 BCD 码 | D4H |

这条指令的功能是对两个 BCD 码数相加后的结果进行十进制调整,从而得到正确的压缩型 BCD 码并放在 A 中。调整方法为:若累加器 A 中的低 4 位数出现了非 BCD 码 1010~1111 或低 4 位产生进位(AC=1),则应在低 4 位加 6 调整,以使低 4 位产生正确的 BCD 码结果;若累加器 A 中的高 4 位数出现了非 BCD 码 1010~1111 或高 4 位产生进位(C=1),则应在高 4 位加 6 调整,以使高 4 位产生正确的 BCD 码结果。

**例 1-16**:若 A 中有 BCD 数 30H(即 30),则执行指令:

ADD A,#99H
DA A

执行结果为 A=29H。

8) 减 1 指令

共有 4 条,如表 1-27 所列。

表 1-27 减 1 指令

| 助记符 | 功能说明 | 机器码字节 |
|---|---|---|
| DEC A | (A)−1→A | 14H |
| DEC Rn | (Rn)−1→A | 18H～1FH |
| DEC direct | (direct)−1→A | 15H direct |
| DEC @Ri | ((Ri))−1→A | 16H～17H |

这组指令的功能是把源操作数的内容减 1,结果再送回原单元。

(3) 逻辑操作类指令

51 单片机的逻辑操作类指令可分为 4 大类:对累加器 A 的逻辑操作,以及对字节变量的逻辑"与"、逻辑"或"和逻辑"异或"操作。指令中的操作数都是 8 位,它们在进行逻辑运算操作时都不影响标志位。

1) 对累加器 A 的逻辑操作指令

共有 7 条,如表 1-28 所列。

在使用上述指令时,应注意以下几点:

- "CLR A"是清 0 指令,是将 A 中所有位全部置 0;
- "CPL A"是对 A 中内容按位取反,即原来为 1 变为 0,原来为 0 变为 1;
- "RL A"和"RLC A"指令都使 A 中内容逐位左移 1 位,但"RLC A"将连同进位位 CY 一起左移循环,即 $A_7$ 进入 CY,CY 进入 $A_0$;
- "RR A"和"RRC A"指令的功能类似于"RL A"和"RLC A",仅是 A 中数据位移动方向向右;
- "SWAP A"的操作为 A 的两个半字节(高 4 位和低 4 位)内容交换。

表 1-28 对累加器 A 的逻辑操作指令

| 助记符 | 功能说明 | 机器码字节 |
|---|---|---|
| CLR A | 00H→A | E4H |
| CPL A | (A)→A | F4H |
| RL A | 左移 | 23H |
| RLC A | 带进位位左移 | 33H |
| RR A | 右移 | 03H |
| RRC A | 带进位位右移 | 13H |
| SWAP A | 高、低 4 位互换 | C4H |

例 1-17:若(A)=B4H,则执行"RL A"后,(A)=69H。

若(A)=B4H,(CY)=0,则执行"RLC A"后,(A)=68H。

若(A)=B4H,则执行"RR A"后,(A)=5AH。

若(A)=B4H,(CY)=1,则执行"RRC A"后,(A)=DAH。

若(A)=B4H,则执行"SWAP A"后,(A)=4BH。

2) 逻辑"与"指令

共有 6 条,如表 1-29 所列。

表 1-29 逻辑"与"指令

| 助记符 | 功能说明 | 机器码字节 |
|---|---|---|
| ANL A,Rn | (A)∧(Rn)→A | 58H~5FH |
| ANL A,direct | (A)∧(direct)→A | 55H direct |
| ANL A,@Ri | (A)∧((Ri))→A | 56H~57H |
| ANL A,#data | (A)∧data→A | 54H data |
| ANL direct,A | (A)∧(direct)→direct | 52H direct |
| ANL direct,#data | (direct)∧data→direct | 53H direct data |

前 4 条指令的功能是把源操作数与累加器 A 的内容相"与",结果送入目的操作数 A 中。后 2 条指令的功能是把源操作数与直接地址指定的单元内容相"与",结果送入直接地址指定的单元。

**例 1-18**：若(A)=CBH,(R1)=BCH,则执行"ANL A,R1"后,(A)=88H。

3) 逻辑"或"指令

共有 6 条,如表 1-30 所列。

表 1-30 逻辑"或"指令

| 助记符 | 功能说明 | 机器码字节 |
|---|---|---|
| ORL A,Rn | (A)∨(Rn)→A | 48H~4FH |
| ORL A,direct | (A)∨(direct)→A | 45H direct |
| ORL A,@Ri | (A)∨((Ri))→A | 46H~47H |
| ORL A,#data | (A)∨data→A | 44H data |
| ORL direct,A | (A)∨(direct)→direct | 42H direct |
| ORL direct,#data | (direct)∨data→direct | 43H direct data |

前 4 条指令的功能是把源操作数与累加器 A 的内容相"或",结果送入目的操作数 A 中。后 2 条指令的功能是把源操作数与直接地址指定的单元内容相"或",结果送入直接地址指定的单元。

**例 1-19**：若(A)=CBH,(R1)=BCH,则执行"ORL A,R1"后,(A)=FFH。

4) 逻辑"异或"指令

共有 6 条,如表 1-31 所列。

表 1-31 逻辑"异或"指令

| 助记符 | 功能说明 | 机器码字节 |
|---|---|---|
| XRL A,Rn | (A)⊕(Rn)→A | 68H~6FH |
| XRL A,direct | (A)⊕(direct)→A | 65H direct |
| XRL A,@Ri | (A)⊕((Ri))→A | 66H~67H |
| XRL A,#data | (A)⊕data→A | 64H data |
| XRL direct,A | (A)⊕(direct)→direct | 62H direct |
| XRL direct,#data | (direct)⊕data→direct | 63H direct data |

前 4 条指令的功能是把源操作数与累加器 A 的内容相"异或",结果送入目的操作数 A 中。后 2 条指令的功能是把源操作数与直接地址指定的单元内容相"异或",结果送入直接地址指定的单元。

**例 1-20**：若(A)=CBH,(R1)=BCH,则执行"XRL A,R1"后,(A)=77H。

(4) 位操作类指令

位操作又称布尔操作,是以位为单位进行的各种操作。在进行位操作时,以进位标志位 C 作为位累加器。

在位操作中有 4 种表示位地址的形式:一是采用直接地址方式,二是采用点操作符方式,三是采用位名称方式,四是采用伪指令定义方式。

**注意**：累加器 A 在作为一个字节使用时,用 A 表示;当访问 A 中的位地址时,用 ACC 表示。

1) 位变量传送指令

共有 2 条,如表 1-32 所列。

表 1-32　位变量传送指令

| 助记符 | 功能说明 | 机器码字节 |
| --- | --- | --- |
| MOV C,bit | (bit)→C | 92H |
| MOV bit,C | C→(bit) | A2H bit |

这 2 条指令可以实现位地址单元与位累加器之间的数据传送。

**例 1-21**：若(C)=1,$(P_3)$=11000101B,$(P_1)$=00110101B,则执行指令：

```
MOV P1.1,C
MOV C,P3.3
MOV P1.2,C
```

后结果为(C)=0,$(P_3)$=内容不变,$(P_1)$=00110011B。

2) 位清 0 和置位传送指令

共有 4 条,如表 1-33 所列。

表 1-33　位清 0 和置位传送指令

| 助记符 | 功能说明 | 机器码字节 |
| --- | --- | --- |
| CLR C | (bit)→C | C3H |
| CLR bit | C→(bit) | C2H bit |
| SETB C | 1→bit | D3H |
| SETB bit | 1→C | D2H bit |

前 2 条指令可以实现位地址单元与位累加器的清 0。

后 2 条指令可以实现位地址单元与位累加器的置位(即置 1)。

3) 位逻辑运算指令

共有 6 条,如表 1-34 所列。

表 1-34 位逻辑运算指令

| 助记符 | 功能说明 | 机器码字节 |
|---|---|---|
| ANL C,bit | (C)∧(bit)→C | 82H bit |
| ANL C,$\overline{\text{bit}}$ | (C)∧($\overline{\text{bit}}$)→C | B0H bit |
| ORL C,bit | (C)∨(bit)→C | 72H bit |
| ORL C,$\overline{\text{bit}}$ | (C)∨($\overline{\text{bit}}$)→C | A0H bit |
| CPL C | (C)取反→C | B2H bit |
| CPL bit | bit 取反→bit | B3H bit |

前 2 条指令可以实现位地址单元的内容或者内容取反后的值与位累加器的内容相"与",操作结果送位累加器 C。

中间 2 条指令可以实现位地址单元的内容或者内容取反后的值与位累加器的内容相"或",操作结果送位累加器 C。

最后 2 条指令可以实现对位累加器的内容或位地址单元的内容取反。

4) 位条件转移指令

共有 5 条,如表 1-35 所列。

表 1-35 位条件转移指令

| 助记符 | 功能说明 | 机器码字节 |
|---|---|---|
| JB bit,rel | (PC)+3→PC<br>若(bit)=1,则(PC)+rel→PC<br>若(bit)=0,则顺序向下执行 | 20H bit rel |
| JNB bit,rel | (PC)+3→PC<br>若(bit)=0,则(PC)+rel→PC<br>若(bit)=1,则顺序向下执行 | 30H bit |
| JC rel | (PC)+2→PC<br>若(C)=1,则(PC)+rel→PC<br>若(C)=0,则顺序向下执行 | 40H rel |
| JNC rel | (PC)+2→PC<br>若(C)=0,则(PC)+rel→PC<br>若(C)=1,则顺序向下执行 | 50H rel |
| JBC bit,rel | (PC)+3→PC<br>若(bit)=1,则(PC)+rel→PC,0→bit<br>若(bit)=0,则顺序向下执行 | 10H bit rel |

前 2 条指令分别对指定位进行检测,当(bit)=1 或(bit)=0 时,程序转向目标地址;否则,顺序执行下一条指令。在对该位进行检测时,不影响原变量值,也不影响标志位。

下面 2 条指令分别对进位标志位 C 进行检测,当 C=1 或 C=0 时,程序转向目标地址;否则,顺序执行下一条指令。

最后 1 条指令对指定位进行检测,当(bit)=1 时,程序转向目标地址,并将该位清 0;否则,顺序执行下一条指令。不管该位原为何值,在进行检测后即清 0。

**例 1-22**：执行以下程序段,了解位条件转移指令的作用。

```
START: JB ACC.7,LOOP    ;累加器符号位为1,转至LOOP
       MOV 21H,A        ;否则为正数,存入20H单元
       RET              ;返回
LOOP:  MOV 22H,A        ;负数存入21H单元
       RET              ;返回
```

(5) 控制转移类指令

一般情况下,程序的执行是按顺序进行的,但也可以根据需要来改变程序的执行顺序,这种情况称为程序转移。控制程序转移利用转移指令。51 系列单片机的转移指令有无条件转移、条件转移和子程序调用与返回指令。

1) 无条件转移指令

当程序执行到该指令时,程序无条件转移到指令所提供的地址处执行。共有 4 条,如表 1-36 所列。

表 1-36  无条件转移指令

| 助记符 | 功能说明 | 机器码字节 |
| --- | --- | --- |
| AJMP addr11 | (PC)+2→PC,addr11→PC10~0,PC15~11 不变 | Addr10~8 00001 addr7~0 |
| LJMP addr16 | addr16→PC | 02H addr15~8 addr7~0 |
| SJMP rel | (PC)+2→PC,(PC)+rel→PC | 80H rel |
| JMP @A+DPTR | (A)+DPTR→PC | 73H |

2) 条件转移指令

条件转移指令是根据给出的条件进行判断,当条件满足时则转移(相当于一条相对转移指令),当条件不满足时则按顺序执行下面一条指令。转移的目标地址是以下一条指令地址为中心,在 256 B 范围内(-128~+127)进行。条件转移指令如表 1-37 所列。

表 1-37  条件转移指令

| 助记符 | 功能说明 | 机器码字节 |
| --- | --- | --- |
| JZ rel | (PC)+2→PC。<br>若(A)=0,则(PC)+rel→PC;若(A)≠0,则程序顺序执行 | 60H rel |
| JNZ rel | (PC)+2→PC。<br>若(A)≠0,则(PC)+rel→PC;若(A)=0,则程序顺序执行 | 70H rel |
| CJNE A,direct,rel | (PC)+3→PC。<br>若(direct)<(A),则(PC)+rel→PC 且(CY)=0;<br>若(direct)>(A),则(PC)+rel→PC 且(CY)=1;<br>若(direct)=(A),则程序执行,且(CY)=0 | B5H direct rel |

续表 1-37

| 助记符 | 功能说明 | 机器码字节 |
|---|---|---|
| CJNE A,♯data,rel | (PC)+3→PC。<br>若♯data<(A),则(PC)+rel→PC 且(CY)=0；<br>若♯data>(A),则(PC)+rel→PC 且(CY)=1；<br>若♯data=(A),则程序执行,且(CY)=0 | B6H data rel |
| CJNE Rn,♯data,rel | (PC)+3→PC。<br>若♯data<(Rn),则(PC)+rel→PC 且(CY)=0；<br>若♯data>(Rn),则(PC)+rel→PC 且(CY)=1；<br>若♯data=(Rn),则程序执行,且(CY)=0 | B8H~BFH data rel |
| CJNE @Ri,♯data,rel | (PC)+3→PC。<br>若♯data<((Ri)),则(PC)+rel→PC 且(CY)=0；<br>若♯data>((Ri)),则(PC)+rel→PC 且(CY)=1；<br>若♯data=((Ri)),则程序执行,且(CY)=0 | B7H data rel |
| DJNZ Rn,rel | (PC)+2→PC,(Rn)−1→Rn。<br>若(Rn)≠0,则(PC)+rel→PC；<br>若(Rn)=0,则程序顺序向下执行 | D8H~DFH rel |
| DJNZ direct,rel | (PC)+2→PC,(direct)−1→direct。<br>若(Rn)≠0,则(PC)+rel→PC；<br>若(Rn)=0,则程序顺序向下执行 | D5H direct rel |

3）程序调用和转移指令

程序调用和转移指令如表 1-38 所列。

表 1-38 程序调用和转移指令

| 助记符 | 功能说明 | 机器码字节 |
|---|---|---|
| ACALL addr11 | (PC)+2→PC,(SP)+1→SP,(PC0~7)→(SP),<br>(SP)+1→SP,(PC8~15)→(SP),<br>addr0~10→PC0~10;PC11~15 不变 | $A_{10}A_9A_8$00001 addr7~0 |
| LCALL addr16 | (PC)+3→PC,(SP)+1→SP,(PC0~7)→(SP),<br>(SP)+1→SP,(PC8~15)→(SP),<br>addr0~15→PC | 12H addr16 |
| RET | ((SP))→(PC8~15),(SP)−1→SP,<br>((SP))→(PC0~7),(SP)−1→SP | 22H |
| RETI | ((SP))→(PC8~15),(SP)−1→SP,<br>((SP))→(PC0~7),(SP)−1→SP | 32H |
| NOP | (PC)+1→PC | 00H |

## 1.2.2.3 符号说明

51单片机指令系统总共有111条指令。每条指令的助记符、含义、所占字节数和执行时需要的机器周期如表1-39所列。

表1-39 51单片机指令集列表

| 助记符 | 说明 | 字节数 | 振荡周期 |
|---|---|---|---|
| (一)传送、交换、栈出入指令 | | | |
| MOV A,Rn | 寄存器传送到累加器 | 1 | 12 |
| MOV A,direct | 直接地址传送到累加器 | 2 | 12 |
| MOV A,@Ri | 间接RAM传送到累加器 | 1 | 12 |
| MOV A,#data | 立即数传送到累加器 | 2 | 12 |
| MOV Rn,A | 累加器传送到寄存器 | 1 | 12 |
| MOV Rn,direct | 直接地址传送到寄存器 | 2 | 24 |
| MOV Rn,#data | 立即数传送到寄存器 | 2 | 12 |
| MOV direct,A | 累加器传送到直接地址 | 2 | 12 |
| MOV direct,Rn | 寄存器传送到直接地址 | 2 | 24 |
| MOV direct,direct | 直接地址传送到直接地址 | 3 | 12 |
| MOV direct,@Ri | 间接RAM传送到直接地址 | 2 | 24 |
| MOV direct,#data | 立即数传送到直接地址 | 3 | 24 |
| MOV @Ri,A | 累加器传送到间接RAM | 1 | 12 |
| MOV @Ri,direct | 直接地址传送到间接RAM | 2 | 24 |
| MOV @Ri,#data | 立即数传送到间接RAM | 2 | 12 |
| MOV DPTR,#data16 | 16位常数加载到数据指针 | 3 | 24 |
| MOV A,@A+DPTR | 代码字节传送到累加器 | 1 | 24 |
| MOV A,@A+PC | 代码字节传送到累加器 | 1 | 24 |
| MOV A,@Ri | 外部RAM(8地址)传送到累加器 | 1 | 24 |
| PUSH direct | 直接地址压入堆栈 | 2 | 24 |
| POP direct | 从堆栈中弹出直接地址 | 2 | 24 |
| XCH A,Rn | 寄存器与累加器交换 | 1 | 12 |
| XCH A,direct | 直接地址与累加器交换 | 2 | 12 |
| XCH A,@Ri | 间接RAM与累加器交换 | 1 | 12 |
| XCHD A,@Ri | 间接RAM与累加器交换低4位 | 1 | 12 |
| SWAP A | 累加器高、低4位交换 | 1 | 12 |
| INC A | 累加器加1 | 1 | 12 |
| INC Rn | 寄存器加1 | 1 | 12 |
| INC direct | 直接地址加1 | 2 | 12 |
| INC @Ri | 间接RAM加1 | 1 | 12 |

续表 1-39

| 助记符 | 说 明 | 字节数 | 振荡周期 |
|---|---|---|---|
| INC DPTR | 数据指针加 1 | 1 | 24 |
| DEC A | 累加器减 1 | 1 | 12 |
| DEC Rn | 寄存器减 1 | 1 | 12 |
| DEC direct | 直接地址减 1 | 2 | 12 |
| DEC @Ri | 间接 RAM 减 1 | 1 | 12 |
| MUL AB | 累加器与 B 寄存器相乘 | 1 | 48 |
| DIV AB | 累加器除以 B 寄存器 | 1 | 48 |
| DA A | 累加器十进制调整 | 1 | 12 |
| ANL A,Rn | 寄存器"与"到累加器 | 1 | 12 |
| ANL A,direct | 直接地址"与"到累加器 | 2 | 12 |
| ANL A,@Ri | 间接 RAM"与"到累加器 | 1 | 12 |
| ANL A,#data | 立即数"与"到累加器 | 2 | 12 |
| ANL direct,A | 累加器"与"到直接地址 | 2 | 12 |
| ANL direct,#data | 立即数"与"到直接地址 | 3 | 24 |
| ORL A,Rn | 寄存器"或"到累加器 | 1 | 12 |
| ORL A,direct | 直接地址"或"到累加器 | 2 | 12 |
| ORL A,@Ri | 间接 RAM"或"到累加器 | 1 | 12 |
| ORL A,#data | 立即数"或"到累加器 | 2 | 12 |
| ORL direct,A | 累加器"或"到直接地址 | 2 | 12 |
| ORL direct,#data | 立即数"或"到直接地址 | 3 | 24 |
| XRL A,Rn | 寄存器"异或"到累加器 | 1 | 12 |
| XRL A,direct | 直接地址"异或"到累加器 | 2 | 12 |
| XRL A,@Ri | 间接 RAM"异或"到累加器 | 1 | 12 |
| XRL A,#data | 立即数"异或"到累加器 | 2 | 12 |
| XRL direct,A | 累加器"异或"到直接地址 | 2 | 12 |
| XRL direct,#data | 立即数"异或"到直接地址 | 3 | 24 |
| CLR A | 累加器清零 | 1 | 12 |
| CPL A | 累加器求反 | 1 | 12 |
| RL A | 累加器循环左移 | 1 | 12 |
| RLC A | 带进位累加器循环左移 | 1 | 12 |
| RR A | 累加器循环右移 | 1 | 12 |
| RRC A | 带进位累加器循环右移 | 1 | 12 |

续表 1-39

| 助记符 | 说 明 | 字节数 | 振荡周期 |
|---|---|---|---|
| (二)算术、逻辑运算指令 | | | |
| ADD A,Rn | 寄存器与累加器求和 | 1 | 12 |
| ADD A,direct | 直接地址与累加器求和 | 2 | 12 |
| ADD A,@Ri | 间接 RAM 与累加器求和 | 1 | 12 |
| ADD A,#data | 立即数与累加器求和 | 2 | 12 |
| ADDC A,Rn | 寄存器与累加器求和(带进位) | 1 | 12 |
| ADDC A,direct | 直接地址与累加器求和(带进位) | 2 | 12 |
| ADDC A,@Ri | 间接 RAM 与累加器求和(带进位) | 1 | 12 |
| ADDC A,#data | 立即数与累加器求和(带进位) | 2 | 12 |
| SUBB A,Rn | 累加器减去寄存器(带借位) | 1 | 12 |
| SUBB A,direct | 累加器减去直接地址(带借位) | 2 | 12 |
| SUBB A,@Ri | 累加器减去间接 RAM(带借位) | 1 | 12 |
| SUBB A,#data | 累加器减去立即数(带借位) | 2 | 12 |
| JMP @A+DPTR | 相对 DPTR 的无条件间接转移 | 1 | 24 |
| JZ rel | 累加器为零则转移 | 2 | 24 |
| JNZ rel | 累加器为非零则转移 | 2 | 24 |
| CJNE A,direct,rel | 比较直接地址和累加器,不相等则转移 | 3 | 24 |
| CJNE A,#data,rel | 比较立即数和累加器,不相等则转移 | 3 | 24 |
| CJNE Rn,#data,rel | 比较寄存器和立即数,不相等则转移 | 3 | 24 |
| CJNE @Ri,#data,rel | 比较立即数和间接 RAM,不相等则转移 | 3 | 24 |
| DJNZ Rn,rel | 寄存器减 1,不为零则转移 | 3 | 24 |
| DJNZ direct,rel | 直接地址减 1,不为零则转移 | 3 | 24 |
| NOP | 空操作 | 1 | 12 |
| (三)转移指令 | | | |
| ACALL addr11 | 绝对调用子程序 | 2 | 24 |
| LCALL addr16 | 长调用子程序 | 3 | 24 |
| RET | 从子程序返回 | 1 | 24 |
| RETI | 从中断服务子程序返回 | 1 | 24 |
| AJMP addr11 | 无条件绝对转移 | 2 | 24 |
| LJMP addr16 | 无条件长转移 | 3 | 24 |
| SJMP rel | 无条件相对转移 | 2 | 24 |
| (四)布尔指令 | | | |
| CLR C | 清进位 | 1 | 12 |
| CLR bit | 清直接寻址位 | 2 | 12 |
| SETB C | 进位位置位 | 1 | 12 |
| SETB bit | 直接寻址位置位 | 2 | 12 |

续表 1-39

| 助记符 | 说　　明 | 字节数 | 振荡周期 |
|---|---|---|---|
| CPL C | 进位位取反 | 1 | 12 |
| CPL bit | 直接寻址位取反 | 2 | 12 |
| ANL C,bit | 直接寻址位"与"到进位位 | 2 | 24 |
| ANL C,/bit | 直接寻址位的反码"与"到进位位 | 2 | 24 |
| ORL C,bit | 直接寻址位"或"到进位位 | 2 | 24 |
| ORL C,/bit | 直接寻址位的反码"或"到进位位 | 2 | 24 |
| MOV C,bit | 直接寻址位传送到进位位 | 2 | 12 |
| MOV bit,C | 进位位传送到直接寻址位 | 2 | 24 |
| JC rel | 进位为1,则转移 | 2 | 24 |
| JNC rel | 进位为0,则转移 | 2 | 24 |
| JB bit,rel | 直接寻址位为1,则转移 | 3 | 24 |
| JNB bit,rel | 直接寻址位为0,则转移 | 3 | 24 |
| JBC bit,rel | 直接寻址位为1,则转移并清除该位 | 3 | 24 |

下面对本书中用到的描述指令的一些符号进行简单介绍。

- A　累加器 ACC。
- B　专用寄存器,用于 MUL(乘法)和 DIV(除法)指令中。
- C　进位标志或进位位,或布尔处理机中的累加器。
- @　间接寻址寄存器或基址寄存器的前缀,如@Ri,@A+PC,@A+DPTR。
- Rn　当前选中的寄存器组中的 8 个工作寄存器 R0～R7。
- Ri　当前选中的寄存器组中的 2 个寄存器 R0 和 R1,可用做地址指针即间接地址寄存器。
- direct　8 位内部数据存储器单元的地址,可以是内部 RAM 的单元地址 0～127 或专用寄存器的地址(128～255),如 I/O 端口、控制寄存器和状态寄存器等。指令中的 direct 表示直接寻址方式。
- ♯data　包含在指令中的 8 位立即数。可以用二进制(B)、八进制(Q)、十进制(省略)和十六进制(H)表示。
- ♯data16　包含在指令中的 16 位立即数。
- addr16　16 位的目的地址,用于 LCALL 和 LJMP 指令中,目的地址范围是 64 KB 的程序存储器地址空间。
- addr11　11 位的目的地址,用于 ACALL 和 AJMP 指令中,目的地址必须存放在与下一条指令第一个字节相距 2 KB 程序存储器地址的空间之内。
- rel　8 位带符号的偏移量,用于 SJMP 和所有条件转移指令中,偏移字节相对于下一条指令的第一个字节计算,在 −128～+127 范围内取值。
- DPTR　数据指针,可用做 16 位的地址寄存器。
- bit　内部 RAM 或专用寄存器的直接寻址位。
- X　片内 RAM 的直接地址或寄存器。

- (X)　X中的内容,在直接寻址方式中,表示直接地址X中的内容;在间接寻址方式中,表示由间址寄存器X指出的地址单元中的内容。
- $　当前的指令地址。
- /　在位操作指令中,对该位先求反后再参与操作。
- ←　指令的操作结果是将箭头右边的内容传送至箭头的左边。
- →　指令的操作结果是将箭头左边的内容传送至箭头的右边。
- ∨　逻辑"或"。
- ∧　逻辑"与"。
- ⊕　逻辑"异或"。

# 第 2 章

# 51 单片机常用开发工具

51 单片机的开发除了需要硬件的支持外,还需要借助一些常用工具来实现。本章将详细介绍普遍使用的 Keil 8051 C 编译器和 Proteus 仿真器。

## 2.1 Keil 编译器

随着单片机开发技术的不断发展,从普遍使用汇编语言到逐渐使用高级语言开发,单片机的开发软件也在不断发展。Keil 是目前最流行的 51 单片机开发软件,各仿真机厂商都宣称全面支持 Keil 的使用,对于使用 C 语言进行单片机开发的用户,Keil 已经成为必备的开发工具。

### 2.1.1 Keil 编译器开发流程

Keil 提供了一个集成开发环境 IDE(Integrated Development Environment)μVision,包括 C 编译器、宏汇编、链接器、库管理和一个功能强大的仿真调试器。这样,在开发应用软件的过程中,编辑、编译、汇编、链接、调试等各阶段都集成在一个环境中:先用编辑器编写程序,接着调用编译器进行编译,链接后即可直接运行;从而避免了过去先用编辑器进行编辑,然后退出编辑状态进行编译,调试后又要调用编辑器进行修改的重复过程,因此可以缩短开发周期。

开发人员可用 IDE 本身或其他编辑器编辑 C 或汇编源文件,Keil 编译器把用 C 语言或汇编语言编写的源程序与 Keil 内含的库函数装配在一起,然后分别由 C51 及 A51 编译器编译生成目标文件(.OBJ)。目标文件可由 LIB51 库管理器创建生成库文件,也可与库文件一起经 L51 链接定位生成绝对目标文件(.ABS)。ABS 文件由 OH51 转换成标准的 HEX 文件,以供调试器 dScope51 进行源代码级调试,也可由仿真器直接对目标板进行调试,还可直接写入程序存储器如 EPROM 中。根据编译器的性能,其机器语言代码长度可长可短,其执行速度由指令的组合方式决定。

51 微处理器使用由 0 和 1 组成的机器语言,凡是用高级语言编写的程序,最终都要转换成机器语言。在微处理器内部有程序计数器 PC(Program Counter),负责按顺序读取由 0 和 1 组成的指令代码。编程人员把多个指令代码进行适当排列,让微处理器去执行。由于把机器

### 第 2 章　51 单片机常用开发工具

语言全都记下来并进行排列是非常困难的事,因此,先用容易理解的高级语言编写程序后,再通过编译和链接转换成机器语言代码。

用带有 μVision 集成开发环境的 Keil 工具进行软件开发的流程如图 2-1 所示。

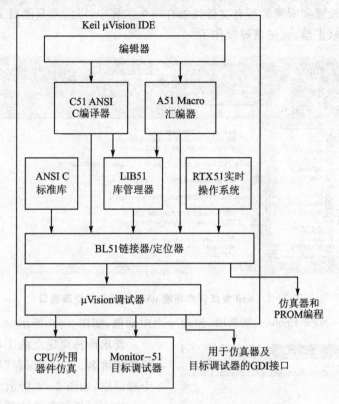

图 2-1　用 Keil 进行应用软件开发的流程图

## 2.1.2　使用 Keil 开发应用软件

对 Keil 软件及其集成开发环境有了整体认识后,本节详细介绍如何使用 Keil 来进行应用软件的开发。

### 2.1.2.1　建立工程

首先启动 Keil 软件的集成开发环境 μVision。μVision 启动以后,程序窗口的左边会出现一个工程管理窗口,如图 2-2 所示。该窗口中有 3 个标签页,分别是 Files,Regs 和 Books,这 3 个标签页分别显示当前项目的文件结构、CPU 的寄存器及部分特殊功能寄存器的值(调试时才出现)和所选 CPU 的附加说明文件。如果是第一次启动 Keil,那么这 3 个标签页全是空的。

使用菜单 File→New 或者单击工具栏的"新建文件夹"按钮,即可在项目窗口的右侧打开一个新的文本编辑窗口,在该窗口中输入源程序代码,然后保存该文件,注意必须加上扩展名。源文件不一定使用 Keil 软件编写,可以使用任意文本编辑器编写,而且 Keil 编辑器对汉字的支持不好,作者推荐使用 UltraEdit 或者 Source Insight 软件。

在项目开发中,源程序不是仅有一个,此外还要为该项目选择CPU(Keil支持数百种CPU,而这些CPU的特性并不完全相同),然后再确定编译、汇编、链接的参数,以及指定调试的方式。有些项目还会由多个文件组成,为了管理和使用方便,Keil使用工程(Project)这一概念,将这些参数设置和所需的所有文件都加在一个工程中,以后就只能对工程而不能对单一的源程序进行编译(汇编)和链接等操作了。

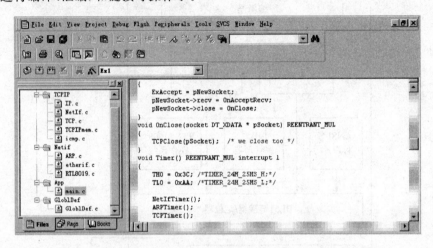

图2-2 Keil集成开发环境μVision的工程管理窗口

选择Project→New Project菜单项,出现一个对话框,如图2-3所示。

要求给将要建立的工程起一个名字,不需要扩展名。单击"保存"按钮后,出现第二个对话框,如图2-4所示。

这个对话框要求选择目标CPU(即用户使用芯片的型号),从图2-4中可以看出,Keil支持的CPU种类繁多,几乎所有目前流行的芯片厂家的CPU型号都包括其中。选择时,单击所选厂家前面的加号"+",展开之后选择所需要的CPU类型即可。

图2-3 创建新工程对话框

选好以后回到主界面,此时在工程窗口的文件页中,出现了Target 1,前面有加号"+",单击加号"+"展开,可以看到下一层的Source Group1,这时的工程还是一个空的工程,里面什么文件也没有,需要手动把编写好的源程序加入。右击Source Group1,出现一个下拉菜单,如图2-5所示。

选中其中的Add file to Group'Source Group1',出现一个对话框,要求寻找源文件,如图2-6所示。

注意,该对话框下面的"文件类型"默认为C Source file(*.c),也就是以C为扩展名的文件,找到并选中需要加入的文件。这样,文件被加入到了项目中,此后还可以继续加入其他需要的文件。

# 第2章 51单片机常用开发工具

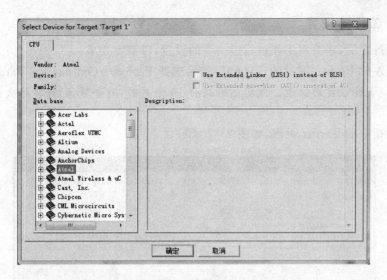

图2-4 选择目标器件对话框

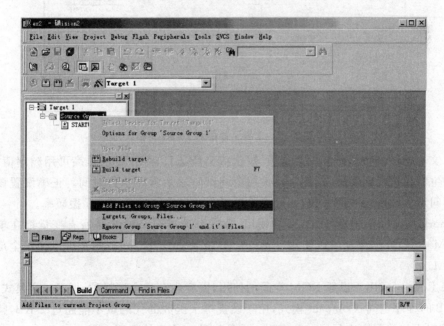

图2-5 在工程中添加文件页面

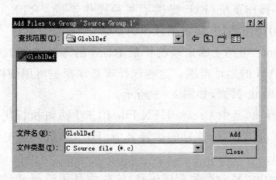

图2-6 添加源文件对话框

### 2.1.2.2 工程的设置

工程建立好之后,还要对工程进行进一步的设置,以满足要求。

首先单击左侧 Project 窗口的 Target1,然后选择 Project→Options for Target 'Target1' 菜单项,即出现工程设置对话框。此对话框共有 10 个页面,有些复杂,好在绝大部分设置都取默认值。

设置对话框中的 Target 页面,如图 2-7 所示。

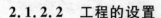

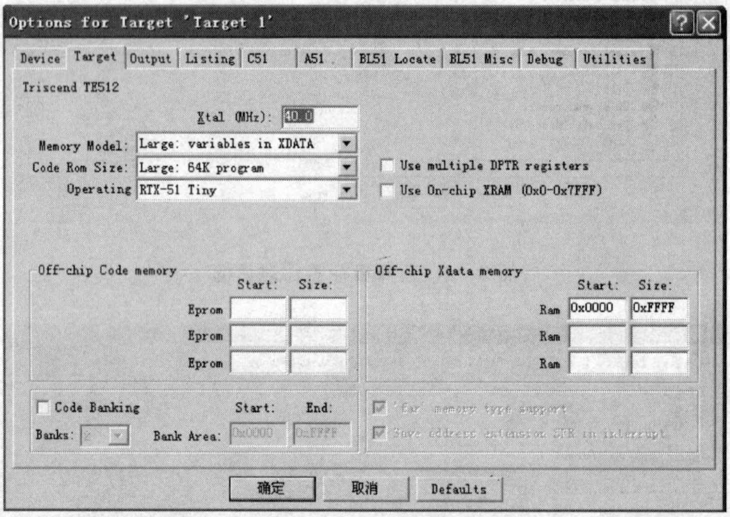

图 2-7 工程设置中的 Target 页面

Xtal 文本框中的数值是晶振频率值,默认值是所选目标 CPU 的最高可用频率值,该数值与最终产生的目标代码无关,仅用于软件模拟调试时显示程序执行时间。正确设置该数值可使显示时间与实际所用时间一致,一般将其设置为开发的硬件所用的晶振频率。

Memory Model 用于设置 RAM 的使用,有三个选择项,Small 是所有变量都在单片机的内部 RAM 中;Compact 是可以使用一页外部扩展 RAM;而 Large 则是可以使用全部外部的扩展 RAM。

Code Rom Size 用于设置 ROM 空间的使用,同样也有三个选择项,即 Small 模式,只使用低于 2 KB 的程序空间;Compact 模式,用于设置单个函数的代码量不能超过 2 KB,整个程序可以使用 64 KB 的程序空间;Large 模式,可用全部 64 KB 的程序空间。

Operating 用于选择操作系统,Keil 提供了两种操作系统:RTX-51 Tiny 和 RTX-51 Full。一般情况下不使用操作系统,即使用该项的默认值 None。

Off-chip Code memory 组用于确定系统扩展 ROM 的地址范围,Off-chip Xdata memory 组用于确定系统扩展 RAM 的地址范围。这些选择项必须根据所用硬件来决定。

设置对话框中的 Output 页面,如图 2-8 所示。

该页面也有多个选择项,其中 Create HEX File 用于生成可执行代码文件(可以用编程器写入单片机芯片的 HEX 格式文件,文件的扩展名为 .HEX),默认情况下该项未被选中,如果需要写片,必须选中该项。

选中 Debug Information 将会产生调试信息,这些信息用于调试,如果需要对程序进行调

# 第 2 章　51 单片机常用开发工具

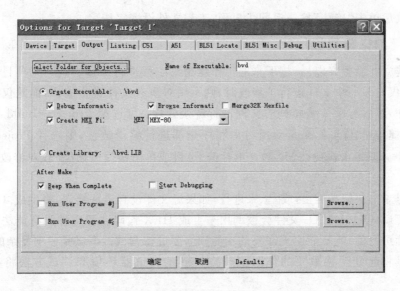

图 2-8　工程设置中的 Output 页面

试,应当选中该项。

Browse Information 指产生浏览信息,该信息可用菜单 View→Browse 来查看,这里取默认值。

按钮 Select Folder for Objects 用来选择最终目标文件所在的文件夹,默认值指与工程文件在同一个文件夹中。

Name of Executable 用于指定最终生成的目标文件夹的名字,默认名与工程名相同,此项与文件夹项一般不需要更改。

工程设置对话框中的其他各页面与 C51 编译选项、A51 汇编选项、BL51 链接器的链接选项等用法有关,这里均取默认值,不做任何修改。以下仅对一些有关页面中常用的选项进行简单介绍。

Listing 标签页用于调整生成的列表文件选项。在汇编或编译完成后将产生类型为 *.LST 的列表文件,在链接完成后将产生类型为 *.M51 的列表文件,该页用于对列表文件的内容和形式进行细致的调节,其中比较常用的选项是 C Compile Listing 下的 Assemble Code 项,选中该项可在列表文件中生成 C 语言源程序所对应的汇编代码。

C51 标签页用于对 Keil 的 C51 编译器的编译过程进行控制,其中比较常用的是 Code Optimization 组,如图 2-9 所示。

图 2-9　工程设置中的 C51 标签页面中的 Code Optimization 组

该组中 Level 是优化等级,C51 在对源程序进行编译时,可以对代码进行多至 9 级的优化,默认值使用第 8 级,此项一般不必修改。如果在编译中出现一些问题,可以降低优化级别后再试一试。

Emphasis 是选择编译优先方式,第一项是代码量优化(最终生成的代码量小);第二项是速度优先(最终生成的代码速度快);第三项是默认项。默认的是速度优先,可根据需要更改。

设置完成后单击"确认"按钮返回主界面,工程文件设置完毕。

#### 2.1.2.3 编译与链接

在工程建立并设置好以后,接下来的工作就是对工程进行编译。当一个项目包含多个源程序文件,而仅对某一个文件进行了修改时,则不用对所有文件进行编译,而是仅对修改过的文件进行编译,然后与已被编译过的文件进行链接处理:可选择 Project→Build Target 菜单项(或单击快捷按钮▦);如果是对所有源程序全部进行编译链接,则选择 Project→Rebuild all Target Files(或单击快捷按钮▦)。推荐按 F7 键或单击快捷按钮▦仅对修改过的文件进行编译链接。

编译通过单击快捷按钮▦或▦来进行,如果源文件没有语法错误,将生成.OBJ 文件,同时如果设置正确,OH51.EXE 文件会被调用来生成 HEX 代码。源文件没有语法错误并不能保证就是正确可行的,能不能实现需要的功能则需要进行调试。调试是一项复杂的工作,这时好的调试工具将起到至关重要的作用。有关 Keil 的调试器环境和调试方法将在后文详细介绍。

利用编程器将可执行的.HEX 文件写入程序存储区 ROM 中,然后插入到目标硬件系统即可执行。编程器的种类繁多,但使用方法大多相同(只是界面有些区别),具体过程本书不再介绍。

### 2.1.3 dScope for Windows 的使用

在开发产品时,有时软件(也就是应用程序)先行于硬件设计,可以用软件模拟仿真器(Simulator)对应用程序进行软件模拟调试。另外,现在应用程序的开发较多的情形往往是几个人共同开发,一个人汇总,因此直接用硬件方法来调试软件会带来一定困难。Keil 提供了一种软件仿真器 dScope,为 51 单片机的调试带来了极大的方便。

#### 2.1.3.1 启动执行菜单

如果源程序代码编译成功,那么运行 dScope 可以对 8051 应用程序进行软件仿真调试——使用 Simulator。为了运行 dScope,在如图 2-10 所示的 Options for Target 'Target 1'对话框的 Debug 选项卡中选中 Use Simulator。下面的 Load Application at Startup 复选框用于在 dScope 开始时能够调用自己应用程序的 OMF 文件,因此要选中此复选框。如果不选中此复选框而运行了 dScope,则要手动装载应用程序。

Go till main()选项用于选择在 dScope 开始后是否从 C 源程序的 main()函数开始执行,选中此复选框。

图 2-10 中右侧的 Use 单选项中的监控软件 Keil Monitor-51 Driver 具有把已经编译好的代码下载到用户目标硬件系统后,监控硬件目标系统的功能。该监控软件通过 RS-232 串口能够实时实现 Keil 的 dScope 与硬件目标系统相互联系的强大功能。这里由于使用软件仿真,所以不选取。

在编译源程序代码时,对所有出现的警告可以不去理会,但不可以有错误。然后就可以执行 dScope 了。dScope 一词是 Debug 和 Scope 的合成词。图 2-11 所示的 Keil 执行菜单中带有红色"d"字的按钮▦就是启动 dScope 的快捷按钮。

第 2 章　51 单片机常用开发工具

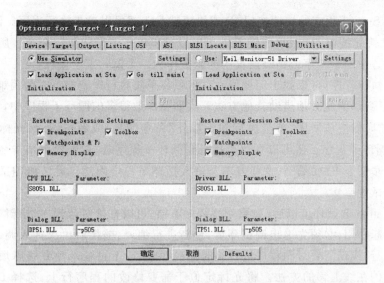

图 2 - 10　Options for Target 'Target 1' 页面中的 Debug 标签页面

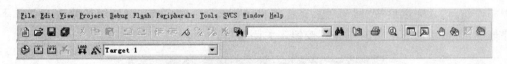

图 2 - 11　Keil 执行菜单

进入调试状态后,界面与编辑状态时的相比有明显变化,Debug 菜单项中原来不能使用的命令现在可以使用了,工具栏会多出一个用于运行和调试的工具条,如图 2 - 12 所示,Debug 菜单上的大部分命令都可在此找到对应的快捷按钮,从左至右依次是"复位"、"运行"、"暂停"、"单步"、"过程单步"、"单步执行到函数外"、"运行到光标所在行"、"下一状态"、"打开跟踪"、"观察跟踪"、"反汇编窗口"、"观察窗口"、"代码作用范围分析"、"1♯串行窗口"、"内存窗口"、"性能分析"和"工具按钮"等命令。

图 2 - 12　Keil dScope 执行菜单工具条

### 2.1.3.2　调试步骤与事项

调试是检查程序中看不见的错误,所以要认真对待。其实比起开发来,排除错误的调试更应该认真去做,因此必须熟练掌握其使用要领,并且在做开发计划时,通常就把开发周期和调试周期同等对待。

学习程序调试,必须明确两个重要概念,即单步执行与全速运行。全速运行是指一行程序执行完以后紧接着执行下一行程序,中间不停止。这样,程序执行速度很快,并可以看到该段程序执行的总体效果,即最终结果是正确还是错误。但如果程序有错,则难以确定错误出现在哪些程序行。单步执行是每次执行一行程序,执行完该程序即停止,等待命令执行下一行程序。此时可以观察该行程序执行完以后,所得到的结果是否与写该行程序所要得到的结果相同,借此可以找到程序中的问题所在。在程序调试中,这两种运行方式都要用到。

使用菜单 Step 或相应的快捷按钮 或快捷键 F11 都可以单步执行程序。使用菜单 Step Over 或相应的快捷按钮 或快捷键 F10 可以以过程单步的形式执行命令。所谓过程单步，是指将汇编语言中的子程序或高级语言中的函数作为一个语句来全速执行。

通过单步执行程序，可以找出问题所在。但仅靠单步执行来查错有时是困难的，或虽能查出错误但效率很低，为此必须借助其他方法。比如在次数很多的循环子程序中，单步执行方法就不再合适，这时候应该使用"单步执行到函数外"命令（ ）或者"运行到光标所在行"命令（ ）来跳出循环子程序。还可以在单步执行到循环子程序时，不再使用单步命令 F10（ ）而采用过程单步命令 F11（ ），这样就不会进入循环子程序内部。灵活使用这几种方法，可以大大提高调试效率。

在进入 Keil 的调试环境以后，如果发现程序有错，可以直接对源程序进行修改，但是要使修改后的代码起作用，必须先退出调试环境，重新进行编译、链接后再次进入调试。如果只是测试某些程序行，或仅需要对源程序进行临时修改，那么以上过程未免有些麻烦，而可以采用 Keil 软件提供的在线汇编的方法。将光标定位于需要修改的程序行上，选择 Debug→Inline Assembly 菜单项，会弹出如图 2-13 所示的窗口，在 Enter New 文本框内直接输入需更修改的程序语句，输入完以后按"回车"键，光标将自动指向下一条语句，可以继续修改。如果不再需要修改，可以单击右上角的"关闭"按钮来关闭窗口。

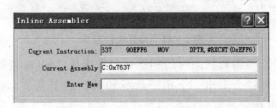

图 2-13 Keil 在线汇编窗口

程序调试时，一些程序行必须满足一定的条件才能被执行（如程序中某变量达到一定的值，按键被按下，串口接收到数据或有中断产生等），这些条件往往是异步发生或难以预先设定的。这类问题使用单步执行的方法很难调试，这时就需要用到程序调试中的另一种非常重要的方法——断点设置。

断点设置的方法有多种，常用的是在某一程序行设置断点。设置好断点后可以全速运行程序，一旦执行到该程序行即停止，这时可在此观察有关变量值，以确定问题所在。在程序行设置/删除断点的方法是将光标定位于需要设置断点的程序行，选择 Debug→Insert→Remove Breakpoint 菜单项（ ）设置或删除断点（也可双击该行实现同样的功能）；选择 Debug→Enable→Disable Breakpoint 菜单项（ ）具有开启或暂停光标所在行断点的功能；选择 Debug→Disable All Breakpoint 菜单项（ ）用于暂停所有断点；选择 Debug→Kill All Breakpoint 菜单项（ ）用于清除所有的断点设置。

### 2.1.3.3 调试窗口介绍

Keil 软件在调试程序时提供了多个窗口，主要包括输出窗口（Output Window）、观察窗口（Watch & Call Stack Window）、存储器窗口（Memory Window）、反汇编窗口（Disassembly Window）和串行窗口（Serial Window）等。进入调试模式后，可以通过菜单 View 下的相应命

第 2 章　51 单片机常用开发工具

令打开或关闭这些窗口。

在进入调试模式之前,工程窗口的寄存器页面是空白的;进入调试模式以后,此页面就会显示出当前模式状态下单片机寄存器的值,如图 2-14 所示。

寄存器页包括了当前工作寄存器组和系统寄存器,系统寄存器有一些是实际存在的寄存器,如 A,B,DPTR,SP,PSW 等,有一些是实际并不存在或虽然存在却不能对其操作的寄存器,如 PC,Status 等。每当程序执行到对某寄存器的操作时,该寄存器会以反色(蓝底白字)显示,单击它然后按 F2 键,即可修改其值。

图 2-15 所示是调试模式下的输出窗口、存储器窗口和观察窗口。

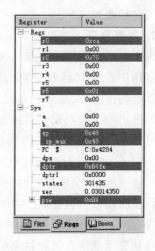

图 2-14　Keil 工程窗口寄存器页面

进入调试程序后,输出窗口自动切换到 Command 页(命令窗口)。在输出窗口中可以输入调试命令,同时也可以输出调试信息,调试命令以文本形式输入,详细的命令语句用法可以参照 Getting Started with μVision2 的说明,大约有 30 个命令,这里不再详细介绍。

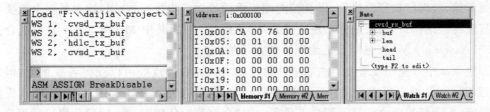

图 2-15　Keil 调试窗口(输出窗口、存储器窗口、观察窗口)

**1. 存储器窗口**

存储器窗口可以显示系统中各种内存的值,通过在 Address 文本框内输入"字母:数字"组合即可显示相应的内存值,其中字母可以是 C,D,I 和 X,分别代表代码存储空间、直接寻址的片内存储空间、间接寻址的片内存储空间和扩展的外部 RAM 空间,数字代表想要查看的地址。如输入"D:5",即可观察到从地址 0x05 开始的片内 RAM 的单元值;键入"C:0"即可显示从 0 开始的 ROM 单元中的值,即查看程序的二进制代码。该窗口的显示值可以以各种形式显示,如十进制、十六进制或字符型等,改变显示方式的方法是右击鼠标,在弹出的快捷菜单中选择。该菜单用分隔条分成三部分,其中第一部分与第二部分的三个选项为同一级别。选中第一部分的任一选项,内容将以整数形式显示。选中第二部分的 ASCII 项,内容将以字符型显示;选中 Float 项,内容将以相邻四字节组成的浮点数形式显示;选中 Double 项,内容将以相邻八字节组成的双精度值形式显示。第一部分又有多个选择项,其中 Decimal 项是一个开关,如果选中该选项,则窗口中的值将以十进制形式显示,否则按默认的十六进制形式显示。Unsigned 和 Signed 的下一级分别有三个选项 Char,Int 和 Long,分别代表以单字节方式、以相邻双字节组成的整型数方式和以相邻四字节组成的长整型方式显示。而 Unsigned 和 Signed 则分别代表无符号形式和有符号形式。至于究竟从哪一个单元开始相邻单元则与设置有关。第三部分的"Modify Memory at X:xx"用于更改鼠标处的内存单元值,选中该项即出现如图 2-16 所示的对话框,此时可在对话框中输入要修改的内容。

**2. 观察窗口**

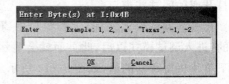

图 2-16 修改内存单元对话框

观察窗口是很重要的窗口,工程窗口中仅可以观察到工作寄存器和有限的寄存器如 A,B 和 DPTR 等的值,如果需要观察其他寄存器的值,或者在高级语言编程时需要直接观察变量,就要借助观察窗口了。比如,如果想要观察程序中某个临时变量 tmp 在单步工作时的变化情况,就可以在观察窗口中按 F2 键,然后键入变量名 tmp,这样在程序运行时会看到 tmp 变量的即时值。一般情况下,仅在单步执行时才对变量值的变化感兴趣,在全速运行时,变量的值是不变的,只有在程序停下来之后,才会将这些值的最新变化反映出来。但是,在一些特殊场合下也可能需要在全速运行时观察变量的变化,此时可以选择 View→Periodic Window Updata 菜单项来确认该项处于被选中状态,然后即可在全速运行时动态地观察有关变量值的变化。选中该项,将会使程序模拟执行的速度变慢。

**3. 反汇编窗口**

选择 View→Disassembly Window 菜单项可以打开反汇编窗口,如图 2-17 所示。该窗口可以显示反汇编后的代码以及源程序与相应反汇编代码的混合代码,在该窗口中还可以进行在线汇编、跟踪已执行的代码,以及按汇编代码的方式单步执行,所以,这也是一个重要的窗口。打开反汇编窗口,右击鼠标出现快捷菜单(见图 2-17),其中 Mixed Mode 是以混合方式显示的,Assembly Mode 是以反汇编码方式显示的。

程序调试中常使用设置断点然后全速运行的方式。在断点处可以获得各变量值,但却无法知道程序到达断点以前究竟执行了哪些代码,而这往往是需要了解的。为此,Keil 提供了跟踪功能,在运行程序之前打开调试工具条上的"允许跟踪代码"开关,然后全速运行程序。当程序停止运行后,单击"查看跟踪代码"按钮,自动切换到反汇编窗口(见图 2-17),其中前面标有减号"-"的行就是中断以前执行的代码,可以单击窗口滚动条上的上滚按钮向上翻,查看代码执行记录。

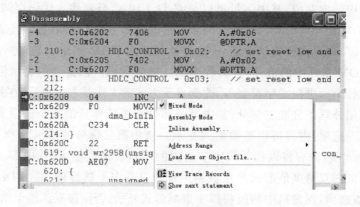

图 2-17 反汇编窗口

**4. 串行窗口**

Keil 提供了串行窗口,可以直接在串行窗口中输入字符,该字符虽然不会被显示出来,但却能传递到仿真 CPU 中。如果仿真 CPU 通过串行口发送字符,那么这些字符会在串行窗口上显示出来。使用该窗口可以在没有硬件的情况下用键盘模拟串口通信,这是一种高级调试技巧,本书不再详细介绍。

## 2.2　Proteus ISIS 仿真

Proteus ISIS 是英国 Labcenter 公司开发的电路分析与实物仿真软件。它运行于 Windows 操作系统上,可以仿真、分析(SPICE)各种模拟器件和集成电路。该软件的主要特点有:

① 实现了单片机仿真与 SPICE 电路仿真相结合。具有模拟电路仿真、数字电路仿真、单片机及其外围电路组成的系统的仿真、RS-232 动态仿真、IIC 调试器、SPI 调试器、键盘和 LCD 系统仿真的功能;有各种虚拟仪器,如示波器、逻辑分析仪和信号发生器等。

② 支持主流单片机系统的仿真。目前支持的单片机类型有:68000 系列、8051 系列、AVR 系列、PIC12 系列、PIC16 系列、PIC18 系列、Z80 系列、HC11 系列以及各种外围芯片。

③ 提供软件调试功能。由于在硬件仿真系统中具有全速、单步和设置断点等调试功能,同时还可以观察各个变量和寄存器等的当前状态,因此在该软件仿真系统中,也必须具有这些功能;同时该软件还支持第三方的软件编译和调试环境,如 Keil C51 μVision2 等软件。

总之,Proteus ISIS 软件是一款集单片机和 SPICE 分析于一身的仿真软件,功能极其强大。下面介绍该软件的工作界面及其使用。

### 2.2.1　Proteus ISIS 的启动

双击桌面上的 ISIS 6 Professional 图标或选择屏幕左下方的"开始"→"程序"→Proteus 6 Professional→ISIS 6 Professional 菜单项,出现如图 2-18 所示画面,表明已进入 Proteus ISIS 集成环境。

图 2-18　启动时的画面

## 2.2.2 Proteus ISIS 工作界面

Proteus ISIS 的工作界面是一种标准的 Windows 界面,如图 2-19 所示,包括:标题栏、主菜单、标准工具栏、绘图工具栏、状态栏、对象选择按钮、预览对象方位控制按钮、仿真进程控制按钮、预览窗口、对象选择器窗口和图形编辑窗口等。下面重点对图形编辑窗口、预览窗口和对象选择器窗口进行详细介绍。

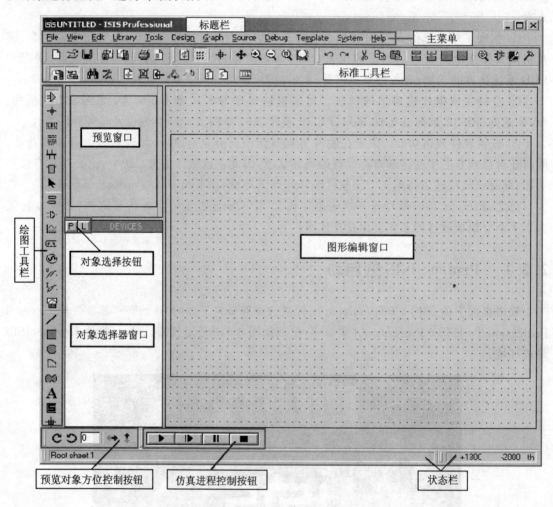

图 2-19 Proteus ISIS 的工作界面

**1. 图形编辑窗口**

在图形编辑窗口内完成电路原理图的编辑和绘制。为了方便作图,坐标系统(co-ordinate system)ISIS 中坐标系统的基本单位是 10 nm,主要是为了与 Proteus ARES 保持一致。但坐标系统的识别(read-out)单位被限制在 1th。坐标原点默认在图形编辑区的中间,图形的坐标值显示在屏幕右下角的状态栏中。编辑窗口内的点状栅格(the dot grid)与捕捉到栅格(snapping to a grid)可以通过 View 菜单的 Grid 命令在打开与关闭之间切换。点与点之间的间距由当前捕捉的设置决定。捕捉的尺度可通过 View 菜单的 Snap 命令设置,或者直接使用快捷

## 第 2 章 51 单片机常用开发工具

键 F4、F3、F2 和 CTRL+F1 设置。如图 2-20 所示。若按 F3 键或者在 View 菜单中选中 Snap 100th,会看到当鼠标在图形编辑窗口内移动时,坐标值以固定的步长 100th 变化,这称为捕捉。

如果想要看到确切的捕捉位置,可以选中 View 菜单的 X-Cursor 命令,之后会在捕捉点处显示一个小的或大的交叉十字。

(1) 实时捕捉(real time snap)

当光标指向引脚末端或导线时,会捕捉到这些物体,这种功能被称为实时捕捉,该功能可以方便地实现导线与引脚的连接。也可以通过 Tools 菜单的 Real Time Snap 命令或 CTRL+S 快捷键切换该功能。

可以通过 View 菜单的 Redraw 命令来刷新显示内容,同时预览窗口中的内容也将被刷新。当执行其他命令导致显示混乱时,可以使用该特性恢复显示。

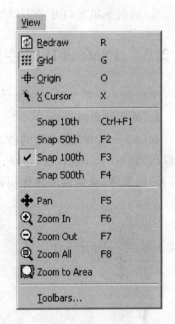

图 2-20  View 菜单

(2) 视图的缩放与移动

可以通过如下几种方式进行:

- 单击预览窗口中想要显示的位置,这将使编辑窗口显示以单击处为中心的内容。
- 在编辑窗口内移动光标,保持按下 Shift 键,同时用光标"撞击"边框,将会使显示平移,这称为 Shift-Pan。
- 用光标指向编辑窗口并单击缩放按钮或者操作鼠标上的滚动键,会以光标位置为中心重新显示。

**2. 预览窗口**

该窗口通常显示整个电路图的缩略图。在预览窗口上单击,将会有一个矩形蓝绿框标示出在编辑窗口中显示的区域。在其他情况下,预览窗口中显示的是将要放置的对象的预览。这种 place preview 特性在下列情况下被激活:

- 当一个对象在选择器中被选中。
- 当使用旋转或镜像按钮时。
- 当为一个可以设定朝向的对象选择类型图标时(例如:component icon, device pin icon 等)。
- 当放置对象或执行其他非以上操作时,place preview 会自动消除。

**3. 对象选择器窗口**

通过对象选择按钮,从元件库中选择对象,并置入对象选择器窗口,供今后绘图使用。显示对象的类型包括:设备、终端、引脚、图形符号、标注和图形。

其中,放置对象的步骤是:

① 根据对象的类别在工具箱选择相应模式的图标(mode icon)。
② 根据对象的具体类型选择子模式图标(sub-mode icon)。
③ 如果对象类型是元件、端点、引脚、图形、符号或标记,则从选择器里选择想要的对象的

名字。对于元件、端点、引脚和符号,可能首先需要从库中调出。

④ 如果对象是有方向的,则将会在预览窗口中显示出来,并可通过预览对象方位按钮对对象进行调整。

⑤ 指向编辑窗口并单击以放置对象。

### 2.2.3 Proteus ISIS 使用实例

下面以一个简单的实例来完整地展示一个 Keil C 与 Proteus 相结合的仿真过程。

**1. 单片机电路设计**

如图 2-21 所示,电路的核心是单片机 AT89C51。单片机 P1 口的八个引脚接 LED 显示器段选码(a,b,c,d,e,f,g,dp)的引脚,单片机 P2 口的六个引脚接 LED 显示器位选码(1,2,3,4,5,6)的引脚,电阻起限流作用,总线使电路图变得简洁。

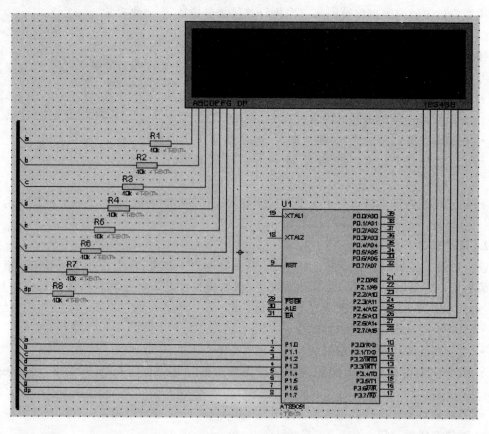

图 2-21 单片机电路

**2. 程序设计**

实现 LED 显示器的选通并显示字符。其源程序如下。

```
#define LEDS 6
#include "reg51.h"
//LED 灯选通信号
```

```
unsigned char code Select[] = {0x01,0x02,0x04,0x08,0x10,0x20};
unsigned char code LED_CODES[] =
{0xC0,0xF9,0xA4,0xB0,0x99,         //0~4
 0x92,0x82,0xF8,0x80,0x90,         //5~9
 0x88,0x83,0xC6,0xA1,0x86,         //A,b,C,d,E
 0x8E,0xFF,0x0C,0x89,0x7F,0xBF     //F,空格,P,H,.,-};
void main()
{
    char i = 0;
    long int j;
    while(1)
    {
        P2 = 0;
        P1 = LED_CODES[i];
        P2 = Select[i];
        for(j = 3000;j>0;j--);   //该 LED 模型靠脉冲点亮,第 i 位靠脉冲点亮后会自动熄灭修改
                                 //循环次数,改变点亮下一位之前的延时,可得到不同显示效果
        i++;
        if(i>5) i = 0;
    }
}
```

**3. 电路图的绘制**

绘图步骤是：

① 将如图 2-22 所示元器件加入到对象选择器窗口(Picking Components into the Schematic)。单击对象选择器按钮 ,如图 2-23 所示。

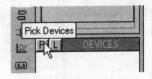

图 2-22 元器件　　　　　　　　　　图 2-23 对象选择

② 弹出 Pick Devices 对话框,在 Keywords 文本框中输入 AT89C51,系统在对象库中搜索查找,并将搜索结果显示在 Results 列表框中,如图 2-24 所示。在 Results 列表框中双击 AT89C51,则可将 AT89C51 元件添加至对象选择器窗口。

③ 在 Keywords 文本框中重新输入 7SEG,如图 2-25 所示。双击 Results 列表框中的 7SEG-MPX6-CA-BLUE,则可将 7SEG-MPX6-CA-BLUE 元件(6 位共阳 7 段 LED 显示器)添加至对象选择器窗口。

④ 在 Keywords 文本框中重新输入 RES,并选中"Match Whole Words?"复选框,如图 2-26 所示。在 Results 列表框中获得与 RES 完全匹配的搜索结果。双击 RES 则可将 RES 元件(电阻)添加至对象选择器窗口。单击 OK 按钮,结束对象选择。

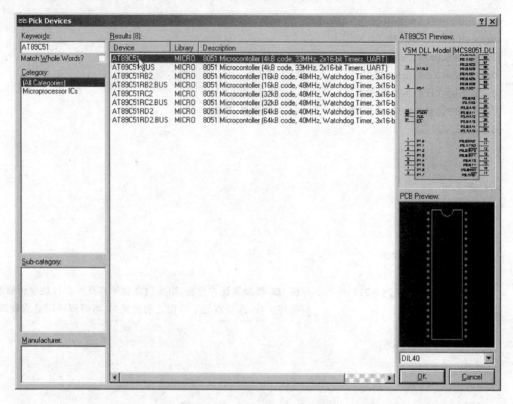

图 2-24　Pick Devices 对话框

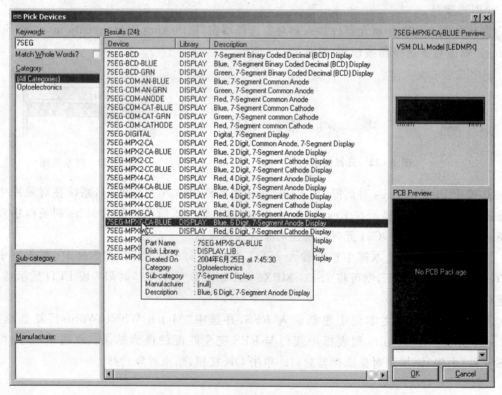

图 2-25　添加至对象选择器窗口 1

# 第2章 51单片机常用开发工具

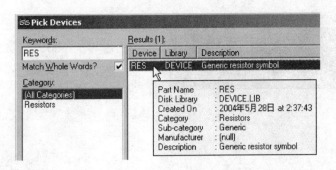

图 2-26 添加至对象选择器窗口 2

经过以上操作,在对象选择器窗口中已有了 7SEG-MPX6-CA-BLUE、AT89C51 和 RES 三个元器件对象,若单击 AT89C51,则在预览窗口中可见到 AT89C51 的实物图,如图 2-27 所示;若单击 RES 或 7SEG-MPX6-CA-BLUE,则在预览窗口中可见到 RES 和 7SEG-MPX6-CA-BLUE 的实物图,如图 2-27 所示。此时,可以注意到绘图工具栏中的元器件按钮 已处于选中状态。

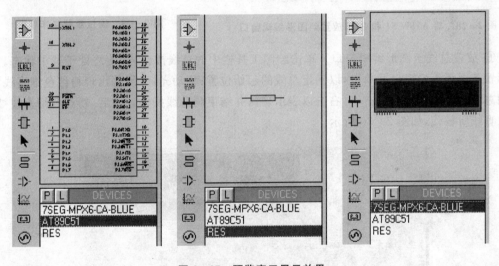

图 2-27 预览窗口显示效果

⑤ 放置元器件至图形编辑窗口(placing components onto the schematic)。在对象选择器窗口中选中 7SEG-MPX6-CA-BLUE,将光标置于图形编辑窗口中该对象的欲放位置后单击,该对象被放置完成。按照同样的操作将 AT89C51 和 RES 放置到图形编辑窗口中,如图 2-28 所示。

若对象位置需要移动,则将光标移到该对象上单击,此时注意到该对象的颜色已变至红色,表明该对象已被选中,单击对象并拖动,将对象移至新位置后松开鼠标,即完成移动操作。

由于电阻 R1~R8 的型号和电阻值均相同,因此可利用复制功能作图。将光标移至 R1 上右击以选中 R1,在标准工具栏上单击复制按钮,拖动 R1 并在欲复制的新位置处单击完成一次复制,如此反复,直到右击结束所需电阻的复制,如图 2-29 所示,此时注意到电阻名的标识,系统已自动加以区分。

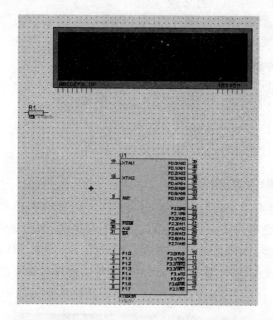
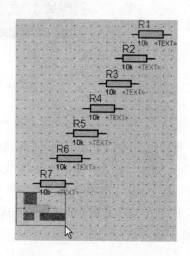

图 2-28 将 AT89C51 和 RES 放置到图形编辑窗口　　图 2-29 通过复制操作作图

⑥ 放置总线至图形编辑窗口。单击绘图工具栏中的总线按钮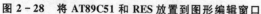,使之处于选中状态。将光标置于图形编辑窗口并单击,以确定总线的起始位置;移动光标,屏幕出现粉红色细直线,待找到总线的终了位置后单击,再右击以表示确认并结束画总线操作。此后,粉红色细直线被蓝色粗直线所替代,如图 2-30 所示。

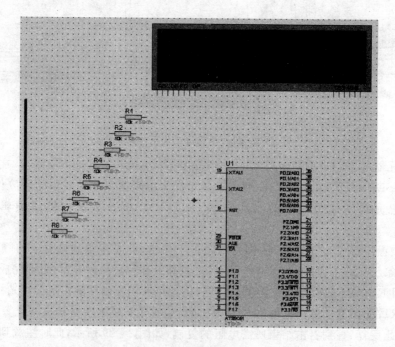

图 2-30 放置总线

⑦ 在元器件之间连线(wiring up components on the schematic)。Proteus 的智能化可以在想要画线的时候进行自动检测。下面将电阻 R1 的右端连接到 LED 显示器的 A 端。当光标靠近 R1 右端的连接点时,光标处会出现一个"×"号,表明找到了 R1 的连接点,单击,然后移动光标(不用拖动光标),当光标靠近 LED 显示器 A 端的连接点时,光标处会出现一个"×"号,表明找到了 LED 显示器的连接点,同时屏幕上出现粉红色的连接线,单击,粉红色的连接线变成了深绿色,同时,线形由直线自动变成了 90°的折线,如图 2-31(a)所示,这是因为已经选中了线路自动路径功能。

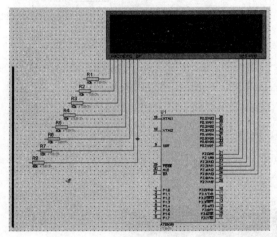 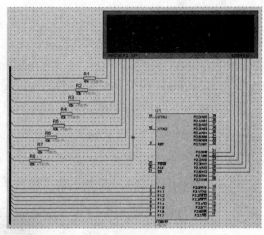

(a) 元器件之间的连线　　　　　　　　　(b) 元器件与总线的连线

图 2-31　元器件及总线的连线

Proteus 具有线路自动路径功能(简称 WAR)。当选中两个连接点后,WAR 将选择一个合适的路径连线。WAR 可通过单击标准工具栏中的 WAR 按钮 来关闭或打开,也可以在 Tools 菜单下找到此图标。

同理,可以完成其他连线。在此过程的任何时刻,都可以按 ESC 键或者右击鼠标来放弃画线。

⑧ 元器件与总线连线。画总线时为了与一般的导线区分,一般喜欢画斜线来表示分支线。此时需要自己决定走线路径,并在想要拐点的地方单击即可,如图 2-31(b)所示。

⑨ 给与总线连接的导线贴标签(Part Labels)。单击绘图工具栏中的导线标签按钮 ,使之处于选中状态。将光标置于图形编辑窗口中欲贴标签的导线上,此时光标处会出现一个"×"号,如图 2-32 所示,表明找到了可以标注的导线,单击后弹出编辑导线标签窗口,如图 2-33 所示。

图 2-32　导线贴标签操作

在 String 文本框中输入标签名称(如 a),单击 OK 按钮结束对该导线的标签标定。同理,可以标注其他导线的标签,如图 2-34 所示。注意:在标定导线标签的过程中,相互接通的导线必须标注相同的标签名。

至此,便完成了整个电路图的绘制。

**4. Keil C 与 Proteus 的连接调试**

调试的步骤是:

① 假若 Keil C 与 Proteus 均已正确安装在 C:\Program Files 目录中,把 C:\Program Files\Labcenter Electronics \ Proteus 6 Professional \ MODELS\VDM51.DLL 文件复制到 C:\Program Files\keilC\C51\BIN 目录中。

图 2-33 编辑导线标签窗口

② 用记事本打开 C:\Program Files\keilC\C51\TOOLS.INI 文件,在[C51]栏目下加入:

TDRV5 = BIN\VDM51.DLL ("Proteus VSM Monitor - 51 Driver")

其中"TDRV5"中的"5"要根据实际情况写,不要与原来的重复。

**注意:** 步骤①和②只需在初次使用时设置。

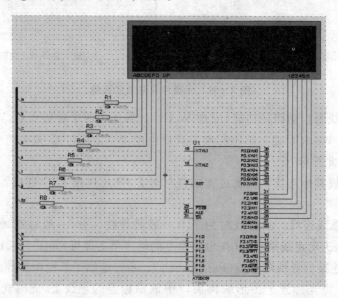

图 2-34 标注其他导线的标签

③ 进入 Keil C μVision2 集成开发环境,创建一个新项目,并为该项目选定合适的单片机 CPU 器件(如 Atmel 公司的 AT89C51)。然后为该项目加入 Keil C 源程序。

④ 选择 Project→Options for Target 菜单项或单击工具栏的 Options for Target 按钮 ,弹出对话框,单击 Debug 标签,如图 2-35 所示。

在右上部的下拉列表框中选中 Proteus VSM Monitor - 51 Driver,并单击选中 Use 单选按钮。再单击 Setting 按钮,设置通信接口,在 Host 文本框中输入"127.0.0.1",如果使用的不是同一台计算机,则这里填写另一台计算机的 IP 地址(另一台计算机也应安装 Proteus)。

## 第2章 51单片机常用开发工具

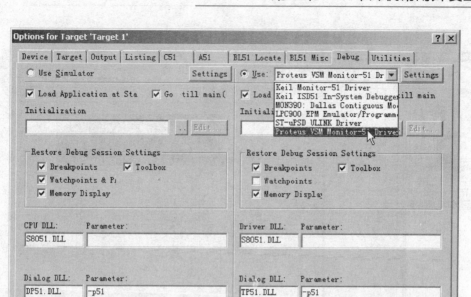

图 2-35 Options for Target 'Target 1'对话框

在 Port 文本框中输入"8000"。设置好的对话框如图 2-36 所示，单击 OK 按钮完成设置。最后将工程编译，进入调试状态并运行。

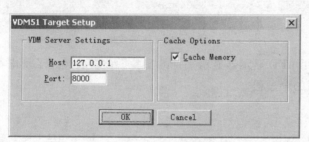

图 2-36 设置通信接口

⑤ Proteus 的设置。进入 Proteus 的 ISIS，选择 Debug → Use Remote Debug Monitor 菜单项，如图 2-37 所示。此后，便可实现 Keil C 与 Proteus 的连接调试。

⑥ Keil C 与 Proteus 连接仿真调试。单击仿真运行开始按钮 ▶ 后，可以清楚地观察到每个引脚的电平变化，红色代表高电平，蓝色代表低电平。在 LED 显示器上，循环显示 0，1，2，3，4，5。仿真效果如图 2-38 所示。

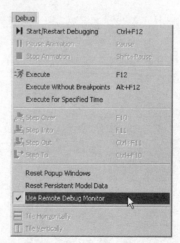

图 2-37 Use Remote Debug Monitor 菜单项

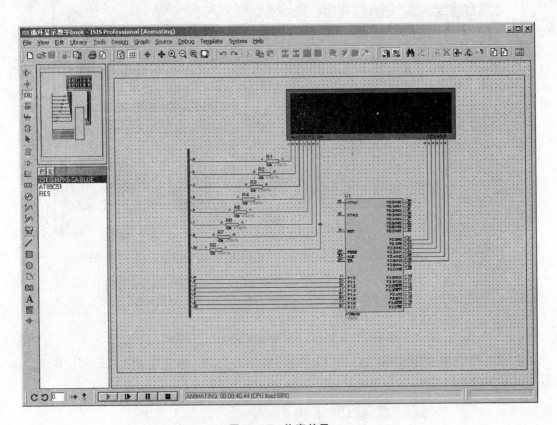

图 2-38 仿真效果

至此,即完成了用 LED 显示器显示字符的实验。该实验经过了从电路设计、程序设计、电路图绘制到仿真调试的全过程。

# 第二篇　应用实例

## 第一部分　智能仪器仪表

第 3 章　数字频率计的设计
第 4 章　电子指南针的设计
第 5 章　智能数字采集仪表

## 第二部分　自动工业控制

第 6 章　超声波测距系统
第 7 章　公路温度采集存储器
第 8 章　晶闸管数字触发器

## 第三部分　数字消费电子

第 9 章　简易音乐播放器系统设计
第 10 章　单片机控制的数字 FM 收音机
第 11 章　具有语音报时功能的电子时钟系统

## 第四部分　网络与通信

第 12 章　无线交通灯控制系统
第 13 章　GPS 经纬度信息显示系统的设计

## 第五部分　汽车与医疗电子

第 14 章　公交车自动报站系统设计
第 15 章　汽车自动刹车系统设计
第 16 章　多功能智能电动小车设计
第 17 章　医疗输液控制系统

# 第一部分　智能仪器仪表

# 第3章　数字频率计的设计

频率计是一种测量信号频率的仪器,在教学、科研、高精度仪器测量和工业控制等领域都有较广泛的应用。频率测量对生产过程监控具有很重要的作用,它可以发现系统运行中的异常情况,以便迅速做出处理。传统的频率计通常是用简单的组合逻辑电路和时序逻辑电路作为信号处理系统的控制核心,不仅存在结构复杂、稳定性差、精度不高的弊端,而且采用测频率法直接测量频率,测量的精度相对较低。用单片机设计的频率计不仅可以克服传统频率计的缺点,同时还具有性能优良、精度高、可靠性好等特点。本章将详细介绍如何以 AT89C52 单片机为核心来设计数字频率计。

## 3.1　实例说明

本章实现一个宽频域、高精度的频率计,一种有效的方法是:在高频段直接采用测频率法,而在低频段则采用测周期法。一般的数字频率计本身没有计算能力,因而难以使用测周期法,而使用 AT89C52 单片机构成的频率计却很容易做到这一点。对高频段和低频段的划分,会直接影响测量精度及速度。经分析后,将 $f=1$ MHz 作为高频,直接采用测频率法;将 $f=1$ Hz 作为低频,采用测周期法。为了提高测量精度,又对高、低频再进行分段。

以 AT89C52 单片机为控制器件的频率测量方法,采用 C 语言进行设计,单片机智能控制,结合外围电子电路,最终实现多功能数字频率计的设计方案。根据频率计的特点,可广泛应用于各种测试场所。

## 3.2　设计思路分析

频率计是将从传感器输入到单片机的频率信号实时地测量出来,并通过显示电路显示出测量频率。被测频率的输入信号经信号处理电路分频后,可以变成矩形脉冲,直接加到单片机的定时/计数器端。测量一个信号的频率有两种方法:第一种是计数法,就是用基准信号去测量被测信号高电平所持续的时间,然后转换成被测信号的频率;第二种是计时法,就是计算在基准信号高电平期间所通过的被测信号个数。

按照设计,此数字频率计的测量范围是 10 Hz～100 MHz 的正弦信号,首先将正弦信号由过零比较转换成方波信号,然后再变成测量方波信号。如果采用第一种方法,则当信号频率超过 1 kHz 时,测量精度将超出测量精度要求,所以当被测信号的频率高于 1 kHz 时,需将被测信号进行分频处理。如果被测信号频率很高,则需将被测信号进行多次分频,直至达到设计的精度要求。

设计时,由单片机的内部定时器 T0 产生基准信号,由外部中断 INT0 输入被测信号,通过定时方式计算被测信号高电平所持续的时间,通过单片机计算得出结果,最后通过液晶显示器 LCD1602 显示测量结果。数字频率计的系统设计图如图 3-1 所示。

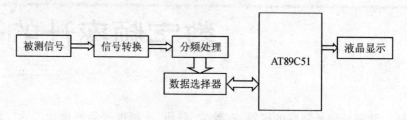

图 3-1 数字频率计系统设计框图

## 3.3 硬件设计

频率计的硬件电路主要分为信号转换电路、分频电路、数据选择电路、单片机控制系统和显示电路五部分。其总体电路图如图 3-2 所示。

### 3.3.1 信号转换电路

将正弦信号转换成方波信号可以用过零比较电路实现。正弦信号通过 LM833N 与零电平比较,当电压大于零时,输出 LM833N 的正电源 +5 V;当电压小于零时,输出负电源 0。具体信号转换电路如图 3-3 所示。

### 3.3.2 分频电路

分频电路采用十进制的计数器 74HC4017 来分频,当被测信号脉冲个数达到 10 个时,74HC4017 产生溢出,C0 端的输出频率为输入频率的 1/10,达到 10 分频的作用。当频率很高时,就需要多次分频,可通过将多片 74HC4017 级联来实现。74HC4017 的时序如图 3-4 所示,系统分频电路如图 3-5 所示。

# 第3章 数字频率计的设计

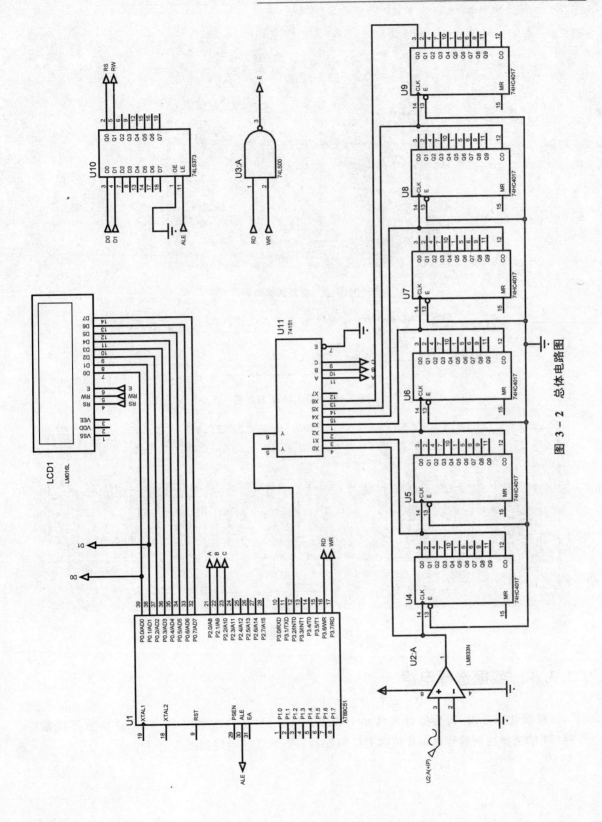

图 3 - 2 总体电路图

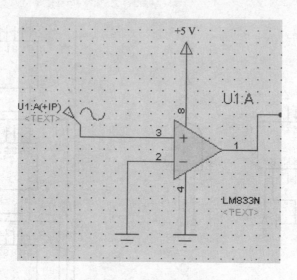

图 3-3 信号转换电路

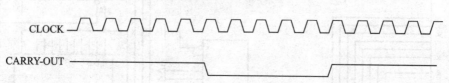

图 3-4 74HC4017 时序图

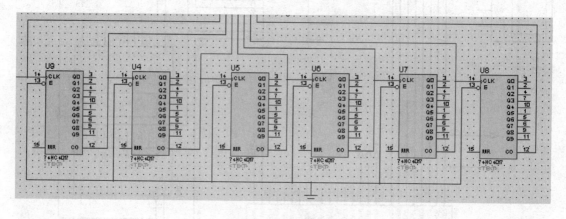

图 3-5 分频电路

## 3.3.3 数据选择电路

根据设计要求,需根据计数脉冲个数来选择分频次数,这里用 74151 来选择分频次数,74151 的选择控制信号由单片机的 I/O 口控制。数据选择电路如图 3-6 所示。

第 3 章 数字频率计的设计

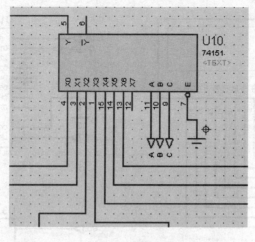

图 3-6 数据选择电路

### 3.3.4 单片机控制系统

单片机采用 AT89C52，具有 12 MHz 的晶振频率。单片机的 P3.2 口接经过处理后的被测信号，P0 口接液晶显示器的数据输入端，ALE、$\overline{RD}$、$\overline{WR}$、P0.0、P0.1 通过外接控制电路连接液晶显示器的控制端。单片机控制系统的电路如图 3-7 所示。

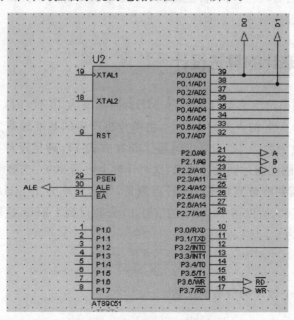

图 3-7 单片机控制系统电路

### 3.3.5 显示电路

显示电路由液晶显示器 LCD1602 组成，其电路如图 3-8 所示。

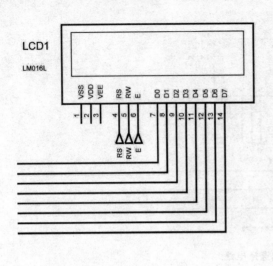
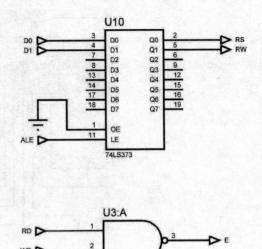

图 3-8 显示电路

## 3.4 软件设计

硬件电路设计好之后,需要对软件进行设计。数字频率计的软件设计主要由主程序、分频选择程序和液晶显示程序组成。

### 3.4.1 数字频率计的算法设计

根据设计要求,频率范围是 10 Hz～100 MHz,当频率为 10 Hz 时,周期 $T=100\,000\,\mu s$,高电平为 $50\,000\,\mu s$,0.1 % 的误差为 $100\,\mu s$,由单片机产生的基准频率为 1 MHz,$T0=1\,\mu s$,最大误差为 $1\,\mu s$,计数个数为 50 000(定时器工作在方式 1),满足设计要求。当频率增加到 1 kHz 时,产生的误差刚刚能达到设计要求,这时计数个数为 500。当频率大于 1 kHz 时(即计数个数小于 500),就需要将被测频率分频后再测量,如当频率为 10 kHz 时,先计算计得的脉冲数等于 50,即小于 500,所以将 10 kHz 的信号 10 分频得到 1 kHz,这样就满足要求了。

最后得到的频率为

$$f=\frac{10^6}{2n}\times 10^i$$

其中,$n$ 为计得的脉冲个数,$i$ 为分频的次数。

### 3.4.2 主程序流程

主程序首先对系统进行初始化,设置分频选通信号 P2=0x00,选通 0 通道。设置 T0 工作方式,采用软件启动方式,GATE=1,当 INT0 和 TR0 同时为 1 时启动计时,设置工作方式为方式 1(16 位),将 TH0 和 TL0 都置零。当外部中断 INT0=1 时等待;当外部中断 INT0=0

时,启动 T0 即 TR0=1,当 INT0 一直为 0 时就等待,一旦 INT0=1 就启动计数同时等待;当 INT0 再次为 0 时跳出,并关闭 T0 即 TR0=0。这样即可算出高电平期间的基准脉冲个数,如果脉冲个数小于 500,就选择 10 分频信号,即 P2 自加 1,同时记录分频一次;如果分频后脉冲个数还小于 500,则再次分频,直到计数个数大于 500。计算工作的具体示意如图 3-9 所示。

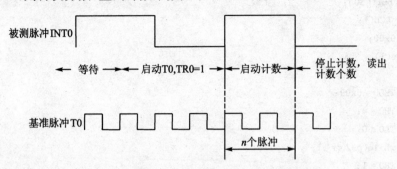

图 3-9 计数工作示意图

主程序流程图如图 3-10 所示。

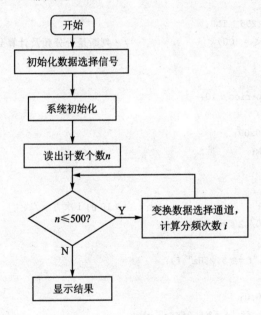

图 3-10 主程序流程图

## 3.4.3 程序代码及注释

**1. 主程序**

```
#include <reg51.h>
#include <stdio.h>
#include <lcd.c>
#include <math.h>
sbit p32 = P3^2;
```

```c
main()
{
    unsigned long int period,k,j,i = 0;
    float f,m;
    char buff[30];
    init_LCD();
    P2 = 0x00;
    while(1)
    {
        TMOD = 0x09;
        TH0 = 0;
        TL0 = 0;
        while(p32 == 1);
        TR0 = 1;
        while(p32 == 0);
        while(p32 == 1);
        TR0 = 0;
        period = TH0 * 256 + TL0;
        while(period< = 500)              /*判断是否分频及计算分频次数*/
        {   P2 ++ ;
            i ++ ;
            period = period * 10;
            if(i == 6)
            {   P2 = 0x00;
                break;
            }
        }
        k = pow(10,i);                    /*10 的 i 次方*/
        f = (1000000.0/(2 * period)) * k;
        if(f<1000)
            sprintf(buff,"f = % 5.2fHz",f);
        else
        {   m = f/1000.0;
            sprintf(buff,"f = % 5.2fKHz",m);
        }
        lcdprintf(0,0,buff);
    }
}
```

**2. 显示子程序**

```c
# include <lcd.h>
char code CGRAM_TABLE[] = {0x08,0x0F,0x12,0x0F,0x0A,0x1F,0x02,0x02,   //年
                           0x0F,0x09,0x0F,0x09,0x0F,0x09,0x11,0x00,   //月
                           0x0F,0x09,0x09,0x0F,0x0,0x09,0x0F,0x00};   //日
void delay()
```

```c
{
    unsigned char i;
    for(i = 0; i<250; i ++);
}
void init_LCD()
{
    unsigned char i;
    WR_COM = 0x38;                  //设置为 8 位数据总线,16×2,5×7 点阵
    for(i = 0; i<100; i ++)
        delay();
    WR_COM = 0x01;                  //清屏幕
    for(i = 0; i<50; i ++)
        delay();
    WR_COM = 0x06;                  //光标移动,显示区不移动,读/写操作后 AC 加 1
    for(i = 0; i<50; i ++)
        delay();
    WR_COM = 0x0C;
    for(i = 0; i<50; i ++)
        delay();
}
void init_cgram()
{
    unsigned char i;
                                    //设置自定义字符
    WR_COM = 0x40;
    for(i = 0; i<24; i ++)
    {
        WR_DAT = CGRAM_TABLE[i];
    }
    for(i = 0; i<40; i ++)
        delay();
}

void PutChar(char t)
{
    WR_DAT = t;
    delay();
    delay();
}
void clr_lcd()
{
    WR_COM = 0x01;
    delay();
    delay();
}
```

```c
void lcdprintf(char x,char y,char *s)
{
    //clr_lcd();
    if(y>1) y=1;
    WR_COM = (y*0x40+x)|0x80;
    delay();
    delay();
    while(*s!=0)
    {
        WR_DAT=*s;
        s++;
        delay();
        delay();
    }
}
```

### 3. LCD1602 头文件

```c
#include <reg51.h>
#include <absacc.h>
#define WR_COM XBYTE[0x7FF0]
#define RD_STA XBYTE[0x7FF2]
#define WR_DAT XBYTE[0x7FF1]
#define RD_DAT XBYTE[0x7FF3]
void init_LCD();
void init_cgram();
//void test_lcd();
void clr_lcd();
void PutChar(char t);
void delay();
void lcdprintf(char x,char y,char *s);
```

### 4. 其他头文件

(1) Reg51.h

```c
#ifndef __REG51_H__
    #define __REG51_H__

/*  BYTE Register   */
sfr P0   = 0x80;
sfr P1   = 0x90;
sfr P2   = 0xA0;
sfr P3   = 0xB0;
sfr PSW  = 0xD0;
sfr ACC  = 0xE0;
sfr B    = 0xF0;
sfr SP   = 0x81;
```

```
sfr DPL    = 0x82;
sfr DPH    = 0x83;
sfr PCON   = 0x87;
sfr TCON   = 0x88;
sfr TMOD   = 0x89;
sfr TL0    = 0x8A;
sfr TL1    = 0x8B;
sfr TH0    = 0x8C;
sfr TH1    = 0x8D;
sfr IE     = 0xA8;
sfr IP     = 0xB8;
sfr SCON   = 0x98;
sfr SBUF   = 0x99;

/*   BIT Register   */
/*   PSW    */
sbit CY    = 0xD7;
sbit AC    = 0xD6;
sbit F0    = 0xD5;
sbit RS1   = 0xD4;
sbit RS0   = 0xD3;
sbit OV    = 0xD2;
sbit P     = 0xD0;

/*   TCON   */
sbit TF1   = 0x8F;
sbit TR1   = 0x8E;
sbit TF0   = 0x8D;
sbit TR0   = 0x8C;
sbit IE1   = 0x8B;
sbit IT1   = 0x8A;
sbit IE0   = 0x89;
sbit IT0   = 0x88;

/*   IE    */
sbit EA    = 0xAF;
sbit ES    = 0xAC;
sbit ET1   = 0xAB;
sbit EX1   = 0xAA;
sbit ET0   = 0xA9;
sbit EX0   = 0xA8;

/*   IP    */
sbit PS    = 0xBC;
sbit PT1   = 0xBB;
```

```c
sbit PX1  = 0xBA;
sbit PT0  = 0xB9;
sbit PX0  = 0xB8;

/*    P3    */
sbit RD   = 0xB7;
sbit WR   = 0xB6;
sbit T1   = 0xB5;
sbit T0   = 0xB4;
sbit INT1 = 0xB3;
sbit INT0 = 0xB2;
sbit TXD  = 0xB1;
sbit RXD  = 0xB0;

/*    SCON   */
sbit SM0  = 0x9F;
sbit SM1  = 0x9E;
sbit SM2  = 0x9D;
sbit REN  = 0x9C;
sbit TB8  = 0x9B;
sbit RB8  = 0x9A;
sbit TI   = 0x99;
sbit RI   = 0x98;

#endif
```

(2) Stdio.h 头文件

```c
#ifndef __STDIO_H__
    #define __STDIO_H__

#ifndef EOF
    #define EOF -1
#endif

#ifndef NULL
    #define NULL ((void *)0)
#endif

#ifndef _SIZE_T
    #define _SIZE_T
    typedef unsigned int size_t;
#endif

#pragma SAVE
#pragma REGPARMS
```

```c
extern char _getkey(void);
extern char getchar(void);
extern char ungetchar(char);
extern char putchar(char);
extern int printf(const char *, ...);
extern int sprintf(char *, const char *, ...);
extern int vprintf(const char *, char *);
extern int vsprintf(char *, const char *, char *);
extern char *gets(char *, int n);
extern int scanf(const char *, ...);
extern int sscanf(char *, const char *, ...);
extern int puts(const char *);


#pragma RESTORE

#endif
```

(3) Absacc.h 头文件

```c
#ifndef __ABSACC_H__
    #define __ABSACC_H__

#define CBYTE ((unsigned char volatile code *) 0)
#define DBYTE ((unsigned char volatile data *) 0)
#define PBYTE ((unsigned char volatile pdata *) 0)
#define XBYTE ((unsigned char volatile xdata *) 0)


#define CWORD ((unsigned int volatile code *) 0)
#define DWORD ((unsigned int volatile data *) 0)
#define PWORD ((unsigned int volatile pdata *) 0)
#define XWORD ((unsigned int volatile xdata *) 0)


#ifdef __CX51__
    #define FVAR(object, addr) (*((object volatile far *) (addr)))
    #define FARRAY(object, base) ((object volatile far *) (base))
    #define FCVAR(object, addr) (*((object const far *) (addr)))
    #define FCARRAY(object, base) ((object const far *) (base))
#else
    #define FVAR(object, addr) (*((object volatile far *) ((addr) + 0x10000L)))
    #define FCVAR(object, addr) (*((object const far *) ((addr) + 0x810000L)))
    #define FARRAY(object, base) ((object volatile far *) ((base) + 0x10000L))
    #define FCARRAY(object, base) ((object const far *) ((base) + 0x810000L))
#endif


#endif
```

(4) Math.h 头文件

```
#ifndef __MATH_H__
    #define __MATH_H__

#pragma SAVE
#pragma REGPARMS
extern char cabs (char val);
extern int abs (int val);
extern long labs (long val);
extern float fabs (float val);
extern float sqrt (float val);
extern float exp (float val);
extern float log (float val);
extern float log10 (float val);
extern float sin (float val);
extern float cos (float val);
extern float tan (float val);
extern float asin (float val);
extern float acos (float val);
extern float atan (float val);
extern float sinh (float val);
extern float cosh (float val);
extern float tanh (float val);
extern float atan2 (float y, float x);

extern float ceil (float val);
extern float floor (float val);
extern float modf (float val, float *n);
extern float fmod (float x, float y);
extern float pow (float x, float y);

#pragma RESTORE

#endif
```

### 3.4.4 程序调试说明

数字频率计的调试较简单,其过程是:在电平转换前的输入端输入标准的正弦信号,把编译好的程序生成 HEX 文件下载到单片机中。上电后单片机开始工作,即可在显示器中观测到显示结果。

## 3.5 实例总结

本章设计的频率计具有较高的精度、较广的频率范围和较强的实用价值。需要注意的是,本设计是基于各种理想实验条件下得出的结论,而在实际设计中不可避免地存在一些问题。例如,在信号转换电路中只是粗略地将正弦信号转换成方波信号,而没有对输出信号进行进一步处理;在信号经过分频后也没有对信号进行处理,这将降低测量的精度。如果在以上两个地方加入相关的处理电路,那么系统的精度将得到进一步提高。在实际设计过程中,读者应根据需要做进一步修改。

# 第 4 章
# 电子指南针的设计

指南针是我国的四大发明之一,早期的指南针采用了磁化指针和方位盘的组合方式,这样的指南针由于结构原因,携带起来很不方便,且其精度和准确性也相差很远。本系统采用专用磁场传感器结合 51 系列单片机来实现电子指南针的设计,这样的电子指南针精度更高、更智能,在大大提高了精度的同时,也降低了成本和设计难度。本章将详细介绍如何采用 51 单片机来实现电子指南针的设计。

## 4.1 实例说明

本系统采用磁阻(GMR)传感器采集磁场强度,然后把磁场强度转换成数字量,单片机再对这些数字量进行处理,最后将处理得到的结果进行显示。下面通过对电子指南针硬件系统电路和软件程序的分析,阐述电子指南针的基本工作原理及其实现。

电子指南针系统主要由前端磁阻传感器、磁场测量专用转换 ADC 芯片、51 单片机、辅助扩展电路、键盘、显示模块以及系统电源几部分组成,系统结构如图 4-1 所示。

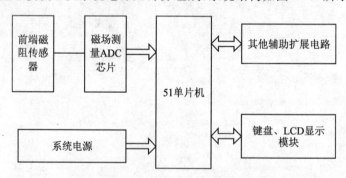

图 4-1 系统框图

在整个系统中,前端的磁阻传感器负责测量地磁场的大小,并将磁场的变化转换为微弱的电流信号;专用的磁场测量 ADC 芯片负责把磁阻传感器中变化的电流信号(模拟量)转换成单片机可以识别的数字信号,然后将该数字信号即采集到的数据通过 SPI 总线上传给单片机;单片机将得到的数据再进行精确计算,将表征当前磁场大小的数字量按照方位进行归一化等处理,最后通过直观的 LCD 进行方位显示。同时,可以通过键盘对单片机进行某些操作,以完成其他功能,如将转换后的数据通过串口形式发送到上位机,或者调整系统的时间,等等。所以系统中还包含实时时钟等一些辅助电路,以使整个系统功能得到进一步扩展,这使得电子指南针更具备实用价值。

电子指南针包含如下功能:
- 精确地显示所指的方向。
- 可将测量到的方向信息形象地显示在 LCD 液晶屏上。
- 可以通过按键对电子指南针进行实际的控制操作。
- 可将测量到的方向数据上传到 PC 上。
- 可以显示实时时间,更便于应用。

## 4.2 设计思路分析

本例功能包括前端磁场强度的采集、51 单片机、按键控制、液晶显示以及实时时钟电路等模块。在电子指南针系统设计中,主要包括对磁场强度的采集以及对数据的处理和传递,重点功能由前端的采集电路、单片机以及辅助电路模块来完成。下面详细介绍电子指南针的设计思路。

本系统主要完成对地磁场强度的测量、进行 A/D 转换以及对地磁场强度数据的处理。整个前端的信号处理流程如图 4-2 所示。

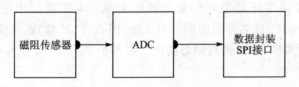

图 4-2 前端信号处理

整个磁阻传感器是系统中最前端的信号测量器件。传统的磁场测量都是采用电感线圈的形式;但在本系统设计中,由于需要测量非常微弱的地磁场,地球表面赤道上的磁感应强度在 0.29~0.40 Gs(高斯)之间,两极处的强度略大,地磁北极约为 0.61 Gs,南极约为 0.68 Gs。传统的普通电感线圈的形式在如此微弱的磁场环境下感应所产生的电流是非常微弱的,不便于 A/D 采样,给测量增加了难度。基于普通电感线圈测量的不足,本设计系统采用磁阻传感器来测量地磁场的强度。磁阻传感器是根据电场和磁场的原理,当在铁磁合金薄带的长度方向施加一个电流时,如果在垂直于电流的方向再施加磁场,那么,铁磁性材料中就有磁阻的非均质现象出现,从而引起合金带自身的阻值变化。磁阻传感器的工作原理及外形如图 4-3 所示。

由图 4-3 可以看出,当磁场变化时,铁磁合金的电阻会随之变化,如果此时的电流不变,那么铁磁合金两端的电压将发生变化,这样,使用 ADC 就可很

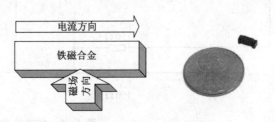

图 4-3 磁阻传感器原理及其外形

方便地测量出当前对应的磁场大小。

该传感器体积很小,测量精度高,最小分辨率可达 0.000 15 Gs,测量地磁场已经足够。

磁阻传感器将采集到的磁感应强度经 ADC 量化后传给单片机处理,单片机经过计算将得到的结果通过 LCD 显示出来,并将数据上传给 PC,整个过程的数据流向如图 4-4 所示。

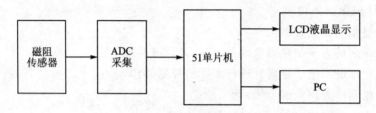

图 4-4 数据流向示意图

## 4.3 硬件设计

在分析了系统的总体工作原理之后,接下来开始进行整个系统的硬件原理图设计。

### 4.3.1 磁场强度采集模块

通过磁阻效应可将磁场的变化转换成对应电流的变化,通过 A/D 转换就可得到对应的数字量。ADC 部分主要由专用的磁场测量芯片来完成。本次设计中使用著名 PNI 公司的 PNI11096 磁场测量 ASIC,该芯片能够同时对 3 轴(即 $X,Y,Z$ 轴)磁场强度进行测量。这样,可以使用 $Z$ 轴进行倾角校正,以提高测量精度。在整个 PNI11096 信号处理电路中包含了下面三个主要部分。

(1) 前端信号处理电路

由于地磁场非常微弱,所以使用 SEN - R65 传感器转换后,其信号也非常微弱。那么就需要在信号采集前端加入信号放大和滤波整形电路,以使 A/D 能够准确测量当前磁场大小。前端信号处理电路如图 4-5 所示。

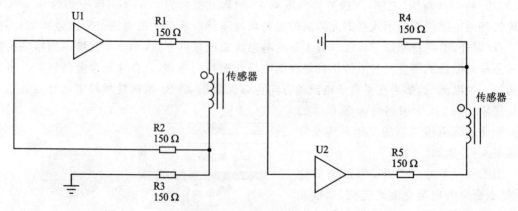

图 4-5 前端信号处理电路

(2) A/D 转换电路

这部分主要完成对 SEN-R65 磁阻传感器输出的模拟信号进行 A/D 转换。

(3) 数据接口电路

这部分主要完成对 A/D 转换后得到的数据进行格式封装,并在上位 MCU 的控制下进行数据传输。

整个 PNI11096 与传感器的连接电路如图 4-6 所示。

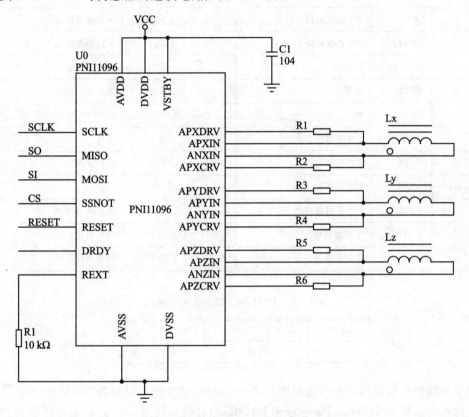

图 4-6 PNI11096 与传感器的连接电路

PNI11096 芯片内部集成了 3 轴传感器驱动电路,可以测量 $X,Y,Z$ 这 3 个轴的磁场强度,$Z$ 轴的磁场强度可以用来校正水平面,以使 $X,Y$ 轴的测量更为精确。

磁场强度采集模块采用的是 PNI11096 与磁阻传感器组合的设计方案。该模块把 PNI11096 芯片转换出来的磁场强度数据通过 SPI 总线传给单片机进行数据处理。PNI11096 的引脚分配如图 4-7 所示。

PNI11096 的引脚定义如表 4-1 所列。

PNI11096 输出的数据格式如表 4-2 所列。

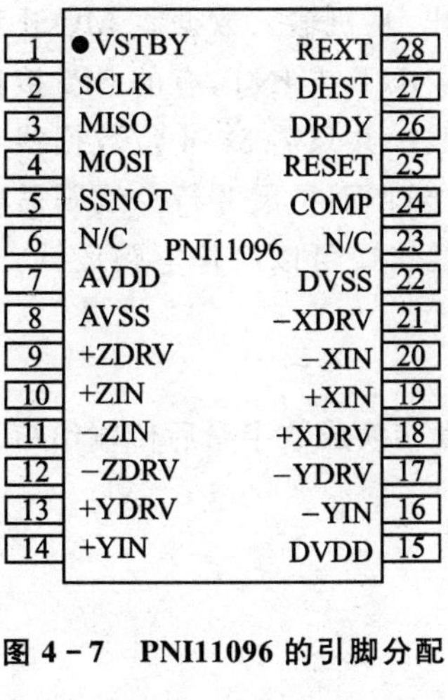

图 4-7 PNI11096 的引脚分配

表 4-1　PNI11096 的引脚定义

| 引脚 | 名称 | 功能 | 引脚 | 名称 | 功能 |
|---|---|---|---|---|---|
| 1 | VSTBY | 电源输入保护 | 15 | DVDD | 电源 |
| 2 | SCLK | SPI 总线时钟信号 | 16 | -YIN | Y 传感器输入- |
| 3 | MISO | SPI 总线数据信号线 | 17 | -YDRV | Y 传感器输出- |
| 4 | MOSI | SPI 总线数据信号线 | 18 | +XDRV | X 传感器输出+ |
| 5 | SSNOT | SPI 总线选择 | 19 | +XIN | X 传感器输入+ |
| 6 | N/C | 未用 | 20 | -XIN | X 传感器输入- |
| 7 | AVDD | 电源 | 21 | -XDRV | X 传感器输出- |
| 8 | AVSS | 地 | 22 | DVSS | 地 |
| 9 | +ZDRV | Z 传感器输出+ | 23 | N/C | 未用 |
| 10 | +ZIN | Z 传感器输入+ | 24 | COMP | 比较输出 |
| 11 | -ZIN | Z 传感器输入- | 25 | RESET | 复位 |
| 12 | -ZDRV | Z 传感器输出- | 26 | DRDY | 数据准备检测 |
| 13 | +YDRV | Y 传感器输出+ | 27 | DHST | 时钟输出 |
| 14 | +YIN | Y 传感器输入+ | 28 | REXT | 外部时钟 |

表 4-2　PNI11096 输出的数据格式

| bit 10 | bit 3 ～ bit 9 | bit 2 | bit 1 |
|---|---|---|---|
| ACK | 数据 | ACK | 地址 |

测量角度的数据范围是十六进制为 0x00～0x167,转换成十进制为 0～359。

串行外设接口 SPI(Serial Peripheral Interface)总线系统是一种同步串行外设接口,它可以使 MCU 与各种外围设备以串行方式进行通信以交换信息。该接口一般使用 4 条线,即串行时钟线(SCK)、主机输入/从机输出数据线 MISO、主机输出/从机输入数据线 MOSI 和低电平有效的从机选择线 SS(有的 SPI 接口芯片带有中断信号线 INT 或 INT,有的 SPI 接口芯片没有主机输出/从机输入数据线 MOSI)。由于 SPI 系统总线一共只需 3～4 位数据线和控制线即可实现与具有 SPI 总线接口功能的各种 I/O 器件进行接口,而扩展并行总线则需要 8 条数据线、8～16 条地址线、2～3 条控制线,因此,采用 SPI 总线接口可以简化电路设计,节省很多常规电路中的接口器件和 I/O 口线,提高设计的可靠性。

SPI 总线的时序如图 4-8 所示。

PNI11096 通过 SPI 总线,可以实时将采集到的磁场强度转换成数字量后传输给单片机进行下一步处理。

# 第 4 章 电子指南针的设计

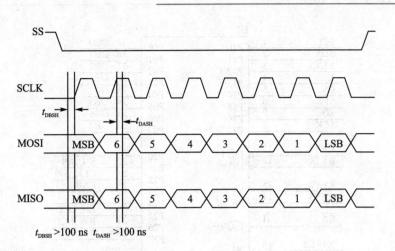

图 4-8 SPI 总线的时序

## 4.3.2 单片机模块

在电子指南针系统中,单片机模块是整个系统的神经中枢,它控制着整个系统的运行情况,这里采用常用的 Atmel 公司的带有 8 KB Flash 的 8 位微控制器 AT89S8252 作为单片机芯片,它完全与 MCS-51 系列单片机兼容(从指令集到引脚)。

与 51 单片机相比,AT89S8252 还具有一些增强型的功能。AT89S8252 的引脚分配如图 4-9 所示。例如,AT89S8252 的 P1 口的某些位可以配置成特殊功能来使用,像 P14,P15,P16 和 P17 可以配置成 SPI(Serial Programming Interface)接口。这一点在本例中得到了应用,因为在本系统中,前端的磁场强度采集模块就是以 SPI 总线向外输出数据的,所以本例选用了带有 SPI 接口功能的单片机芯片 AT89S8252。

SPI 接口可以配置成主模式或从模式,配置方法可参照表 4-3。

表 4-3 SPI 接口配置

| 端口 | 增强功能 |
| --- | --- |
| P14 | SS(主/从模式选择输入) |
| P15 | MOSI(主模式数据输出/从模式数据输入) |
| P16 | MISO(主模式数据输入/从模式数据输出) |
| P17 | SCK(主时钟输出/从时钟输入) |

由表 4-3 可知,主/从模式的选取是通过 P14 脚输入信号的高低来决定的,低电平为从模式,高电平为主模式。在本例中选用主模式,P1 口的 5～7 脚作为 SPI 接口使用,与前端的磁场强度采集模块相连。

液晶显示模块的接口主要接在 P0 口和 P2 口上,P0 口用来传输数据和地址,P2 口用来控制液晶显示模块的工作情况。

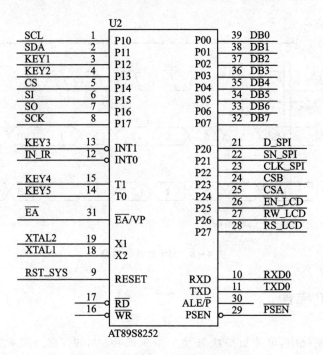

图 4-9　AT89S8252 的引脚分配

## 4.3.3　通信电路模块

在电子指南针系统中,采用串口作为系统与 PC 通信的接口,通信部分的电路如图 4-10 所示。

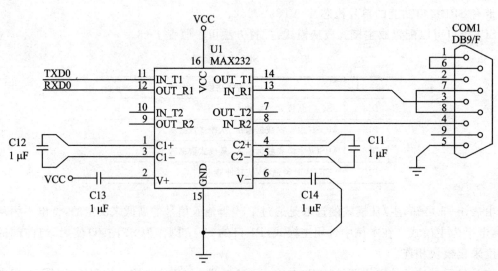

图 4-10　通信部分的电路

由于单片机的 TTL 电平与 RS-232 协议的电平不同,因此需要 MAX232 进行电平转换。

## 4.3.4 实时时钟模块

系统采用 PCF8583 实时时钟芯片为系统提供实时时钟。PCF8583 是一款基于静态 CMOS RAM 的实时时钟芯片,该芯片采用了 IIC 总线接口。PCF8583 的系统框图如图 4-11 所示。

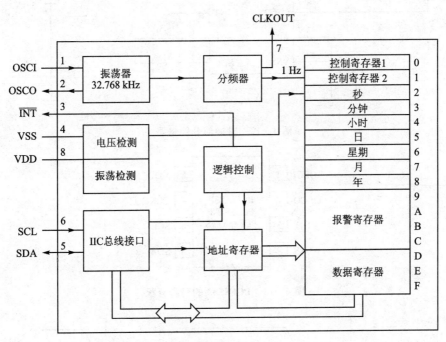

图 4-11　PCF8583 的系统框图

整个 PCF8583 的操作都是基于其内建的 CMOS RAM,通过对其不同地址的 RAM 的操作可以实现不同的功能。其内部 256 B 的 RAM 区域被分为几个功能区以完成不同的操作。由于本次使用的 DS89C450 内部没有 IIC 控制器,所以直接使用芯片的 I/O 口来模拟 IIC 时序。整个时钟部分的电路如图 4-12 所示。

PCF8583 采用 IIC 总线的形式与外界传输数据。IIC(Inter-Integrated Circuit)总线是一种由 PHILIPS 公司开发的两线式串行总线,用于连接微控制器及其外围设备。PCF8583 的引脚分配如图 4-13 所示,引脚功能如表 4-4 所列。

表 4-4　PCF8583 的引脚功能

| 引脚号 | 符　号 | 功能描述 | 引脚号 | 符　号 | 功能描述 |
| --- | --- | --- | --- | --- | --- |
| 1 | OSCI | 振荡器输入 | 5 | SDA | 串行数据 I/O |
| 2 | OSCO | 振荡器输出 | 6 | SCL | 串行时钟输入 |
| 3 | A0 | 地址输入 | 7 | $\overline{\text{INT}}$ | 中断输出(开漏,低电平有效) |
| 4 | VSS | 地 | 8 | VDD | 正电源 |

IIC 总线的时序如图 4-14 所示。

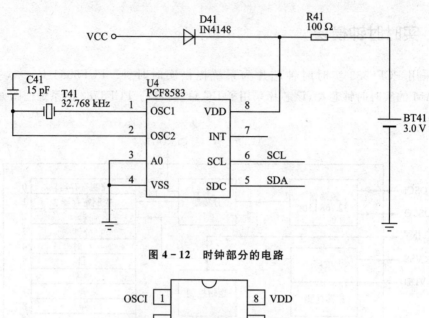

图 4-12 时钟部分的电路

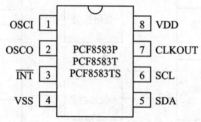

图 4-13 PCF8583 的引脚分配

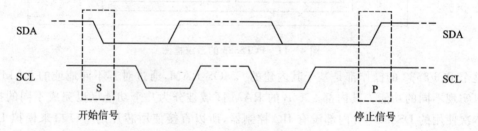

图 4-14 IIC 总线的时序图

## 4.3.5 液晶显示模块

本次设计采用 160×128 点阵的单色液晶显示屏(LCD)作为系统的显示界面,具体的型号为 PG160128,该 LCD 采用 T6963C 控制芯片作为显示控制核心。微控制器只需对 T6963C 芯片进行操作便可完成对 LCD 屏的相关操作,使用非常方便。

整个 LCD 中,T6963C 负责对 LCD 行列驱动芯片 T6A40 和 T6A39 进行控制。微控制器只需按照 T6963C 给定的指令格式进行相应的操作即可。T6963C 提供 10 种控制命令,单片机通过如图 4-15 所示的时序逻辑对其进行操作。

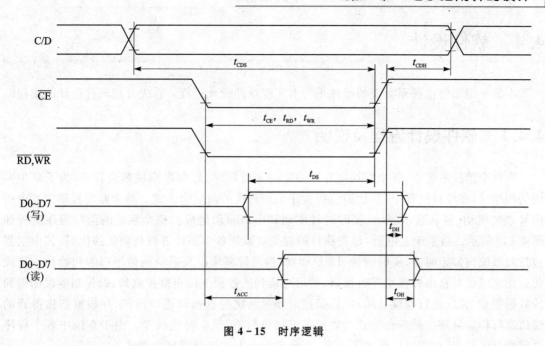

图 4 – 15  时序逻辑

## 4.3.6  系统输入电路

系统采用了 5 键输入以实现系统功能的设定,如对系统时间的调整和对菜单的选择。由于系统中的其他模块对微控制器的端口占用较少,还有很多没有使用的端口,因此在键盘连接上直接采用了每个按键占用一个端口的形式,如图 4 – 16 所示,电路中的几个电阻属于上拉电阻,以保证在没有输入的情况下端口电平稳定为高,同时也可以达到省电的目的。键盘的读取采用扫描的形式,当检测到有键按下时,消除抖动后进行键值判断。

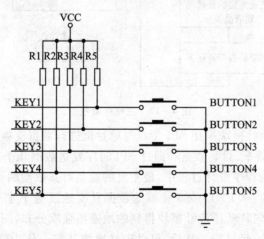

图 4 – 16  按键电路

以上是系统各个硬件部分的阐述。在电子指南针系统的总电路中包含了磁场强度采集模块、单片机模块、通信电路模块、实时时钟模块、液晶显示模块以及逻辑控制电路、扩展接口和相关辅助电路。

## 4.4 软件设计

本节介绍如何在前面实现的硬件平台上实现软件设计过程。首先介绍软件设计的流程。

### 4.4.1 软件设计流程及说明

在整个监控系统中,各个模块间存在一定的先后顺序,且程序模块数量较少,为了减少系统的程序量,在设计过程中,系统的监控程序采用传统的前后台方式。整个监控程序主要由指南针模块驱动、液晶显示驱动、实时时钟驱动和串口驱动组成。整个系统的监控程序流程如图 4-17 所示。当系统上电后,最先执行的就是对系统各个部件进行初始化的代码,其中主要包括对系统内部定时器、实时时钟、LCD 驱动、指南针模块以及系统通信串口的初始化。系统初始化完成后对指南针模块进行读取,然后将读到的数据上传至微控制器;微控制器根据得到的数据驱动 LCD 进行相应显示;随后微控制器对系统键盘端口进行扫描,并根据扫描得到的键值进行相应处理。前后台方式的监控系统结构简单,但实时性较差。由于系统中各个程序之间相互关联,且对实时性要求不太高,因此前后台方式能够满足其要求。

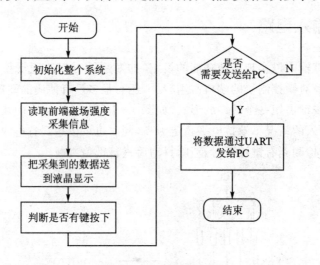

图 4-17 主程序流程

本次设计使用的指南针模块采用 SPI 接口与单片机进行数据交换。整个模块驱动包括读取 PNI11096 数据、处理数据、封装数据和通过 SPI 时序发送数据几个部分。

在整个指南针模块的程序设计过程中,最主要的就是对其数据的处理,它直接关系到系统的精度。在还未处理之前,从 PNI11096 读取的数据真实地反应了水平面内地磁场的分布情况,如图 4-18 所示是均匀转动指南针模块得到的地磁场强度分布,图中显示地磁场强度在不同方向上的分布是不同的,经过归一化后,可以很好地将其归一化为圆,使得在各个方向上的磁场强度均匀,这样,既可以方便地进行角度计算,又可以提高测量精度。

指南针模块在第一次使用前都必须校正,将模块在水平面内均匀转动一周后校正结束。校正时主要调整的系数就是本地的磁偏角。将磁场强度归一化后,直接对 $X$ 轴和 $Y$ 轴的强度进行计算即可得到当前方向与正东方向的夹角,如图 4-19 所示。

第 4 章 电子指南针的设计

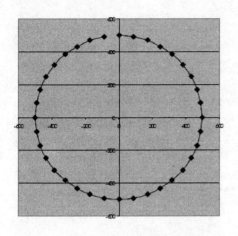

图 4-18 未处理时真实磁场强度分布

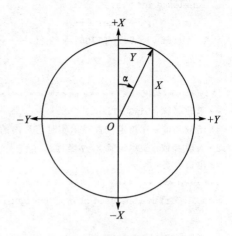

图 4-19 角度的计算

从图 4-19 中可以看出夹角就是

$$\alpha = \arctan(Y/X)$$

## 4.4.2 程序代码及注释

```
/************************************************************/
#include <reg52.h>
#include <stdio.h>
#include <math.h>
#include "DriverT6963.h"                    /* T6963 驱动库 */
#include "DataBase.h"
#include "PCF8583.h"
#include "UART.h"

unsigned char GblCnt = 0;
unsigned char T0IRQCNT = 0;
unsigned char oldtempx, oldtempy;
unsigned int Angle;
unsigned char keyflag = 0;
unsigned char COMBUF[10];                   /* 定义接收缓冲区 */
unsigned char COMCNT = 0;
/************************************************************
** 函数名称：delay()
** 函数功能：软件延迟
** 入口参数：延迟时间倍数
** 出口参数：无
************************************************************/
void delay(unsigned int time)
{
```

```c
    unsigned int i,j;
    for(i = 0; i<time; i++){
        for(j = 0; j<1700; j++){;}
    }
}
/****************************************************************
** 函数名称：DisCurTime()
** 函数功能：在指定位置显示实时芯片内的时间
** 入口参数：显示位置x, y坐标
** 出口参数：无
****************************************************************/
void DisCurTime(unsigned char x, unsigned char y)
{
    unsigned char time[3];
    unsigned char dispBuff[9];
    ReadPCF8583(0x02, 3, time);
    dispBuff[8] = '\0';                              /*在数组最后单元放入标识符以便判断内
                                                       容结束*/
    dispBuff[7] = (time[0] & 0x0F) + '0';            /*提取秒个位*/
    dispBuff[6] = (time[0] >> 4) + '0';              /*提取秒十位*/
    dispBuff[5] = ':';
    dispBuff[4] = (time[1] & 0x0F) + '0';            /*提取分个位*/
    dispBuff[3] = (time[1] >> 4) + '0';              /*提取分十位*/
    dispBuff[2] = ':';
    dispBuff[1] = (time[2] & 0x0F) + '0';            /*提取时个位*/
    dispBuff[0] = ((time[2] >> 4) & 0x03) + '0';     /*提取时十位*/
    DispStr(y * 20 + x, dispBuff);
}
/****************************************************************
** 函数名称：DisCurDate()
** 函数功能：在指定位置显示实时芯片内的日期
** 入口参数：显示位置x, y坐标
** 出口参数：无
****************************************************************/
void DisCurDate(unsigned char x, unsigned char y)
{
    unsigned char Date[2];
    unsigned char DisBuf[11];
    ReadPCF8583(0x05, 2, Date);                      /*获取PCF8583的日期*/
    DisBuf[4] = (Date[0] & 0x0F) + '0';              /*提取日个位*/
    DisBuf[3] = ((Date[0] >> 4) & 0x03) + '0';       /*提取日十位*/
    DisBuf[2] = '/';
    DisBuf[1] = (Date[1] & 0x0F) + '0';              /*提取月个位*/
    DisBuf[0] = ((Date[1] >> 4) & 0x01) + '0';       /*提取月十位*/
    DisBuf[5] = '/';
    DisBuf[6] = '2';
```

```c
        DisBuf[7] = '0';
        DisBuf[8] = '0';
        DisBuf[9] = '8';
        DisBuf[10] = '\0';                              /*在数组最后单元放入标识符以便判断内
                                                          容结束*/

        DispStr(y * 20 + x, DisBuf);
}
/****************************************************************
**函数名称：DrawClock()
**函数功能：绘制钟面
**入口参数：显示位置
**出口参数：无
*****************************************************************/
void DrawClock(unsigned char x, unsigned char y, unsigned char r)
{
        Circle(x, y, r);
        Line(x, y - r, x, y - r + 5, 0);                /*绘制0点处竖线*/
        Line(x, y + r, x, y + r - 5, 0);                /*绘制6点处竖线*/
        Line(x - r, y, x - r + 5, y, 0);                /*绘制9点处竖线*/
        Line(x + r, y, x + r - 5, y, 0);                /*绘制3点处竖线*/
        WriteEN(198,'E');
        WriteEN(273,'S');
        WriteEN(189,'W');
        WriteEN(93,'N');
        EasyCH(3, 1, fang);
        EasyCH(3, 2, wei);
}
/****************************************************************
**函数名称：GraphicTest()
**函数功能：显示子函数测试程序
**入口参数：无
**出口参数：无
*****************************************************************/
void GraphicTest(void)
{
        Circle(80, 63, 60);
        Rectangle(0, 0, 159, 127, 0);
        Triangle(0, 0, 20, 30, 120, 50);
        Line(0, 0, 159, 127, 0);
        Line(0, 127, 159, 0, 1);
}
/****************************************************************
**函数名称：DisMain()
**函数功能：主显示界面
**入口参数：显示位置
**出口参数：无
```

```c
*****************************************************************/
void DisMain(void)
{
    Rectangle(0, 22, 159, 127, 0);
    DrawClock(113, 70, 45);
    Line(0, 115, 159, 115, 0);
    Line(64, 22, 64, 115, 0);
}
/****************************************************************
** 函数名称：DisCurDirc()
** 函数功能：显示当前方位指针
** 入口参数：显示角度
** 出口参数：无
*****************************************************************/
void DisCurDirc(unsigned int Dir)
{
    unsigned char tempx, tempy;
    unsigned char Dir1, Dir2, Dir3;

    Dir1 = Dir/100 + '0';                          /*提取其各位*/
    Dir2 = (Dir % 100)/10 + '0';
    Dir3 = (Dir % 100) % 10 + '0';
    WriteEN(122, Dir1);
    WriteEN(123, Dir2);
    WriteEN(124, Dir3);

    Dir = Dir/3;                                   /*不满3的倍数的,按3的倍数算*/
    tempx = DirTbl[(Dir<<1)];
    tempy = DirTbl[((Dir<<1) + 1)];
    LineClr(113, 70, oldtempx, oldtempy);
    Line(113, 70, tempx, tempy, 0);
    oldtempx = tempx;
    oldtempy = tempy;
}
/****************************************************************
** 函数名称：SendAngle()
** 函数功能：向串口送当前角度值
** 入口参数：当前角度
** 出口参数：无
*****************************************************************/
void SendAngle(unsigned int Dir)
{
    unsigned char Dir1, Dir2, Dir3;
    unsigned char Str[] = "Current angle = 360 degree !";
    Dir1 = Dir/100 + '0';                          /*提取其各位*/
    Dir2 = (Dir % 100)/10 + '0';
```

```c
        Dir3 = (Dir % 100) % 10 + '0';
        sprintf(Str, "Current angle = %c%c%c degree !", Dir1,Dir2,Dir3);
        UartSendStr(Str);
        UartSendByte(0x0D);
        UartSendByte(0x0A);
}
/******************************************************************
** 函数名称：INT0IRQ()
** 函数功能：获取键值
** 入口参数：无
** 出口参数：无
******************************************************************/
INT0IRQ (void) interrupt 0
{
    unsigned char keytmp;
    EA = 0;
    delay(10);
    keytmp = (P1 & 0xF8);                       /*保留高5位*/
    if (keytmp == 0xF8) {                       /*抖动*/
        EA = 1;
    }else {
        switch (keytmp) {                       /*Key1*/
            case 0x78 :
                keyflag = 1;
                break;                          /*Key2*/
            case 0xB8 : break;                  /*Key3*/
            case 0xD8 : break;                  /*Key4*/
            case 0xE8 : break;                  /*Key5*/
            case 0xF0 : break;
            default : break;
        }
        EA = 1;
    }
}
/******************************************************************
** 函数名称：T0IRQ()
** 函数功能：定时器0中断服务程序
** 入口参数：无
** 出口参数：无
******************************************************************/
T0IRQ (void) interrupt 1
{
    EA = 0;
    TR0 = 0;
    T0IRQCNT ++ ;
    TR0 = 1;
```

```c
        EA = 1;
}
/******************************************************************
** 函数名称: GetAngle()
** 函数功能: 获取方向角度
** 入口参数: 无
** 出口参数: 无
******************************************************************/
void GetAngle(void)
{
    unsigned char Dir1, Dir2, Dir3;

    Dir1 = COMBUF[0] - '0';
    if (Dir1 > 3) {
    }else {
        Dir2 = COMBUF[1] - '0';
        Dir3 = COMBUF[2] - '0';
        Angle = Dir1 * 100 + Dir2 * 10 + Dir3;
    }
}
/******************************************************************
** 函数名称: main()
** 函数功能: 主测试函数
** 入口参数: 无
** 出口参数: 无
******************************************************************/
void main(void)
{
    InitScreen();
    InitCOM();
    DisMain();
    EX0 = 1;                              /* 外部中断 0 开 */
    IT0 = 1;                              /* 外部中断 0 为边沿触发 */
    DisCurDate(0, 15);                    /* 显示系统日期 */
    Angle = 1;
    while(1)
    {
        GetAngle();
        if (T0IRQCNT == 5) {
            DisCurDirc(Angle);
        }
        DisCurTime(11, 15);               /* 显示系统时间 */
        switch (keyflag) {
            case 1 :
                SendAngle(Angle);
                keyflag = 0;
```

## 第 4 章 电子指南针的设计

```
            break;
        default : break;
        }
    }
}
/***********************************************
**函数名称：InitCOM()
**函数功能：串口初始化函数
**入口参数：无
**出口参数：无
***********************************************/
void InitCOM(void)                              //串口初始化函数
{
    TMOD = 0x21;                                //设置 T1 为模式 2,8 位自动重装,T0 为模式 1
    SCON = 0x50;                                //设置串口为模式 1,SM2 = 0,REN = 1
    PCON = 0x80;                                //设置波特率为 9 600 b/s
    TH0 = 0x01;
    TL0 = 0x01;
    TH1 = -22118400L/12/32/4800;
    TL1 = -22118400L/12/32/4800;
    ET0 = 1;
    ES = 1;                                     //开串口中断,以便接收主机数据
    TR0 = 1;
    TR1 = 1;
    EA = 1;
}
/***********************************************
**函数名称：UartSendByte()
**函数功能：通过串口发送一字节数据
**入口参数：要发送的数据
**出口参数：无
***********************************************/
void UartSendByte(unsigned char dat)            //串口发送函数
{
    SBUF = dat;
    while (TI != 1) {
    };
}
/***********************************************
**函数名称：UartSendStr
**函数功能：通过串口发送一串字符
**入口参数：要发送的字符串
**出口参数：无
***********************************************/
void UartSendStr(unsigned char * pStr)          //串口发送函数
{
```

```c
    while ((*pStr) != '\0') {
        UartSendByte(*pStr);
        pStr ++ ;
    }
}
/***********************************************************
**函数名称：COM_IRQ()
**函数功能：串口接收中断处理函数
**入口参数：无
**出口参数：无
***********************************************************/
COM_IRQ(void) interrupt 4
{
    if (RI == 1) {                      /*处理接收中断*/
        RI = 0;                         /*清除中断标志位*/
        if (SBUF != 0x0D) {
            UartSendByte(SBUF);
            COMBUF[COMCNT] = SBUF;
            COMCNT ++ ;
        }else {
            UartSendByte(0x0D);
            UartSendByte(0x0A);
            COMCNT = 0;
        }
    }else if (TI == 1) {
        TI = 0;
    }
}
```

## 4.5  实例总结

本章详细介绍了电子指南针的整个设计过程。本例设计的电子指南针能够准确显示方向，精确度高，携带应用都很方便，可以手持或者安装在其他设备上使用，同时可以把方向信息上传给 PC。

读者在学习整个设计的过程中，需要注意的地方如下：
- 电子指南针的前端磁场强度采集模块要合理布局。
- 磁场强度转换芯片 PNI11096 在与单片机连接时，应注意 SPI 总线的时序和操作顺序。
- 在单片机对磁场强度数据进行处理时，应注意数据处理的过程。
- 在对串口操作的过程中，应注意接收和发送数据的流程。

# 第 5 章

# 智能数字采集仪表

随着测控技术的迅猛发展,以单片机为核心的数据采集系统已经在测控领域中占据了统治地位。数据采集系统的主要功能是把模拟信号变成数字信号,将现场采集到的数据进行分析、处理、存储和显示。国内很多公司都开发了数据采集器或采集卡之类的产品,但是大多数都很专业,只能在有限的环境中使用。本章将要介绍的是集多种功能与一体的智能化数据采集仪表,它有很好的通用性,可广泛应用在各种场合;同时具有 RS485 总线接口,可以很方便地在一条 RS485 总线上连接多个智能仪表。

## 5.1 实例说明

本系统包括数据采集和处理部分、LED 显示部分、控制按键部分、RS485 通信部分、电源供电部分、时间和数据存储部分等。前端采集到的数据送进单片机处理之后,一边送到 LED 进行实时显示,一边把处理过的数据通过 RS485 接口上传至管理计算机,以便计算机对多路采集的数据进行集中处理。

### 5.1.1 功能和技术指标

该智能仪表的主要功能包括:
- 测量电压形式的物理量,量程是 0~5 V 或者 0~2.5 V 可调。
- 通过按键设置多项参数,例如,仪表的地址、显示数据的范围、时间、校准和用户密码等。
- LED 实时显示包括测量数据和时间等多种信息。
- 采用 AC 220 V 直接供电,便于随处取电。
- 通过 RS485 总线接口将采集到的数据信息远距离传输,并在一条 RS485 总线上可连接多个智能仪表。

### 5.1.2 功能介绍和使用方法

本章中介绍的智能仪表主要是采集和记录被测物理量的实时状态,采集结果通过 LED 数

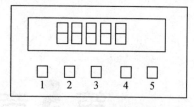

1—设置键,2—移位键,3—增量键,
4—减量键,5—确定键

图 5-1 智能仪表面板

码管实时显示出来,同时通过 RS485 总线接口上传给上位机;可以通过智能仪表上的按键来设置仪表的各种功能。该智能仪表的 LED 显示界面和按键操作面板如图 5-1 所示。

面板上方有 5 个 LED 数码管用来显示采集到的实测数据,面板下方一排有 5 个按键。

在智能仪表测量状态下,按下设置键 2 s 以上,仪表进入参数设计模式;这时按移位键和增量键、减量键可以对仪表的各项参数进行设置,设置完之后按确定键保持刚才设置的参数;再次按下设置键 2 s 以上,仪表即回到测量状态下工作。

## 5.2 设计思路分析

该智能仪表系统包含电压采集、实时时钟、按键、看门狗复位、LED 数码管显示、数据存储、RS485 通信和电源供电等功能模块,这些模块功能的实现都可用 51 单片机来控制完成,所以选用 51 单片机作为该智能仪表的控制核心很合适。

在数据采集系统中,首先要把被测模拟量转变成数字量,然后才能对采集到的数字量进行运算处理。但是,如何把模拟量转变成数字量呢?这需要一个 A/D 转换器,A/D 转换器的功能就是把模拟量量化成能被单片机处理的数字量。ADC 把模拟量转换成数字量的过程需要单片机来控制,ADC 把采集到的数字量传输给单片机处理,因此,可以说是 ADC 和单片机共同完成了模拟量到数字量的转换。

模拟量被转换成数字量传输给单片机之后,接下来的工作是由单片机和其他模块来共同完成,包括对采集到的数据进行计算处理和实现其他的功能。智能仪表的整个系统功能框图如图 5-2 所示。

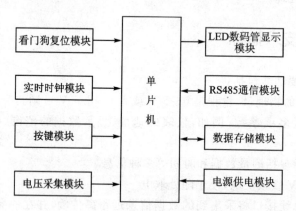

图 5-2 智能仪表系统框图

单片机把采集到的数据经过运算处理后,一方面送给 LED 数码管去显示,另一方面通过 RS485 通信模块上传给上位机;单片机通过读取按键的各种状态来改变系统的各项参数,并按照设置的参数工作。

在整个系统中,看门狗复位模块是至关重要的,它保证了整个系统的正常工作,使得单片机不至于出现死机或者"跑飞"的情况。

实时时钟模块和数据存储模块分别为系统提供了实时的时间和各种数据的存储等功能,使整个系统的功能更加完善。

从系统框图中可以看出,各个模块按照其功能的不同,为整个系统提供了不同的功能服务,单片机通过控制这些功能模块,使得整个系统能够正常工作,从而实现所设计的智能仪表的各项功能。

## 5.3 硬件设计

### 5.3.1 电压采集模块

AD7705 是 AD 公司推出的 16 位 $\Sigma$-$\Delta$ A/D 转换器,可用于测量低频模拟信号。这种器件带有增益可编程放大器,可通过软件编程来直接测量传感器输出的各种微小信号。AD7705 具有分辨率高、动态范围广和自校准等特点,因而非常适合于工业控制和仪表测量等领域。其中 AD7705 具有两个全差分输入通道。本小节主要介绍 AD7705 的原理及应用。

**1. AD7705 的主要特点**

- 具有 16 位无丢失代码,非线性度为 0.003%。
- 2 个全差分输入通道。
- 增益可编程,其可调整范围为 1~128。
- 输出数据更新率可编程。
- 有对模拟输入缓冲能力。
- 可进行自校准和系统校准。
- 带有三线串行接口。
- 采用 3 V 或 5 V 工作电压。
- 等待电流的最大值为 8 $\mu$A。
- 16 脚 DIP、SOIC 和 TSSOP 封装形式。

**2. 功能方框图**

AD7705 的功能框图如图 5-3 所示。

**3. 引脚排列及功能**

AD7705 的引脚排列如图 5-4 所示。

AD7705 的引脚功能如表 5-1 所列。

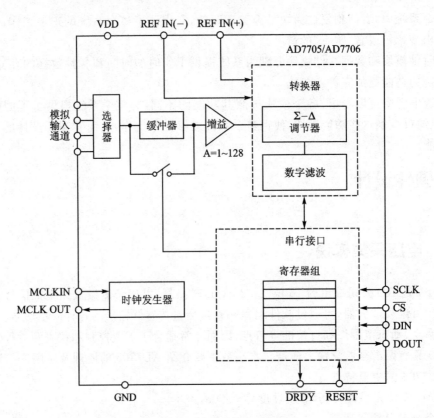

图 5-3 AD7705 功能框图

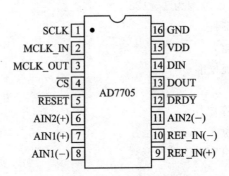

图 5-4 AD7705 引脚图

表 5-1 AD7705 的引脚功能

| 引脚号 | 引脚名称 | 功 能 |
|---|---|---|
| 1 | SCLK | 串行时钟输入。将一个外部的串行时钟加于这一输入端口,以访问 AD7705 的串行数据。该串行时钟可以是连续时钟,以连续的脉冲串传送所有数据;也可以是非连续时钟,将信息的一个一个数据段发送给 AD7705 |
| 2 | MCLK_IN | 为 AD7705 工作提供主时钟信号。能以晶体/谐振器或外部时钟的形式提供。晶体/谐振器可以接在 MCLK_IN 和 MCLK_OUT 之间。此外,MCLK_IN 也可用 CMOS 兼容的时钟驱动,而 MCLK_OUT 不连接。时钟频率的范围为 500 kHz~5 MHz |

续表 5-1

| 引脚号 | 引脚名称 | 功　能 |
|---|---|---|
| 3 | MCLK_OUT | 当主时钟为晶体/谐振器时,晶体/谐振器被连接在 MCLK_IN 和 MCLK_OUT 之间。如果在 MCLK_IN 引脚处上一个外部时钟,则 MCLK_OUT 将提供一个反相时钟信号。这时时钟可用来为外部电路提供时钟源,且可以驱动一个 CMOS 负载。如果用户不需要,MCLK_OUT 可以通过时钟寄存器中的 CLK_DIS 位关掉。这样,器件不会在 MCLK_OUT 引脚上驱动电容负载而消耗不必要的功率 |
| 4 | $\overline{CS}$ | 片选,低电平有效,选择 AD7705。将该引脚接为低电平,AD7705 能以三线接口模式运行(以 SCLK,DIN 和 DOUT 与器件接口)。在串行总线上带有多个器件的系统中,可以由 $\overline{CS}$ 对这些器件做出选择,或者在与 AD7705 通信时,$\overline{CS}$ 可以用做帧同步信号 |
| 5 | $\overline{RESET}$ | 复位输入。低电平有效输入,将器件的控制逻辑、接口逻辑、校准系数、数字滤波和模拟调制器复位至上电状态 |
| 6 | AIN2(+) | 差分模拟输入通道 2 的正输入端 |
| 7 | AIN1(+) | 差分模拟输入通道 1 的正输入端 |
| 8 | AIN1(−) | 差分模拟输入通道 1 的负输入端 |
| 9 | REF_IN(+) | 基准输入端。AD7705 差分基准输入的正输入端。基准输入是差分的,并规定 REF_IN(+)必须大于 REF_IN(−)。REF_IN(+)可以取 VDD 和 GND 之间任何值 |
| 10 | REF_IN(−) | 基准输入端。AD7705 差分基准输入的负输入端。REF_IN(−)可以取 VDD 和 GND 之间的任何值,且满足 REF_IN(+)必须大于 REF_IN(−) |
| 11 | AIN2(−) | 差分模拟输入通道 2 的负输入端 |
| 12 | $\overline{DRDY}$ | 逻辑输出。该输出端上的逻辑低电平表示可以从 AD7705 的数据寄存器获取新的输出数据。当完成对一个完整的输出数据的读操作之后,$\overline{DRDY}$ 引脚立即回到高电平。如果在两次输出更新之间不发生数据读出,那么 $\overline{DRDY}$ 将在一次输出更新前 500×$t_{clkin}$ 时间内返回高电平。当 $\overline{DRDY}$ 处于高电平时,不能进行读操作,以避免数据寄存器中的数字正在被更新时进行读操作。当数据更新后,$\overline{DRDY}$ 又将返回低电平。$\overline{DRDY}$ 也用来指示任何时刻 AD7705 已经完成片内的校准序列 |
| 13 | DOUT | 串行数据输出端。从片内输出移位寄存器读出的串行数据由此端输出。根据通信寄存器中的寄存器选择位,输出移位寄存器可容纳来自通信寄存器、时钟寄存器或数据寄存器的信息 |
| 14 | DIN | 串行数据输入端。从片内输入移位寄存器读入的串行数据由此端输入。根据通信寄存器中的寄存器选择位,输入移位寄存器可容纳来自通信寄存器、时钟寄存器或数据寄存器的信息 |
| 15 | VDD | 电源电压为 +3~+5.25 V |
| 16 | GND | 内部电路的地电位基准点 |

**4. 工作原理和使用说明**

AD7705 是一个完整的 16 位 A/D 转换器。在应用时只需接晶体振荡器、精密基准源和少量去耦电容即可连续进行 A/D 转换。下面简单介绍其工作原理和特性。

AD7705 片内的增益可编程放大器 PGA 可选择 1,2,4,8,15,32,54,128 等八种增益之一,并可利用它将不同幅度范围的各类输入信号放大到接近 A/D 转换器的满标度电压,然后再进行 A/D 转换。该应用电路中不使用放大电路,因此有利于提高转换质量。当电源电压为 5 V、基准电压为 2~5 V 时,AD7705 可直接接受从 0~+20 mV 到 0~+2.5 V 摆幅范围的单极性信号和从 0～±20 mV 到 0～±2.5 V 范围内的双极性信号。必须指出,这里的负极性电压是相对 AIN1(−)或 COMMON 引脚而言的,因此,应将这两个引脚偏置到恰当的正电位上。

当输入的模拟信号被 A/D 转换器连续采样时,其输出更新率是可编程的。应当注意,输出的更新速度越快,其有效分辨率越低,但最低不得低于 13 位有效分辨率。

如图 5-5 所示为该智能仪表前端的 AD7705 的采集电路原理图。

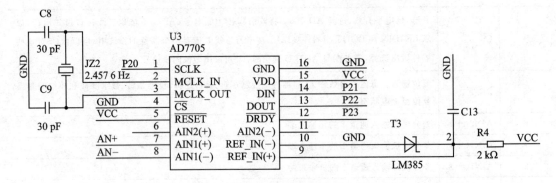

图 5-5　AD7705 原理图

## 5.3.2　控制按键和 LED 数码管显示模块

由于在本系统中用到了 LED 数码管显示和按键控制,如果仅使用单片机的 I/O 口则远远不够,所以要想实现在驱动 LED 数码管的同时,还要完成对按键的处理,就需要采用一些更合理的方法。本系统采用将两片 74HC595 级联起来,实现单片机的 I/O 扩展,以完成对 LED 数码管显示和按键处理的控制。

74HC595 的引脚分配如图 5-6 所示。

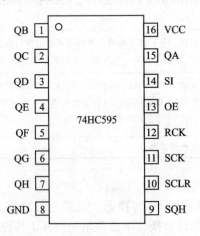

图 5-6　74HC595 引脚图

74HC595 的引脚定义说明如表 5-2 所列。

## 第5章 智能数字采集仪表

表 5-2 74HC595 的引脚定义

| 引脚名称 | 引脚号 | 描述 |
|---|---|---|
| QA~QH | 15,1~7 | 并行数据输出。可以直接控制 8 个 LED 或者七段数码管的 8 个引脚 |
| GND | 8 | 地 |
| SQH | 9 | 级联输出端。与下一个 74HC595 的 DS 相连,以实现多个芯片之间的级联 |
| SCLR | 10 | 重置(RESET)。低电平时将移位寄存器中的数据清零。应用时通常将它直接连高电平(VCC) |
| SCK | 11 | 移位寄存器时钟输入。上升沿时,移位寄存器中的数据依次移动一位,即 Q0 中的数据移到 Q1 中,Q1 中的数据移到 Q2 中,依次类推;下降沿时,移位寄存器中的数据保持不变 |
| RCK | 12 | 存储寄存器的时钟输入。上升沿时,移位寄存器中的数据进入存储寄存器;下降沿时,存储寄存器中的数据保持不变。应用时通常将 ST_CP 置为低电平,移位结束后再在 ST_CP 端产生一个正脉冲以更新显示数据 |
| OE | 13 | 输出允许。高电平时禁止输出(高阻态) |
| SI | 14 | 串行数据输入 |
| VCC | 16 | 电源 |

根据 74HC595 的功能,就可以使用该芯片来实现对 LED 数码管和按键的控制,从而节省单片机的 I/O 口,简化整个系统的设计。

LED 显示和按键的详细硬件电路如图 5-7 所示。

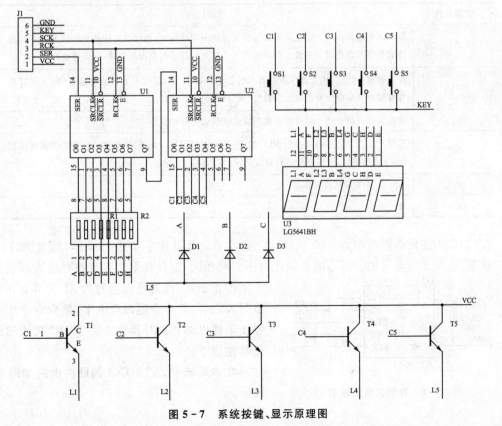

图 5-7 系统按键、显示原理图

### 5.3.3 数据存储模块

在本系统中,数据存储采用的是 AT24C64 EEPROM 存储器。AT24C64 提供 65 536 个位,这些位是以字节方式进行组织的。通过设置不同的地址,可以实现多达 8 个芯片共享同一总线。它被广泛应用于工业、化工等需要低功耗与低电压的领域。同时,它还提供诸如 4.5~5.5 V、2.7~5.5 V、2.5~5.5 V 及 1.8~5.5 V 的各种工作电压范围的芯片,从而使其应用更加通用。

AT24C64 的特性有:

- 与 400 kHz IIC 总线兼容;
- 1.8~6.0 V 工作电压范围;
- 低功耗 CMOS 技术;
- 写保护功能,当 WP 为高电平时进入写保护状态;
- 页写缓冲器;
- 自定时擦写周期;
- 1 000 000 次编程/擦除周期;
- 可保存数据一百年;
- 8 脚 DIP、SOIC 或 TSSOP 封装形式。

AT24C64 引脚描述如表 5-3 所列。

表 5-3 AT24C64 引脚描述

| 引脚名称 | 引脚功能 |
| --- | --- |
| A0,A1,A2 | 器件地址选择。可以通过接高或接低来设置不同的地址,也可以直接悬空。设置为不同地址时最多可以在同一总线上存在多达 8 个芯片。当这些引脚悬空时,默认地址为 0 |
| SDA | 串行数据/地址。用于器件所有数据的发送或接收,SDA 是一个开漏输出引脚,可与其他开漏输出或集电极开路输出进行线"或"(wire-OR) |
| SCL | 串行时钟。用于产生器件所有数据发送或接收的时钟 |
| WP | 写保护。当 WP 引脚连接到 VCC 时,所有的内容都被写保护(只能读);当 WP 引脚连接到 GND 或悬空时,允许器件进行正常的读/写操作 |
| VCC | +1.8~6.0 V 工作电压 |
| GND | 地 |

AT24C64 在内部被组织为 256 页,每页为 32 B。可以按字节进行操作,地址为 13 位。AT24C64 也是支持页写的。页写的初始化与字节写相同,但是在第 1 字节被写进去以后并不产生停止条件,而是可以再写入 31 字节。在每字节写入之后,芯片会返回低电平,最后应产生一个停止条件以终止页写操作。关于 IIC 总线的说明见其他章节。

在本系统中,AT24C64 的硬件电路如图 5-8 所示。

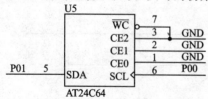

图 5-8 存储模块原理图

## 5.3.4 实时时钟模块

DS1302 是美国 DALLAS 公司推出的一种高性能、低功耗、带 RAM 的实时时钟电路,可以对年、月、日、周日、时、分、秒进行计时,具有闰年补偿功能,工作电压为 2.5~5.5 V。它采用三线接口与 CPU 进行同步通信,并可采用突发方式一次传送多个字节的时钟信号或 RAM 数据。DS1302 内部有一个 31×8 的用于临时存放数据的 RAM 寄存器。DS1302 是 DS1202 的升级产品,与 DS1202 兼容,但是增加了主电源/后备电源双电源引脚,同时提供了对后备电源进行涓细电流充电的功能。

**1. DS1302 引脚功能及结构**

在 DS1302 的引脚排列中,VCC1 为后备电源,VCC2 为主电源。在主电源关闭的情况下,DS1302 也能保持时钟的连续运行。DS1302 由 VCC1 或 VCC2 两者中的较大者供电。当 VCC2 大于 VCC1+0.2 V 时,VCC2 给 DS1302 供电。当 VCC2 小于 VCC1 时,DS1302 由 VCC1 供电。X1 和 X2 是振荡源,外接 32.768 kHz 晶振。CE 是复位/片选线,通过把 CE 输入驱动置高电平来启动所有的数据传送。CE 输入有两种功能:首先,CE 接通控制逻辑,允许地址/命令序列送入移位寄存器;其次,CE 提供终止单字节或多字节数据的传送手段。当 CE 为高电平时,所有的数据传送被初始化,允许对 DS1302 进行操作。如果在传送过程中 CE 置为低电平,则会终止此次数据传送,I/O 引脚变为高阻态。上电运行时,在 VCC≥2.5 V 之前,CE 必须保持低电平。只有在 SCLK 为低电平时,才能将 CE 置为高电平。I/O 为串行数据输入/输出端(双向),后面内容中有详细说明。SCLK 始终是输入端。图 5-9 为 DS1302 的引脚功能图。

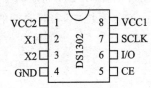

图 5-9 DS1302 引脚图

**2. DS1302 的控制字节**

控制字节的最高有效位(位 7)必须是逻辑 1,如果它为 0,则不能把数据写入 DS1302 中;位 6 如果为 0,则表示存取日历时钟数据,为 1 表示存取 RAM 数据;位 5 至位 1 指示操作单元的地址;最低有效位(位 0)如果为 0,表示要进行写操作,为 1 表示要进行读操作。控制字节总是从最低位开始输出。

**3. 数据输入/输出(I/O)**

在控制指令字输入后的下一个 SCLK 时钟的上升沿,数据被写入 DS1302,数据输入从低位即位 0 开始。同样,在紧跟 8 位的控制指令字后的下一个 SCLK 脉冲的下降沿读出 DS1302 的数据,读出数据各位的排列顺序是从低位位 0 到高位位 7。

**4. DS1302 的寄存器**

如表 5-4 所列,DS1302 有 12 个寄存器,其中有 7 个寄存器与日历、时钟相关,存放的数据位为 BCD 码形式。

此外,DS1302 还有年份寄存器、控制寄存器、充电寄存器、时钟突发寄存器及与 RAM 相关的寄存器等。时钟突发寄存器可一次性顺序读/写除充电寄存器以外的所有寄存器内容。DS1302 的与 RAM 相关的寄存器分为两类:一类是单个 RAM 单元,共 31 个,每个单元组态为一个 8 位的字节,其命令控制字为 C0H~FDH,其中奇数为读操作,偶数为写操作;另一类为突发方式下的 RAM 寄存器,在此方式下可一次性读/写所有 RAM 的 31 个字节,命令控制字为 FEH(写)/FFH(读)。

表 5-4  DS1302 寄存器

| 读寄存器 | 写寄存器 | 位 7 | 位 6 | 位 5 | 位 4 | 位 3 | 位 2 | 位 1 | 位 0 | 范围 |
|---|---|---|---|---|---|---|---|---|---|---|
| 81H | 80H | CH | | 10 秒 | | | 秒 | | | 00~59 |
| 83H | 82H | — | | 10 分 | | | 分 | | | 00~59 |
| 85H | 84H | 12/24 | 0 | 10 AM/PM | | 时 | | | | 1~12/0~23 |
| 87H | 86H | 0 | 0 | | 10 日 | | 日 | | | 1~31 |
| 89H | 88H | 0 | 0 | 0 | 10 月 | | 月 | | | 1~12 |
| 8BH | 8AH | 0 | 0 | 0 | 0 | 0 | | 周日 | | 1~7 |
| 8DH | 8CH | | | 10 年 | | | 年 | | | 00~99 |
| 8FH | 8EH | WP | 0 | 0 | 0 | 0 | 0 | 0 | 0 | — |

在 DS1302 的时钟日历或 RAM 要进行数据传送时,DS1302 必须首先发送命令字节。若进行单字节传送,8 位命令字节传送结束之后,在下 2 个 SCLK 周期的上升沿输入数据字节,或在下 8 个 SCLK 周期的下降沿输出数据字节。

在本系统中,实时时钟的具体硬件电路如图 5-10 所示。

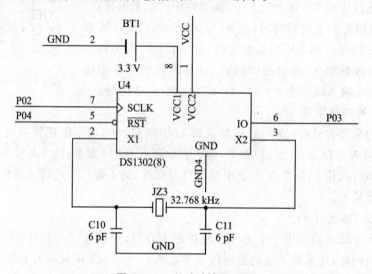

图 5-10  实时时钟原理图

## 5.3.5  RS485 通信模块

在此智能仪表设计中,通信是很重要的一个环节。对于前方采集端采集到的数据,通常只有集中起来处理才有意义;一般在数据采集系统中,各个采集点比较分散,要想把各个采集点很好地连接起来有很大的难度,需要考虑的问题很多,如传输距离的远近、环境干扰和拓扑结构等。而 RS485 总线的出现使这些问题得到了很好的解决,因为 RS485 在这些方面有很好的特性,这也是在此智能仪表中采用 RS485 接口的一个重要原因。下面详细说明 RS485 总线的特点。

RS485 标准是由两个行业协会共同制订和开发的,即电子工业协会 EIA 和通信工业协会 TIA。EIA 曾经在它所有标准前面加上 RS 前缀即英文 Rcommended Standard 的缩写,因此许多工程师一直沿用这种名称。

RS485 总线作为一种多点差分数据传输的电气规范,已成为业界应用最为广泛的标准通信接口之一。这种通信接口允许在简单的一对双绞线上进行多点双向通信,它所具有的噪声抑制能力、数据传输速率、电缆长度及可靠性是其他标准无法比拟的。正因为此,许多不同领域都采用 RS485 作为数据传输链路。例如:汽车电子、电信设备局域网、智能楼宇等都经常可以见到具有 RS485 接口电路的设备。

**1. MAX485 接口**

本系统中采用的是 MAX485 接口芯片,为单一电源+5 V 工作,额定电流为 300 μA,采用半双工通信方式。它完成将 TTL 电平转换为 RS485 电平的功能。其引脚结构如图 5-11 所示。从图中可以看出,MAX485 芯片的结构和引脚都非常简单,内部含有一个驱动器和接收器。RO 和 DI 端分别为接收器的输出和驱动器的输入端,与单片机连接时只需分别与单片机的 RXD 和 TXD 相连即可;$\overline{RE}$ 和 DE 端分别为接收和发送的使能端,当 $\overline{RE}$ 为逻辑 0 时,器件处于接收状态;当 DE 为逻辑 1 时,器件处于发送状态,因为 MAX485 工作在半双工状态,所以只需用单片机的一个引脚来控制这两个引脚即可;A 端和 B 端分别为接收和发送的差分信号端,当 A 引脚的电平高于 B 时,代表发送的数据为 1;当 A 端的电平低于 B 端时,代表发送的数据为 0。在与单片机连接时接线非常简单,只需要一个信号来控制 MAX485 的接收和发送即可。同时在 A 端与 B 端之间加匹配电阻,一般可选 100 Ω 的电阻。

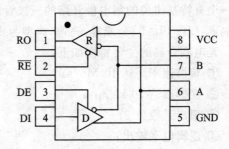

图 5-11 MAX485 引脚图

MAX485 引脚功能说明如表 5-5 所列,RS485 总线接口原理如图 5-12 所示。

表 5-5 MAX485 引脚功能

| 引脚号 | 名 称 | 功 能 |
|---|---|---|
| 1 | RO | 接收器输出。若 A 大于 B 200 mV,则 RO 为高电平;若 A 小于 B 200 mV,则 RO 为低电平 |
| 2 | $\overline{RE}$ | 接收器输出使能。当 $\overline{RE}$ 为低电平时,RO 有效;当 $\overline{RE}$ 为高电平时,RO 为高阻状态 |
| 3 | DE | 驱动器输出使能。当 DE 变为高电平时,驱动器输出 A 与 B 有效;当 DE 变为低电平时,驱动器输出为高阻状态。当驱动器输出有效时,器件被用做线驱动器。而高阻状态下,若 $\overline{RE}$ 为低电平,则器件被用做线接收器 |
| 4 | DI | 驱动器输入。DI 上的低电平强制输出 A 为低电平,而输出 B 为高电平。同理,DI 上的高电平强制输出 A 为高电平,而输出 B 为低电平 |
| 5 | GND | 地 |
| 6 | A | 接收器同相输入端和驱动器同相输出端 |
| 7 | B | 接收器反相输入端和驱动器反相输出端 |
| 8 | VCC | 正电源 4.75 V<VCC<5.25 V |

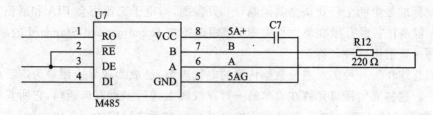

图 5-12 RS485 总线接口原理图

**2. 6N137 光电耦合器**

在本系统中,为了使 RS485 更加稳定,采用了光电隔离的方法,把智能仪表与 RS485 总线完全隔离开,这样,智能仪表的工作环境更加稳定,抗干扰能力大大提高。在隔离电路中采用的是 6N137 光电耦合器。6N137 是一款用于单通道的高速光电耦合器,其内部由一个 850 nm 波长的 AlGaAs LED 和一个集成检测器组成,其检测器由一个光敏二极管、高增益线性运放及一个肖特基钳位的集电极开路的三极管组成;具有温度、电流和电压补偿功能,高的输入/输出隔离,LSTTL/TTL 兼容,高速(典型为 10 MBd)、5 mA 的极小输入电流。

光电耦合器的主要特性如下:

① 转换速率高达 10 Mb/s;
② 摆率高达 10 kV/μs;
③ 扇出系数为 8;
④ 逻辑电平输出;
⑤ 集电极开路输出。

工作参数是:最大输入电流为,低电平时 250 μA,高电平时 15 mA;最大允许低电平电压为 0.8 V;最大允许高电平电压为 VCC;最大电源电压、输出为 5.5 V;扇出(TTL 负载)为 8 个(最多);工作温度范围为 −40 ℃~+85 ℃;典型应用是高速数字开关、马达控制系统和 A/D 转换等。

6N137 光电耦合器的内部结构及引脚如图 5-13 所示。6N137 光电耦合器的真值如表 5-6 所列。

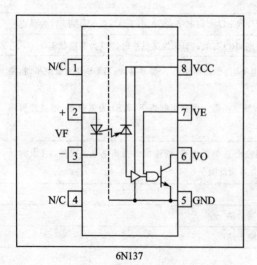

图 5-13 光电耦合器功能图

表 5-6 6N137 光电耦合器的真值表

| 输 入 | 使 能 | 输 出 |
|---|---|---|
| H | H | L |
| L | H | H |
| H | L | H |
| L | L | H |
| H | N/C | L |
| L | N/C | H |

6N137 光电耦合器使用注意：

① 在 6N137 光电耦合器的电源引脚旁应有一个 0.1 μF 的去耦电容。在选择电容类型时，应尽量选择高频特性好的电容器，如陶瓷电容或钽电容，并且尽量靠近 6N137 光电耦合器的电源引脚；另外，输入使能引脚在芯片内部已有上拉电阻，无需再外接上拉电阻。

② 6N137 光电耦合器的第 6 脚 VO 输出电路属于集电极开路电路，必须上拉一个电阻。

③ 6N137 光电耦合器的第 2 脚和第 3 脚之间是一个 LED，必须串接一个限流电阻。

如图 5-13 所示，信号从 6N137 的脚 2 和脚 3 输入，发光二极管发光，经片内光通道传到光敏二极管，反向偏置的光敏管光照后导通，经电流-电压转换后送到"与"门的一个输入端，"与"门的另一个输入为使能端，当使能端为高时，"与"门输出高电平，经输出三极管反向后，光电隔离器输出低电平。当输入信号电流小于触发阈值或使能端为低时，输出高电平，但这个逻辑高是集电极开路的，可针对接收电路加上拉电阻或电压调整电路。

光电隔离部分的详细硬件电路如图 5-14 所示。

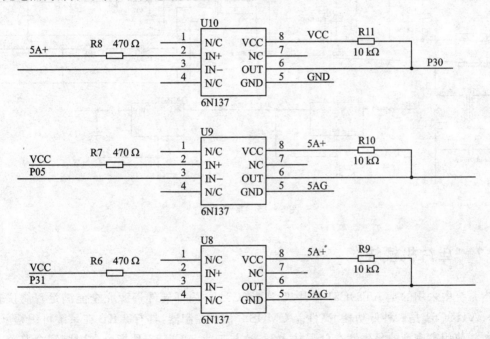

图 5-14 光电隔离原理图

在本系统中，RS485 电路与光电隔离电路共同组成了智能仪表的通信电路，这样可使智能仪表工作更加稳定。

## 5.3.6 电源供电模块

在本系统中，为了方便智能仪表随处取电，设计采用了 AC 220 V 输入。通过整流桥整流，经过电容滤波，再经过 TOP222Y 转换，得到直流；然后再经过变压器转换成 +15 V 的直流电压；最后再经过稳压器件 LM7812 和 LM7805 的转换，输出智能仪表需要的直流 12 V 和 5 V 电压。

采用这样的转换方式主要是考虑电源的工作效率和散热量等问题。电源模块的硬件电路如图 5-15 所示。

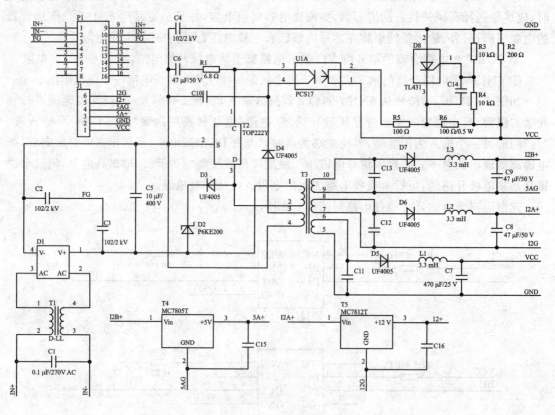

图 5-15 系统电源

## 5.3.7 单片机模块

本系统中采用的是 AT89C51 单片机,AT89C51 的内部硬件资源完全能满足智能仪表的使用。AT89C51 是一种低功耗、高性能 CMOS 8 位微控制器,具有 8 KB 在系统可编程 Flash 存储器。使用高密度非易失性存储器技术制造,与工业 80C51 产品指令和引脚完全兼容。片上 Flash 允许程序存储器在系统可编程,亦适于常规编程器。在单芯片上,拥有灵巧的 8 位 CPU 和可编程 Flash,使得 AT89C51 可为众多嵌入式控制应用系统提供高灵活、超有效的解决方案。AT89C51 具有以下标准功能:8 KB Flash,256 B RAM,32 位 I/O 口线,看门狗定时器,2 个数据指针,3 个 16 位定时/计数器,1 个 6 向量 2 级中断结构,全双工串行口以及片内晶振及时钟电路。另外,AT89C51 可降至 0 Hz 静态逻辑操作,支持 2 种软件可选择节电模式。在空闲模式下,CPU 停止工作,但允许 RAM、定时/计数器、串口、中断继续工作。

单片机模块包括复位电路和晶振电路,特别注意的是,电源输入要加上去耦电容。电路原理图如图 5-16 所示。

在智能仪表系统的复位电路中,采用了专用的系统复位芯片 DS1232。DS1232 是一个具有看门狗功能的电源监测芯片,在电源上电、断电、电压瞬态下降和死机时都会输出一个复位

## 第5章 智能数字采集仪表

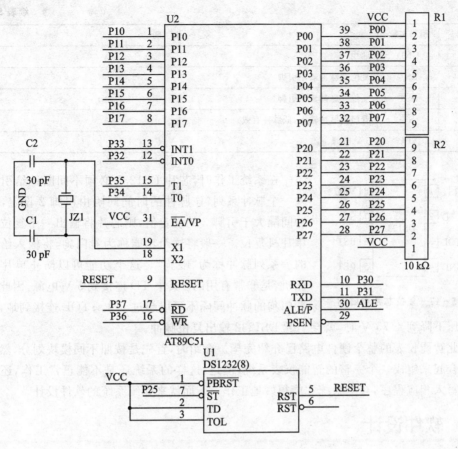

图 5-16 单片机模块电路

脉冲,十分适合作为单片机的复位电路。

产品特点主要有:
- 具有看门狗功能,可以防止单片机系统死机。
- 贴片式 8 脚封装。
- 输入给看门狗的脉冲时间间隔可以设置。
- 具有 5% 或 10% 的两种电源监测精度。
- 芯片内含温度补偿电路。

DS1232 的引脚说明如表 5-7 所列,复位芯片引脚如图 5-17 所示。

表 5-7 DS1232 的引脚说明

| 引脚号 | 引脚名称 | 说 明 |
|---|---|---|
| 1 | $\overline{PBRST}$ | 复位键连接引脚。直接连接复位键 |
| 2 | TD | 看门狗定时器延时设置。如果连接到地,输入给看门狗的脉冲间隔不得大于 150 ms;如果不连接,脉冲间隔不得大于 600 ms;如果连接到电源,脉冲间隔不得大于 1.2 s |
| 3 | TOL | 选择 5% 或 10% 的电源监测精度。如果该引脚连接到地,则当电源下降到 4.75 V 时,芯片将输出一个复位脉冲;如果该引脚连接到 5 V,则只有当电源下降到 4.5 V 时,芯片才输出一个复位脉冲 |

续表 5-7

| 引脚号 | 引脚名称 | 说明 |
|---|---|---|
| 4 | GND | 地线 |
| 5 | RST | 复位高脉冲输出引脚 |
| 6 | $\overline{RST}$ | 复位低脉冲输出引脚 |
| 7 | $\overline{ST}$ | 看门狗脉冲输入,低脉冲有效 |
| 8 | VCC | 5 V电源 |

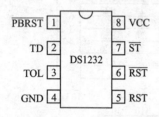

图 5-17 复位芯片引脚图

在系统工作时,芯片 DS1232 必须不间断地给引脚 7 输入一个脉冲系列,该脉冲的时间间隔由引脚 2 设定,如果脉冲间隔大于引脚 2 的设定值,则芯片将输出一个复位脉冲使单片机复位。一般将这个功能称为看门狗,将输入给看门狗的一系列脉冲称为"喂狗"。这个功能可以防止单片机系统死机,是非常有用的。其中 TD 连接到 5 V 电源,因此输入给看门狗的脉冲间隔不可以超过 1.2 s;TOL 连接到地,因此当电源电压下降到 4.75 V 时,就会引起 DS1232 输出复位脉冲。

至此智能仪表的整个硬件电路已介绍完毕。介绍时,首先是按照不同模块划分,然后再有机地结合起来组成一个完整的智能仪表系统;但是,这样的系统还是不能正常工作,还需要向单片机写入相应程序,整个系统才能很好地工作。下面就来介绍系统的软件设计。

## 5.4 软件设计

本节介绍如何在前面实现的硬件平台上实现软件设计过程,首先介绍软件设计的流程。

### 5.4.1 软件流程

在这个智能仪表的软件设计过程中,软件设计最主要的部分就是控制 A/D 器件对模拟量的采集,并对采集到的数据进行运算处理以及 LED 数码管显示。所以,整个系统的软件设计应该是把对 A/D 器件的控制和已经采集到的数据的处理放在重要位置。软件设计需主要考虑以下几个方面:

① AT89C51 的初始化。硬件设计中包括各种总线接口,因此需要对单片机的 I/O 口以及相关的寄存器进行正确配置。

② AD7705 与 51 系列单片机的数据交换顺序。在读/写操作模式下,51 系列单片机的数据要求 LSB 在前,而 AD7705 希望 MSB 在前,所以在对 AD7705 寄存器进行配置之前,必须将命令字重新排列后方可写入,同样要将从 AD7705 数据寄存器中读取到缓冲器中的数据进行重新排列后方可使用。

③ 对 AD7705 寄存器进行操作的时序。AD7705 通信必须严格按时序操作。

④ AD7705 的初始化和配置。AD7705 的配置与设计的硬件紧密相关,只有在正确配置的情况下硬件才能正常工作。同时,对 AD7705 内每个寄存器的配置都必须从写通信寄存器

开始,通过写通信寄存器来完成通道的选择和设置选择下一次操作的寄存器。

⑤ 正确对 DS1232 复位芯片的配置。

⑥ 对系统按键设置参数的保存。这个过程应严格按照实际中操作的顺序进行软件设置,这样使操作智能仪表时更加方便。

⑦ 对采集到的数据应按照 AD7705 设计文档给出的计算公式进行计算,这样才能得到更精确的结果。

整个系统的综合软件设计流程如图 5-18 所示。

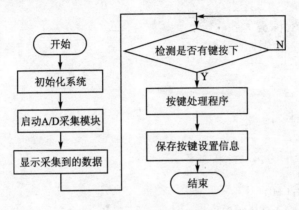

图 5-18 系统软件流程图

## 5.4.2 各功能软件模块

**1. AD7705 的操作函数**

在本系统中,单片机通过 SPI 接口与 AD7705 进行数据交换,具体程序实现如下。

```
void write_data(unsigned char cc)          /* 向 AD7705 写入一字节数据 */
{
    unsigned char i;
    for(i = 0;i<8;i++){
        if((cc<<i)&0x80) din = 1;
        else din = 0;
        sclk = 0;
        sclk = 1;
    }
}

unsigned char read_data(void)              /* 从 AD7705 读出一字节数据 */
{
    unsigned char i,cc;
    cc = 0;
    for(i = 0;i<8;i++){
        sclk = 0;
        sclk = 1;
```

```
        cc = cc<<1;
        if(dout) cc = cc + 1;
    }
    return cc;
}
```

**2. RS485 总线接口通信函数**

```
void outcom(void)              /* RS485 总线发送命令函数 */
{
    unsigned char i,j = 0;
    RS485 = 1;
    SBUF = '=';
    while(!TI);
    TI = 0;
    if(fg2) SBUF = '-';
    else SBUF = '+';
    while(!TI);
    TI = 0;
    for(i = 0;i<4;i++){
        if(i == dot + 1 && j == 0){
            SBUF = '.';
            i = i - 1;
            j = 1;
        }
        else{
            if(disp[i] == 12) SBUF = '0';
            else SBUF = disp[i] + 0x30;
        }
        while(!TI);
        TI = 0;
    }
    SBUF = 0x0D;
    while(!TI);
    TI = 0;
    RS485 = 0;
}


void forask(void)              /* RS485 通信应答函数 */
{
    RS485 = 1;
    SBUF = '!';
    while(!TI);
    TI = 0;
    SBUF = '0';
    while(!TI);
```

```
    TI = 0;
    SBUF = '1';
    while(!TI);
    TI = 0;
    SBUF = 0x0D;
    while(!TI);
    TI = 0;
    RS485 = 0;
}
```

## 3. LED 数码管显示函数

```
/* 把 EEPROM 中存为的系统参数送 LED 数码管显示 */
void readtoled(unsigned char a)
{
    unsigned char i,j;
    i = read_random(a);
    j = read_random(a + 1);
    if(i>99){
        disp[0] = (i/10) % 10;
        fg2 = 1;
    }
    else disp[0] = i/10;
    disp[1] = i % 10;
    disp[2] = j/10;
    disp[3] = j % 10;
    disp[4] = 0;
    fg1 = 1;
    str = disp[3];
    loc = 4;
}

/* LED 数码管显示数据的转换 */
void sub(unsigned int m,unsigned char n)
{
    disp[0] = m/1000;
    disp[1] = (m % 1000)/100;
    disp[2] = (m % 100)/10;
    disp[3] = m % 10;
    disp[4] = 0;
    str = disp[n - 1];
}

unsigned int sums(void)
{
    unsigned int m;
```

```c
    m = disp[0] * 10 + disp[1];
    m = m * 100 + disp[2] * 10 + disp[3];
    return m;
}

/* LED 数码管显示的数据左移函数 */
unsigned char leftmove(unsigned char i)
{
    unsigned char m;
    disp[i-1] = str;
    i--;
    if(i>0) str = disp[i-1];
    else{
        i = 4;
        disp[0] = str;
        str = disp[3];
    }
    m = i;
    return m;
}

/* LED 显示函数和 EEPROM 存储数据的比较函数 */
void numbercmp(unsigned char a)
{
    unsigned char i,j,c,b;
    unsigned int x;
    i = read_random(a);
    j = read_random(a+1);
    b = disp[0] * 10 + disp[1];
    c = disp[2] * 10 + disp[3];
    if(i!=b||j!=c){
        write_byte(a,b);
        for(x=0;x<300;x++){_nop_();_nop_();}
        write_byte(a+1,c);
        for(x=0;x<300;x++){_nop_();_nop_();}
    }
}
```

**4. EEPROM 的读/写函数**

本系统中用到了 AT24C64 存储器,该存储器的接口为 IIC 总线接口,而 51 单片机硬件本身并没有 IIC 接口,这里通过单片机的普通 I/O 口来模拟 IIC 总线接口,具体实现的函数如下。

```c
void start(void)                    /* IIC 总线的启动信号 */
{
    sda = 1;
```

```c
        scl = 1;
        if(sda == 1){
            if(scl == 1){
                _nop_();
                sda = 0;
                _nop_();
                scl = 0;
                flag7 = 0;
            }
            else flag7 = 1;
        }
        else flag7 = 1;
}

void stop(void)                          /*IIC总线的停止信号*/
{
    sda = 0;
    _nop_();
    scl = 1;
    _nop_();
    sda = 1;
}

void shout(unsigned char a)              /*单片机输出一字节*/
{
    unsigned char i;
    for(i = 0;i<8;i++){
        sda = (bit)(a&0x80);
        a = a<<1;
        scl = 1;
        _nop_();
        scl = 0;
    }
    sda = 1;
    _nop_();
    scl = 1;
    _nop_();
    flag7 = sda;
    scl = 0;
}

unsigned char shin(void)                 /*单片机输出一字节*/
{
    unsigned char i,a = 0;
    sda = 1;
```

```
        for(i = 0;i<8;i ++){
            _nop_();
            a = a<<1;
            _nop_();
            scl = 1;
            _nop_();
            if(sda) a = a + 1;
            scl = 0;
        }
        return a;
}

/*单片机通过 IIC 总线向 AT24C64 写入一字节*/
void write_byte(unsigned int x,unsigned char a)
{
    unsigned char c;
    start();
    if(!flag7){
        c = PADDR;
        shout((c<<1)|FADDR & 0xFE);
        if(!flag7){
            c = (unsigned char)((x>>8) & 0x00FF);
            shout(c);
            if(!flag7){
                c = (unsigned char)(x & 0x00FF);
                shout(c);
                if(!flag7) shout(a);
            }
        }
        stop();
    }
}

/*单片机通过 IIC 总线从 AT24C64 读出当前的一字节*/
unsigned char read_current(void)
{
    unsigned char c;
    start();
    if(!flag7){
        c = PADDR;
        shout((c<<1)|FADDR|0x1);
        if(!flag7){
            c = 0;
            c = shin();
            return c;
```

```
            sda = 1;
            _nop_();
            scl = 1;
            _nop_();
            scl = 0;
        }
        stop();
    }
}

/* 单片机通过 IIC 总线从 AT24C64 随机读出一字节 */
unsigned char read_random(unsigned int x)
{
    unsigned char c;
    start();
    if(!flag7){
        c = PADDR;
        shout((c<<1)|FADDR&0xFE);
        if(!flag7){
            c = (unsigned char)((x>>8)&0x00FF);
            shout(c);
            if(!flag7){
                c = (unsigned char)(x&0x00FF);
                shout(c);
                if(!flag7){
                    c = 1;
                    c = read_current();
                    return c;
                    goto goout1;
                }
            }
        }
        stop();
    }
    goout1:;
}
```

### 5. 中断函数处理程序

本系统的中断函数主要是对按键和 LED 数码管显示的处理。

```
void int1 () interrupt 1
{
    TH0 = 0xF8;
    TL0 = 0x00;
    rck = 0;
    send_data(dch[chx]);                    //通道
```

```c
            if(fg2){
                if(disp[0] == 0) disp[0] = 10;
                if(disp[0] == 1) disp[0] = 11;
            }
            if(chx == dot){
                if(flag0){
                    if(!fg1) send_data(ascii[disp[chx]]);
                    else send_data(ascii[disp[chx]]&0x7F);
                }
                else send_data(ascii[disp[chx]]&0x7F);          //小数点和数据
            }
            else send_data(ascii[disp[chx]]);                   //没有数据
            rck = 1;
            _nop_();
            if(key){                                            //是否有键按下
                kcm = 0;
                kwm = 0;
                if(kxd!= chx){
                    kxd = chx;
                    kcn = 0;
                }
                kcn ++ ;
                if(kxd == 0){
                    if(kcn >= 0x80){
                        if(!loc){
                            flag0 = 1;
                            kcn = 0;
                            kxv = kxd;
                            syskey ++ ;
                            if(syskey == 2 && !fg0) syskey = 5;
                            if(syskey == 5){syskey = 0;flag0 = 0;kcm = 0;loc = 0;}
                        }
                    }
                }
                else if(kxd>0 && kxd<5){
                    if(kcn >= 0x15){
                        kcn = 0;
                        kxv = kxd;
                    }
                }
                else if(kcn >= 0x8){
                    kcn = 0;
                    kxv = kxd;
                }
            }
```

```c
if(A0 && fg0){
    kwm ++ ;
    if(kwm > = 0xA005){
        fg0 = 0;
        kwm = 0;
    }
}
chx ++ ;
if(chx == 5){
    chx = 0;
    if(flag0){
        if(loc){
            if(!fg5) disp[loc - 1] = 12;
            else disp[loc - 1] = str;
            m_add ++ ;
            if(m_add>5){
                m_add = 0;
                fg5 = !fg5;
            }
        }
        else{
            if((syskey == 1)&&(kxv == 0)){
                disp[0] = 'o';
                disp[1] = 'a';
                disp[2] = 12;
                disp[3] = 12;
                disp[4] = 0xFF;
            }
        }
        kcm ++ ;
        if(kcm > = 0x2000){
            kcm = 0;
            flag0 = 0;
            loc = 0;
            dot = read_random(in_d);
            if(dot == 3) dot = 7;
            fg1 = 0;
            fg2 = 0;
            kxd = 0xFF;
            syskey = 0;
        }
    }
}
}
```

### 6. 整个系统的主函数

本系统的主函数把各个功能软件模块综合起来进行控制，来协调各功能模块之间的工作，从而使整个系统能准确地完成设计功能。

```c
#include <absacc.h>
#include <intrins.h>
#include <math.h>
#include <stdio.h>
#include <string.h>
#include <stdlib.h>
#include <Reg52.h>
#include "btou.h"

/*单片机 I/O 的定义*/
sbit sclk = P2^0;
sbit din = P2^1;
sbit dout = P2^2;
sbit drdy = P2^3;
sbit ser = P2^4;
sbit rck = P2^5;
sbit clk = P2^6;
sbit key = P2^7;
sbit RS485 = P0^5;
sbit scl = P0^0;
sbit sda = P0^1;

/*函数中用到的标志位定义*/
unsigned char bdata flag = 0, fg = 0;
sbit flag0 = flag^0;
sbit flag1 = flag^1;
sbit flag2 = flag^2;
sbit flag3 = flag^3;
sbit flag4 = flag^4;
sbit flag5 = flag^5;
sbit flag6 = flag^6;
sbit flag7 = flag^7;
sbit fg0 = fg^0;
sbit fg1 = fg^1;
sbit fg2 = fg^2;
sbit fg3 = fg^3;
sbit fg4 = fg^4;
sbit fg5 = fg^5;
sbit fg6 = fg^6;
sbit fg7 = fg^7;
```

```c
/*系统中用到的各个变量的定义*/
unsigned char chx = 0;                          //定时器通道
unsigned char kxd = 0xFF;                       //键值
unsigned char kxv = 0xFF;                       //键值
unsigned char kcn = 0;                          //定时器计数
unsigned int kcm = 0;                           //定时器定时1 ms
unsigned char disp[] = "00000";                 //显示数据
unsigned char syskey = 0;
unsigned char dot;
unsigned char loc,str;
unsigned int kwm = 0;
unsigned char m_add,m_num,n_add;//m_add 表地址,n_add 表内地址
signed int number;
unsigned char A0;
void main(void)
{
    unsigned char i,a,in0 = 0,in1,in2,in3,in4,in5;
    unsigned char ot0,ot1,ot2,var;
    unsigned int x,v = 0;
    signed int dis,dis2,dis3,dis4;
    float fx,ur,fr,ina,f_i,pt;
    unsigned char in_l,in_h;
    unsigned char item = 0;
    signed int temp[15] = {0};

    IE = 0x92;                                  /*允许 INT1 中断*/
    IP = 0x20;
    PCON = 0;
    TMOD = 0x21;                                /*定时器 T1 工作方式为 1*/
    SCON = 0x50;
    i = read_random(baud);
    switch(i){                                  //波特率设置
        case 0:
            TL1 = 0xF4;
            TH1 = 0xF4;
            break;
        case 1:
            TL1 = 0xFA;
            TH1 = 0xFA;
            break;
        case 2:
            TL1 = 0xFD;
            TH1 = 0xFD;
            break;
        case 3:
```

```c
            PCON = 0x80;
            TL1 = 0xFD;
            TH1 = 0xFD;
            break;
    }
    TH0 = 0xF8;
    TL0 = 0x00;
    TR0 = 1;
    TR1 = 1;
    RS485 = 0;

    dot = read_random(in_d);                    //显示小数点的位置
    switch(dot){
        case 0:
            pt = 1000.0;
            break;
        case 1:
            pt = 100.0;
            break;
        case 2:
            pt = 10.0;
            break;
        case 3:
            pt = 1.0;
            dot = 7;
            break;
    }
    in_l = 0;
    in_h = 5;

    ur = read_para(u_r);                        //读取AT24C64的数据
    fr = read_para(f_r);
    ina = read_para(in_a);
    i = read_random(fi);
    a = read_random(fi + 1);
    x = i * 100 + a;
    f_i = x/1000.0;
    AO = read_random(oa1);
    i = read_random(c_b);
    if(i) fg4 = 1;
    if(!AO) fg0 = 1;
    //对AD7705的寄存器进行配置
    write_data(0x20);
    write_data(0x0C);
    write_data(0x10);
```

## 第 5 章  智能数字采集仪表

```
write_data(0x40);                        //双极性
while(1){
    if(flag0){
        switch(kxv){
            case 0:                      /*点键*/
                ...
            case 1:                      /*MOD 键*/
                ...
            case 2:                      /*左键*/
                ...
            case 3:                      /*向上键*/
                ...
            case 4:                      /*向下键*/
                ...
        }
    }
    else{
        while(drdy);                     //等待 AD7705 转换完毕
        write_data(0xA38);               //准备读取 AD7705 采集的数据
        x = read_data() * 256 + read_data();   //对采集到的数据进行处理并显示
        if(fg7){
            fg7 = 0;
            dot = read_random(in_d);
            switch(dot){
                case 0:
                    pt = 1000.0;
                    break;
                case 1:
                    pt = 100.0;
                    break;
                case 2:
                    pt = 10.0;
                    break;
                case 3:
                    dot = 7;
                    pt = 1.0;
                    break;
            }
            in_l = 0;
            in_h = 5;
            ur = read_para(u_r);
            fr = read_para(f_r);
            ina = read_para(in_a);
            i = read_random(fi);
            a = read_random(fi + 1);
```

```c
            x = i * 100 + a;
            f_i = x/1000.0;
        }
        fx = ((x/65535.0 * 2.0 - 1.0) * (fr - ur) + ur) * f_i + ina * pt;
        temp[item] = fx;
        item ++ ;
        if(item>14){
            fx = 0.0;
            for(i = 0;i<15;i ++ ) fx = fx + temp[i]/15.0;
            dis = fx;
            item = 0;
            if(dis>9999||dis< - 1999){
                disp[0] = 'F';
                disp[1] = 'F';
                disp[2] = 'F';
                disp[3] = 'F';
                fg6 = 1;
                dot = 7;
            }
            else{
                if(fg6){
                    dot = read_random(in_d);
                    if(dot == 3) dot = 7;
                    fg6 = 0;
                }
                x = abs(dis);
                i = x/1000;
                a = (x % 1000)/100;
                in0 = (x % 100)/10;
                in1 = x % 10;
                switch(dot){
                    case 1:
                        if(i == 0) i = 12;
                        break;
                    case 2:
                        if(i == 0) i = 12;
                        if(i == 12 && a == 0) a = 12;
                        break;
                    case 7:
                        if(i == 0) i = 12;
                        if(i == 12 && a == 0) a = 12;
                        if(i == 12 && a == 12 && in0 == 0) in0 = 12;
                        break;
                }
                if(dis<0){
```

第 5 章　智能数字采集仪表

```
                if(in0 == 12) in0 = 10;
                else if(a == 12) a = 10;
                else if(i == 12) i = 10;
                else if(i == 1) i = 11;
            }
            disp[0] = i;
            disp[1] = a;
            disp[2] = in0;
            disp[3] = in1;
            disp[4] = 0xFF;
        }
    }
    for(x = 0;x<5000;x ++) _nop_();
}
if(fg3){
    fg3 = 0;
    write_para();
}
    }
}
```

　　限于篇幅,本例中整个按键的设置和其他功能程序在此省略,详细程序请读者参见随书光盘。

## 5.5　实例总结

　　本章详细介绍了智能仪表的整个设计过程。本章中设计的智能仪表具有使用范围广、接口齐全和体积小巧等特点,可以接到 AC 220 V 的电源上,通过 RS485 总线连成一个系统,可以同时对多点的数据进行采集,并对数据进行统一处理。
　　读者在学习本系统的软、硬件设计过程中,需要注意以下关键之处:
　　① 智能仪表的接口设计一定要与实际环境相结合。
　　② 对 AD7705 内部寄存器的操作应完全按照设计手册的要求,特别要注意对 AD7705 读/写的时序。
　　③ 对按键程序的处理。按键在本系统中是很重要的一部分,它是使用者设置该智能仪表的主要通道,所以要根据实际操作情况合理安排按键的操作步骤。

# 第二部分  自动工业控制

# 第 6 章
# 超声波测距系统

随着社会的进步及计算机技术和自动化技术的发展,测距与识别问题在工业中变得十分重要。以前,传统的测距用尺子,但在很多复杂环境下,尺子会不太适合。这样,就需要采用一种更加简单而精确的方法。于是产生了目前的非接触式测量方法,如采用超声波、激光、雷达及红外线等进行测量的方法。但是,激光和雷达测距的造价很高,红外线测量的距离又太短,不利于广泛应用,而且在某些应用领域还有局限性。综合比较之下,超声波测距则具有明显突出的优点。

超声波测距是一种非接触式检测和识别的手段。因为超声波对色彩、光照度、外界光线和电磁场不敏感,所以它对于被测物处于黑暗、有灰尘或烟雾、强电磁干扰、有毒等恶劣的环境下具有一定实际意义。因此超声波在机器人避障、导航系统、机械加工自动化装配及检测、自动测距、无损检测、超声定位、汽车倒车、水库液位测量等方面已有广泛应用。

本章介绍一种基于 51 单片机的脉冲反射式超声波测距系统,该系统以空气中超声波的传输速度为确定条件,利用反射超声波来测量待测距离。利用这种方法可以简便、精确地测量待测距离。

## 6.1  实例说明

本超声波测距系统由以 51 单片机为核心,由 555 集成电路构成的超声波发射电路、由 CX20106A 构成的超声波接收电路、LCD 显示电路、红外遥控部分、系统电源和 51 单片机控制部分等为辅助部分组成。通过对采集到的超声波数据进行处理,可以准确测量出被测物的实际距离和位置,并能直观地显示在 LCD 液晶屏上。

本系统结构框图如图 6-1 所示。

在整个系统中,超声波发射部分负责发出超声波;超声波接收部分负责接收反射回来的超声波;51 单片机部分负责对超声波数据进行处理和计算,并把测量结果显示到 LCD 液晶屏上;红外遥控部分负责对整个系统的工作情况进行控制;辅助电路同时也可以提供实际温度等

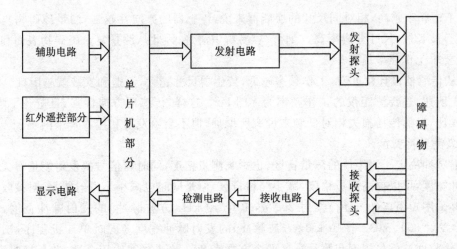

图 6-1 系统结构框图

环境参数。

超声波测距系统包括的具体功能和优点是：

- 可测量出实际距离；
- 测量到的数据可直观地显示在 LCD 液晶屏上；
- 也可同时采集环境的实际温度并显示在 LCD 液晶屏上；
- 通过红外遥控可以很方便地控制整个系统的工作情况；
- 硬件结构简单，工作可靠，流程清晰。

## 6.2 设计思路分析

本设计电路包括超声波的发射和接收电路以及 51 单片机、LCD 液晶显示、红外遥控、温度采集等外围辅助电路。通过编写相应的程序，可以使 51 单片机控制整个系统稳定工作，实现对实际距离的测量，并将测量结果显示在 LCD 液晶屏上等一系列功能。

在超声波测距系统中，主要是对超声波发射和接收的控制，以及对发射和接收时间的计算与处理。下面详细介绍超声波测距系统的设计原理及过程。

**1. 什么是超声波**

超声波是频率高于 20 kHz 的声波，为直线传播方式，有很好的方向性，频率越高，绕射能力越弱，但反射能力越强，可以在空气、水等介质中远距离传播，可用于测距、测速、清洗、焊接、碎石和杀菌消毒等。在医学、军事、工业、农业方面有广泛应用。超声波因其频率下限大约等于人的听觉上限而得名。

在空气中，超声波的衰减对频率 $f$ 很敏感，所以应合理选择超声波频率，一般在 40 kHz 左右，频率太高的超声波在空气中无法传播开去。传感器的工作频率是测距系统的主要技术参数，它直接影响超声波的扩散和吸收损失、障碍物的反射损失和背景噪声，并直接决定传感器的尺寸。传感器工作频率的确定基于以下几点考虑：

① 如果测距的能力要求很高，则声波传播损失就相对增加，由于介质对声波的吸收与声波频率的平方成正比，因此为了减小声波的传播损失，就必须降低工作频率。

② 工作频率越高，相对同尺寸的换能器来说，传感器的方向性越强，测量障碍物复杂表面越准，而且波长短，尺寸分辨率高，"细节"容易辨识清楚，因此从测量复杂障碍物表面和测量精度来看，要求工作频率提高。

③ 从传感器设计角度看，工作频率越低，传感器尺寸越大，制造和安装就越困难。

综上所述，选择测距仪的工作频率为 40 kHz。这样，传感器方向性强，且避开了噪声，提高了信噪比，虽然传播损失相对低频来说有所增加，但不会给发射和接收带来困难。

**2. 发射脉冲宽度**

发射脉冲决定了测距仪的测量盲区，也影响测量精度，同时与信号的发射能量有关。减小发射脉冲宽度，可以提高测量精度，减小测量盲区，但是同时也减小了发射能量，对接收回波不利。最终采用短距离（2 m 内）发射 200 μs（8 个 40 kHz 方波脉冲）的发射脉冲宽度，长距离（2 m 外）发射 800 μs（32 个 40 kHz 方波脉冲）的发射脉冲宽度。同时单片机程序避开盲区。此时，从接收回波信号幅度和测量盲区两个方面来衡量脉冲宽度比较合适，并且接收准确，响应速度快。所以，在一般的长距离测距时，选择 800 μs 的脉冲宽度。

**3. 超声波测距的原理及测量方法**

超声波测距方法有脉冲回波法、共振法和频差法。其中脉冲回波法测距最为常见，它主要基于对超声波测距回波信号进行识别，采用模拟方法用电路来实现，如图 6-2 所示。

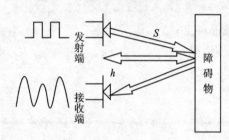

图 6-2 超声波测距原理图

测距原理是超声波传感器发出超声波，在空气中传播至被测物，经反射后由超声波传感器接收反射脉冲，测量超声波脉冲从发射到接收的时间，在已知超声波声速的前提下，利用公式

$$S = \frac{1}{2}VT$$

即可计算传感器与反射点之间的距离 $S$，测量距离公式为

$$d = \sqrt{S^2 - \left(\frac{h}{2}\right)^2}$$

当 $S \gg h$ 时，$d$ 约等于 $S$，即

$$d = \frac{1}{2}VT$$

**4. 对超声波测量数据的处理**

在整个超声波测距系统中，单片机是系统的核心，它控制着整个系统的工作过程。单片机使超声波发射模块发射出 40 kHz 频率的信号，经放大后通过超声波换能器输出，同时该时刻启动定时器开始计时。该信号遇到障碍物反射后，被超声波接收模块采集到，通过对信号检波放大，锁相环对此信号锁定，产生锁定信号启动单片机中断程序，得出时间；再由系统软件对该时间进行计算、判别后，将相应的计算结果送至 LCD 液晶显示电路进行显示。

## 6.3 硬件设计

在清楚了解了整个系统的工作原理之后，即可对整个系统的硬件进行设计了。

## 6.3.1 单片机控制部分

本系统采用的是 AT89C51 高性能 CMOS 8 位单片机。片内含有 8 KB 的可反复擦写的程序存储器和 12 B 的随机存取数据存储器(RAM)。器件采用 Atmel 公司高密度、非易失性存储技术生产,兼容标准 MCS-51 指令系统,片内配置 8 位中央处理器(CPU)和 Flash 存储单元。单片机是整个系统的核心,指挥着整个系统的工作。在该系统中,用到了单片机上的硬件资源有:I/O 口、定时器、串口和中断等。下面介绍本系统中用到的中断和定时器。

**1. 中 断**

单片机的中断是一个很重要的概念,如果用计算机语言来描述,那么所谓的中断就是:当 CPU 正在处理某项事务时,如果外界或者内部发生了紧急事件,要求 CPU 暂停正在处理的工作而去处理该紧急事件,待处理完后再回到原来中断的地方,继续执行原来被中断的程序,则这个过程就称为中断。

从中断的定义可以看到,中断应具备中断源、中断响应和中断返回这三个要素。中断源发出中断请求,单片机对中断请求进行响应,当中断响应完成后应进行中断返回,返回到被中断的地方继续执行原来被中断的程序。

51 单片机的中断源共有两类,分别是外部中断和内部中断。

(1) 外部中断源

外部中断 0(INT0)来自 P3.2 引脚,当采集到低电平或者下降沿时,产生中断请求。

外部中断 1(INT1)来自 P3.3 引脚,当采集到低电平或者下降沿时,产生中断请求。

(2) 内部中断源

对于定时器/计数器 0(T0)中断,当为定时功能时,计数脉冲来自片内;当为计数功能时,计数脉冲来自片外 P3.4 引脚。当发生溢出时,产生中断请求。

对于定时器/计数器 1(T1)中断,当为定时功能时,计数脉冲来自片内;当为计数功能时,计数脉冲来自片外 P3.5 引脚。当发生溢出时,产生中断请求。

串行口中断是为完成串行数据传送而设置的。当单片机完成接收或发送一组数据时,产生中断请求。

51 单片机为用户提供了四个专用寄存器,用来控制单片机的中断系统,下面分别介绍。

**2. 定时器控制寄存器(TCON)**

该寄存器用于保存外部中断请求以及定时器的计数溢出。当进行字节操作时,寄存器地址为 88H。当按位操作时,各位的地址为 88H~8FH。寄存器的内容及位地址表示如下:

| 位地址 | 8FH | 8EH | 8DH | 8CH | 8BH | 8AH | 89H | 88H |
|--------|-----|-----|-----|-----|-----|-----|-----|-----|
| 位符号 | $TF_1$ | $TR_1$ | $TF_0$ | $TR_0$ | $IE_1$ | $IT_1$ | $IE_0$ | $IT_0$ |

其中:

- $IT_0$ 和 $IT_1$ 为外部中断请求触发方式控制位。有:
  - 当 $IT_0(IT_1)=1$ 时,为脉冲触发方式,下降沿有效。
  - 当 $IT_0(IT_1)=0$ 时,为电平触发方式,低电平有效。
- $IE_0$ 和 $IE_1$ 为外部中断请求标志位。当 CPU 采样到 $\overline{INT0}$(或 $\overline{INT1}$)端出现有效中断

请求时,$IE_0$($IE_1$)位由硬件置1。当中断响应完成转向中断服务程序时,由硬件把 $IE_0$(或 $IE_1$)清零。

- $TR_0$ 和 $TR_1$ 为定时器运行控制位。有:
  —当 $TR_0$($TR_1$)=0 时,定时器/计数器不工作。
  —当 $TR_0$($TR_1$)=1 时,定时器/计数器开始工作。
- $TF_0$ 和 $TF_1$ 为计数溢出标志位。当计数器产生计数溢出时,相应的溢出标志位由硬件置1。当转向中断服务程序时,再由硬件自动清零。计数溢出标志位的使用有两种情况:当采用中断方式时,作为中断请求标志位来使用;当采用查询方式时,作为查询状态位来使用。

**3. 串行口控制寄存器(SCON)**

当进行字节操作时,寄存器地址为98H。当按位操作时,各位的地址为98H~9FH。寄存器的内容及位地址表示如下:

| 位地址 | 9FH | 9EH | 9DH | 9CH | 9BH | 9AH | 99H | 98H |
|---|---|---|---|---|---|---|---|---|
| 位符号 | $SM_0$ | $SM_1$ | $SM_2$ | REN | $TB_8$ | $RB_8$ | TI | RI |

其中与中断有关的控制位共2位:
- TI 为串行口发送中断请求标志位。当发送完一帧串行数据后,由硬件置1;在转向中断服务程序后,用软件清零。
- RI 为串行口接收中断请求标志位。当接收完一帧串行数据后,由硬件置1;在转向中断服务程序后,用软件清零。串行中断请求由 TI 和 RI 的逻辑"或"得到。也就是说,无论是发送标志还是接收标志,都会产生串行中断请求。

**4. 中断允许控制寄存器(IE)**

当进行字节操作时,寄存器地址为0A8H。当按位操作时,各位的地址为0A8H~0AFH。寄存器的内容及位地址表示如下:

| 位地址 | 0AFH | 0AEH | 0ADH | 0ACH | 0ABH | 0AAH | 0A9H | 0A8H |
|---|---|---|---|---|---|---|---|---|
| 位符号 | EA | — | — | ES | $ET_1$ | $EX_1$ | $ET_0$ | $EX_0$ |

其中与中断有关的控制位共6位:
- EA 为中断允许总控制位。有:
  —当 EA=0 时,中断总禁止,禁止所有中断。
  —当 EA=1 时,中断总允许。总允许后,中断的禁止或允许由各中断源的中断允许控制位进行设置。
- $EX_0$ 和 $EX_1$ 为外部中断允许控制位。有:
  —当 $EX_0$($EX_1$)=0 时,禁止外部中断。
  —当 $EX_0$($EX_1$)=1 时,允许外部中断。
- $ET_0$ 和 $ET_1$ 为定时器/计数器中断允许控制位。有:
  —当 $ET_0$($ET_1$)=0 时,禁止定时器/计数器中断。
  —当 $ET_0$($ET_1$)=0 时,允许定时器/计数器中断。

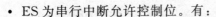

- ES 为串行中断允许控制位。有:
  - 当 ES=0 时,禁止串行中断。
  - 当 ES=1 时,允许串行中断。

可见,51 单片机通过中断允许控制寄存器对中断的允许(开放)实行两级控制,即以 EA 位作为总控制位,以各中断源的中断允许位作为分控制位。当总控制位为禁止时,关闭整个中断系统,不管分控制的状态如何,整个中断系统为禁止状态;当总控制位为允许时,开放中断系统,这时才能由各分控制位设置各自中断的允许与禁止。

51 单片机复位后,IE=00H,因此中断系统处于禁止状态。单片机在中断响应后不会自动关闭中断。因此在转入中断服务程序后,应根据需要使用有关指令来禁止中断,即以软件方式关闭中断。

**5. 中断优先级控制寄存器(IP)**

51 单片机的中断优先级控制比较简单,因为系统只定义了高、低 2 个优先级。高优先级用 1 表示,低优先级用 0 表示。各中断源的优先级由中断优先级寄存器(IP)设定。IP 寄存器的地址为 0B8H,位地址为 0BFH~0B8H。寄存器的内容及位地址表示如下:

| 位地址 | 0BFH | 0BEH | 0BDH | 0BCH | 0BBH | 0BAH | 0B9H | 0B8H |
|---|---|---|---|---|---|---|---|---|
| 位符号 | — | — | — | PS | $PT_1$ | $PX_1$ | $PT_0$ | $PX_0$ |

其中:

- $PX_0$ 为外部中断 0 优先级设定位。
- $PT_0$ 为定时中断 0 优先级设定位。
- $PX_1$ 为外部中断 1 优先级设定位。
- $PT_1$ 为定时中断 1 优先级设定位。
- PS 为串行中断优先级设定位。

当以上各位设置为 0 时,相应的中断源为低优先级;当设置为 1 时,相应的中断源为高优先级。

优先级的控制原则是:低优先级的中断请求不能打断高优先级的中断服务;但高优先级的中断请求可以打断低优先级的中断服务,从而实现中断嵌套。如果一个中断请求已被响应,则同级的其他中断服务将被禁止,即同级不能嵌套。如果同级的多个中断同时出现,则按 CPU 的查询次序来确定哪个中断请求被响应。其查询次序为:外部中断 0→定时中断 0→外部中断 1→定时中断 1→串行中断。

对中断优先级的控制,除了中断优先级控制寄存器之外,还有两个不可寻址的优先级状态触发器。其中一个用于指示某一高优先级中断正在进行服务,从而屏蔽其他高优先级中断;另一个用于指示某一低优先级中断正在进行服务,从而屏蔽其他低优先级中断,但不能屏蔽高优先级中断。此外,对于同级的多个中断请求查询的次序安排,也是通过专门的内部逻辑实现的。

中断响应的过程为:中断源发出中断请求→对中断请求进行响应→执行中断服务程序→返回被中断的程序。

该系统中,单片机的硬件电路如图 6-3 所示。

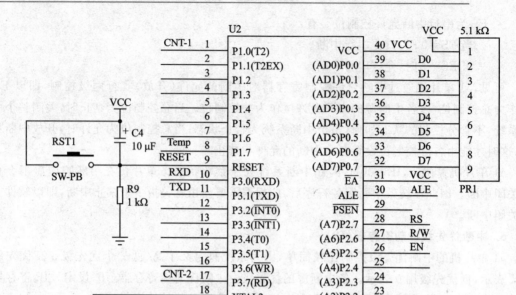

图 6-3 单片机的硬件电路

## 6.3.2 超声波发射部分

本系统中采用的是基于 555 集成电路的超声波发射模块。555 是一个能产生精确定时脉冲的高稳度控制器,其输出驱动电流可达 200 mA。在多谐振荡器工作方式时,其输出的脉冲占空比由两个外接电阻和一个外接电容确定;在单稳态工作方式时,其延时时间由一个外接电阻和一个外接电容确定,可延时数微秒到数小时。工作电压范围为 4.5~6.5 V。555 集成电路的引脚图如图 6-4 所示,引脚列表如表 6-1 所列。

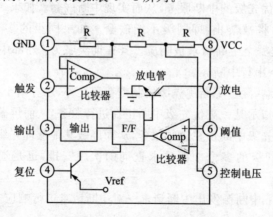

图 6-4 555 集成电路引脚

# 第 6 章 超声波测距系统

表 6-1　555 集成电路引脚功能

| 引脚号 | 引脚名称 | 功　能 | 引脚号 | 引脚名称 | 功　能 |
| --- | --- | --- | --- | --- | --- |
| 1 | GND 引脚 | 地 | 5 | 控制电压引脚 | 控制电压 |
| 2 | 触发引脚 | 触发 | 6 | 阈值引脚 | 阈值 |
| 3 | 输出引脚 | 输出 | 7 | 放电引脚 | 放电端 |
| 4 | 复位引脚 | 复位 | 8 | VCC 引脚 | 电源 |

如图 6-5 所示，超声波发射部分的工作原理如下。

通电后，电容 $C_{15}$ 被充电，CVolt 上升，当 CVolt 上升到 $(2/3)$VCC 时，触发器被复位，同时放电 BJTT 导通，此时 Q 为低电平，电容 $C_{15}$ 通过 $R_{13}$ 和 $C_{16}$ 放电，使 CVolt 下降，当 CVolt 下降到 $(1/3)$VCC 时，触发器又被置位，Q 翻转为高电平。电容 $C_{15}$ 放电所需的时间为

$$t_{PL} = R_2 C_{15} \ln 2 \approx 0.7 R_2 C_{15}$$

当 $C_{15}$ 放电结束时，$C_{16}$ 截止，VCC 将能通过 $R_1$，$R_2$，$R_{13}$ 向电容充电。CVolt 由 $(1/3)$VCC 上升到 $(2/3)$VCC 所需的时间为

$$t_{PH} = (R_1 + R_2) C_{15} \ln 2 \approx 0.7 (R_1 + R_2) C_{15}$$

当 CVolt 上升到 $(2/3)$VCC 时，触发器又发生翻转，如此周而复始，在输出端即得到一个周期性的方波，其频率为

$$f = \frac{1}{t_{PH} + t_{PL}} \approx \frac{1.43}{(R_1 + 2R_2) C_{15}}$$

可以通过调节 $R_2$ 来改变输出方波的占空比。超声波发射电路原理图如图 6-5 所示。

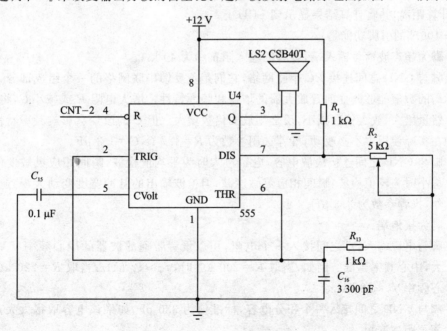

图 6-5　超声波发射电路原理图

从图 6-5 中看到，LS2 是一个超声波换能器件（或者超声波振头），型号为 CSB40T，它将超声波发生器提供的电信号转化为机械信号并发射出去。

超声波发射部分应该注意的地方有：

① 首先确定发射出的超声波的频率为标准的 40 kHz(占空比 50%)，并保证有足够的驱动电压。

② 如果驱动的是开放式的非防水探头(也就是铝外壳，探头表面有金属网，可以看到里面有一锥形的金属)，则使用反相器串联再并联做 BTL 推动即可(短距离测距，10VPP 以上的电压即可)。

③ 如果使用的探头是全封闭的防水头，那么就必须要有足够的驱动电压才能驱动探头(至少要 60VPP 以上，必须使用倒车雷达专用的中周变压器，该器件可以找电感生产厂家购买，由于已经是批量产业化的器件，所以容易买到。只是要注意匝数比，一般有 1∶10 和 1∶7 等几种匝数比，这些都可使用)。

## 6.3.3　超声波接收部分

超声波接收电路采用的是集成电路 CX20106A。CX20106A 是日本索尼公司生产的红外遥控信号接收集成电路，由前置放大、自动偏压控制、振幅放大、峰值检波和整形电路组成。该集成电路红外发射的频率是 38 kHz，超声波换能器件的固有频率是 40 kHz，适当设计 CX20106A 的外围电路参数，即可将其用于超声波接收放大电路。

工作时，超声波接收传感器 CSB40B 将接收到的微弱声波振动信号转换为电信号，送给 CX20106A 的输入端 1，当 CX20106A 接收到信号时，7 脚就会输出一个低电平，作为单片机的中断信号源；当单片机接收到中断信号，说明检测到了反射回来的超声波，单片机进入中断状态，开始计算距离，并将计算结果显示到 LCD 上。

CX20106A 的引脚功能是：

- 1 脚为超声波信号输入端，该脚的输入阻抗约为 40 kΩ。
- 2 脚与 GND 之间连接 $RC$ 串联网络，它们是负反馈串联网络的一个组成部分，改变它们的数值能够改变前置放大器的增益和频率特性。增大电阻 $R$ 或减小 $C$，将使负反馈量增大，放大倍数减小，反之则放大倍数增大。但 $C$ 的改变会影响频率特性，一般在实际使用中不必改动，推荐选用参数为 $R=4.7\ \Omega, C=3.3\ \mu F$。
- 3 脚与 GND 之间连接检波电容，电容量大时为平均值检波，瞬间相应灵敏度低；电容量小时为峰值检波，瞬间相应灵敏度高，但检波输出的脉冲宽度变动大，易造成误动作，推荐参数为 $3.3\ \mu F$。
- 4 脚为接地端。
- 5 脚与电源端 VCC 之间接入一个电阻，用以设置带通滤波器的中心频率 $f_0$，阻值越大，中心频率越低。例如，当取 $R=200\ k\Omega$ 时，$f_n \approx 42\ kHz$；当取 $R=220\ k\Omega$ 时，中心频率 $f_0 \approx 38\ kHz$。
- 6 脚与 GND 之间接入一个积分电容，标准值为 330 pF，如果该电容取得太大，则会使探测距离变短。
- 7 脚为遥控命令输出端，它是集电极开路的输出方式，因此该引脚必须接一个上拉电阻到电源端，该电阻推荐阻值为 22 kΩ，当没有接收信号时，该端输出高电平，当有信号时则会下降。

- 8 脚为电源正极,电压范围是 4.5~5 V。

CX20106A 的内部电路方框图及典型应用电路如图 6-6 所示。

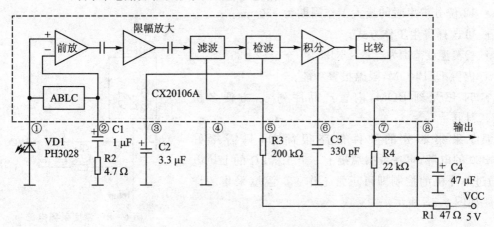

图 6-6 CX20106A 的内部电路方框图及典型应用电路

在本系统中,CX20106A 的具体硬件电路如图 6-7 所示。

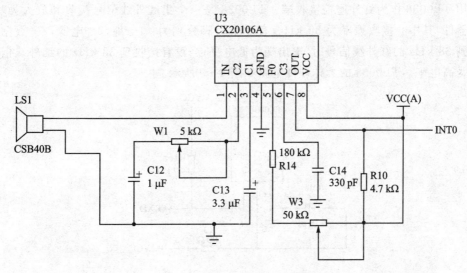

图 6-7 CX20106A 的硬件电路

## 6.3.4 温度采集部分

温度传感器的种类众多,在应用于高精度、高可靠性的场合时,DALLAS(达拉斯)公司生产的 DS18B20 温度传感器当仁不让,它具有超小的体积、超低的硬件开销、抗干扰能力强、精度高和附加功能强的特点。DS18B20 的电路连接非常简单,但是必须保证其时序与单片机的严格同步。DS18B20 具有 9,10,11,12 位转换精度,未编程时默认精度为 12 位,测量精度一般为 0.5 ℃,温度输出为 16 位符号扩展的二进制数形式。

DS18B20 的特点包括:

- 全数字温度转换及输出;

- 先进的单总线数据通信;
- 最高 12 位分辨率,精度可达±0.5 ℃;
- 12 位分辨率时的最大工作周期为 750 ms;
- 可选择寄生工作方式;
- 检测温度范围为-55~+125 ℃(-67~+257 ℉);
- 内置 EEPROM,限温报警功能;
- 64 位光刻 ROM,内置产品序列号,方便多机挂接。

温度采集部分的硬件电路很简单,只需接好 DS18B20 的电源,再在数据端接上一个 4.7 kΩ 的上拉电阻,通过单片机的控制即可正常工作了。温度采集的详细电路如图 6-8 所示。

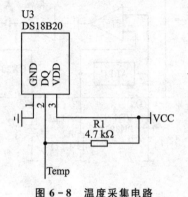

图 6-8 温度采集电路

## 6.3.5 红外遥控部分

采用 TL0038 作为红外遥控接收端。TL0038 是一个集红外线信号接收和放大为一体的三端元器件,其中心接收频率为 38 kHz,有 3 个引脚分别为:1—地,2—电源,3—数据输出。当接收到 38 kHz 的红外线信号时,输出端为低电平;当没有接收到 38 kHz 的红外线信号时,输出端为高电平。TL0038 的具体硬件电路如图 6-9 所示。

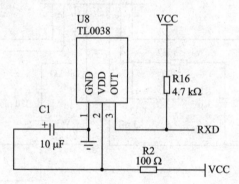

图 6-9 TL0038 的硬件电路

## 6.3.6 LCD 显示部分

本系统中的 LCD 采用的是 1602 字符液晶模块,能够同时显示 16 字×2 行即 32 个字符。1602 液晶模块的控制器采用的是 HD44780。1602 液晶模块的引脚说明如表 6-2 所列。

根据表 6-2 的 1602 引脚表就可以很容易地设计出 LCD 显示的硬件电路了,LCD1602 液晶显示模块的硬件电路如图 6-10 所示。

表 6-2   1602 液晶模块引脚说明

| 引脚号 | 引脚名称 | 引脚说明 | 备注 |
|---|---|---|---|
| 1 | VSS | 电源地 | VSS 为地电源 |
| 2 | VDD | 电源正极 | VDD 接 5 V 正电源 |
| 3 | VL | 液晶显示偏压 | VL 为液晶显示器对比度调整端,当接正电源时对比度最弱,当接地时对比度最高。对比度过高时会产生"鬼影",使用时可以通过一个 10 kΩ 的电位器来调整对比度 |
| 4 | RS | 数据/指令选择 | RS 为寄存器选择,高电平时选择数据寄存器,低电平时选择指令寄存器 |
| 5 | R/W | 读/写选择 | R/W 为读/写信号线,高电平时进行读操作,低电平时进行写操作。当 RS 和 R/W 共同为低电平时,可以写入指令或显示地址;当 RS 为低电平而 R/W 为高电平时,可以读忙信号;当 RS 为高电平而 R/W 为低电平时,可以写入数据 |
| 6 | E | 使能信号 | E 端为使能端,当 E 端由高电平跳变为低电平时,液晶模块执行命令 |
| 7~14 | D0~D7 | 数据 | D0~D7 为 8 位双向数据线 |
| 15 | BLA | 背光源正极 | 背光源正极端 |
| 16 | BLK | 背光源负极 | 背光源负极端 |

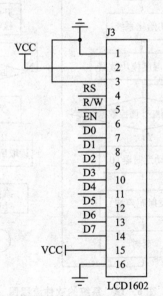

图 6-10   LCD1602 液晶显示模块的硬件电路

## 6.3.7   电源部分

本系统采用的是 15~36 V 的宽范围电源输入,主要是通过两级的直流稳压芯片 LM7812 和 LM7805 来实现,从而得到系统所需的稳定的 +5 V 电源。电源的详细电路如图 6-11 所示。

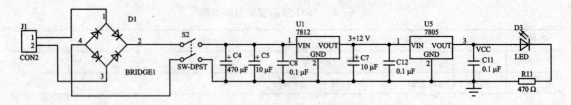

图 6-11 电源的详细电路

## 6.4 软件设计

软件系统设计与硬件设计一样,可以把整个系统按功能划分成不同的模块来设计,这样便于软件的编写和管理,同时也便于系统调试。在本系统中,可将整个系统划分为以下几个功能模块:主程序、红外遥控接收子程序、温度检测子程序、超声波发射子程序、超声波接收中断以及计算显示子程序。

整个系统的软件流程图如图 6-12 所示。

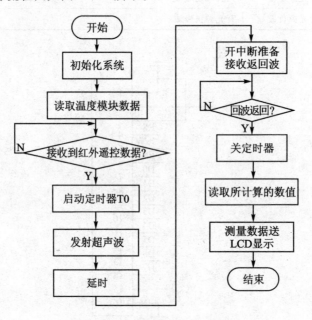

图 6-12 系统的软件流程图

详细程序及注释如下。

```
#include <reg52.h>
#include <intrins.h>
#include <absacc.h>

#define uchar unsigned char
#define Bodrate 0xFF6A          //FF6A 相应于 11.059 2 MHz 晶振下的 2400 波特率
/*--------------LCD 函数--------------*/
sbit RS = P2^7;
```

# 第6章 超声波测距系统

```c
sbit RW = P2^6;
sbit EN = P2^5;
sbit Us_t1 = P1^0;
sbit Us_t2 = P3^7;
sbit CarryWave = P3^4;            //红外载波发射控制端

#define DATAPORT P0               //数据端口
#define busy 0x80                 //用于检查写忙信号

void Delayms(uchar x);
void InitLcd(void);
void WriteCommand(uchar cmd,uchar wc);
void WriteData(uchar dat);
void WriteChar(uchar Xpos,uchar Ypos,uchar ch);
void Busy_Wait(void);
/*--------------温度传感器驱动--------------*/
sbit temp_data = P1^7;
uchar temp1,temp2,temptxd0,temptxd1,temp[2];

void Delay15(void);
void Delay60(void);
void Delay100ms(void);
void Write0TS(void);
void Write1TS(void);
bit  ReadTS(void);
void ResetTS(void);
void WriteBTS(unsigned char byte);
unsigned char ReadBTS(void);
void InitTS(void);
void GetTempTS(void);
/*--------------公共函数--------------*/
uchar idata disbuf[32];
uchar Test;
uchar test_ok;

uchar x;
uchar ready;
uchar AB;
uchar LR;
uchar LR_EN;

void Timer50ms_Init(void);
void NoReceive50ms_Init(void);
/*--------------串口函数--------------*/
uchar over;
```

```c
void Serial_Init(void);
void Serial_usdata(void);

/*************************主程序*****************************/
void main(void)
{
    uchar k;
    CarryWave = 1;
    P1 = 0xFF;
    InitTS();                       //温度传感器初始化
    Serial_Init();                  //串口初始化
    InitLcd();                      //液晶显示初始化
    Timer50ms_Init();               //定时器初始化
    ready = 0;
    Test = 0;
    WriteChar(0,0,'A');
    WriteChar(2,0,'L');
    WriteChar(8,0,'R');
    WriteChar(14,0,'T');
    WriteChar(15,0,'=');
    WriteChar(0,1,'B');
    WriteChar(2,1,'L');
    WriteChar(8,1,'R');
    temptxd1 = 0;                   //为温度传输取参考值
    temptxd0 = 0;
    while(1)
    {
        k = 49;
        while(!ready)
        {
            if( ++k >= 50)
            {
                k = 0;
                GetTempTS();        //测温
                temp[1] = temp1/10;
                temp[0] = temp1 % 10;
                WriteChar(14,1,temp[1] + 48);
                WriteChar(15,1,temp[0] + 48);
            }
            //CarryWave = 1;
            ES = 0;                 //查询固定端
            SBUF = 'A';
            while(!TI);
            TI = 0;
            ES = 1;
```

```
            //CarryWave = 0;
            Delayms(45);
        }
    while(!Test);                    //测量成功或超时则退出循环
    TR1 = 0;
    if(test_ok == 1)                 //测量成功
    {
        if(AB == 0 && LR == 0)
        {
            WriteChar(3,0,disbuf[3]);
            WriteChar(4,0,disbuf[2]);
            WriteChar(5,0,disbuf[1]);
            WriteChar(6,0,disbuf[0]);
        }
        if(AB == 0 && LR == 1)
        {
            WriteChar(9,0,disbuf[11]);
            WriteChar(10,0,disbuf[10]);
            WriteChar(11,0,disbuf[9]);
            WriteChar(12,0,disbuf[8]);
        }
        if(AB == 1 && LR == 0)
        {
            WriteChar(3,1,disbuf[19]);
            WriteChar(4,1,disbuf[18]);
            WriteChar(5,1,disbuf[17]);
            WriteChar(6,1,disbuf[16]);
        }
        if(AB == 1 && LR == 1)
        {
            WriteChar(9,1,disbuf[27]);
            WriteChar(10,1,disbuf[26]);
            WriteChar(11,1,disbuf[25]);
            WriteChar(12,1,disbuf[24]);
        }
    }
    Test = 0;
    test_ok = 0;
    ready = 0;
    }
}

/**************************************************************
**函数名称：Timer50ms_Init()
**函数功能：Timer0 初始化函数
```

```
**入口参数：无
**出口参数：无
*****************************************************************/
void Timer50ms_Init(void)
{
    TMOD = (TMOD & 0xF0) | 0x01;      /*定时器0,方式1,16位*/
    TH0 = (-10000)>>8;
    TL0 = -10000;
    TR0 = 0;
    ET0 = 1;

}
/*****************************************************************
**函数名称：Timer1_Interrupt()
**函数功能：Timer1中断函数
**入口参数：无
**出口参数：无
*****************************************************************/
void Timer1_Interrupt(void) interrupt 1 using 1
{
    uchar a;
    TL0 = -10000;
    TH0 = (-10000)>>8;
    //CarryWave = 1;                   //发载波
    ES = 0;
    if(AB == 0) SBUF = 'S';            //打开计时信号
    else SBUF = 's';
    while(!TI);
    TI = 0;
    ES = 1;
    //CarryWave = 0;
    if(LR == 0)                        //使用左边的超声头发射超声波
    {
        Us_t1 = 1;
        for(a = 0;a<30;a++);
        Us_t1 = 0;
    }
    if(LR == 1)                        //使用右边的超声头发射超声波
    {
        Us_t2 = 1;
        for(a = 0;a<30;a++);
        Us_t2 = 0;
    }
    TR0 = 0;
    NoReceive50ms_Init();              //无响应定时
```

```
    TR1 = 1;
}


/******************************************************************
** 函数名称：NoReceive50ms_Init()
** 函数功能：Timer1 初始化函数
** 入口参数：无
** 出口参数：无
******************************************************************/
void NoReceive50ms_Init(void)
{
    TMOD = (TMOD & 0x0F) | 0x10;        /*定时器1,方式1,16位*/
    TH1 = (-50000) >> 8;
    TL1 = -50000;
    TR1 = 0;
    ET1 = 1;
    x = 0;
}


/******************************************************************
** 函数名称：NoReceive50ms_Interrupt()
** 函数功能：中断函数
** 入口参数：无
** 出口参数：无
******************************************************************/
void NoReceive50ms_Interrupt(void) interrupt 3 using 3
{
    TH1 = (-50000) >> 8;
    TL1 = -50000;
    TR1 = 0;
    Test = 1;
}


/*************** 串口函数 *******************/
//T2CON 的定义如下：
//通信波特率发生器方式//
//用做波特率发生器//
//0x35……TR2 = 1,开始计数
//CP/RL2 = 1,不自动重装,但被 CRLK 和 CTLK/CRLK 的设置而忽略//
//C/T2 = 0,使用内部时钟//
//EXEN2 = 0,忽略外部 T2EX(P1.1)//
//EXF2 受控于 EXEN2 的状态,置 1 时一个外部 T2EX 的负脉冲将引发 T2 中断。不刷新备用寄存器//
//CTLK = 1,引用为发送时钟源(波特率发生器)//
//CRLK = 1,引用为接收时钟源,强制自动重装初值//
//当计数器溢出时并不设置标志 TF2,所以不引发中断//
```

//如果设定了允许CT2中断,则视为无效//
//-----------------------------------//

```
/****************************************************************
** 函数名称：Serial_Init()
** 函数功能：串口初始化函数
** 入口参数：无
** 出口参数：无
****************************************************************/
void Serial_Init(void)
{
    T2CON = 0x35;                    //0b0011 0101 16位串行波特率发生器,自动重装
    TH2 = (unsigned char)(Bodrate>>8);
    TL2 = (unsigned char)(Bodrate & 0xFF);
    RCAP2H = (unsigned char)(Bodrate>>8);
    RCAP2L = (unsigned char)(Bodrate & 0xFF);
    TR2 = 1;                         //启动时钟
    SCON = 0x50;                     //0b0111 1010 第一种工作方式
    //8位单机通信
    ES = 1;                          //允许通信中断
    EA = 1;                          //中断打开
}

//中断方法接收数据,并通过液晶显示字符
/****************************************************************
** 函数名称：Serial_Interrupt()
** 函数功能：串口中断函数
** 入口参数：无
** 出口参数：无
****************************************************************/
void Serial_Interrupt(void) interrupt 4 using 1
{
    if(RI)
    {
        uchar k,turn,addrdata,numdata;
        uchar a,b,c,d;
        RI = 0;
        if(SBUF == 'A')              //固定端A回应
        {
            if(turn == 0)            //左发射头到A接收头的距离的测量
            {
                LR = 0;
                AB = 0;
            }
            if(turn == 1)            //右发射头到A接收头的距离的测量
```

```
        {
            LR = 1;
            AB = 0;
        }
        if(turn == 2)              //左发射头到B接收头的距离的测量
        {
            LR = 0;
            AB = 1;
        }
        if(turn == 3)              //右发射头到B接收头的距离的测量
        {
            LR = 1;
            AB = 1;
        }
        if( ++ turn > = 4) turn = 0;
        a = 0;
        b = 0;
        c = 0;
        d = 0;
        LR_EN = 0;
        ready = 1;
        TR0 = 1;
        ES = 0;
        if(temptxd0 != temp[0])    //当温度发生改变时,将温度值发给固定端
        {
            for(k = 0;k<2;k ++ )
            {
                SBUF = temp[0]|0xE0;
                while(!TI);
                TI = 0;
                for(k = 0;k<20;k ++ )
                {
                    _nop_();
                }
            }
            temptxd0 = temp[0];
        }
        if(temptxd1 != temp[1])
        {
            for(k = 0;k<2;k ++ )
            {
                SBUF = temp[1]|0xF0;
                while(!TI);
                TI = 0;
                for(k = 0;k<20;k ++ )
```

```c
            {
                _nop_();
            }
        }
        temptxd1 = temp[1];
    }
    ES = 1;
    over = 0;
    goto recdata;
}
addrdata = SBUF&0xF0;  //取出地址,0xA0 为个位数,0xB0 为十位数,0xC0 为百位数,0xD0 为千位数
numdata = SBUF&0x0F;   //取出数据
if((addrdata> = 0xA0)&&(addrdata< = 0xD0)&&(numdata> = 0x00)&&(numdata< = 0x09))
{
    addrdata -= 0xA0;
    addrdata>> = 4;
    if(AB == 0 && LR == 0)
    {
        if(a == 0) disbuf[addrdata] = numdata + 48;
        if(a == 1) disbuf[addrdata + 4] = numdata + 48;
        if( ++ a> = 2) a = 0;
        if(addrdata == 3 && a == 0) over = 1;
    }
    if(AB == 0 && LR == 1)
    {
        if(b == 0) disbuf[addrdata + 8] = numdata + 48;
        if(b == 1) disbuf[addrdata + 12] = numdata + 48;
        if( ++ b> = 2) b = 0;
        if(addrdata == 3 && b == 0) over = 1;
    }
    if(AB == 1 && LR == 0)
    {
        if(c == 0) disbuf[addrdata + 16] = numdata + 48;
        if(c == 1) disbuf[addrdata + 20] = numdata + 48;
        if( ++ c> = 2) c = 0;
        if(addrdata == 3 && c == 0) over = 1;
    }
    if(AB == 1 && LR == 1)
    {
        if(d == 0) disbuf[addrdata + 24] = numdata + 48;
        if(d == 1) disbuf[addrdata + 28] = numdata + 48;
        if( ++ d> = 2) d = 0;
        if(addrdata == 3 && d == 0) over = 1;
    }
}
```

```
if(over == 1)                          //接收完数据则进行校错
{
    if(AB == 0 && LR == 0)
    {
        if(disbuf[0]!= disbuf[4])       //个位错则要求固定端重传个位数
        {
            ES = 0;
            SBUF = '0';
            while(!TI);
            TI = 0;
            ES = 1;
        }
        if(disbuf[1]!= disbuf[5])       //十位错则要求固定端重传十位数
        {
            ES = 0;
            SBUF = '1';
            while(!TI);
            TI = 0;
            ES = 1;
        }
        if(disbuf[2]!= disbuf[6])       //百位错则要求固定端重传百位数
        {
            ES = 0;
            SBUF = '2';
            while(!TI);
            TI = 0;
            ES = 1;
        }
        if(disbuf[3]!= disbuf[7])       //千位错则要求固定端重传千位数
        {
            ES = 0;
            SBUF = '3';
            while(!TI);
            TI = 0;
            ES = 1;
        }
        if((disbuf[0] == disbuf[4])&&(disbuf[1] == disbuf[5])
            &&(disbuf[2] == disbuf[6])&&(disbuf[3] == disbuf[7]))
        {
            TR0 = 0;
            Test = 1;
            test_ok = 1;
            over = 0;
        }
    }
```

```c
if(AB == 0 && LR == 1)
{
    if(disbuf[8] != disbuf[12])
    {
        ES = 0;
        SBUF = '0';
        while(!TI);
        TI = 0;
        ES = 1;
    }
    if(disbuf[9] != disbuf[13])
    {
        ES = 0;
        SBUF = '1';
        while(!TI);
        TI = 0;
        ES = 1;
    }
    if(disbuf[10] != disbuf[14])
    {
        ES = 0;
        SBUF = '2';
        while(!TI);
        TI = 0;
        ES = 1;
    }
    if(disbuf[11] != disbuf[15])
    {
        ES = 0;
        SBUF = '3';
        while(!TI);
        TI = 0;
        ES = 1;
    }
    if((disbuf[8] == disbuf[12])&&(disbuf[9] == disbuf[13])
        &&(disbuf[10] == disbuf[14])&&(disbuf[11] == disbuf[15]))
    {
        TR0 = 0;
        Test = 1;
        test_ok = 1;
        over = 0;
    }
}
if(AB == 1 && LR == 0)
{
```

```
if(disbuf[16]!= disbuf[20])
{
    ES = 0;
    SBUF = '0';
    while(!TI);
    TI = 0;
    ES = 1;
}
if(disbuf[17]!= disbuf[21])
{
    ES = 0;
    SBUF = '1';
    while(!TI);
    TI = 0;
    ES = 1;
}
if(disbuf[18]!= disbuf[22])
{
    ES = 0;
    SBUF = '2';
    while(!TI);
    TI = 0;
    ES = 1;
}
if(disbuf[19]!= disbuf[23])
{
    ES = 0;
    SBUF = '3';
    while(!TI);
    TI = 0;
    ES = 1;
}
if(((disbuf[16] == disbuf[20])&&(disbuf[17] == disbuf[21])
    &&(disbuf[18] == disbuf[22])&&(disbuf[19] == disbuf[23]))
{
    TR0 = 0;
    Test = 1;
    test_ok = 1;
    over = 0;
}
}
if(AB == 1 && LR == 1)
{
    if(disbuf[24]!= disbuf[28])
    {
```

```c
                ES = 0;
                SBUF = '0';
                while(!TI);
                TI = 0;
                ES = 1;
            }
            if(disbuf[25]!= disbuf[29])
            {
                ES = 0;
                SBUF = '1';
                while(!TI);
                TI = 0;
                ES = 1;
            }
            if( disbuf[26]!= disbuf[30] )
            {
                ES = 0;
                SBUF = '2';
                while(!TI);
                TI = 0;
                ES = 1;
            }
            if(disbuf[27]!= disbuf[31])
            {
                ES = 0;
                SBUF = '3';
                while(!TI);
                TI = 0;
                ES = 1;
            }
            if((disbuf[24] == disbuf[28])&&(disbuf[25] == disbuf[29])
                &&(disbuf[26] == disbuf[30])&&(disbuf[27] == disbuf[31]))
            {
                TR0 = 0;
                TR1 = 0;
                Test = 1;
                test_ok = 1;
                over = 0;
            }
        }
    }
    recdata:;
    }
}
```

其他子程序限于篇幅文中省略,详细内容请读者见光盘。

## 6.5 实例总结

随着科学技术的快速发展,超声波测距技术在社会生活中已有广泛应用,如汽车倒车和雷达应用领域等。本章详细介绍了基于51单片机的超声波测距系统设计,本例设计的重点是超声波的发射和接收,掌握超声波测距的原理及测量方法是本例设计成功的前提和关键。当然,本例设计的系统还存在一定不足,展望未来,超声波测距技术将朝着更高精度、更大应用范围、更加稳定方向发展,到那时,以前设计中的一些死角问题也将得到很好的解决。

# 第 7 章

# 公路温度采集存储器

公路温度采集存储器是观测高速公路路面和路基温度的一种设备,在设计修筑高速公路之前和对高速公路的养护期间,该设备可有效记录所在观察点的温度变化情况,为高速公路的修建和养护提供科学的决策依据。本设备具有体积小、功耗低、精度高等优点。本章将详细讲述如何利用 51 单片机来设计公路温度采集存储器。

## 7.1 实例说明

公路温度采集存储器包括温度采集、数据保存和显示三个部分。单片机通过温度传感器获取每个观测点的温度,并将温度数据保存至存储器中,要求系统掉电后存储器中的数据不丢失,工作人员能够通过显示模块或者串口通信模块获取温度数据。

### 7.1.1 应用背景

公路温度采集系统采集的是公路路面及路面以下 5 m 深各个观测点的温度。在高速公路中选择一些有代表性的路段作为温度观测点,在每个观测点开挖两个 5 m 深的小槽,每个小槽里安放 10 个间隔相当的温度传感器,这样,一个有代表性的观测点具有 20 个温度传感器,传感器以有线方式与温度采集存储器连接,按照工作人员设定的定时要求,设备每天定时采集各个传感器所在位置的温度,然后把温度数据保存至存储器中。每过半个月或一个月,工作人员将这段时间内采集到的数据读取出来。在这半个月或一个月的时间里,系统处于无人值守的自动运行状态。

某一观测点路段剖面图如图 7-1 所示。

### 7.1.2 功能和技术指标

公路温度采集存储器的主要功能包括:

# 第 7 章　公路温度采集存储器

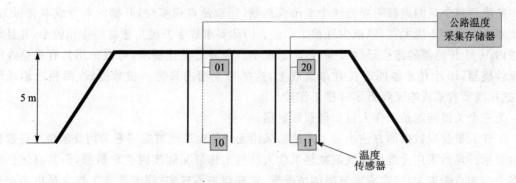

图 7 - 1　公路温度采集存储器应用示意图

① 按照观测时段的要求在某一特定时段采集该时段不同观测点的温度，通常是白天采集一次，晚上采集一次，即一天采集两次温度。
② 采集的数据保存一个月以上，即使系统掉电数据也不丢失。
③ 按照操作人员的要求将数据显示出来。
④ 系统在无人值守期间必须保证有较低的故障率。
⑤ 系统自带电池要求能够工作 2 个月以上，2 个月内无需更换电池，以降低成本。

## 7.2　设计思路分析

公路温度采集存储器包括温度采集、数据保存、数据显示、串口通信、键盘输入等模块，采用 51 单片机即可完成对上述模块的控制。

### 7.2.1　系统设计的关键问题

本系统设计要解决电源、传感器选项、数据传输和系统功耗控制四个方面的问题。从前面的介绍可知，公路温度采集系统是一个野外无人值守的自动运行系统，因此首先第一个要考虑的问题就是系统电源的问题。

高速公路穿行的地方大多人烟稀少，因此本系统的电源必须靠系统自带电池来解决，常用的电池有铅酸蓄电池和锂电池。铅酸蓄电池的体积虽大，但是电池容量可以通过扩展增大；但是铅酸蓄电池的自放电现象严重，可能单片机系统没有消耗多少电量，而铅酸蓄电池通过自放电却消耗了绝大部分电量。因此本系统设计采用锂电池作为系统的电源，只要电路的功耗问题能够很好解决，利用锂电池就可以保证系统长期正常运行。

第二个关键问题是温度采集方案的选择。

温度采集通常有下面两种思路：

第一种是利用热敏电阻加 A/D 转换的方案。通过 A/D 芯片采集热敏电阻两端电压的变化，再利用电压和温度转换的计算公式计算出温度的数值。该方案使用器件较多，精度也很难保证。

第二种方案是利用数字温度传感器。数字温度传感器直接把温度转换为数字量，单片机可以直接读取。因此毋庸置疑本系统采用数字温度传感器。

考虑到每个观测点都需要开两个 5 m 深的槽，当观测点很多时，开槽的人力成本会很高，因此要求每个槽不能太宽，以减少开槽工作量。因此要求数字温度传感器的体积较小，并且每个槽内 10 个传感器的连接导线最少，以降低成本。为满足上述要求，可以采用具有单总线的温度传感器，10 个传感器同时挂在单总线上，这样每个槽内只需一根数据线、两根电源线即可，这样既节省了成本又降低了开槽工作量。

第三个关键问题是工作人员如何获取数据。

工作人员获取数据的方法决定了系统是采用无线传输温度数据还是采用显示模块将数据就地显示。虽然采用无线传输既能减轻工作人员的工作量又能实时获取数据，但是高速公路上各个观测点距离太远，在成本有限的情况下，实现起来不现实；同时要求工作人员以半个月或一个月为时间段读取所采集的数据，因此也没有必要采用无线传输方式实时发送数据，于是决定系统通过显示模块把数据显示出来，工作人员每月一次去各个观测点读取数据。

最后要考虑的问题是如何控制系统的功耗。因为锂电池的容量毕竟有限，而每次更换电池的时间间隔又长达几个月。考虑到系统每天只采集两次温度，所以只有在采集温度时系统才给各个模块正常供电，一旦数据采集保存完毕，单片机就断开电源与各个模块的连接，单片机自己处于休眠状态，这样能大大降低功耗。

## 7.2.2 系统总体结构

系统的总体结构如图 7-2 所示。深色箭头代表的是能量流，白色箭头代表的是信息流。系统总共包括电源模块、单片机最小系统、键盘输入模块、数据保存模块、温度采集模块、串口通信模块、液晶显示模块、时钟模块和继电器模块。

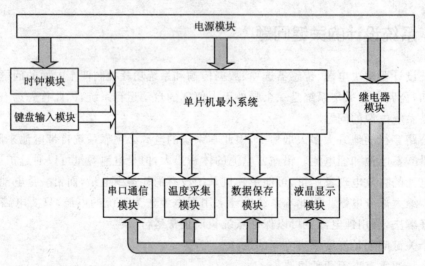

图 7-2 系统总体结构图

图 7-2 中单片机最小系统为系统的核心，单片机负责读取温度转换后的数据，并把数据存入数据保存模块中，当工作人员读取数据时，把数据从数据保存模块中读取出来送入液晶显示模块显示。

电源模块包括锂电池和电源转换电路,将锂电池电压转换为单片机及其他外设所需的电压等级。

数据保存模块采用具有掉电保护的 EEPROM 芯片,负责保存温度采集模块一个月来采集到的数据,并且数据可以被单片机读取出来用于显示。

液晶显示模块用于显示数据。由于系统有 20 个传感器,所以每次采集的数据有 20 个,为了便于工作人员读取数据时识别是哪个传感器的温度数据,采用了液晶显示的方法,液晶显示器将显示每个传感器的编号和对应编号的温度数据。

时钟模块用于在特定时间产生中断,以唤醒休眠的单片机,使之采集温度。当温度采集完毕,单片机休眠,但是时钟模块仍然正常工作,以保证下次能在正确的时间段产生中断唤醒单片机工作。

继电器模块用于电源与单片机其他外设的连接,当系统不采集温度时,单片机发出控制信号,使继电器的触点断开,让外设部分与电源断开,以降低系统功耗;当单片机准备采集温度或者进行数据显示时,单片机让继电器触点闭合,使外设部分与电源正常连接。

## 7.3 硬件设计

在确定了系统总体设计框图后,下面对硬件进行设计。

### 7.3.1 电源模块

电源采用 7.2 V、7 500 mA·h 的聚和锂电池,7.2 V 锂电池充完电后电压可达 8.4 V,当该锂电池电量被消耗掉 80% 时,电压会降至 6.2 V。电源模块电路如图 7-3 所示。

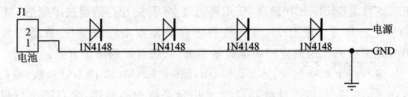

**图 7-3 电源模块原理图**

8.4 V 电压通过 4 个二极管降压后降为 5.2 V,表 7-1 为系统所用芯片的工作电压范围表。本系统大部分芯片的工作电压在 4.5～5.5 V 之间,因此必须保证在电池电压下降到 7.4 V 之前就要更换电池,锂电池电压从 8.4 V 降至 7.4 V 大约消耗总电量的 30%,通过对系统功耗的控制,可以做到两个月内系统消耗锂电池电量小于 30%。

选择二极管降压的原因是因为二极管本身的功耗很小,当单片机运行于休眠状态且断开所有外围器件时,经过测试,系统总电流小于 1 mA。

读者可能会问,如果采用开关型的电源转换芯片是否能够满足功耗要求呢?当单片机工作于休眠状态时,大多数电源转换芯片的电流为 10 mA。那么电源转换芯片 1 小时消耗的电量就为 10 mA·h,一个月消耗的电量为

$$10 \text{ mA} \cdot \text{h} \times 24 \times 30 = 7\ 200 \text{ mA} \cdot \text{h}$$

表7-1 系统芯片工作电压范围表

V

| 芯片名称 | 最小工作电源 | 最大工作电压 | 芯片名称 | 最小工作电源 | 最大工作电压 |
| --- | --- | --- | --- | --- | --- |
| STC89C52 | 3.0 | 6 | LCD1602 | 4.5 | 5.5 |
| AT24C32 | 1.8 | 5.5 | DS12C887 | 4.5 | 5.5 |
| DS18B20 | 3.0 | 5.5 | | | |

也就是说,即使单片机工作于休眠状态,一个月下来,锂电池的电量已基本用完,这样,显然不能满足系统长期工作的要求。

而采用二极管降压,单片机休眠时系统工作电流不到 1 mA,那么 1 小时系统消耗电量小于 1 mA·h,一个月消耗的电量小于

$$0.1 \text{ mA} \cdot \text{h} \times 24 \times 30 = 72 \text{ mA} \cdot \text{h}$$

经测试,系统所有器件同时工作时的工作电流为 40 mA 左右,但是一个月内系统所有器件同时工作的时间总计不超过 1 小时,因此系统一个月消耗的电量小于电池总电量的 10%。所以一颗锂电池可以使用几个月。

**注意**:铅酸蓄电池的自放电现象比较严重,它一个月通过自放电会消耗总电量的 10%,而锂电池的自放电现象则较小。所有的可充电电池在工作时都不能过放电,如锂电池在电量小于总电量的 20% 时就必须充电,若不充电继续使用就会使其损坏。

## 7.3.2 单片机最小系统

本系统采用 STC89C52 单片机。STC89C52 是一种低功耗、高性能 CMOS 8 位微控制器,具有 8 KB 在系统可编程 Flash 存储器,使用高密度、非易失性存储器技术制造,与工业 80C51 产品指令和引脚完全兼容。片上 Flash 允许程序存储器在系统可编程,亦适于常规编程器。STC89C52 可为众多嵌入式控制应用系统提供高灵活、超有效的解决方案。

STC89C52 具有以下标准功能:8 KB Flash,256 B RAM,32 位 I/O 口线,看门狗定时器,2 个数据指针,3 个 16 位定时器/计数器,1 个 6 向量 2 级中断结构,全双工串行口,片内晶振及时钟电路。

另外,STC89C52 可降至 0 Hz 静态逻辑操作,支持 2 种软件可选择节电模式。在空闲模式下,CPU 停止工作,但允许 RAM、定时器/计数器、串口和中断继续工作。

在掉电保护方式下,RAM 内容被保存,振荡器被冻结,单片机一切工作停止,直到下一个中断或硬件复位为止。

单片机最小系统采用 12 MHz 晶振,单片机的 EA 脚接高电平,因此使用内部程序存储器。单片机最小系统如图 7-4 所示。

至于单片机是否要加看门狗或者电源监控芯片,作者认为,系统的锂电池每隔三个月更换一次,根据上述功耗情况,在三个月内,系统消耗的电池容量远远没有使锂电池到达过放电的状态,况且系统独自在野外工作,工作人员一个月才去一次,如果在某月当中即使系统监测到电源出现问题,系统也不能正常工作,即使加了电源监控芯片,也失去了意义。当然有电源监控芯片可以有效保护锂电池,所以读者可以自己取舍。

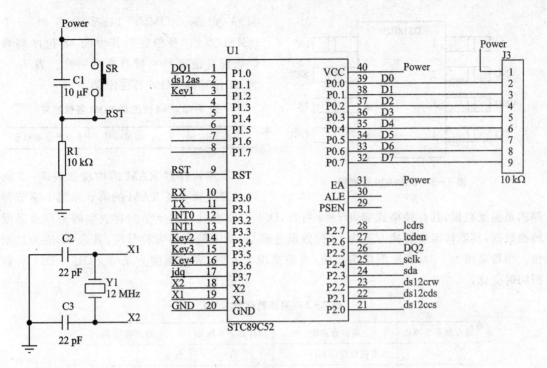

图 7-4　单片机最小系统图

**注意**：图 7-4 中单片机的电源引脚连接的是锂电池降压后的电压端，说明在系统运行期间锂电池一直给单片机供电。系统总电源端用 Power 这一标志来标示。在后面其他器件的电源引脚与系统总电源端之间加了一个继电器，当继电器常开触点闭合时，系统电源给单片机外围器件供电，当常开触点断开时，系统电源不给这些芯片供电，以降低系统功耗。外围器件的电源端用 VCC 这一标志标示。

## 7.3.3　温度采集模块

本系统的温度采集使用 DS18B20 数字温度传感器。DS18B20 是一种具有单总线接口的数字温度传感器，具有体积小、功耗低、抗干扰能力强和单片机接口简单等优点。DS18B20 的工作电压范围为 3.0～5.5 V，测量温度范围－55～＋125 ℃。

其特性如下：

① 单总线接口。与单片机连接时只需要单片机的一个 I/O 口，该单总线能够实现单片机与 DS18B20 的双向通信。同时该器件除上拉电阻外，不需任何外围器件支持。

② 可使用数据线供电。当对系统空间要求严格时，DS18B20 可以通过数据线供电。

③ 可以编程的 9～12 位数据分辨率。9～12 位数据分辨率对应的可分辨温度分别为 0.5 ℃，0.25 ℃，0.125 ℃ 和 0.062 5 ℃。当使用 9 位数据分辨率时，DS18B20 最快可在 93.75 ms 内完成温度转换，当使用 12 位数据分辨率时，最快可在 750 ms 内完成温度转换。

④ 多点组网测量功能。多个 DS18B20 可以通过同一根数据线组成分布式测量网。

DS18B20 引脚如图 7-5 所示。

DS18B20 寄存器由 64 位光刻 ROM、高速暂存器 RAM 和电可擦写 EEPROM 组成。

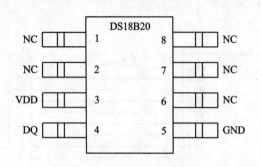

图 7-5 DS18B20 引脚图

64 位光刻 ROM 可以看成是每一个 DS18B20 的"身份证",其中的 48 位序列号同居民身份证号一样具有唯一性。表 7-2 为 64 位光刻 ROM 各位定义。

表 7-2 64 位光刻 ROM 各位定义

| 8 位 CRC 码 | 48 位序列号 | 8 位产品类型号 |

高速暂存器 RAM 的构成如表 7-3 所列。高速暂存器 RAM 的第 0 和第 1 字节存储的是温度数据,其存储格式如表 7-4 所列,DS18B20 总共有两字节的存放空间来存放温度转换数据,其默认温度转换方式为 12 位数据分辨率,其中最高位为符号位,其余 11 位为数据位。当最高位为 1 时,表示温度为负值;当最高位为 0 时,表示温度为正值。D15~D11 的数据同时变化。

表 7-3 高速暂存器 RAM

| 寄存器字节地址 | 寄存器功能 | 寄存器字节地址 | 寄存器功能 |
| --- | --- | --- | --- |
| 0 | 温度值低位(LSB) | 5 | 保留 |
| 1 | 温度值高位(MSB) | 6 | 保留 |
| 2 | 高温限值(TH) | 7 | 保留 |
| 3 | 低温限值(TL) | 8 | CRC 校验值 |
| 4 | 配置寄存器 | | |

表 7-4 DS18B20 温度数据存储格式

| D7 | D6 | D5 | D4 | D3 | D2 | D1 | D0 |
| --- | --- | --- | --- | --- | --- | --- | --- |
| $2^3$ | $2^2$ | $2^1$ | $2^0$ | $2^{-1}$ | $2^{-2}$ | $2^{-3}$ | $2^{-4}$ |
| D15 | D14 | D13 | D12 | D11 | D10 | D9 | D8 |
| S | S | S | S | S | $2^6$ | $2^5$ | $2^4$ |

DS18B20 采用单总线与单片机连接,其连接方式如图 7-6 所示。图中 DS18B20 的 DQ 脚与单片机的 I/O 口相连。I/O 口上接 4.7 kΩ 的上拉电阻。

温度采集模块原理图如图 7-7 所示。公路温度采集系统总共有两路采用与图 7-7 类似的传感器连接方式,每路有 10 个传感器。图中只画出 10 个传感器中的 3 个,另 7 个与这 3 个的连接方法相同,10 个传感器通过单总线连接在一起,再将单总线连接至图 7-4 中的 DQ1 和 DQ2 两引脚上。

**注意**:在温度采集模块中,上拉电阻阻值的选择是关键,通常 DS18B20 位置如果就在单片机旁边,则上拉电阻可以取 4.7 kΩ 或者 10 kΩ;但在本系统中,温度传感器与单片机相隔几十米远,由于导线距离增长,所以必须通过减少上拉电阻的阻值来增强驱动能力,这可以利用实验检查的手段检测出合适的上拉电阻值。

第7章 公路温度采集存储器

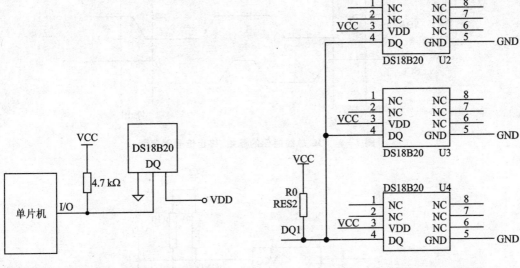

图 7-6　DS18B20 与单片机连接图　　　　图 7-7　温度采集模块原理图

## 7.3.4　数据保存模块

本系统中的数据保存模块采用具有 IIC 总线的 AT24C 系列 EEPROM 作为数据保存的芯片。作为数据保存之用,首先应该计算系统要求的存储容量。

DS18B20 采集一次温度是 16 位的数据,需要 2 B 的存储空间,那么系统采集一次温度需要的存储空间为

$$2\ B \times 10 \times 2 = 40\ B$$

保存一个月数据需要的存储空间为

$$40\ B \times 2 \times 30 = 2400\ B$$

因此选用 AT24C32 存储芯片,该芯片有 4096 B 的存储空间。

AT24C32 的引脚图如图 7-8 所示。

AT24C32 的起始信号和终止信号严格按照 IIC 总线的时序进行。IIC 总线的起始和终止信号的时序图如图 7-9 所示。

在时钟信号 SCL 为高电平期间,当数据线 SDA 上出现由高电平向低电平变化的下降沿时,被认为是起始信号。起始信号出现以后,后面才可以进行寻址或数据传输等。

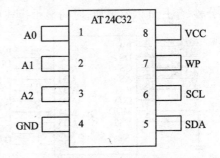

图 7-8　AT24C32 引脚图

在时钟信号 SCL 为高电平期间,当数据线 SDA 上出现由低电平向高电平变化的上升沿时,被认为是终止信号。终止信号一出现,所有总线操作都结束,主器件释放总线控制权。

在介绍完 AT24C32 的使用方法后,得到的数据保存模块的电路原理如图 7-10 所示。图中 24C16 的 WP 端接地,单片机可以对内部芯片进行正常读/写,A2,A1,A0 三个引脚接地。

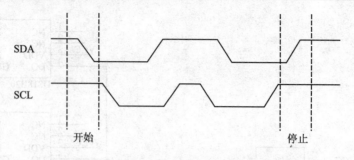

图 7-9　IIC 总线通信的起始、终止信号时序图

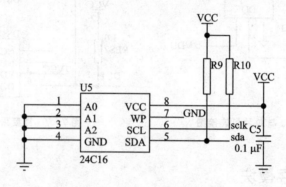

图 7-10　数据保存模块原理图

## 7.3.5　时钟模块

系统的时钟模块用于系统的准确计时,并且在特定的时间,比如每天中午 12 点产生中断,以唤醒处于休眠状态的单片机,让单片机在每天中午 12 点采集一次温度数据。

DS12C887 是一款实时时钟芯片,其内部有锂电池供电的石英晶振,可以在无外部供电的情况下保存数据 10 年以上。它的内部通过计数可以实现对时间的记录,时间信息可以详细到时分秒、年月日以及星期,时间显示模式可以分别选择带有"AM"或"PM"指示的 12 小时模式或者正常的 24 小时模式,芯片可以提供闹钟设置,在芯片内部有 15 B 的时钟和控制寄存器空间以及 113 B 的通用 RAM 空间,另外还有可提供关于世纪信息的寄存器。

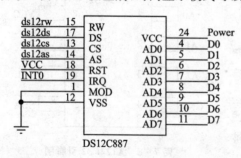

图 7-11　时钟模块原理图

本系统时钟模块电路原理图如图 7-11 所示。DS12C887 的 MOD 脚接低电平,芯片采用 INTEL 总线模式。AD0～AD7 接单片机的 P0 口。IRQ 接单片机的 INT0 脚,时钟芯片在特定时间产生中断,唤醒休眠的单片机。

**注意**:虽然 DS12C887 内部还有锂电池,但是在本系统中,仍然需要外接电源,如果只靠芯片内部的锂电池供电,则时钟芯片虽然能正确计时,但却不能输出满足单片机中断电平要求的中断信号。

## 7.3.6 液晶显示模块

液晶显示模块用于显示所采集的温度数据,并且将出现故障的温度传感器编号显示出来,以便工作人员更换。

液晶显示模块采用 LCD1602 液晶。LCD1602 液晶显示模块是一种字符型液晶,只能显示数字、字母和符号。LCD1602 液晶能显示两行、每行 16 个字符的信息,每个字符为 5×7 点阵大小,但不能显示汉字。LCD1602 液晶引脚说明如表 7-5 所列。

表 7-5 LCD1602 液晶引脚说明

| 引脚号 | 引脚名称 | 引脚说明 | 引脚号 | 引脚名称 | 引脚说明 |
|---|---|---|---|---|---|
| 1 | VSS | 电源负极 | 6 | E | 使能信号 |
| 2 | VDD | 电源正极 | 7~14 | D0~D7 | 数据口 |
| 3 | VEE | 液晶显示对比度调节端 | 15 | BLA | 背光电源正极 |
| 4 | RS | 数据/命令选择端 | 16 | BLK | 背光电源负极 |
| 5 | R/W | 读/写选择端 | | | |

LCD1602 液晶共有 16 个引脚。其中 D0~D7 为双向数据传输线,数据传输方向由第 5 引脚 R/W(读/写)控制脚决定,高电平为读,低电平为写。RS 为数据/命令选择引脚,高电平时,单片机读/写的是数据;低电平时,单片机读/写的是命令控制字。E 为使能信号,高电平时,单片机可以对 LCD1602 进行写数据或者写命令操作。第 15,16 脚为液晶显示背光源的正负极。

液晶显示模块的原理如图 7-12 所示,图中将第 5 脚接地,表示只向 LCD1602 内写入数据。图中 R5 的作用是调节液晶的显示对比度。D0~D7 为双向数据传输线,与单片机的 P0 口相连。

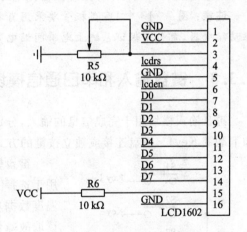

图 7-12 液晶显示模块原理图

## 7.3.7 继电器模块

继电器模块连接于单片机外围芯片和电源之间,当单片机处于休眠状态时,继电器断开外围器件的电源端,以降低系统功耗;当单片机准备采集温度时,单片机发出控制信号使继电器触点闭合,接通外围器件的电源端,以使外围器件正常工作。

如图 7-13 所示,VCC 端连接单片机外围器件的电源端,Power 为系统电源正极。当单片机上电后,由于其 I/O 口默认是高电平,因此 jdq 引脚也是高电平,三极管 Q1 不导通,继电器不动作,VCC 端与电源 GND 连接,单片机的外围器件没有获得电源,不工作。当单片机的

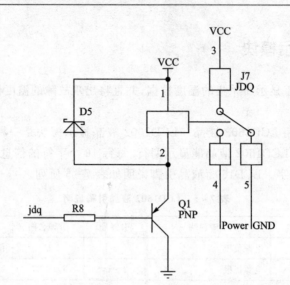

图 7-13 继电器模块原理图

jdq 端输出低电平时,三极管 Q1 导通,继电器线圈得电,继电器常开触点闭合,常闭触点断开,VCC 端接到 Power 端,单片机外围器件电源连接正常,外围器件正常工作。

**注意**:图 7-13 中 D5 二极管要采用肖特基二极管,以保护线圈。同时不管采取何种方式驱动继电器,都必须保证系统上电瞬间继电器不会动作。

### 7.3.8 键盘输入和串口通信模块

键盘输入模块用于完成信息的输入,分别是功能选择键 Key1、确认键 Key2、上翻键 Key3 和下翻键 Key4。键盘连接成独立按键的方式。

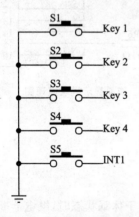

图 7-14 键盘输入模块电路

键盘输入模块电路如图 7-14 所示,功能选择键 Key1 用于选择三种功能,分别是读取故障传感器编号功能、显示温度数据功能和串口通信功能。按一下功能选择键,可以读取故障传感器编号,让工作人员得知哪些传感器有故障需要更换。按两下功能选择键,可以显示温度数据。按三下功能选择键,单片机将 EEPROM 中的数据通过串口发送给工作人员所带的计算机上。以后再按下功能选择键,将在上述三种功能中循环。

确认键用于确认功能选择键。

上翻键和下翻键用于温度显示时便于工作人员记录数据。

INT1 键用来产生外部中断 1 以唤醒单片机。

串口通信用于工作人员每月来一次记录数据时,把数据通过串口传输至计算机内。加入串口是为了工作人员记录数据时省时省力。

串口通信中采用 MAX232 芯片实现从 RS-232 电平到 TTL 电平的转换。MAX232 是由 MAXIM 公司生产的、包含两路接收器和驱动器的 IC 芯片,MAX232 内部的电源电压变换器可将输入为 5 V 的电源电压转换为 RS-232 输出电平所需的 10 V 电压。该芯片接口简单,价格适中,被广泛应用于单片机串口通信中。

串口通信模块原理图如图 7-15 所示。MAX232 的 11 脚接单片机的 P3.1 脚 TXD 端,TTL 电平从单片机的 TXD 端发出,经过 MAX232 转换为 RS-232 电平后从 MAX232 的 14 脚发出,14 脚发出的信息经过 DB9 和接在 DB9 上的交叉串口线后发送至计算机的 RXD 端。至此计算机接收到了数据,单片机完成了数据发送过程。

当计算机发送数据时,从计算机串口的 TXD 端发出,经过连接在计算机串口上的交叉串口线后,经过 MAX232 发送至单片机的 P3.0 脚 RXD 端。

**注意**:在图 7-15 中,器件对电源噪声很敏感,因此 VCC 必须要对地加去耦电容 C7,按照芯片使用手册,电容 C4,C5,C6 和 C8 应取为 1.0 μF/16 V 的电解电容;但是经过大量实验验证,该 4 个电容可以选用 0.1 μF 的非极性瓷片电容代替。在设计 PCB 板时,这 4 个电容应尽量靠近 MAX232,以提高抗干扰能力。

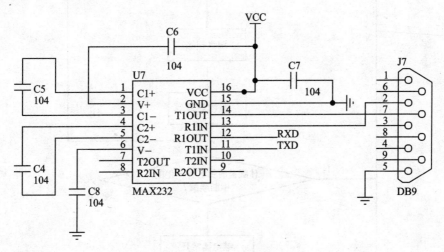

图 7-15 串口通信模块

## 7.4 软件设计

本节介绍如何在前面实现的硬件平台上实现软件设计过程。首先介绍软件设计的流程。

### 7.4.1 软件流程

本系统的工作流程图如图 7-16 所示。单片机进行初始化后即进入休眠状态。由于在硬件设计时,将继电器设计成单片机 I/O 口为低电平时驱动,因此单片机首次上电后继电器线圈仍然处于失电状态,单片机的外围器件电源端引脚没有与系统电源连接。因此在单片机初始化后的休眠状态中,单片机外围器件由于与电源端没有连接而基本不消耗电能。此时电源只给单片机和时钟芯片供电。

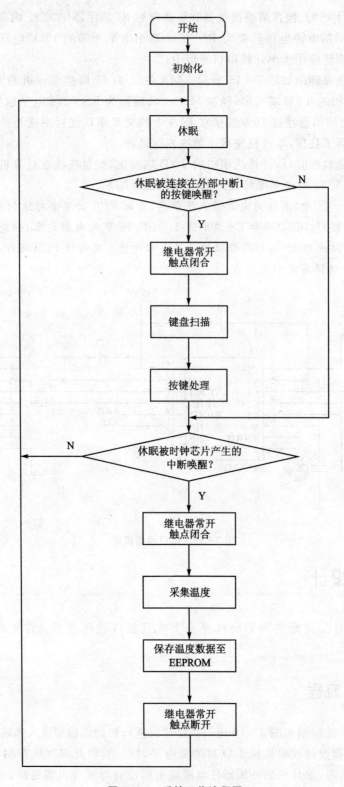

图 7-16 系统工作流程图

# 第7章 公路温度采集存储器

如果工作人员按下连接在单片机外部中断1引脚上的按键,单片机即被外部中断1产生的中断信号唤醒。唤醒后,单片机首先让继电器线圈得电,以使外围器件都与系统电源连接,然后单片机运行键盘扫描程序,以确定工作人员输入的按键信息,通过判断工作人员的按键输入而让器件做出相应响应。工作人员处理完数据之后,需要通过键盘重新使单片机运行于休眠状态。

在每天定时采集温度的时间到来时,时钟芯片产生中断信号,单片机通过外部中断0被唤醒。唤醒后,单片机首先让继电器线圈得电,以使系统电源给外围器件供电;然后采集温度数据;温度数据被采集完之后,将数据保存至EEPROM中;最后通过让继电器失电来断开系统电源与外围器件的连接,使单片机再次处于休眠状态。

如果工作人员既没有对系统的按键进行操作,每天定时采集温度的时间也没有到来,那么单片机运行于休眠状态,并且断开系统电源与外围器件的连接以减低系统功耗。

提示:由于程序代码众多,调用关系较复杂,所以首先给出系统程序的结构图(图7-17),然后再对每个模块进行详细讲解。

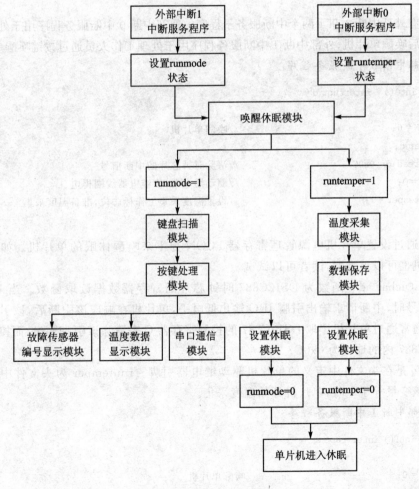

图7-17 系统程序结构图

外部中断 1 由工作人员通过按下连接在单片机 P3.3 口的按键获得。外部中断 1 中断服务程序主要完成两个功能：一是设置系统运行状态标志 runmode 等于 1，二是运行休眠唤醒模块。休眠唤醒模块完成唤醒单片机和让继电器线圈得电两个功能。

如果已产生外部中断 1 且运行完中断服务程序，那么 runmode＝1，接着单片机运行键盘扫描程序，等待工作人员的按键处理。工作人员首先通过按键来选择故障传感器编号显示功能，以便显示是否有传感器损坏而需要更换；然后通过串口或手工记录一个月的温度数据；最后工作人员离开时需要通过按键将单片机设置为休眠状态。

外部中断 0 由时钟芯片中断产生。外部中断 0 中断服务程序完成温度采集标志位 runtemper 的设置和唤醒单片机两个功能。

如果已产生外部中断 0 且运行完中断服务程序，那么 runtemper＝1，单片机接着运行温度采集和数据保存两个模块，之后，要通过设置休眠模块使单片机重新进入休眠状态。

## 7.4.2 中断服务子程序

本系统有外部中断 0 和 1 两个中断服务子程序。外部中断 0 中断服务程序用于处理时钟芯片产生中断后唤醒单片机，外部中断 1 中断服务程序用于处理工作人员通过按键唤醒单片机。

(1) 外部中断 0 中断服务程序

```c
void ex_int0()    interrupt 0
{
    PCON = 0;                    //唤醒单片机
    uchar c;
    c = read_ds(0x0C);           //清除时钟芯片的中断信号
    jdq = 0;                     //驱动继电器，使继电器线圈得电
    runtemper = 1;               //设置温度采集工作标志位，准备温度采集
}
```

程序中通过设置单片机电源管理寄存器 PCON 为零来唤醒休眠的单片机。如果不写该语句，单片机也可以被唤醒，读者可以试试。

read_ds(uchar add) 函数为 DS12C887 时钟芯片的寄存器数据读取函数。当 DS12C887 产生中断信号时，中断请求输出引脚 IRQ 输出低电平，单片机在响应该中断后，该引脚一直保持低电平，通常通过单片机读取 DS12C887 的控制寄存器 C 来清除该引脚输出，而控制寄存器 C 在 DS12C887 内的地址为 0x0C。

变量 jdq 是在头文件中定义的单片机驱动继电器引脚。runtemper 为头文件中定义的全局变量，当该变量等于 1 时，单片机开始温度采集。

(2) 外部中断 1 中断服务程序

```c
void ex_int1() interrrupt 2
{
    PCON = 0;                    //唤醒单片机
    jdq = 0;                     //使继电器线圈得电
    runmode = 1;                 //系统工作状态标志位，准备运行键盘扫描
}
```

程序中,runmode 为全局变量,该变量用于标志系统的工作状态,如果 runmode＝1,则单片机运行键盘扫描和按键处理程序;如果 runmode＝0,则单片机准备进入休眠状态。

### 7.4.3　液晶显示

液晶显示的信息主要有以下几个方面的内容:一是跟随功能键被按下的次数来显示对应的功能提示信息,如功能键被按 3 下,液晶显示"display data?"这些提示信息便于工作人员来操作系统;二是显示温度数据;三是显示故障温度传感器的编号。

所有对液晶的操作都是通过调用液晶显示基本操作函数来完成的。1602 液晶显示基本操作函数包括液晶初始化函数、写命令函数、写数据函数和向液晶特定地址写数据函数。下面逐一介绍。

(1) 液晶写命令函数

```
void write_lcdcom(uchar com)          //com 可以为命令控制字或者地址
{
    lcdrs = 0;
    P0 = com;
    delayms(5);
    lcden = 1;
    delayms(5);
    lcden = 0;
}
```

该函数的功能是实现单片机向液晶内部写入命令或地址。液晶写命令函数严格按照液晶的写命令操作时序图执行,该时序图在 1602 液晶使用手册上有详细介绍。

程序中的变量 lcdrs 和 lcden 为头文件中定义的单片机的 P2.7 脚和 P2.6 脚。单片机的 P2.7 脚与液晶的数据/命令选择端 RS 脚相连,单片机的 P2.6 脚与液晶的读/写使能端 R/W 相连。当单片机令 lcden＝1,lcdrs＝0,并且 R/W＝0 时,单片机输出到 1602 的 D0～D7 口的是命令或地址。

**注意**:delayms()函数为毫秒级延时函数。原则上每次对液晶进行读/写操作之前,都要对液晶内部状态寄存器进行检测,以检测液晶内部是否正"忙"。但是由于液晶控制器的反应速度远远快于单片机的操作速度,因此可以不进行检测操作,而每次只需进行简单延时即可。

(2) 液晶写数据函数

```
void write_date(uchar date)           //液晶写数据函数
{
    lcdrs = 1;
    P0 = date;
    delayms(5);
    lcden = 1;
    delayms(5);
    lcden = 0;
}
```

该函数功能是实现单片机向液晶内部写入要显示的数据。液晶写数据函数严格按照液晶的写数据操作时序图执行,该时序图在1602液晶使用手册上有详细介绍。

当单片机令 lcden=1,lcdrs=1,并且 R/W=0 时,单片机输出到1602的D0~D7口的是要显示的数据。

**注意**:并不是对1602内某一地址写入数字1后,显示屏上就会在该位置显示数字1,还需要对所输入的数据进行必要的转换。1602在显示数字时,需要在数字前加上0x30,比如要显示数字1,则单片机向D0~D7口输出的数据应该为(0x30+0x01)。

(3) 液晶初始化函数

```
void init_lcd1602()
{
    lcden = 0;
    write_com(0x38);       //设置16字×2行显示,5×7点阵,8位数据口
    write_com(0x0C);       //开显示,不显示光标
    write_com(0x06);       //写一个字符后地址指针自动加1
    write_com(0x01);       //显示清0,数据指针清0
}
```

液晶的初始化是通过向液晶内部写入相关初始化命令实现的。初始化通常包括:显示模式设置,本系统设置为16字×2行显示,5×7点阵,8位数据口;本系统中光标显示模式设置为不显示光标,地址指针设置为写一个字符后地址指针自动加1,这样就省去了频繁设置地址指针的麻烦。

1602液晶常用的指令如表7-6所列。

表7-6  1602液晶常用指令表

| 指令码 | | | | | | | | 功能说明 |
|---|---|---|---|---|---|---|---|---|
| 38H | | | | | | | | 显示模式设置。设置16字×2行显示,5×7点阵,8位数据口 |
| 01H | | | | | | | | 显示清屏。数据指针清0,所以显示清0 |
| 02H | | | | | | | | 显示回车。数据指针清0 |
| 10H | | | | | | | | 光标左移 |
| 14H | | | | | | | | 光标右移 |
| 18H | | | | | | | | 整屏左移,同时光标跟随移动 |
| 1BH | | | | | | | | 整屏右移,同时光标跟随移动 |
| 0 | 0 | 0 | 0 | 1 | D | C | B | D=1时开显示,D=0时关显示。<br>C=1时显示光标,C=0时不显示光标。<br>B=1时光标闪烁,B=0时光标不闪烁 |
| 0 | 0 | 0 | 0 | 0 | 1 | N | S | N=1时,读/写一个字符后地址自动加1,光标自动加1;<br>N=0时,读/写一个字符后地址自动减1,光标自动减1。<br>S=1时,写一个字符后,整屏幕显示左移(N=1)或右移(N=0);<br>S=0时,写一个字符后,整屏幕不移动 |

(4) 向液晶特定地址写数据函数

```
void write_data_to_lcd(uchar add,uchar dat)
{
    write_com(0x0C);              //关闭光标
    write_com(0x80 + add);        //显示位置
    write_date(0x30 + dat);       //显示数字
}
```

该函数的功能是实现液晶在指定位置显示数据。

1602 液晶显示屏有两行,每行可以显示 16 个字母或数字,1602 液晶显示模块内部带有 80 B 的 RAM 显示缓冲区,与显示屏对应的关系如图 7-18 所示。当向 0x00~0x0F 和 0x40~0x4F 这 32 个地址中任一处写入数据时,液晶都可以立即将数据显示出来,如果数据被写入 0x10~0x27 和 0x50~0x67 的地址中,则需要通过移位指令才能把数据显示出来。

比如要向第一行的第二列写入一个数据,则只需向地址 0x01 写入数据即可。

**注意**: 在向地址写入数据时,每个地址前需加上 0x80,比如上面的要在第一行第二列显示数据,那么正确的地址应该为(0x80+0x01)。

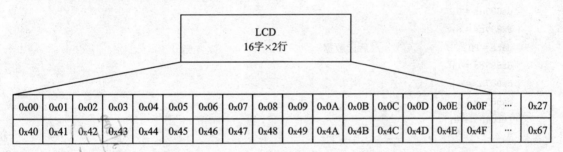

图 7-18　1602 内部 RAM 地址映射图

## 7.4.4　时钟模块

时钟模块用于实现准确计时和在特定时间产生中断信号两个功能。时钟模块的函数包括向 DS12C887 内部寄存器写入数据函数、从 DS12C887 内部寄存器中读出数据函数和对 DS12C887 初始化函数。

(1) 向 DS12C887 内部寄存器写入数据函数

```
void write_887date(uchar add,uchar date)
{
    ds887cs = 0;
    ds887as = 1;
    ds887ds = 1;
    ds887rw = 1;
    P0 = add;              //先写地址
    ds887as = 0;
    ds887rw = 0;
```

```
    P0 = date;              //后写数据
    ds887rw = 1;
    ds887as = 1;
    ds887cs = 1;
}
```

程序中变量 ds887cs,ds887as,ds887ds 和 ds887rw 分别为单片机的 P2.0,P1.1,P2.1 和 P2.2 脚。该函数按照先写 DS12C887 寄存器地址,然后再写入数据的顺序操作。

(2) 从 DS12C887 内部寄存器中读出数据函数

```
uchar read_887date(uchar add)
{
    uchar date;
    ds887cs = 0;
    ds887as = 1;
    ds887ds = 1;
    ds887rw = 1;
    P0 = add;               //先写地址
    ds887as = 0;
    ds887ds = 0;
    date = P0;              //后读数据
    ds887ds = 1;
    ds887as = 1;
    ds887cs = 1;
    return date;
}
```

(3) 对 DS12C887 初始化函数

在出厂时,DS12C887 时钟芯片的内部振荡器为关闭状态,这是为了避免在开始使用前消耗锂电池电量,因此在首次使用 DS12C887 时需要打开振荡器。同时,由于本系统要使用 DS12C887 的闹铃中断功能,因此初始化时还需对其中断进行设置。另外,还应对时间进行初始化。

```
void init_887()
{
    write_887date(0x0A,0x20);   //打开振荡器
    write_887date(0x0B,0x26);   //设置24小时模式,二进制数据格式,开闹铃中断
    设置时间和闹铃时间;
}
```

### 7.4.5 数据保存

数据保存实际上涉及的是对 AT24C32 的读/写问题。由于本系统存储的数据量较大,所以首先应该对每次采集数据的存放位置进行规划。

为便于工作人员记录数据,在存储数据时,应该把采集温度时的时间和该时段的温度数据

一起保存。记录下时间的年、月、日及白天或晚上即可。这样,保存时间数据需占用 4 B 空间。DS18B20 采集一次温度值需占用 2 B 空间,20 个 DS18B20 总共要占据 40 B 的空间。所以采集一次温度总共占用 40 B+4 B=44 B 的空间。那么一个月总共要占用 44 B×2×31=2 728 B 空间。

而 AT24C32 内部总共有 4 096 B 空间,为便于单片机定位 AT24C32 的内部地址,每存储一次数据,占用 AT24C32 内部 50 B 的单元,比如每月第一天白天存储数据的地址为 0x0000,第一天晚上存储数据的地址在白天的地址上加上 50 B,那么一个月总计要占用 AT24C32 内部 50 B×2×31=3 100 B 空间。

完成存储空间规划后,接着用程序实现单片机对 AT24C32 的读/写。由于 AT24C32 是具有 IIC 总线接口的存储器,因此首先利用单片机模拟 IIC 总线。

模拟 IIC 总线就是要完成 IIC 总线的启动信号、终止信号、应答信号、读 1 B 数据、写 1 B 数据这 5 个方面。

(1) IIC 总线启动信号函数

```
void start_iic()              //IIC 启动信号
{
    SDA = 1;
    delay(1);
    SCL = 1;
    delay(1);
    SDA = 0;
    delay(1);
}
```

该函数的功能是模拟 IIC 总线的启动信号。

启动信号严格按照 IIC 总线操作时序获得。程序中 SDA 和 SCLK 分别接单片机的 P2.3 和 P2.4 脚,这是 AT24C32 的数据输入脚和时钟输入脚。

(2) IIC 总线终止信号函数

```
void stop_iic()               //IIC 停止信号
{
    SDA = 0;
    delay(1);
    SCL = 1;
    delay(1);
    SDA = 1;
    delay(1);
}
```

该函数的功能是模拟 IIC 总线的终止信号。

(3) IIC 总线应答信号函数

```
void respons_iic()            //IIC 应答信号
{
    uchar i;
```

```
        SCL = 1;
        delay(1);
        while((SDA == 1)&&(i<200))
        i ++ ;
        SCL = 0;
        delay(1);
    }
```

该函数的功能是实现 IIC 总线的应答信号。在 IIC 总线通信过程中,每传输 1 B 数据(该数据可以是命令或地址),都需要接收方发送应答信号,以确定数据是否被接收方收到。应答信号由接收设备产生。

程序中定义变量 i,是为了当总线上一直都没有应答信号时,程序延时一段时间后跳出该函数,防止程序一直在此死等应答信号。

(4) IIC 总线实现读 1 B 数据函数

```
    uchar read_byte_iic()                //IIC 通信中读 1 B 数据
    {
        uchar i,date;
        SCL = 0;
        delay(1);
        SDA = 1;
        delay(1);
        for(i = 0;i<8;i ++ )
        {
            SCL = 1;
            delay(1);
            date = (date<<1)|SDA;
            delay(1);
        }
        return date;
    }
```

该函数的功能是单片机实现从 IIC 总线上读 1 B 的数据。

在 IIC 总线通信过程中,数据最高位总是最先发送。单片机从 IIC 总线上串行接收 8 位数据,然后再把这 8 位数据组合成 1 B。

(5) 单片机实现向 IIC 总线写 1 B 数据

```
    void write_byte_iic(uchar date)         //IIC 通信中写 1 B 数据
    {
        uchar i,temp;
        temp = date;
        for(i = 0;i<8;i ++ )
        {
            temp = temp<<1;
            SCL = 0;
            delay(1);
```

```
            SDA = CY;
            delay(1);
            SCL = 1;
            delay(1);
        }
        SCL = 0;
        delay(1);
        SDA = 1;
        delay(1);
    }
```

该函数实现单片机向 IIC 总线写 1 B 数据。

至此单片机完成模拟 IIC 总线功能。本系统对 AT24C32 的读/写采用指定地址读数据和指定地址写数据方式。由于 AT24C32 的地址是 16 位数据,因此在发送地址数据时,先发送高 8 位数据,再发送低 8 位数据,其他的操作与 AT24C02 类似。AT24C32 指定地址读操作和指定地址写操作流程分别如图 7-19 和图 7-20 所示。

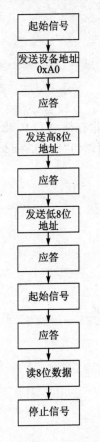

图 7-19　AT24C32 指定地址读操作

图 7-20　AT24C32 指定地址写操作

(6) 指定地址读操作函数

```c
uchar read_add_iic(uint add)
{
    uchar date,temp;                    //从 AT24C32 指定地址读 1 B 数据
    temph = (add>>8);
    templ = add;
    start_iic();
    write_byte_iic(0xA0);               //写操作地址控制字
    respons_iic();
    write_byte_iic(temph);
    respons_iic();
    write_byte_iic(templ);
    respons_iic();
    start_iic();
    write_byte_iic(0xA1);               //读操作地址控制字
    respons_iic();
    date = read_byte_iic();
    stop_iic();
    return date;
}
```

该函数实现单片机对 AT24C32 指定地址读操作。

由于 AT24C32 的地址是 16 位，因此程序采用 uint 型变量存储 AT24C32 的地址。语句"temph=(add>>8);"是把 add 的高 8 位数据赋给 temph，而语句"templ=add;"是把 add 的低 8 位数据赋给 templ。

(7) 指定地址写操作

```c
void write_add_dat_iic(uint add,uchar date)
{
    uchar temph,templ;
    temph = (add>>8);
    templ = add;
    start_iic();                        //向 EEPROM 中特定地址写入数据
    write_byte_iic(0xA0);
    respons_iic();
    write_byte_iic(temph);
    respons_iic();
    write_byte_iic(templ);
    respons_iic();
    write_byte_iic(date);
    respons_iic();
    stop_iic();
}
```

该函数实现单片机对 AT24C32 指定地址写入数据。

## 7.4.6　温度采集

温度采集是本系统的关键部分,温度采集模块完成两个功能,即首先是给单片机返回有故障传感器的编号,其次是采集温度数据。

每一块 DS18B20 芯片内部都有一个全球唯一的 64 位编码,在多路测温时就是通过匹配每个芯片的 ROM 编码(ID)来搜寻该路温度传感器的。本系统有两路,每路有 10 个 DS18B20,现在以第一路,即连接在单片机 P1.0 脚上的单总线为例对多路温度采集的程序进行说明。

在使用这 20 个 DS18B20 之前,需要通过实验的方法逐个读出每个 DS18B20 内部的 64 位 ROM。

首先利用单片机实现对单总线的读/写和初始化操作,其次逐个获取每个传感器的 64 位编码,之后再运行多点温度采集程序。

单总线实现包括读数据基本函数、写数据基本函数和初始化函数这三个操作。

(1) 读数据基本函数

```
uchar read_byte_b20()                //DS18B20 读数据基本操作
{
    uchar i;
    uchar ReadResult;
    for(i = 8;i>0;i--)
    {
        ReadResult>> = 1;
        DATA = 1;
        delay(1);
        DATA = 0;
        delay(1);
        DATA = 1;
        delay(1);
        if(DATA)
            ReadResult|= 0x80;       //如果 DATA 上的数据为 1,则 ReadResult 的最高位置 1
        else
            ReadResult& = 0x7F;      //如果 DATA 上的数据为 0,则 ReadResult 的最高位置 0
        delay(8);
    }
    return ReadResult;
}
```

(2) 写数据基本函数

```
write_byte_b20(uchar dat)            //DS18B20 写数据子程序
{
    uchar i;
    for(i = 8;i>0;i--)
    {
        DATA = 0;
```

```c
        delay(1);
        DATA = dat&0x01;
        delay(10);
        DATA = 1;
        dat>>= 1;
    }
    delay(8);
}
```

(3) 初始化函数

```c
uchar init_ds18b20()                    //DS18B20 初始化
{
    uchar init_resu;
    init_resu = 1;
    DATA = 1;
    delay(10);
    DATA = 0;
    delay(80);
    DATA = 1;
    delay(20);
    init_resu = DATA;                   //读取 DS18B20 成功初始化后的返回值
    delay(30);
    DATA = 1;
    return init_resu;
}
```

如果初始化成功,则函数返回 0,否则返回 1。

实现单总线的操作之后,接着就需要读出 20 个 DS18B20 内部的 64 位 ROM 内容。在使用这 20 个 DS18B20 之前,需要通过实验的方法逐个读出每个 DS18B20 内部的 64 位 ROM。读 64 位 ROM 内容时,总线上一次只能挂一个传感器,读完一个后把数据存入 AT24C32 中。然后取下该传感器接着挂另外一个,再让单片机运行读 ROM 程序,重复 20 次后完成。

从 AT24C32 的 3 200 单元开始,用来存放单片机从 DS18B20 读入的 64 位 ROM 数据。编号为 1 的传感器的 ROM 存入 3 200 开始的 8 B 单元中,编号为 2 的传感器的 ROM 存入 3 210 开始的 8 B 单元中,以后依次类推。

(4) 读 DS18B20 内部 64 位 ROM 函数

```c
void read_b20_64ROM()
{
    uchar i;
    init_ds18b20()
    write_byte_b20(0x33);
    for(i = 0;i<8;i ++ )
    {
        romcode[i] = read_byte_b20();
    }
}
```

## 第7章 公路温度采集存储器

**注意**：该部分在系统正式投入运行之前就要完成。

将每个 DS18B20 内部的 64 位存入 AT24C32 之后，把 20 个传感器按照图 7-1 的连接方法连接好，系统即可对这 20 个传感器进行多点温度采集了。多点温度采集模块流程图如图 7-21 所示。

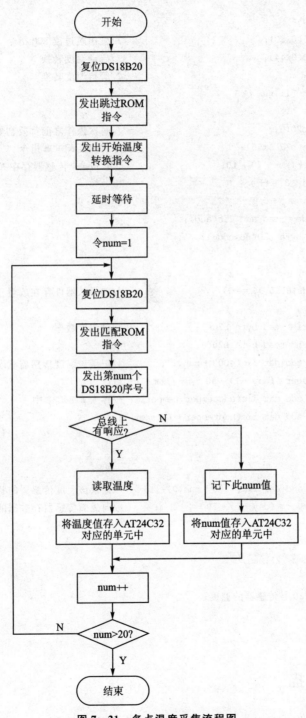

图 7-21 多点温度采集流程图

(5) 多点温度采集函数

```c
void multi_conv_temper()
{
    uchar i;
    uint add,num;
    init_ds18b20();
    write_byte_b20(0xCC);              //发出跳过读 ROM 指令
    write_byte_b20(0x44);              //启动温度转换
    delayms(1000);                     //等待温度转换
    for(num = 1;num<11;num ++ )
    {
        init_ds18b20();                //每次操作之前都要初始化
        write_byte_b20(0x55);          //发出匹配 ROM 指令
        add = 3200 + (num - 1) * 10;   //第 num 个传感器存在 AT24C32 内部的起始地址
        for(i = 0;i<8;i ++ )
        {
            romcode = read_add_iic(add);
            write_byte_b20(romcode);
            add ++ ;
        }
        if((init_ds18b20()) == 0)      //如果该器件存在或者正常工作
        {
            temperl = read_byte_b20(); //读温度数据
            temperh = read_byte_b20();
            write_add_dat_iic(4000 + num,1);  //记录该温度传感器状态,为 1 表示正常
            addtemper = (day - 1) * 50 + 4 + (num * 2 - 1);
            write_add_dat_iic(addtemper,temperl); //存入 AT24C32 中
            write_add_dat_iic(addtemper + 1,temerh);
        }
        else
        {
            write_add_dat_iic(4000 + num,0);  //记录该温度传感器的状态,为 0 表示故障
            addtemper = (day - 1) * 50 + 4 + num; //向故障传感器存数据的地方写入字符"X"
        }
    }
    for(num = 11;num<21;num)
    {
        读取 11~20 号传感器的温度;
    }
}
```

### 7.4.7　键盘扫描

键盘扫描实现工作人员对本系统的信息输入,本系统总共有 6 个按键,分别是复位键、外

部中断 1 键、功能选择键、确认键、上翻键和下翻键,其中复位键和中断产生键不属于键盘扫描范畴。

键盘扫描模块分为按键扫描函数和按键处理函数。

(1) 键盘扫描函数

```c
void keyscan()                              //按键扫描函数
{
    if(key1 == 0)                           //功能键扫描部分
    {
        delayms(5);
        if(key1 == 0)
        {
            while(!key1);
            key1pushflag = 1;               //功能键被按下标志位
            countkey1 ++ ;                  //记录功能键被按下的次数
            if(countkey1>6)
                countkey1 = 1;
        }
    }
    if(key1pushflag == 1)                   //只有功能键被按下,才处理上翻键和下翻键
    {
        if(key2 == 0)
        {
            delayms(5);
            if(key2 == 0)
            {
                while(!key2);
                key2pushflag = 1;           //置上翻键为被按下标志位
            }
        }
        if(key3 == 0)
        {
            delayms(5);
            if(key3 == 0)
            {
                while(!key3);
                key3pushflag = 1;           //置下翻键为被按下标志位
            }
        }
    }
    if(key4 == 0)
    {
        delayms(5);
        if(key4 == 0)
        {
```

```
            while(!key4);
            key1pushflag = 0;
            key4pushflag = 1;
        }
    }
}
```

(2) 按键处理函数

```
void keyhandle()                            //按键处理程序
{
    uchar temp;
    switch (countkey1)
    {
        case 1:                             //功能键被按 1 下,显示故障传感器编号
            液晶显示"show unwork num?";
            if(key4pushflag == 1)           //如果确认键被按下
            {
                读取保存在 AT24C32 中的故障传感器编号;
                将编号送入液晶显示;
                key4pushflag = 0;           //清除确认键标志位
            }
            break;
        case 2:                             //功能键被按 2 下,准备串口通信
            液晶显示"transform date?";
            if(key4pushflag == 1)
            {
                将 AT24C32 内部的温度数据通过串口发送;
                key4pushflag = 0;
            }
            break;
        case 3:                             //功能键被按 3 下,液晶准备显示温度数据
            液晶显示"read date?";
            if(key4pushflag == 1)
            {
                从 AT24C32 读出温度数据送入液晶显示;
                if(key2pushflag == 1)
                {
                    显示下一屏幕数据;
                    key2pushflag = 0;
                }
                else if(key3pushflag == 1)
                {
                    显示上一屏幕数据;
                    key3pushflag = 0;
                }
```

## 第7章 公路温度采集存储器

```
        }
        break;
    case 4:                             //功能键被按4下,单片机准备休眠
        液晶显示"go asleep?";
        if(key4pushflag == 1)
        {
            key4pushflag = 0;
            jdq = 1;
            runmode = 0;
            PCON = 0x02;
        }
        break;
    }
}
```

在按键处理函数中,中文提示的语句通过调用前面所述的相关函数实现,这里只给出大概的框架。同时,键盘模块还可以增加对时钟芯片时间和闹铃设置的功能,以便于工作人员灵活设置时钟芯片的相关参数。

### 7.4.8 主函数

主函数程序首先完成对各个模块和中断的初始化,然后根据 runmode 和 runtemper 两个标志位的值来决定程序的运行状态。如果 runmode 等于1,则说明工作人员按下休眠唤醒键,单片机从休眠中唤醒,主程序运行按键扫描和按键处理程序,以响应工作人员的按键输入。工作人员处理完数据后通过按键实现单片机的休眠。

如果 runtemper 等于1,则说明时钟芯片定时的闹铃时间到,单片机准备采集温度,在运行完多点温度采集函数之后,单片机使继电器线圈失电,然后又进入休眠状态。

```
void main()
{
    对各个模块初始化;
    中断初始化;
    while(1)
    {
        if(runmode == 1)
        {
            keyscan();
            keyhandle();
        }
        if(runtemper == 1)
        {
            delay(1000);
            multi_conv_temper();
            jdq = 1;
```

```
            runtemper = 0;
            PCON = 0x02;
        }
    }
}
```

## 7.5 实例总结

　　本章利用单片机设计了公路温度数据采集存储系统,详细介绍了其硬件和软件的设计方法,读者在设计过程中有如下几点需要注意:

　　① 注意计算控制好系统的功耗。由于系统属于野外无人值守系统,所以对功耗要求比较严格,需要通过各种办法来减少系统功耗。除了本文介绍的方法之外,读者也可以想其他办法来进一步降低系统功耗,最好能有一套单片机功耗计算办法。

　　② DS18B20 的上拉电阻选择是本系统着重关注的问题,由于导线很长,所以需要通过实验选出最佳上拉电阻值,传统的 4.7 kΩ 或者 10 kΩ 肯定不行。

# 第 8 章
# 晶闸管数字触发器

在大功率可控整流场合,通常采用晶闸管作为主电路的电力电子器件,数字触发器为主电路的晶闸管提供实时开关信号,通过实时开通晶闸管来达到调节输出直流电压的目的。与传统的模拟触发器相比,数字触发器具有参数设定方便、硬件结构紧凑、体积小、调试方便、系统可靠性高、稳定性好和实时性强等特点。本章将讲述利用 51 单片机来设计晶闸管数字触发器。

## 8.1 实例说明

数字触发器是为大功率晶闸管整流电路中的晶闸管提供实时触发信号的。它包括晶闸管自然换相点获取、脉冲发生和放大以及按键与显示几大部分。下面讲述数字触发器的应用背景。

### 8.1.1 应用背景

在电解、电镀、焊接、铸造等生产工艺中,一般需要低电压、大电流的直流电源,在这些生产过程中,系统总电流通常会达到几千安培,并且还需要根据生产工艺的要求能够实时改变直流电压的大小。受电力电子器件本身耐压值和通过电流能力的限制,在上述应用场合中,通常采用二极管或者晶闸管作为整流系统中的电力电子器件。而在由晶闸管组成的大功率整流系统中,主要是用数字触发器对晶闸管触发角实现控制。通过控制晶闸管的导通角来改变电压或电流。

目前在各种整流电路中,应用最为广泛的是三相桥式全控整流电路,其原理图如图 8-1 所示,将其中阴极连接在一起的 3 个晶闸管($VT_1$,$VT_3$,$VT_5$)称为共阴极组,将阳极连接在一起的 3 个晶闸管($VT_4$,$VT_6$,$VT_2$)称为共阳极组。

数字触发器通过控制 6 个晶闸管的控制端,以一定的顺序开通晶闸管,根据三相桥式整流电路的工作原理,晶闸管的导通顺序为 $VT_1 - VT_2 - VT_3 - VT_4 - VT_5 - VT_6$。任何时刻都必须有两个晶闸管导通,其中一个晶闸管是共阴极组的,是该组阳极所接交流电压值最高的一个导通。另一个晶闸管是共阳极组的,是该组阴极所接交流电压值最低的一个导通。并且导

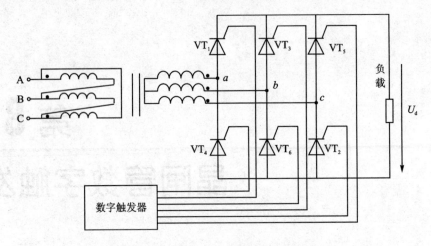

图 8-1 三相桥式全控整流电路原理图

通的两个晶闸管不能同相。

而输出直流电压值是通过调节晶闸管的导通角来实现的,把主电路中 $c$ 和 $a$ 相邻两相的交点称为 $VT_1$ 晶闸管的自然换相点,该点就是 $VT_1$ 晶闸管导通角 $\alpha=0°$ 的时刻,如图 8-2 中的 $a$ 点。即如果在 $a$ 点处导通晶闸管,则 $\alpha=0°$,如果在 $a$ 点处延时 1.67 ms(30°对应的时间)导通晶闸管,则 $\alpha=30°$。同理,图 8-2 中的 $\omega t_2 \sim \omega t_6$ 对应 $VT_2 \sim VT_6$ 号晶闸管的自然换相点。

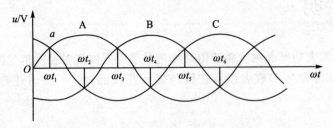

注:$\omega=2\pi f$($f$ 为交流电频率)。

图 8-2 晶闸管的自然换相点

表 8-1 列出 $\alpha=0°$ 时晶闸管的导通顺序,当 $\alpha$ 等于其他角度时,晶闸管的导通顺序相同,只是导通的时间减少。以图 8-2 中的 $a$ 点为起始时刻,当直流负载为电阻且负载电流连续时,三相全控桥输出直流电压与导通角的关系为

$$U_d = 2.34 U_2 \cos\alpha \quad (0 \leqslant \alpha \leqslant \pi/3)$$

控制 $\alpha$ 角就控制了直流输出电压,从而达到调节直流电压的目的。而本例的数字触发器就是根据设定的直流输出电压,在以晶闸管自然换相点为起点,延时 $\alpha$ 角对应的时间后,给各个晶闸管输出触发脉冲。

表 8-1 $\alpha=0°$ 时晶闸管的导通顺序

| 电源电压 | | $u_{ab}$ | $u_{ac}$ | $u_{bc}$ | $u_{ba}$ | $u_{ca}$ | $u_{cb}$ |
|---|---|---|---|---|---|---|---|
| 开关元件 | 共阴极组 | $VT_1$ | $VT_1$ | $VT_3$ | $VT_3$ | $VT_5$ | $VT_5$ |
| | 共阳极组 | $VT_6$ | $VT_2$ | $VT_2$ | $VT_4$ | $VT_4$ | $VT_6$ |

## 8.1.2 功能和技术指标

数字触发器的主要功能包括以下几个方面：
① 能够根据设定的直流电压值给晶闸管提供实时的触发脉冲。
② 能够显示设定的直流电压值和通过晶闸管整流后的主电路实际的直流电压值。
③ 能够显示晶闸管的导通角。

## 8.2 设计思路分析

数字触发器就其 CPU 的类型选择来分，共有三种设计思路：一是 PC 控制结构；二是多 CPU 结构；三是单 CPU 结构。对应三种设计思路，也有三个方案。

**方案 1** 由 PC 构成的数字触发系统具有精度高、速度快、功能强的优点，但常用的 PC 是利用 PC 中 XT 插槽中的引脚信号来完成数据输入/输出功能的，该系统在现场测点分散、检测量大而又不需要连续在线监测的场合使用极为不便，且 PC 总线及接口标准的变化必将影响基于 PC 的数据采集系统结构。该类结构的采集系统功能单一，价格昂贵，占用空间较大，工作效率不高。

**方案 2** 多 CPU 整流控制器的可靠性好，控制精度高，现已大量应用于离子膜整流装置。它能在强干扰的条件下，保证计算机的正常运行，使得整个系统能够可靠稳定地工作。但是由于有多个处理器，其处理的速度需要通过多块单片机相互之间的通信来实现，使得其外围电路比较复杂。

**方案 3** 单 CPU 结构的数字整流控制器技术比较成熟，性价比较高，得到了广泛的应用。本设计由于采用了单片机 STC89C52，充分发挥了现代单片机速度快、计算能力强的特点，辅以巧妙的硬件设计和简单快速的触发脉冲算法，使得控制形式灵活多样，可靠性高。它为晶闸管触发电路实现小型化、数字化、智能化和联网化提供了一个很好的平台。

### 8.2.1 设计的关键问题

本系统设计需要解决同步信号获取、晶闸管触发脉冲方式的选择和单片机输出晶闸管脉冲的顺序三个关键问题。

首先来看同步信号获取。

在晶闸管移相触发控制装置中，其输出电压和功率的改变是通过改变晶闸管的控制角 α 来实现的。为满足晶闸管的导通条件，并正确计算控制角，必须获得晶闸管阳极电压由负变正时的过零点信号，即晶闸管的自然换相点，并以此作为满足晶闸管的触发导通条件和计算控制角的基准点，这一信号通常称为同步信号。

晶闸管的自然换相点对应到三相交流电上，就是相邻两相同时大于零时的交点，如图 8-2 中的 a 点。此 a 点就是晶闸管控制角 α 的基准点，因为角度总要有个基准点。该点可以利用比较器比较相邻两相电压值来解决，比如将 A,B 相电压通过变压器降压后送入比较器，如果 A 接比较器的正端，B 接比较器的负端，那么比较器由 0 变到 1 时即为 a 点。这样就解决了同步信号获取的难题。

其次解决晶闸管触发方式的选择问题。

晶闸管触发通常有宽脉冲触发和双窄脉冲触发两种方式。当采用宽脉冲触发方式时,触发脉冲的宽度 $\tau > 60°$,一般取为 $80° \sim 120°$。因为相邻编号两元件自然换相点间的时间间隔为 $60°$,所以在触发某号元件时,前一号元件的触发脉冲尚未结束。这样即可保证各整流回路中两个晶闸管元件同时具有触发脉冲,并具有足够的脉冲宽度。

而采用双窄脉冲触发方式时,对某一元件顺序发出脉冲的同时,为前一号元件补发一个触发脉冲,以保证整流回路中两个元件同时具有触发脉冲。这种触发方式中的每个晶闸管在一个周期内有两个时间间隔为 $60°$ 的脉冲,故称为双窄脉冲触发方式。例如,当要求 $VT_2$ 导通时,除了给 $VT_2$ 发触发脉冲外,还要同时给 $VT_1$ 发一触发脉冲;当要求 $VT_3$ 导通时,除了给 $VT_3$ 发触发脉冲外,还要同时给 $VT_2$ 发一触发脉冲,依次类推。图 8-3(a)为三相电源电压波形及自然换相点;图 8-3(b)为 6 个晶闸管元件的触发脉冲顺序及两组元件分别换相的顺序;图 8-3(c)为采用双窄脉冲触发时的触发脉冲。

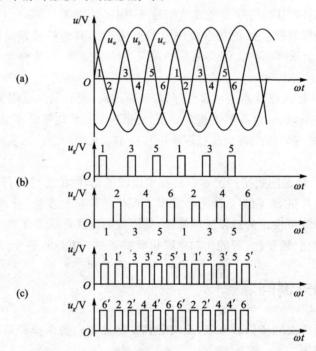

注:$\omega = 2\pi f$($f$ 为交流电频率);$u_g$ 为脉冲电压。

图 8-3 三相桥式全控整流电路的两种触发方式

虽然这两种触发方式都能满足该电路对触发控制的要求,只要依照电路的换相规律进行触发控制,就可以适应不同负载和各种工作状态。但相比较而言,双窄脉冲电路虽然比较复杂,但它可减小触发装置的输出功率和脉冲变压器的铁心体积。而用宽脉冲触发时,虽然脉冲次数少一半,但为了不使脉冲变压器饱和,其铁心体积要做得大些,绕组匝数要多些,因而漏感增大,导致脉冲的前沿不够陡(这在多个晶闸管串并联时很不利),如果通过增加去磁绕组来改善这一情况,又使装置复杂化,故通常多采用双脉冲触发。在本设计中也采用了双窄脉冲触发方式。

第三个要解决的关键问题是单片机脉冲输出顺序的确定。

# 第 8 章　晶闸管数字触发器

单片机输出脉冲顺序必须与三相全控桥整流电路的晶闸管触发脉冲顺序完全一致,这时整流系统才能正常工作。即如果单片机检测到图 8-4 中的 $\omega t_1$ 时刻,在 $\omega t_1$ 之后的 60°内,只应发出 $VT_1$ 和 $VT_6$ 导通的信号;如果检测到 $\omega t_2$ 时刻,在 $\omega t_2$ 之后的 60°内,只应发出 $VT_1$ 和 $VT_2$ 导通的信号;其余时刻依次类推。这样,利用图 8-4 中的关系即可以解决上述问题。当 A 相电压值大于 B 相电压值时,$S_1$ 输出高电平;当 B 相电压值大于 C 相电压值时,$S_2$ 输出高电平;当 C 相电压值大于 A 相电压值时,$S_3$ 输出高电平。单片机通过判断这三个电平的组合状态,即能分辨出 $\omega t_1 \sim \omega t_6$ 这六个自然换相点,从而根据每个自然换相点来输出合适的脉冲信号。

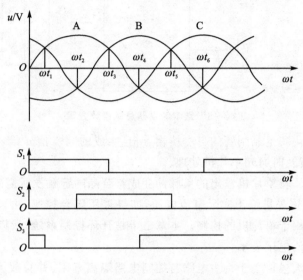

注:$\omega = 2\pi f$($f$ 为交流电频率)。

图 8-4　同步电路认相波形

同步认相电路的逻辑关系如表 8-2 所列。

表 8-2　同步认相电路逻辑关系表

| 自然换相点 | $S_3$ | $S_2$ | $S_1$ | P2 口低 3 位索引字 | 被触发晶闸管 |
| --- | --- | --- | --- | --- | --- |
| $\omega t_1$ | 0 | 0 | 1 | 1 | $VT_1(VT_6)$ |
| $\omega t_2$ | 0 | 1 | 1 | 3 | $VT_2(VT_1)$ |
| $\omega t_3$ | 0 | 1 | 0 | 2 | $VT_3(VT_2)$ |
| $\omega t_4$ | 1 | 1 | 0 | 6 | $VT_4(VT_3)$ |
| $\omega t_5$ | 1 | 0 | 0 | 4 | $VT_5(VT_4)$ |
| $\omega t_6$ | 1 | 0 | 1 | 5 | $VT_6(VT_5)$ |

## 8.2.2　总体设计方案

数字触发器总体设计方案如图 8-5 所示。系统总共由电源模块、同步信号获取模块、单片机最小系统、双窄脉冲生成模块、A/D 采样模块、脉冲信号隔离放大模块、键盘和显示模块组成。图中单片机为系统的核心,负责处理同步信号、计算晶闸管的导通角和生成晶闸管的触发脉冲。

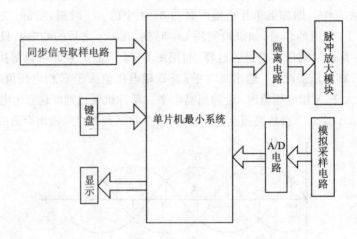

图 8-5 数字触发器总体设计方案

同步信号获取模块获得晶闸管的自然换相点,且生成的同步信号接入单片机的外部中断口,一旦有同步信号就及时通知单片机处理。

双窄脉冲生成模块将单片机输出的单脉冲变成符合晶闸管触发所需的双窄脉冲。

A/D 采样模块负责采集输出实际直流电压,如果采用闭合控制,可以将实际直流电压与设定直流电压比较后用于单片机的控制。本章由于是开环控制系统,所以只是简单地将 A/D 采样值换算成实际直流电压显示。

脉冲信号隔离放大模块用于将主电路与控制电路隔离开来,并且放大单片机输出的脉冲信号。

## 8.3 硬件设计

在完成数字触发器总体设计方案后,下面进行硬件设计。

### 8.3.1 同步信号取样电路

同步信号取样电路图如图 8-6 所示,J1 接主电路同步变压器的二次绕组侧,各相电压都经过 LM317 电压比较器比较后,输出 3 个方波信号 $S_1$,$S_2$ 和 $S_3$,这 3 个信号经过光电耦合器后分别送入单片机的 P2.0,P2.1 和 P2.2 脚,以作为脉冲分配判断信号,同时这 3 个信号经 74LS86"异或"后产生同步信号输入到外部中断0,向单片机申请中断。

光电耦合器 6N137 真值表如表 8-3 所列。将 6N137 的第 7 脚接高电平,将比较器的输出端接 6N137 的第 3 脚。由于 6N137 的输出为集电极开路,因此输出端要接上拉电阻。

表 8-3 6N137 真值表

| 输入 | 使能 | 输出 | 输入 | 使能 | 输出 |
|---|---|---|---|---|---|
| H | H | L | H | L | H |
| L | H | H | L | L | H |

第8章 晶闸管数字触发器

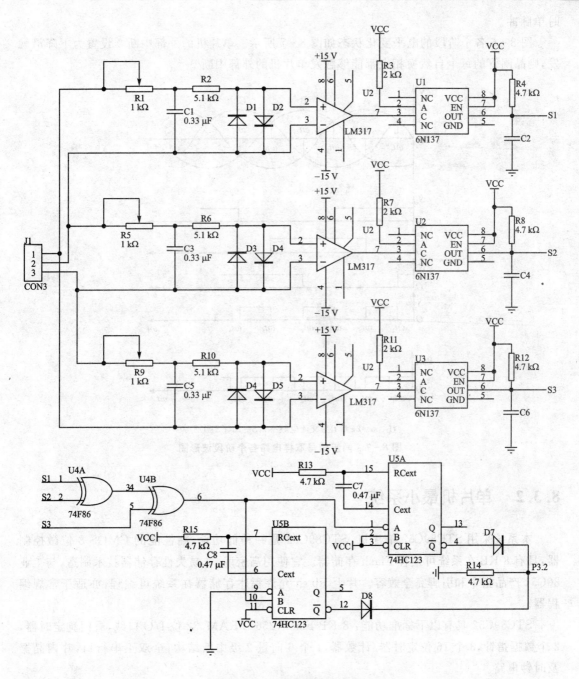

图 8-6 同步信号取样电路

74HC123 是单稳态触发器。单稳触发器的作用是：不管触发信号持续多长时间，它只固定维持外围电阻电容给定的一段时间后就恢复触发前状态。外围电阻电容决定单稳时间。

使用时，74HC123 的 RCext（7,15）和 Cext 端（6,14）接定时的电阻和电容，即决定触发后 Q 端产生的单脉冲宽度。CLR(3,11) 是低电平复零端，不作复零时为高电平。A(1, 9) 是下降沿触发输入端，可通过 A 用负脉冲触发，不用时保持高电平。B(2,10) 是上升沿触发输入端，通过 B 可用正脉冲触发，不用时置低。Q(5,13) 与 $\overline{Q}$(4,12) 分别输出正、负定时单脉冲。

图 8-6 各个阶段的电平变化状态如图 8-7 所示。单片机的外部中断 0 设置为下降沿触发，则晶闸管的每个自然换相点都能够触发单片机的外部中断 0。

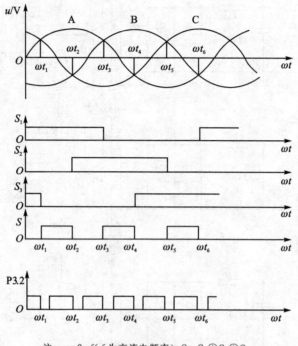

注：$\omega=2\pi f$（$f$ 为交流电频率）；$S=S_1 \oplus S_2 \oplus S_3$。

图 8-7 同步信号取样电路各个阶段波形图

## 8.3.2 单片机最小系统

本系统采用 STC89C52 单片机，STC89C52 是一种低功耗、高性能的 CMOS 8 位微控制器，具有 8 KB 在系统可编程 Flash 存储器。它使用高密度、非易失性存储器技术制造，与工业 80C51 产品指令和引脚完全兼容。片上 Flash 允许程序存储器在系统可编程，亦适于常规编程器。

STC89C52 具有以下标准功能：8 KB Flash，256 B RAM，32 位 I/O 口线，看门狗定时器，2 个数据指针，3 个 16 位定时器/计数器，1 个 6 向量 2 级中断结构，全双工串行口，片内晶振及时钟电路。

单片机最小系统图如图 8-8 所示，它采用 12 MHz 晶振，单片机的 EA 脚接高电平，因此使用内部程序存储器。

## 8.3.3 双窄脉冲形成模块

双窄脉冲模块如图 8-9 所示，由 6 个"或"门组成，P1.1～P1.6 分别控制 6 个晶闸管，当给 $VT_1$ 晶闸管发送触发脉冲时，通过"或"门 U9B，给 $VT_6$ 补发一个触发脉冲。当给 $VT_2$ 晶

# 第 8 章　晶闸管数字触发器

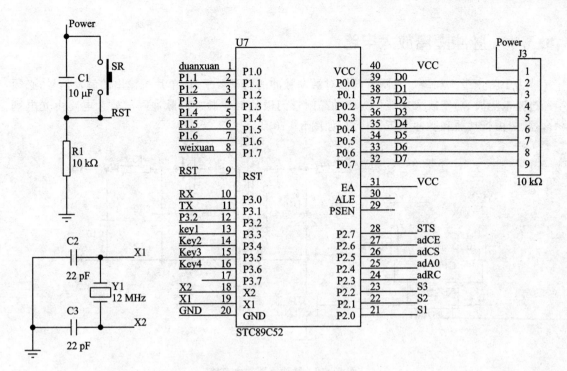

图 8-8　单片机最小系统图

闸管发送脉冲时,通过"或"门 U8A 给 $VT_1$ 晶闸管补发一个触发脉冲。这样就利用硬件实现了单片机输出单脉冲变成双脉冲的目的。这样的设计可有效降低单片机的软件运算任务。

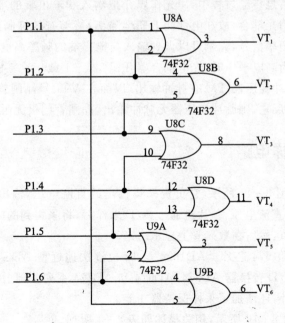

图 8-9　双窄脉冲电路模块

### 8.3.4 脉冲隔离放大电路

为了防止干扰和满足晶闸管门极对触发脉冲的功率要求,由单片机输出的触发信号,必须经过光电隔离、功率放大才能作为驱动晶闸管门极的触发脉冲。脉冲隔离放大电路由光电耦合器、三极管功放和脉冲变压器构成,如图8-10所示。

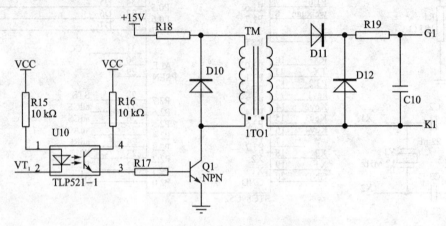

图 8-10 脉冲隔离放大电路

本电路中采用了光电耦合器,光电耦合器的输入阻抗很低(一般为 100 Ω~1 kΩ),而干扰源的内阻一般都很大($10^5 \sim 10^6$ Ω),按分压比原理计算,能够馈送到光电耦合器输入端的干扰噪声会变得很小。在信息传输过程中,用光作媒介把输入和输出端的电信号耦合在一起。由于输入端和输出端仅用光耦合,故在电性能上完全隔离,能够有效抑制各种频率的干扰,所以用它来传送所需要的频率信号,完全可以做到输入与输出端的频率高度一致。

当单片机输出口为高电平1时,光电耦合器TLP521-1截止。三极管Q1因基极为高电平而使其导通,此时脉冲变压器TM有脉冲输出,因而在$VT_1$号晶闸管控制端处形成满足晶闸管门极的触发脉冲;反之,则脉冲变压器无脉冲输出,晶闸管门极无触发脉冲。

### 8.3.5 A/D采样电路

A/D采样电路如图8-11所示,它负责采集输出的直流电压,输出直流电压通过传感器转换后变成0~5 V的直流电压,单片机通过A/D采样后,将采集到的电压值经过一定的换算关系换算成实际电压值,然后在数码管上显示出来。

A/D采样采用AD1674芯片。AD1674是12位逐次逼近型ADC,是Analog Devices公司在其原有的12位A/D转换器AD574,AD674和AD774系列基础上改进而来的,除了在转换速度上有很大提高外,还增加了采样保持器功能。

AD1674引脚如图8-12所示,相关描述如表8-4所列。

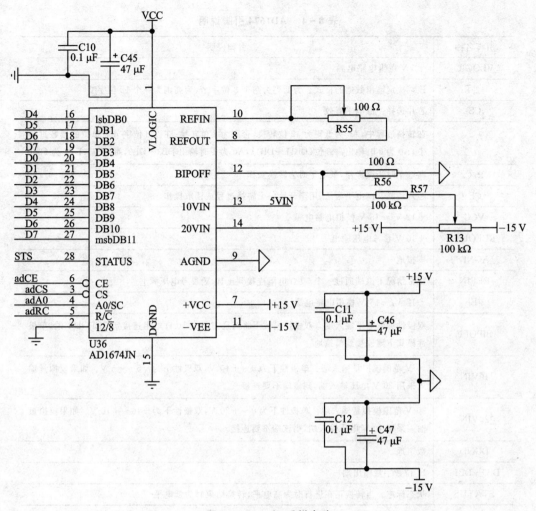

图 8-11　A/D 采样电路

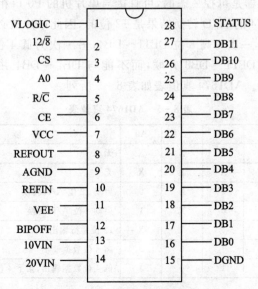

图 8-12　AD1674 引脚图

表 8-4　AD1674 引脚说明

| 引脚名称 | 引脚说明 |
| --- | --- |
| VLOGIC | +5 V 逻辑电路电源 |
| $12/\overline{8}$ | 该端决定输出数据的格式。为低则为两个 8 位字节,为高则为一个 12 位字节 |
| $\overline{CS}$ | 芯片选择。低电平有效 |
| A0 | 在转换过程中,A0 为低则为 12 位转换,否则为 8 位转换;在以 8 位字节为单位的读数过程中,A0 为 0 时输出高 8 位(DB11~DB4),A0 为 1 时输出 DB3~DB0,而 DB7~DB4 为 0000 |
| $R/\overline{C}$ | 高电平时为读操作,低电平时为转换操作 |
| CE | 芯片使能。高电平激活,用于开始一个转换过程或读取操作 |
| VCC | +12 V/+15 V 模拟电路电源 |
| REFOUT | +10 V 参考电压输出 |
| AGND | 模拟地 |
| REFIN | 正常情况下该端通过一个 50 Ω 电阻连接到 +10 V 参考电压源上 |
| VEE | -12 V/-15 V 模拟电路电源 |
| BIPOFF | 双极性偏置电平输入端。双极性模式下将其通过一个 50 Ω 电阻连接到 REFOUT 端,单极性模式下则连接到模拟地 |
| 10VIN | 10 V 范围模拟量输入端。单极性下为 0~+10 V,双极性下为 -5~+5 V。如果模拟量输入采用 20 V 电压输入端,则该端不要连接 |
| 20VIN | 20 V 范围模拟量输入端。单极性下为 0~+20 V,双极性下为 -10~+10 V。如果模拟量输入采用 10 V 电压输入端,则该端不要连接 |
| DGND | 数字地 |
| DB0~DB11 | 12 位数字量输出端 |
| STATUS | 状态标志。当转换正在进行时为高电平,转换结束时为低电平 |

AD1674 的数据锁存器是可控三态的,可直接与单片机的 P0 口相连。由于单片机的数据总线是 8 位的,而 AD1674 的 A/D 转换结果是 12 位的,因此单片机必须经过两次读操作才能获取一次 A/D 转换结果,一次为高 8 位 DB11~DB4,另一次为低 4 位 DB3~DB0。图 8-11 中的 DB3~DB0 只能与 DB11~DB8 并联,而不能与 DB7~DB4 并联,因为在读低 4 位时 DB7~DB4 始终输出为 0。AD1674 真值表如表 8-5 所列。

表 8-5　AD1674 真值表

| CE | CS | $R/\overline{C}$ | $12/\overline{8}$ | A0 | 功　能 |
| --- | --- | --- | --- | --- | --- |
| 0 | X | X | X | X | 无 |
| X | 1 | X | X | X | 无 |
| 1 | 0 | 0 | X | 0 | 启动 12 位 A/D 转换 |
| 1 | 0 | 0 | X | 1 | 启动 8 位 A/D 转换 |
| 1 | 0 | 1 | 1 | X | 12 位并行输出 |
| 1 | 0 | 1 | 0 | 0 | 高 8 位数据输出 |
| 1 | 0 | 1 | 0 | 1 | 低 4 位数据输出,余下 4 位为 0 |

AD1674 的 STATUS 是 A/D 转换器的工作状态指示信号，一旦启动 A/D 转换，STATUS 就变为高电平；当转换结束，STATUS 变为低电平。单片机既可以用中断方式也可以用查询方式来判断 AD1674 的工作状态。由于 AD1674 是高速 A/D 转换器，从启动转换到获取转换结果的时间不超过 10 $\mu s$，因此采用查询方式并不影响程序的执行效率。

### 8.3.6 数码管显示模块

数码管显示模块电路如图 8-13 所示，用来显示实际直流电压值和晶闸管导通角，数码管采用两片 74HC573 锁存器作为段选驱动和位选端。当锁存控制端为高电平时，74HC573 处于数据直通状态，单片机 P0 口数据能直接输出到 74HC573 的输出端，当锁存控制端为低电平时，74HC573 处于锁存状态，输出端数据保持原来状态，不受输入端影响。

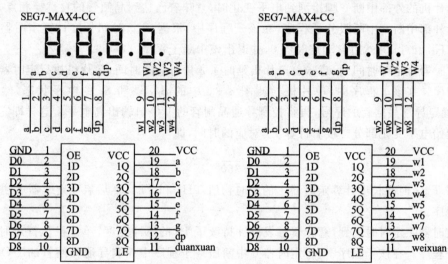

图 8-13 数码管显示模块

### 8.3.7 按键输入模块

按键输入模块电路如图 8-14 所示，由数值增加键、数值减小键、功能键和确认键组成。功能键用于选择数码管显示的内容，数值增加和减少键用于设定直流电压，当直流电压设定好后按下确认键，设定好的数据送入单片机处理。由于只有四个按键，所以接成独立键盘的形式。

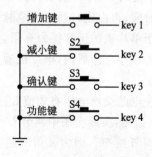

图 8-14 按键输入模块

## 8.4 软件设计

本节介绍如何在前面建立的硬件平台上实现软件设计过程。首先介绍软件设计的流程。

## 8.4.1 数字触发器的工作过程

为使读者更好地了解数字触发器的软件设计流程,先讲述数字触发器的工作过程。

系统上电后,单片机执行键盘扫描程序,根据主电路交流电压有效值 $U_2$,按键设定好的输出直流电压 $U_d$ 的计算公式为

$$U_d = 2.34 U_2 \cos \alpha \quad (0 \leqslant \alpha \leqslant \pi/3)$$

根据上面公式计算出 $\alpha$ 角度值。由于电网电压周期是 20 ms,对应 360°,根据这一关系将 $\alpha$ 换算成对应的时间(单位为 ms),即

$$T_{\text{delay}} = \frac{\alpha}{360°} \times 20 \text{ ms}$$

当单片机的外部中断 0 脚检测到电平变化时,意味着已达到晶闸管的自然换相点,此时单片机执行外部中断 0 中断服务子程序,在该子程序中,根据 $T_{\text{delay}}$ 时间长度计算定时器 0 的定时初值 TH0 和 TL0,然后启动定时器 0,并退出该中断子程序。

当定时器 0 定时时间到,意味着单片机延时了 $\alpha$ 角对应的时间,单片机执行定时器 0 中断服务子程序。在该子程序中,单片机检测图 8-6 中的 $S_1$、$S_2$ 和 $S_3$ 的电平状态,然后根据表 8-2 确定导通晶闸管的序号,再将控制导通晶闸管的 I/O 口输出高电平。这样即完成触发脉冲的起始电平变化部分。接着计算 15°对应的时间,即

$$T_{\text{delay1}} = \frac{15°}{360°} \times 20 \text{ ms}$$

根据 $T_{\text{delay1}}$ 时间长度计算定时器 1 的定时初值 TH1 和 TL1,然后启动定时器 1,并退出该中断子程序。

当定时器 1 定时时间到,意味着触发脉冲持续了 15°的脉冲宽度,单片机执行定时器 1 中断服务子程序。在该子程序中,将定时器 0 中断服务子程序中控制导通晶闸管的 I/O 口由高电平变为低电平。这样即完成了一个晶闸管的脉冲发生。最后退出该子程序。

单片机在主程序中还完成 A/D 采样和显示的功能。

从上述可知,单片机由外部中断 0 获取晶闸管的自然换相点,然后利用定时器 0 延时 $\alpha$ 角对应的时间,再由定时器 1 完成脉冲宽度的确定。

由于单片机的运算能力有限,上述计算过程可以通过事先运算好然后制成几个表格存入单片机的程序存储器内,单片机通过查表的方法获取所需的计算数据。下面讲述这些表格的制作方法。

设主电路交流电压有效值 $U_2=100$ V,$U_d$ 调节的范围是 117~234 V,对应的 $\alpha$ 角范围是 60°~0°(当然,实际应用中调节 $U_d$ 是通过联合主电路变压器和 $\alpha$ 角两者一起调节,并且不会让 $\alpha$ 角调节到 60°,因为 $\alpha$ 角度越大,主电路的谐波分量也越大。这里为方便计算,故作此设定),并且 $U_d$ 以 0.5 V 步进。因此总共对应 234 个 $\alpha$ 角度值,根据公式

$$U_d = 2.34 U_2 \cos \alpha$$

可计算出 234 个 $\alpha$ 角,并且根据公式

$$T_{\text{delay}} = \frac{\alpha}{360°} \times 20 \text{ ms}$$

可计算出 234 个 $T_{\text{delay}}$ 值,将 234 个 $T_{\text{delay}}$ 以 $\mu$s 为单位存入数组

# 第8章 晶闸管数字触发器

unsigned int code Tdelay[234] = {…};

注意：以 μs 为单位存入时，所有存入的数据都是整数，这样便于单片机处理。同样，将 234 个 $T_{delay}$ 值对应的 α 角度乘以 10 后存入数组

unsigned int code jiaodu[234] = {…};

同样，计算出 15°角对应的时间，以 μs 为单位存入变量

unsigned int code T15 = 833;

这样，单片机在运行时只需查表即可，可大大提高系统的实时性。

程序设计时还要注意的一个问题就是对中断的管理。一个完整的触发脉冲由上升沿、脉冲宽度和下降沿三个部分组成。假设单片机在 α 角等于 30°时触发脉冲，当晶闸管的自然换相点即 a 点到来时，单片机执行外部中断 0 子程序，在该子程序中，给定时器 0 装载初值，初值的内容是延时 30°所对应的时间，即图 8-15 中 a 和 b 两点间对应的时间。然后启动定时器 0，开放定时器 0 中断。

当定时器 0 定时时间到，在定时器 0 中断子程序中给 1 号晶闸管对应的 I/O 口输出高电平，即完成脉冲上升沿的部分。同时装载定时器 1 的定时初值，初值内容是脉冲宽度 15°所对应的时间，即 b 和 c 两点间对应的时间。然后启动定时器 1，开放定时器 1 中断。同时关闭定时器 0 中断。

当定时器 1 定时时间到，在定时器 1 中断子程序中给 1 号晶闸管对应的 I/O 口输出低电平，即完成了脉冲下降沿的部分。同时关闭定时器 1 中断。

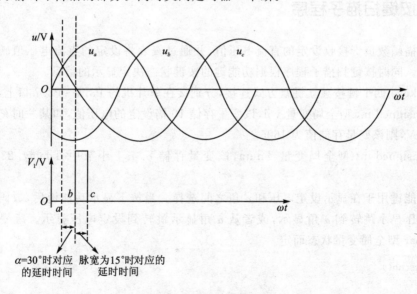

注：$\omega = 2\pi f$（$f$ 为交流电频率）；$V_1$ 为晶体管 $VT_1$ 的触发脉冲。

图 8-15 触发脉冲输出示意图

## 8.4.2 主函数及流程

主程序流程如图 8-16 所示。主函数一开始完成对外部中断 0、定时器 0 和定时器 1 的初始化。将外部中断设置为下降沿触发，开启外部中断 0，将定时器 0 和 1 设置为工作方式 1，但

是不开放定时器 0 和 1 的中断。

  定时器 0 的中断在外部中断 0 服务子程序中开放。执行完定时器 0 中断服务子程序后又关闭定时器 0 中断。

  定时器 1 的中断在定时器 0 中断服务子程序中开放,执行完定时器 1 中断服务子程序后又关闭定时器 1 中断。这样就保证了中断服务子程序的有序执行。

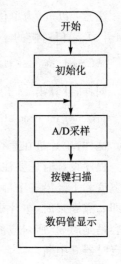

图 8-16 主程序流程图

```
void main()
{
    TMOD = 0x11;
    EX0 = 1;
    EA = 1;
    while(1)
    {
        keyscan();
        AD1674();
        display(vol, realvol);
    }
}
```

## 8.4.3 按键扫描子程序

  按键扫描函数负责接收设定的直流电压值,并通过查表将设定的直流电压值转换为 α 角对应的时间。同时按键扫描子程序根据功能键的按键状态决定显示的信息。

  key1～key4 四个键按独立键盘方式连接,分别接在单片机的 P3.4～P3.7 口上。

  定义 unsigned int 型全局变量 vol,该变量存储 10 倍设定的电压值,如某一时刻设定电压值为 160.5 V,则该变量存储值为 1605。

  定义 unsigned int 型全局变量 Tnum,该变量存储 8.4.1 小节中 Tdelay[234]数组的序号。

  显示功能键用于在显示设定电压和 α 角之间选择。当按下显示功能键后,数码管的显示将从设定电压显示跳转到 α 角显示,或者从 α 角显示跳转到设定电压显示。跳变状态根据 unsigned char 型全局变量状态而定。

```
void keyscan()
{
    if(key1 == 0)                //电压值增加键
    {
        delayms(3);              //延时去抖
        if(key1 == 0)
        {
            while(!key1);        //等待按键释放
            vol = vol + 5;       //电压值步进 0.5 V
            if(vol>2340)
```

```
                vol = 2340;
            }
        }
        if(key2 == 0)                          //电压值减小键
        {
            delayms(3);                        //延时去抖
            if(key2 == 0)
            {
                while(!key2);                  //等待按键释放
                vol = vol - 5;                 //电压值步进 0.5 V
                if(vol<1170)
                    vol = 1170;
            }
        }
        if(key3 == 0)                          //确认键
        {
            delayms(3);
            if(key3 == 0)
            {
                while(!key3);
                Tnum = (vol - 1170)/5;         //只有按下确认键后,设定的电压值才会被送入处理
            }
        }
        if(key4 == 0)                          //显示功能键
        {
            delayms(3);
            if(key4 == 0)
            {
                while(!key4);
                key4flag = ~key4flag;
            }
        }
    }
}
```

## 8.4.4　A/D 采样子程序

A/D 采样子程序采集实际的输出电压值。实际输出直流电压通过霍尔传感器、光电隔离和信号幅度变换后将 117～234 V 电压转换为 0～5 V 电压。

AD1674 的数据位宽为 12 位,在读 A/D 采样结果数据时,设置芯片第 2 引脚为低电平,这样,输出数据的格式为两个 8 位的字节,单片机读取两次数据即获得采样结果。

定义 unsigned int 型全局变量 adresu,用来存入 A/D 采样值。

定义 unsigned int 型全局变量 realvol,用来存入通过 A/D 采样结果换算的实际电压值。

```
void AD1674()
```

```c
{
    unsigned int adh,adl;
    adcs = 0;
    adrc = 0;
    ada0 = 0;
    adce = 1;                           //启动 A/D
    while(!adsts);                      //等待 A/D 转换
    adrc = 1;                           //读 A/D 数据
    ada0 = 0;                           //先读高 8 位
    adh = P0;
    ada0 = 1;                           //读低 8 位
    adl = P0l;
    adresu = (adh<<4)+(adl>>4);         //组合成 12 位数据
    realvol = adresu/4096 * 117 + 117;  //实际电压值
}
```

### 8.4.5 数码管显示子程序

数码管显示模块共有 8 个共阴极数码管,前 4 个数码管显示设定的电压值或者 α 角信息,具体显示哪个由全局变量 key4flag 决定。key4flag 为 1 时显示设定电压值,key4flag 为 0 时显示 α 角。显示 α 角时,第一数码管显示"A"作为显示 α 角标志。

后 4 个数码显示实际的电压值。数码管显示模块流程图如图 8-17 所示。

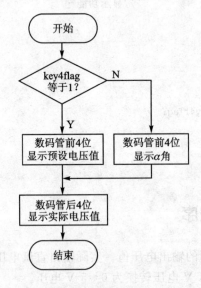

图 8-17 数码管显示模块流程图

变量 jiaodu[Tnum]为设定直流电压值,按下确认键后,对应的晶闸管触发角度。数码管的段选 duxuan 接单片机的 P1.0 口,数码管的位选 weixuan 接单片机的 P1.7 口。

在程序开始时定义了共阴极数码管显示编码数组 seg7[]。

```c
unsigned char code seg7[] = {};
```

# 第 8 章 晶闸管数字触发器

```
void display(unsigned int dat1,unsigned int dat2)
{
    unsigned int qian,bai,shi,ge;
    if(key4flag == 1)                    //显示设定电压值
    {
        qian = dat1/1000;
        bai = dat1 % 1000/100;
        shi = dat1 % 100/10;
        ge = dat1 % 10;
        duxuan = 1;
        P0 = seg7[qian];                 //显示千位
        duxuan = 0;
        weixuan = 1;
        P0 = 0xFE;
        weixuan = 0;
        delayms(2);
        …                                //按照同样方法显示百、十、个位
    }
    else                                 //如果 key4flag = 0 则显示 α 角
    {
        qian = jiaodu[Tnum]/1000;
        bai = jiaodu[Tnum] % 1000/100;
        shi = jiaodu[Tnum] % 100/10;
        ge = jiaodu[Tnum] % 10;
        duxuan = 1;
        P0 = seg7[9];                    //第一位显示 A 作为显示 α 角标志
        duxuan = 0;
        weixuan = 1;
        P0 = 0xFE;
        weixuan = 0;
        …                                //显示百、十、个位
    }
    qian = dat2/1000;
    bai = dat2 % 1000/100;
    shi = dat2 % 100/10;
    ge = dat2 % 10;
    …                                    //数码管后 4 位显示实际电压值
}
```

## 8.4.6 外部中断 0 子程序

当达到晶闸管自然换相点时,产生外部中断 0 信号,单片机执行外部中断 0 子程序。

进入外部中断 0 中断服务子程序后,给定时器 0 装载初值,初值内容是根据按键输入的直流电压值,通过查表获得的对应 α 角的延时时间。

```
void ex0_int() interrupt 0
{
    EA = 0;
    TH0 = (65536 - Tdelay[Tnum])/256;
    TL0 = (65536 - Tdelay[Tnum]) % 256;
    TR0 = 1;
    IT0 = 1;
    EA = 1;
}
```

## 8.4.7 定时器0中断服务子程序

定时器0中断服务子程序负责输出晶闸管触发脉冲的上升沿。进入该程序后,先读取P2口低3位的电平状态,然后根据表8-2及P2口低3位的电平状态,决定触发哪个晶闸管,给对应晶闸管的I/O口输出高电平,而输出的触发信号经过图8-9的双窄脉冲生成模块后,被触发晶闸管序号的前一个晶闸管也获得了触发信号。比如某时刻给1号晶闸管输出触发信号,则P1.1口输出高电平,P1.1口的高电平经过图8-9的U9B"或"门后,6号晶闸管的控制端也获得了高电平。

定时器0中断服务子程序给相应晶闸管输出脉冲上升沿后,还要给定时器1装载初值,初值内容为15°角对应的延时时间.

定义全局变量"unsigned char state;",用该变量存储P2口低3位的电平状态。这样,进入定时器1中断服务子程序后,直接判断state的值即可获知应给哪个晶闸管的控制端输出低电平,从而完成触发脉冲下降沿的输出。

变量T15为15°角对应的时间。

```
void timer0_int() interrupt 1
{
    IT0 = 0;
    unsigned char temp;
    temp = P2;
    temp = temp&0x07;
    switch (temp)
    {
        case 0x01:
            P1.1 = 1;                    //触发1号晶闸管
            break;
        case 0x03:
            触发2号晶闸管;
            break;
        case 0x02:
            触发3号晶闸管;
            break;
        case 0x06:
```

				触发 4 号晶闸管；
				break;
			case 0x04:
				触发 5 号晶闸管；
				break;
			case 0x05:
				触发 6 号晶闸管；
				break;
		}
		TH1 = (65536 − T15)/256;
		TL1 = (65536 − T15) % 256;
		TR1 = 1;
		IT1 = 1;
}

## 8.4.8 定时器 1 中断服务子程序

定时器 1 中断服务子程序完成触发脉冲下降沿的输出。如果定时器 1 定时时间到,说明 15°角对应的延时时间到。至此,即完成一个晶闸管触发脉冲的全过程。

```
void timer1_int() interrupt 3
{
    IT1 = 0;
    switch (state)
    {
        case 0x01:
            P1.1 = 0;              //给 1 号晶闸管触发脉冲输出下降沿
            break;
        case 0x03:
            给 2 号晶闸管触发脉冲输出下降沿;
            break;
        case 0x02:
            给 3 号晶闸管触发脉冲输出下降沿;
            break;
        case 0x06:
            给 4 号晶闸管触发脉冲输出下降沿;
            break;
        case 0x04:
            给 5 号晶闸管触发脉冲输出下降沿;
            break;
        case 0x05:
            给 6 号晶闸管触发脉冲输出下降沿;
            break;
    }
}
```

**注意**：给晶闸管触发脉冲输出下降沿后,晶闸管仍然导通,并不关断。因为晶闸管是半控型器件，只能通过输出触发脉冲控制其导通。晶闸管的关断是靠主电路换流时强迫关断的。

## 8.5 实例总结

本章详细介绍了如何利用单片机来设计晶闸管数字触发器，读者在设计过程中有如下几点需要注意：

① 在单片机的选型上，可以选择具有高速输出口、时钟频率更高、运算能力更强的单片机，这样既可以提高输出脉冲的实时性，同时也能提高系统的数据处理能力。

② 本章设计的数字触发器从控制理论的角度来说是开环系统，读者可以通过选择运算能力更强的单片机或者其他处理器，结合 A/D 采样的实际电压值，运用各种控制算法，设计成闭环系统。

③ 本章设计的数字触发器仅完成了脉冲触发的基本功能，读者可以增加过流保护等保护电路，以提高系统的可靠性。

# 第三部分 数字消费电子

# 第9章

# 简易音乐播放器系统设计

当今单片机的应用无处不在。由于用51单片机及少数外部电路控制音乐播放,具有成本低、设计简单、方便实用的优点,适合于播放音质要求不高的场合,因此深受广大设计者的喜爱。本章将详细介绍用51单片机实现音乐播放器的系统设计过程。

## 9.1 实例说明

本系统包括AT89C51单片机最小系统,其中一片LM386用做音频小功放,输出到扬声器。该音乐播放器可以实现的功能是:按一下按钮,可以奏出优美的电子音乐,再按一下,又会奏出下一首,总共可以奏出多首不同旋律的乐曲。本实例设计的音乐播放器,关键是控制频率的输出。已经知道,音乐由音符组成,不同的音符又由不同的频率产生,因此,只要产生有规律的频率输出,就可以得到相应规律的声音。在音乐中,有7个基本音符:do,re,mi,fa,so,la,xi。只要按音符输出相应的频率,就可以产生美妙的音乐。本例运用单片机本身的定时器来产生与音符相同的频率,再通过输出端由三极管驱动输出到扬声器来播放音乐。

## 9.2 设计思路分析

由于音乐是由音符组成的,不同的音符又是由相应频率的振动产生的,所以产生不同的音频就需要有不同固定周期的脉冲信号。因此要想产生音频脉冲,就需要算出某一音频的周期$T$,然后将此周期$T$除以2,即为半周期的时间。这里利用单片机的内部定时器T0,使其工作在计数器模式MODE1下,初始化时,设置适当的计数值TH0及TL0以计时该半周期时间,每当计时时间到后就将输出脉冲的P1.0口反相,然后重复计时此半周期时间,再对P1.0口反相,就可在单片机P1.0引脚上得到此频率的脉冲。P1.0引脚脉冲接LM386作音频功放,然后输出到扬声器,从而发出美妙的音乐声。

假设所用51单片机的晶振为12 MHz,每计数一次用时1 μs。要想产生低音do,其频率为392 Hz,周期$T=1/(392 \text{ Hz})=2\ 551\ \mu s$,半周期时间为1 276 μs,因此当计数器每计数1 276次时,就将P1.0口反相,即将计数初值设定为$THL=2^{16}-1\ 276=64\ 260$就可得到低音do。

P3.4口作为控制音乐播放器的开关,每按一次,产生的电子音乐就开始播放,从第一首开始播放,直到播放完毕。

## 9.3 硬件设计

根据设计原理,在确定了系统的总体结构之后,下面开始进行整个系统的硬件设计。本系统以AT89C51单片机为核心,加上外围电源电路、时钟电路、复位电路、LM386功率放大电路及扬声器电路。系统框架图如图9-1所示。

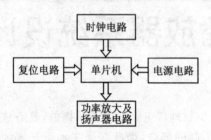

图9-1 系统框架图

该系统使用的硬件部件主要是:核心控制部件采用Atmel公司生产的AT89C51单片机,是一种低功耗/低电压、高性能的8位单片机,内部除CPU外,还包括128 B RAM,4个8位并行I/O口,5个中断优先级,2层中断嵌套中断,2个16位可编程定时/计数器。片内集成4 KB可编程的Flash存储器,具有低功耗、速度快、程序擦写方便等优点,完全满足本系统设计需要。时钟电路用XTAL1和XTAL2连接一个12 MHz的晶振,再连接两个20 pF的电容接地,起到稳定作用。复位电路是通过一个电容接电源而另一个通过电阻接地来实现的。电源电路一般接+5 V电源。系统通过P1.0连接功放电路从而驱动扬声器产生电子音乐,P3.3口连接开关按键。

此音乐播放器的电路连接图如图9-2所示。

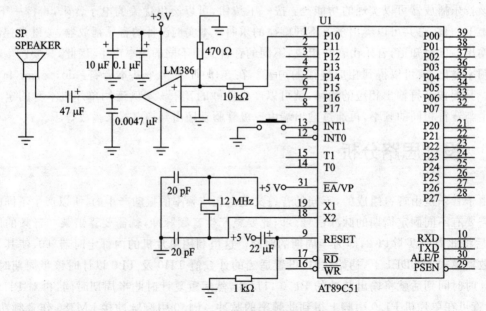

图9-2 音乐播放器电路图

## 9.4 软件设计

软件设计首先需要确定音乐的频率。一般说来,单片机演奏的音乐基本都是单音频率,它不包含相应幅度的谐波频率,也就是说不能像电子琴那样奏出多种音色的声音。因此,单片机奏乐只需明白两个概念,即"音调"和"节拍"。音调表示一个音符唱多高的频率,节拍表示一个音符唱多长的时间。

在音乐中,所谓"音调",其实就是常说的"音高",而且,通常把中央 C 上方的 A 音定为标准音高,其频率 $f=440$ Hz。当两个声音信号的频率相差一倍,也即 $f_2=2f_1$ 时,称 $f_2$ 比 $f_1$ 高一个倍频程,在音乐中,1(do)与 $\dot{1}$ 正好相差一个倍频程,在音乐学中称它们相差一个八度音。在一个八度音内,有 12 个半音。以 1—$\dot{1}$ 八音区为例,12 个半音是:1—♯1、♯1—2、2—♯2、♯2—3、3—4、4—♯4、♯4—5、5—♯5、♯5—6、6—♯6、♯6—7、7—$\dot{1}$。这 12 个音阶的分度基本上是以对数关系来划分的。如果知道了这 12 个音符的音高,也就是其基本音调的频率,就可根据倍频程的关系得到其他音符基本音调的频率。

### 9.4.1 软件设计思想

当知道了一个音符的频率后,怎样让单片机发出相应频率的声音呢?一般说来,通常采用的方法就是通过单片机的定时器产生定时中断,将单片机上对应蜂鸣器的 I/O 口来回取反,或者说来回清零、置位,从而让蜂鸣器发出声音,为了让单片机发出不同频率的声音,只需将定时器设置不同的初值即可实现。那么如何确定一个频率所对应的定时器的初值呢?下面以标准音高 A 为例进行计算。

A 的频率 $f=440$ Hz,其对应的周期为 $T=1/f=1/(440\ \text{Hz})=2\ 272\ \mu\text{s}$,那么,单片机上对应蜂鸣器的 I/O 口来回取反的时间应为

$$t = T/2 = 2\ 272/2\ \mu\text{s} = 1\ 136\ \mu\text{s}$$

这个时间 $t$ 就是单片机上定时器应有的中断触发时间。一般情况下,在单片机奏乐时,其定时器为工作方式 1,它以振荡器的十二分频信号为计数脉冲。设振荡器的频率为 $f_0$,则定时器的设置初值由下式确定,即

$$t = 12 \times (\text{TALL} - \text{THL})/f_0$$

式中 $\text{TALL}=2^{16}=65\ 536$,THL 为定时器待确定的计数初值。因此定时器的高低计数器的初值为

$$\text{TH} = \text{THL}/256 = (\text{TALL} - t \times f_0/12)/256$$
$$\text{TL} = \text{THL}\%256 = (\text{TALL} - t \times f_0/12)\%256$$

将 $t=1\ 136\ \mu\text{s}$ 代入上面两式(注意:计算时应将时间和频率的单位换算一致),即可求出标准音高 A 在单片机晶振频率 $f_0=12$ MHz、定时器在工作方式 1 下的定时器高低计数器的设置初值为

$$\text{TH}440\text{Hz} = (65\ 536 - 1\ 136 \times 12/12)/256 = \text{FBH}$$
$$\text{TL}440\text{Hz} = (65\ 536 - 1\ 136 \times 12/12)\%256 = 90\text{H}$$

根据上面的求解方法,即可求出其他音调相应的计数器的设置初值。

下面举例说明音符的节拍。在一张乐谱中,经常会看到这样的表达式,如 1=C 3/4,1=G 4/4 等,这里 1=C,1=G 表示乐谱的曲调,它和前面所谈的音调有很大的关联,而 3/4 和 4/4 就是用来表示节拍的。以 3/4 为例,它表示乐谱中以四分音符为一拍,每一小节有三拍。比如:其中 1 和 2 为一拍,3,4 和 5 为一拍,6 为一拍,共三拍。1 和 2 的时长为四分音符的一半,即为八分音符长,3 和 4 的时长为八分音符的一半,即为十六分音符长,5 的时长为四分音符的一半,即为八分音符长,6 的时长为四分音符长。那么一拍到底该唱多长呢?一般说来,如果乐曲没有特殊说明,一拍的时长大约为 400~500 ms。如果以一拍的时长为 400 ms 为例,则当以四分音符为节拍时,四分音符的时长就为 400 ms,八分音符的时长就为 200 ms,十六分音符的时长就为 100 ms。

可见,在单片机上控制一个音符唱多长可采用循环延时的方法来实现。首先,确定一个基本时长的延时程序,比如说以十六分音符的时长为基本延时时间,那么,对于一个音符,如果它为十六分音符,则只需调用一次延时程序,如果它为八分音符,则需调用两次延时程序,如果它为四分音符,则需调用四次延时程序,依次类推。

通过上面关于一个音符音调和节拍的确定方法,就可以在单片机上实现演奏音乐了。具体的实现方法为:将乐谱中每个音符的音调及节拍变换成相应的音调参数和节拍参数,将它们做成数据表格存放在存储器中,通过程序取出一个音符的相关参数,播放该音符,该音符唱完后,接着取出下一个音符的相关参数……如此直到播放完最后一个音符;根据需要也可循环不停地播放整首乐曲。另外,对于乐曲中的休止符,一般将其音调参数设为 FFH,其节拍参数与其他音符的节拍参数确定方法一致,乐曲结束用节拍参数 00H 来表示。

表 9-1 给出了部分音符(三个八度音)的频率以及以单片机晶振频率 $f_0=12$ MHz、定时器在工作方式 1 下的定时器设置初值。

表 9-1 音符频率与单片机定时器初值

| C调音符(低) | 1 | 1# | 2 | 2# | 3 | 4 | 4# | 5 | 5# | 6 | 6# | 7 |
|---|---|---|---|---|---|---|---|---|---|---|---|---|
| 频率/Hz | 262 | 277 | 293 | 311 | 329 | 349 | 370 | 392 | 415 | 440 | 466 | 494 |
| TH/TL | F88BH | F8F2H | F95BH | F9B7H | FA14H | FA66H | FAB9H | FB03H | FB4AH | FB8FH | FBCFH | FC0BH |
| C调音符(中) | 1 | 1# | 2 | 2# | 3 | 4 | 4# | 5 | 5# | 6 | 6# | 7 |
| 频率/Hz | 523 | 553 | 586 | 621 | 658 | 697 | 739 | 783 | 830 | 879 | 931 | 987 |
| TH/TL | FC43H | FC78H | FCABH | FCDBH | FD08H | FD33H | FD5BH | FD81H | FDA5H | FDC7H | FDE7H | FE05H |
| C调音符(高) | 1 | 1# | 2 | 2# | 3 | 4 | 4# | 5 | 5# | 6 | 6# | 7 |
| 频率/Hz | 1 045 | 1 106 | 1 171 | 1 241 | 1 316 | 1 393 | 1 476 | 1 563 | 1 658 | 1 755 | 1 860 | 1 971 |
| TH/TL | FB21H | FE3CH | FE55H | FE6DH | FE84H | FE99H | FEADH | FEC0H | FE02H | FEE3H | FEF3H | FF02H |

节拍与节拍码对照表如表 9-2 所列。

# 第 9 章　简易音乐播放器系统设计

表 9-2　节拍与节拍码对照表

| 节拍码 | 节拍数 | 节拍码 | 节拍数 |
|---|---|---|---|
| 1 | 1/4 拍 | 6 | 1 又 1/2 拍 |
| 2 | 2/4 拍 | 8 | 2 拍 |
| 3 | 3/4 拍 | A | 2 又 1/2 拍 |
| 4 | 1 拍 | C | 3 拍 |
| 5 | 1 又 1/4 拍 | F | 3 又 3/4 拍 |

## 9.4.2　程序设计流程

本系统用 C51 编程。软件程序由主程序、定时器 T0 中断服务子程序和延时子程序组成。系统初始化后，系统扫描按键（P3.3 口的电平）判断是否有键按下，当有键按下时，根据按下键的次数，向音频字符码指针赋以不同歌曲的地址，通过定时器 T0 中断服务子程序使 P1.0 口输出相应频率的音频脉冲，以达到发声目的。主程序流程如图 9-3 所示。

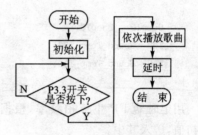

图 9-3　主程序流程图

## 9.4.3　程序代码及注释

初始化程序部分如下。

```
#define SYSTEM_OSC      12000000         //定义晶振频率 12 MHz
#define SOUND_SPACE     4/5              //定义普通音符演奏的长度分率，
                                         //每四分音符间隔

sbit BeepIO = P1^1;                      //定义输出引脚
sbit ON = P3^4;                          //定义开关引脚

unsigned int code FreTab[12] =
{ 262,277,294,311,330,349,369,392,415,440,466,494 };   //原始频率表
unsigned char code SignTab[7] = { 0,2,4,5,7,9,11 };    //1～7 在频率表中的位置
unsigned char code LengthTab[7] = { 1,2,4,8,16,32,64 };//节拍
unsigned char Sound_Temp_TH0,Sound_Temp_TL0;           //音符定时器初值暂存
unsigned char Sound_Temp_TH1,Sound_Temp_TL1;           //音长定时器初值暂存
```

主程序如下。

```
main()
{
    InitialSound();
    while(1)
    {   if(ON == 0)
```

```
        Play(Music_Girl,0,3,360);
    Delay1ms(500);
    Play(Music_Same,0,3,360);
    Delay1ms(500);
    Play(Music_Two,0,3,360);
    Delay1ms(500);
    }
}
```

程序中用定时器 0 来产生音符频率,程序流程图如图 9-4 所示。

定时器 T0 中断服务子程序如下。

```
void BeepTimer0(void) interrupt 1        //音符发生中断
{
    BeepIO = !BeepIO;
    TH0 = Sound_Temp_TH0;
    TL0 = Sound_Temp_TL0;
}
```

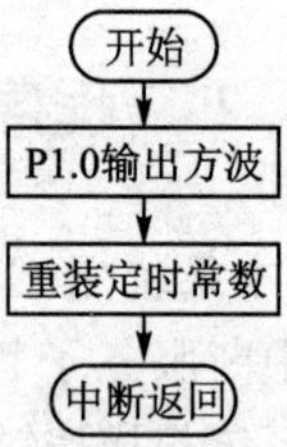

图 9-4  定时器 0 程序流程图

用定时器 1 产生节拍频率,根据产生的时间长短不同,算出 THL1 的初值,送入其中。

程序中用到的 1 ms 延时子程序如下。

```
void Delay1ms(unsigned int count)
{
    unsigned int i,j;
    for(i = 0;i<count;i++)
        for(j = 0;j<120;j++);
}
```

其中,可以根据延时的长短设置 count 参数的值。

调用演奏子程序的格式是

      Play(乐曲名,调号,升降八度,演奏速度);

其中:乐曲名为要播放的乐曲指针,结尾以(0,0)结束;调号指乐曲升多少个半音演奏,取值 0~11;升降八度有 3 个取值,1—降八度,2—不升不降,3—升八度;演奏速度取值 1~12 000,且值越大速度越快。

```
void Play(unsigned char * Sound,unsigned char Signature,unsigned Octachord,unsigned int Speed)
{
    unsigned int NewFreTab[12];                      //新的频率表
    unsigned char i,j;
    unsigned int Point,LDiv,LDiv0,LDiv1,LDiv2,LDiv4,CurrentFre,Temp_T,
                 SoundLength;
    unsigned char Tone,Length,SL,SH,SM,SLen,XG,FD;
    for(i = 0;i<12;i++)                              //根据调号及升降八度来生成新的频率表
    {
        j = i + Signature;
```

```c
        if(j>11)
        {
            j = j - 12;
            NewFreTab[i] = FreTab[j] * 2;
        }
        else
            NewFreTab[i] = FreTab[j];
        if(Octachord == 1)
            NewFreTab[i]>>= 2;
        else if(Octachord == 3)
            NewFreTab[i]<<= 2;
}

SoundLength = 0;
while(Sound[SoundLength] != 0x00)              //计算歌曲长度
{
    SoundLength += 2;
}


Point = 0;
Tone = Sound[Point];
Length = Sound[Point + 1];                     //读出第一个音符和它的时值

LDiv0 = 12000/Speed;                           //算出一分音符的长度(几个 10 ms)
LDiv4 = LDiv0/4;                               //算出四分音符的长度
LDiv4 = LDiv4 - LDiv4 * SOUND_SPACE;           //普通音最长间隔标准
TR0 = 0;
TR1 = 1;
while(Point < SoundLength)
{
    SL = Tone % 10;                            //计算出音符
    SM = Tone/10 % 10;                         //计算出高低音
    SH = Tone/100;                             //计算出是否升半音
    CurrentFre = NewFreTab[SignTab[SL - 1] + SH];  //查出对应音符的频率
    if(SL!= 0)
    {
        if (SM == 1) CurrentFre >>= 2;         //低音
        if (SM == 3) CurrentFre <<= 2;         //高音
        Temp_T = 65536 - (50000/CurrentFre) * 10/(12000000/SYSTEM_OSC);//计算计数器初值
        Sound_Temp_TH0 = Temp_T/256;
        Sound_Temp_TL0 = Temp_T % 256;
        TH0 = Sound_Temp_TH0;
        TL0 = Sound_Temp_TL0 + 12;             //加 12 是对中断延时的补偿
    }
    SLen = LengthTab[Length % 10];             //算出是几分音符
```

```c
        XG = Length/10 % 10;                    //算出音符类型(0 普通,1 连音,2 顿音)
        FD = Length/100;
        LDiv = LDiv0/SLen;                      //算出连音音符演奏的长度(多少个 10 ms)
        if (FD == 1)
            LDiv = LDiv + LDiv/2;
        if(XG != 1)
            if(XG == 0)                         //算出普通音符的演奏长度
                if (SLen <= 4)
                    LDiv1 = LDiv - LDiv4;
                else
                    LDiv1 = LDiv * SOUND_SPACE;
            else
                LDiv1 = LDiv/2;                 //算出顿音的演奏长度
        else
            LDiv1 = LDiv;
        if(SL == 0) LDiv1 = 0;
        LDiv2 = LDiv - LDiv1;                   //算出不发音的长度
        if (SL != 0)
        {
            TR0 = 1;
            for(i = LDiv1; i > 0; i--)          //发规定长度的音
            {
                while(TF1 == 0);
                TH1 = Sound_Temp_TH1;
                TL1 = Sound_Temp_TL1;
                TF1 = 0;
            }
        }
        if(LDiv2 != 0)
        {
            TR0 = 0; BeepIO = 0;
            for(i = LDiv2; i > 0; i--)          //音符间的间隔
            {
                while(TF1 == 0);
                TH1 = Sound_Temp_TH1;
                TL1 = Sound_Temp_TL1;
                TF1 = 0;
            }
        }
        Point += 2;
        Tone = Sound[Point];
        Length = Sound[Point + 1];
    }
    BeepIO = 0;
}
```

曲谱的存储格式为

        unsigned char code MusicName{音高,音长,音高,音长,…,0,0};

末尾的"0,0"表示结束。

《挥着翅膀的女孩》歌曲的曲谱如下：

```
unsigned char code Music_Girl[] = { 0x17,0x02, 0x17,0x03, 0x18,0x03, 0x19,0x02, 0x15,0x03,
0x16,0x03, 0x17,0x03, 0x17,0x03, 0x17,0x03, 0x18,0x03, 0x19,0x02, 0x16,0x03, 0x17,0x03, 0x18,
0x02, 0x18,0x03, 0x17,0x03, 0x15,0x02, 0x18,0x03, 0x17,0x03, 0x18,0x02, 0x10,0x03, 0x15,0x03,
0x16,0x02, 0x15,0x03, 0x16,0x03, 0x17,0x02, 0x17,0x03, 0x18,0x03, 0x19,0x02, 0x1A,0x03, 0x1B,
0x03, 0x1F,0x03, 0x1F,0x03, 0x17,0x03, 0x18,0x03, 0x19,0x02, 0x16,0x03, 0x17,0x03, 0x18,0x03,
0x17,0x03, 0x18,0x03, 0x1F,0x03, 0x1F,0x02, 0x16,0x03, 0x17,0x03, 0x18,0x03, 0x17,0x03, 0x18,
0x03, 0x20,0x03, 0x20,0x02, 0x1F,0x03, 0x1B,0x03, 0x1F,0x66, 0x20,0x03, 0x21,0x03, 0x20,0x03,
0x1F,0x03, 0x1B,0x03, 0x1F,0x66, 0x1F,0x03, 0x1B,0x03, 0x19,0x03, 0x19,0x03, 0x15,0x03, 0x1A,
0x66, 0x1A,0x03, 0x19,0x03, 0x15,0x03, 0x15,0x03, 0x17,0x03, 0x16,0x66, 0x17,0x04, 0x18,0x04,
0x18,0x03, 0x19,0x03, 0x1F,0x03, 0x1B,0x03, 0x1F,0x66, 0x20,0x03, 0x21,0x03, 0x20,0x03, 0x1F,
0x03, 0x1B,0x03, 0x1F,0x66, 0x1F,0x03, 0x1B,0x03, 0x19,0x03, 0x19,0x03, 0x15,0x03, 0x1A,0x66,
0x1A,0x03, 0x19,0x03, 0x19,0x03, 0x1F,0x03, 0x1B,0x03, 0x1F,0x00, 0x1A,0x03, 0x1A,0x03, 0x1A,
0x03, 0x1B,0x03, 0x1B,0x03, 0x1A,0x03, 0x19,0x03, 0x19,0x02, 0x17,0x03, 0x15,0x03, 0x15,0x03,
0x16,0x03, 0x17,0x03, 0x18,0x03, 0x17,0x04, 0x18,0x0E, 0x18,0x03, 0x17,0x04, 0x18,0x0E, 0x18,
0x66, 0x17,0x03, 0x18,0x03, 0x17,0x03, 0x18,0x03, 0x20,0x03, 0x20,0x02, 0x1F,0x03, 0x1B,0x03,
0x1F,0x66, 0x20,0x03, 0x21,0x03, 0x20,0x03, 0x1F,0x03, 0x1B,0x03, 0x1F,0x66, 0x1F,0x04, 0x1B,
0x0E, 0x1B,0x03, 0x19,0x03, 0x19,0x03, 0x15,0x03, 0x1A,0x66, 0x1A,0x03, 0x19,0x03, 0x15,0x03,
0x15,0x03, 0x17,0x03, 0x16,0x66, 0x17,0x04, 0x18,0x04, 0x18,0x03, 0x19,0x03, 0x1F,0x03, 0x1B,
0x03, 0x1F,0x66, 0x20,0x03, 0x21,0x03, 0x20,0x03, 0x1F,0x03, 0x1B,0x03, 0x1F,0x66, 0x1F,0x03,
0x1B,0x03, 0x19,0x03, 0x19,0x03, 0x15,0x03, 0x1A,0x66, 0x1A,0x03, 0x19,0x03, 0x19,0x03, 0x1F,
0x03, 0x1B,0x03, 0x1F,0x00, 0x18,0x02, 0x18,0x03, 0x1A,0x03, 0x19,0x0D, 0x15,0x03, 0x15,0x02,
0x18,0x66, 0x16,0x02, 0x17,0x02, 0x15,0x00, 0x00,0x00};
```

## 9.5 实例总结

本章介绍了用 AT89C51 单片机设计电子音乐播放器的方法。该系统功能稳定、实现简单，读者学习时需要重点理解音符与频率的产生原理。当然，鉴于本系统内容比较基础，读者可以根据自己所需进一步完善，如添加液晶显示模块，通过拨动开关显示要播放的歌曲名称，还可以连接几个发光二极管，根据播放音乐的频率来实现闪动等。

# 第 10 章
# 单片机控制的数字 FM 收音机

随着信息化的发展,收音机逐渐数字化、集成化,成本越来越低,这使得在各种设备中嵌入收音机的现象比较普遍。TEA5767 系列单片数字收音机就被广泛应用在数字音响、手机、MP3、MP4、PDA 等数字消费电子系统中。TEA5767 是由 PHILIPS 公司推出的针对低电压应用的单芯片数字调谐 FM 立体声收音机芯片,它与传统超外差式收音机的调谐原理不大相同,其内部集成了完整的 IF 频率选择和鉴频系统,这使得只需很少的低成本外围元件,即可实现 FM 收音机的全部功能。另外,它还具有高性能的 RF AGC 电路,其接收灵敏度高,参考频率选择灵活,可实现自动搜台。本章将采用 51 单片机来控制数字收音机模块 TEA5767,以构成一个 FM 数字收音机系统。

## 10.1 实例说明

本例将设计一个数字调频收音机。所谓调频就是频率调制,而频率调制就是指原来等幅恒频的高频信号的频率,随着调制信号(音频信号)的幅度变化而变化。调频收音机(FM Radio)就是一台接收这些频率调制的无线电信号,经过解调还原成原信号的电子设备。FM Radio 电路一般主要由接收天线、振荡器、混频器、AGC(自动增益控制)、中频放大器、中频限幅器、中频滤波器、鉴频器、低频静噪电路、搜索调谐电路、信号检测电路及频率锁定环路、音频输出电路等组成。本例就是要设计出一个数字 FM 收音机系统,其中用单片机来控制集成了上述所有 FM 功能的专用芯片。

本例采用模块化设计,整个系统由单片机控制模块、FM 音频模块、电源模块与功放模块、按键控制模块和 LCD 液晶显示模块组成,系统的整体方案框图如图 10-1 所示。

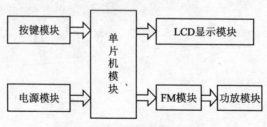

图 10-1 系统方案设计框图

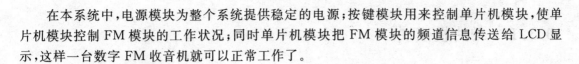

在本系统中,电源模块为整个系统提供稳定的电源;按键模块用来控制单片机模块,使单片机模块控制 FM 模块的工作状况;同时单片机模块把 FM 模块的频道信息传送给 LCD 显示,这样一台数字 FM 收音机就可以正常工作了。

## 10.2 设计思路分析

本系统采用模块化设计方式,即把整个系统按照不同的功能划分成各个不同的功能模块,然后再把各个功能模块有机地结合起来,这样就构成了一个完整的硬件系统;然后再加入编写好的软件,整个系统就可以工作起来了。下面介绍各个功能模块的详细情况。

**1. 单片机模块**

单片机是本设计的核心。本设计采用 AT89C51 单片机来实现通过外围电路和向 TEA5767 芯片写入相关的命令数据,以改变收音机的接收频率、工作模式和音量等各项参数的功能。

**2. FM 模块**

无线 FM 模块的选择是本设计的关键,有以下两种方案:

- 方案 1 采用无线芯片 TEA5767,而自己设计外围电路。
- 方案 2 采用相关厂家生产的 TEA5767 模块来实现。

很显然,第一种方案需要自己设计电路、画 PCB 和焊接,而 TEA5767 采用的是 HVQFN40 封装(耐热的薄型四脚扁平封装),在短时间内和有限的条件下实现硬件功能的难度相当大。所以本设计采用第二种方案——使用现成的模块。

**3. 电源模块**

单片机的供电电压要求是 3.8～5.5 V,TEA5767 的供电电压要求是 2.5～5.0 V。收音机模块的应用范围很广,比如手机中就采用 3.7 V 锂电池供电,DVD 和电视等系统中则是对 220 V 市电进行变压后供电。本设计中采用 7805 稳压芯片对系统供电,由于该电源可以很容易得到,所以不再单独给出其设计内容。

**4. 功放模块**

TEA5767 音频输出具有立体声方式,也可以采用单声道输出,具体方式可以通过编程设定。为简化设计,本设计采用单声道输出,功放芯片使用 TDA2030,供电采用±5 V 供电,设计中不给出电源设计。

**5. 按键模块**

在本系统中,需要通过按键来控制收音机的工作情况,比如:换台、增大音量、减小音量、静音等各种操作,本设计采用独立按键实现上面的功能。

**6. LCD 显示模块**

单片机模块通过对 FM 模块的控制,可以把当前工作的频率读出来,送给 LCD 液晶屏显示,这样可以更直观地看到整个系统的工作状况。

## 10.3 硬件设计

下面开始进行整个系统的硬件设计,在硬件设计中,一定要注意各个模块之间的衔接部分,看看电平是否一致,输入输出有没有接反等问题。

### 10.3.1 单片机模块

在整个数字 FM 收音机系统中,起到控制和枢纽作用的单片机模块无疑是其中最重要的部分。本设计中采用 Atmel 公司的带有 8 KB Flash 的 8 位微控制器 AT89C51 作为单片机芯片,它完全与 MCS-51 系列单片机兼容(从指令集到引脚)。芯片采用 40 脚双列直插式封装,32 个 I/O 口,芯片工作电压为 3.8~5.5 V,工作温度为 0~70 ℃(商业级),工作频率可高达 30 MHz,芯片的外形和引脚如图 10-2 所示。

AT89C51 是一种低功耗、高性能 CMOS 8 位微控制器,具有 8 KB 在系统可编程 Flash 存储器,与工业 80C51 产品指令和引脚完全兼容,片上 Flash 允许程序存储器在系统可编程。另外,AT89C51 可降至 0 Hz 静态逻辑操作,支持 2 种软件可选择节电模式。在空闲模式下,CPU 停止工作,但允许 RAM、定时器/计数器、串口和中断继续工作。在掉电保护方式下,RAM 内容被保存,振荡器被冻结,单片机一切工作停止,直到下一个中断或硬件复位为止。

单片机模块包括复位电路、晶振电路和按键控制电路,特别注意的是电源输入要加上去耦电容。电路原理图如图 10-3 所示。

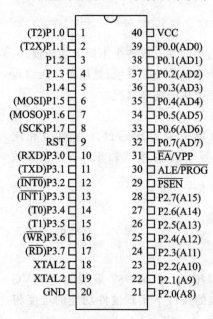

图 10-2 AT89C51 外形和引脚图

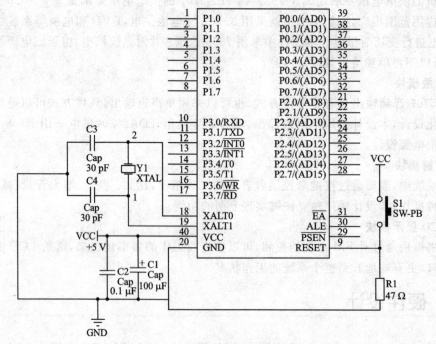

图 10-3 微控制器模块原理图

## 10.3.2 FM模块

FM模块的控制核心芯片采用 PHILIPS 公司的 TEA5767 数字立体声 FM 芯片,该芯片把所有的 FM 功能都集成到一个不足 6×6 平方毫米的用 HVQFN40 封装的小方块中。芯片工作电压为 2.5~5.0 V,典型值是 3 V;RF 接收频率范围是 76~108 MHz,(最强信号+噪声)/噪声的值在 60 dB 左右,失真度在 0.4 %左右;双声道音频输出的电压在 60~90 mV 左右,带宽为 22.5 kHz。芯片的引脚分布及其引脚定义分别如图 10-4 所示和表 10-1 所列,图 10-5 是芯片的应用结构框图。

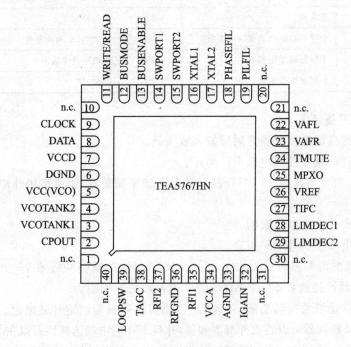

图 10-4  TEA5767 芯片引脚分布

表 10-1  TEA5767 引脚定义

| 引脚号 | 定 义 | 引脚号 | 定 义 |
|---|---|---|---|
| 1 | 空脚 | 10 | 空脚 |
| 2 | 锁相环输出 | 11 | 三线读/写控制 |
| 3 | 本振 | 12 | 总线模式选择 |
| 4 | 本振 | 13 | 总线使能端 |
| 5 | 本振电源 | 14 | 软口 1 |
| 6 | 数字地 | 15 | 软口 2 |
| 7 | 数字电源 | 16 | 晶振 |
| 8 | 数据线 | 17 | 晶振 |
| 9 | 时钟线 | 18 | 相位滤波 |

续表 10-1

| 引脚 | 定义 | 引脚 | 定义 |
| --- | --- | --- | --- |
| 19 | 导频低通滤波 | 30 | 空脚 |
| 20 | 空脚 | 31 | 空脚 |
| 21 | 空脚 | 32 | 增益控制 |
| 22 | 左声道输出 | 33 | 模拟地 |
| 23 | 右声道输出 | 34 | 模拟电源 |
| 24 | 软静音时间常数 | 35 | 射频输入1 |
| 25 | 检波输出 | 36 | 高频地 |
| 26 | 基准地 | 37 | 射频输入2 |
| 27 | 中频中心频率调整时间常数 | 38 | 高放 AGC 时间常数 |
| 28 | 中频限幅器退耦1 | 39 | 锁相环开关输出 |
| 29 | 中频限幅器退耦2 | 40 | 空脚 |

**1. TEA5767 主要特征**

① 具有集成的高灵敏度低噪声射频输入放大器。

② 具有射频自动增益控制电路 RF AGC。

③ 可选择 32.768 kHz 或 13 MHz 的晶体参考频率振荡器,也可使用外部 6.5 MHz 的参考频率。

④ 总线可输出 7 位中频计数器。

⑤ 总线可输出 4 位信号电平信息。

⑥ FM 到中频的混频器可以工作在 87.5～108 MHz 的欧美频段或 76～91 MHz 的日本频段,并且具有可预设接收日本 108 MHz 的电视音频信号的能力。

⑦ 射频具有自动增益控制功能,并且 LC 调谐振荡器只需固定片装电感。

⑧ 内置的 FM 解调器可以省去外部鉴频器,并且 FM 的中频选择性可以在芯片内部完成。

⑨ 可以采用 32.768 kHz 或 13 MHz 的振荡器产生参考时钟,或可以直接输入 6.5 MHz 的时钟信号。

⑩ 是集成锁相环调谐系统。

⑪ 可以通过 IIC 或三线串行总线来获取中频计数器值或接收的高频信号电平,以便进行自动调谐功能。

⑫ SNC(立体声噪声抑制)、HCC(高频衰减控制)和静音处理等都可通过串行数字接口进行控制。

⑬ 可获得免费调谐立体声解码器。

⑭ 可自动调节温度范围(在 VCC,VCC(OSC)和 VDD 为 5 V 时)。

**2. TEA5767 寄存器描述**

很好地理解 TEA5767 寄存器是编好程序的关键。单片机与 TEA5767 进行通信有两种方式,第一种是 IIC 模式,第二种是三线模式,本设计采用 IIC 模式。TEA5767 的寄存器共有五个,数据通信的读/写顺序为:地址—数据字节1—数据字节2—数据字节3—数据字节4—数据字节5。下面对芯片的寄存器进行详细说明。

# 第 10 章  单片机控制的数字 FM 收音机

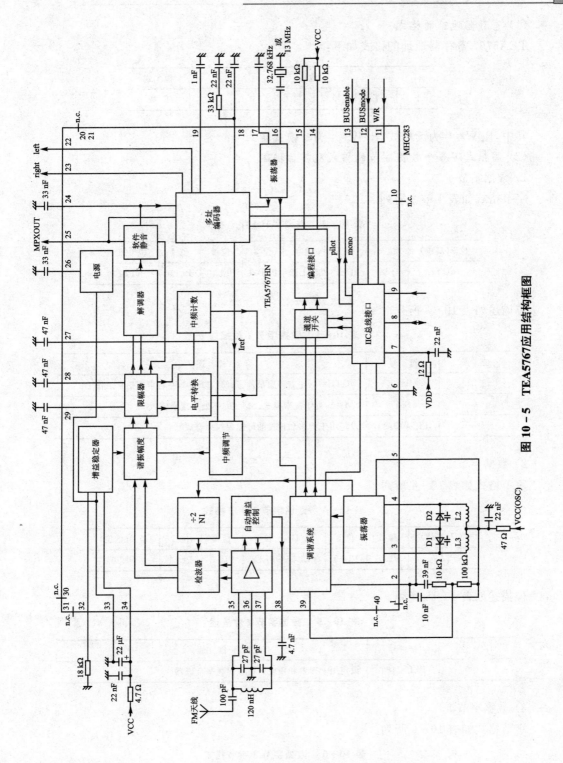

图 10-5  TEA5767 应用结构框图

(1) 寄存器地址的格式

TEA5767 寄存器地址的格式如下:

| IC 地址 | | | | | | 模式 |
|---|---|---|---|---|---|---|
| 1 | 1 | 0 | 0 | 0 | 0 | R/W |

其中,R/W=0 为读模式,R/W=1 为写模式。

(2) 写模式下 5 个数据字节的格式及其位描述

1) 数据字节 1

字节格式如表 10-2 所列。

表 10-2 数据字节 1 字节格式

| 位 7(高位) | 位 6 | 位 5 | 位 4 | 位 3 | 位 2 | 位 1 | 位 0(低位) |
|---|---|---|---|---|---|---|---|
| MUTE | SM | PLL13 | PLL12 | PLL11 | PLL10 | PLL9 | PLL8 |

位描述如表 10-3 所列。

表 10-3 数据字节 1 位描述

| 位号 | 符号 | 描述 |
|---|---|---|
| 7 | MUTE | MUTE=1,左右声道被静音;MUTE=0,左右声道正常工作 |
| 6 | SM | SM=1,处于搜索模式;SM=0,不处于搜索模式 |
| 5~0 | PLL[13:8] | 设定用于搜索和预设的可编程频率合成器 |

2) 数据字节 2

字节格式如表 10-4 所列。

表 10-4 数据字节 2 字节格式

| 位 7(高位) | 位 6 | 位 5 | 位 4 | 位 3 | 位 2 | 位 1 | 位 0(低位) |
|---|---|---|---|---|---|---|---|
| PLL7 | PLL6 | PLL5 | PLL4 | PLL3 | PLL2 | PLL1 | PLL0 |

位描述如表 10-5 所列。

表 10-5 数据字节 2 位描述

| 位号 | 符号 | 描述 |
|---|---|---|
| 7~0 | PLL[7:0] | 设定用于搜索和预设的可编程频率合成器 |

3) 数据字节 3

字节格式如表 10-6 所列。

表 10-6 数据字节 3 字节格式

| 位 7(高位) | 位 6 | 位 5 | 位 4 | 位 3 | 位 2 | 位 1 | 位 0(低位) |
|---|---|---|---|---|---|---|---|
| SUD | SSL1 | SSL0 | HLSI | MS | ML | MR | SWP1 |

位描述如表 10-7 所列。

表 10-7 数据字节 3 位描述

| 位号 | 符号 | 描述 |
| --- | --- | --- |
| 7 | SUD | SUD=1,增加频率搜索;SUD=0,减小频率搜索 |
| 6,5 | SSL[1:0] | 搜索停止标准。见表 10-8 |
| 4 | HLSI | 高/低充电电流切换:HLSI=1,高充电电流;HLSI=0,低充电电流 |
| 3 | MS | 立体声/单声道:MS=1,单声道;MS=0,立体声 |
| 2 | ML | 左声道静音:ML=1,左声道静音并置立体声;ML=0,左声道正常 |
| 1 | MR | 右声道静音:MR=1,右声道静音并置立体声;MR=0,右声道正常 |
| 0 | SWP1 | 软件可编程端口 1;SWP1=1,端口 1 高电平;SWP1=0,端口 1 低电平 |

表 10-8 搜索停止标准

| SSL1 | SSL0 | 搜索停止标准 |
| --- | --- | --- |
| 0 | 0 | 在搜索模式下禁止 |
| 0 | 1 | 搜索停止电平为低:ADC 输出大小为 5 |
| 1 | 0 | 搜索停止电平为中:ADC 输出大小为 7 |
| 1 | 1 | 搜索停止电平为高:ADC 输出大小为 10 |

4) 数据字节 4

字节格式如表 10-9 所列。

表 10-9 数据字节 4 字节格式

| 位 7(高位) | 位 6 | 位 5 | 位 4 | 位 3 | 位 2 | 位 1 | 位 0(低位) |
| --- | --- | --- | --- | --- | --- | --- | --- |
| SWP2 | STBY | BL | XTAL | SMUTE | HCC | SNC | SI |

位描述如表 10-10 所列。

表 10-10 数据字节 4 位描述

| 位号 | 符号 | 描述 |
| --- | --- | --- |
| 7 | SWP2 | 软件可编程端口 2;SWP2=1,端口 2 高电平;SWP2=0,端口 2 低电平 |
| 6 | STBY | 等待:STBY=1,处于待机模式;STBY=0,退出待机模式 |
| 5 | BL | 波段制式:BL=1,日本调频制式;BL=0,美国/欧洲调频制式 |
| 4 | XTAL | XTAL=1,$f_{XTAL}$=32.768 kHz;XTAL=0,$f_{XTAL}$=13 MHz |
| 3 | SMUTE | 软件静音:SMUTE=1,软静音打开;SMUTE=0,软静音关闭 |
| 2 | HCC | 白电平切割:HCC=1,高电平切割打开;HCC=0,高电平切割关闭 |
| 1 | SNC | 立体声噪声去除:SNC=1,立体声消噪声打开;SNC=0,立体声消噪声关闭 |
| 0 | SI | 搜索标志位:SI=1,SWPORT1 输出准备好信号;SI=0,SWPORT1 作为软件可编程端口 1 使用 |

5) 数据字节 5

字节格式如表 10-11 所列。

表 10-11　数据字节 5 字节格式

| 位 7(高位) | 位 6 | 位 5 | 位 4 | 位 3 | 位 2 | 位 1 | 位 0(低位) |
|---|---|---|---|---|---|---|---|
| PLLREF | DTC | — | — | — | — | — | — |

位描述如表 10-12 所列。

表 10-12　数据字节 5 位描述

| 位号 | 符号 | 描述 |
|---|---|---|
| 7 | PLLREF | PLLREF=1,启用 6.5 MHz 的锁相环参考频率;PLLREF=0,关闭 6.5 MHz 的锁相环参考频率 |
| 6 | DTC | DTC=1,去加重时间常数为 75 $\mu s$;DTC=0,去加重时间常数为 50 $\mu s$ |
| 5~0 | — | 未用,其状态不必考虑 |

(3) 读模式下 5 个数据字节的格式及其位描述

1) 数据字节 1

字节格式如表 10-13 所列。

表 10-13　数据字节 1 字节格式

| 位 7(高位) | 位 6 | 位 5 | 位 4 | 位 3 | 位 2 | 位 1 | 位 0(低位) |
|---|---|---|---|---|---|---|---|
| RF | BLF | PLL13 | PLL12 | PLL11 | PLL10 | PLL9 | PLL8 |

位描述如表 10-14 所列。

表 10-14　数据字节 1 位描述

| 位号 | 符号 | 描述 |
|---|---|---|
| 7 | RF | 准备好标志:RF=1,有一个频道被搜到或者一个制式已经符合;RF=0,没有频道被搜到 |
| 6 | BLF | 波段制式:BLF=1,一个制式已经符合;BLF=0,没有制式符合 |
| 5~0 | PLL[13:8] | 用于搜索和预设后的可编程频率合成器设定结果 |

2) 数据字节 2

字节格式如表 10-15 所列。

表 10-15　数据字节 2 字节格式

| 位 7(高位) | 位 6 | 位 5 | 位 4 | 位 3 | 位 2 | 位 1 | 位 0(低位) |
|---|---|---|---|---|---|---|---|
| PLL7 | PLL6 | PLL5 | PLL4 | PLL3 | PLL2 | PLL1 | PLL0 |

位描述如表 10-16 所列。

## 第 10 章  单片机控制的数字 FM 收音机

**表 10-16  数据字节 2 位描述**

| 位 号 | 符 号 | 描 述 |
|---|---|---|
| 7~0 | PLL[7:0] | 用于搜索和预设后的可编程频率合成器设定结果 |

3）数据字节 3

字节格式如表 10-17 所列。

**表 10-17  数据字节 3 字节格式**

| 位 7（高位） | 位 6 | 位 5 | 位 4 | 位 3 | 位 2 | 位 1 | 位 0（低位） |
|---|---|---|---|---|---|---|---|
| STEREO | IF6 | IF5 | IF4 | IF3 | IF2 | IF1 | IF0 |

位描述如表 10-18 所列。

**表 10-18  数据字节 3 位描述**

| 位 号 | 符 号 | 描 述 |
|---|---|---|
| 7 | STEREO | 立体声标志位：STEREO=1,立体声接收；STEREO=0,单声道接收 |
| 6~0 | IF[6:0] | 中频计数器结果 |

4）数据字节 4

字节格式如表 10-19 所列。

**表 10-19  数据字节 4 字节格式**

| 位 7（高位） | 位 6 | 位 5 | 位 4 | 位 3 | 位 2 | 位 1 | 位 0（低位） |
|---|---|---|---|---|---|---|---|
| LEV3 | LEV2 | LEV1 | LEV0 | CI3 | CI2 | CI1 | 0 |

位描述如表 10-20 所列。

**表 10-20  数据字节 4 位描述**

| 位 号 | 符 号 | 描 述 |
|---|---|---|
| 7~4 | LEV[3:0] | ADC 的输出 |
| 3~1 | CI[3:1] | 芯片验证号 |
| 0 | — | 该位内部置 0 |

5）数据字节 5

字节格式如表 10-21 所列。

**表 10-21  数据字节 5 字节格式**

| 位 7（高位） | 位 6 | 位 5 | 位 4 | 位 3 | 位 2 | 位 1 | 位 0（低位） |
|---|---|---|---|---|---|---|---|
| 0 | 0 | 0 | 0 | 0 | 0 | 0 | 0 |

位描述如表 10-22 所列。

表 10-22 数据字节 5 位描述

| 位 号 | 符 号 | 描 述 |
|---|---|---|
| 7~0 | — | 预留为扩展使用,由内部置 0 |

在采用 IIC 协议进行通信时,输入电压小于 0.2VDD 就被认为是低电平,大于 0.45VDD 就被认为是高电平,高电平和低电平的持续时间必须要大于 1 μs,在编程模拟 IIC 协议时要特别注意这个时间。

**3. IIC 总线简介**

在本系统中,TEA5767 与单片机就是采用 IIC 总线连接的。IIC 是 PHILIPS 公司推出的一种串行总线,是具备多主机系统所需的包括总线裁决和高低速器件同步功能的高性能串行总线。它只有两根双向信号线,一根是数据线 SDA,另一根是时钟线 SCL。典型的 IIC 结构如图 10-6 所示。

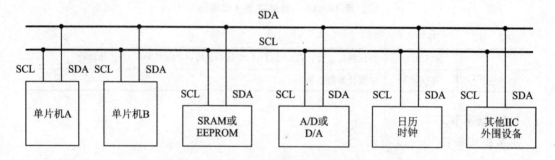

图 10-6 典型的 IIC 总线结构

IIC 总线需通过上拉电阻接正电源,当总线空闲时,两根线均为高电平。连到总线上的任一器件输出的低电平,都将使总线的信号变低,即各器件的 SDA 及 SCL 都是线"与"关系。每个接到 IIC 总线上的器件都有唯一的地址。主机与其他器件间的数据传送可以是从主机发送数据到其他器件,这时主机即为发送器。从总线上接收数据的器件则为接收器。在多主机系统中,可能同时有几个主机企图启动总线传送数据。为了避免混乱,IIC 总线要通过总线仲裁,以决定由哪一台主机控制总线。

IIC 总线的数据字节必须保证是 8 位长度。在数据传送时,先传送最高位(MSB),在每一个被传送的字节后面都必须跟随一位应答位(即一帧共有 9 位)。图 10-7 是 IIC 总线字节传送与应答时序图。

当由于某种原因从机不对主机寻址信号应答时(如从机正在进行实时性处理工作而无法接收总线上的数据),它必须将数据线置于高电平,而由主机产生一个终止信号以结束总线的数据传送。如果从机对主机信号应答了,但在数据传送一段时间后无法继续接收更多的数据时,从机可以通过对无法接收的第一个数据字节的"非应答"来通知主机,主机则应发出终止信号以结束数据的继续传送。当主机接收数据时,在它收到最后一个数据字节后,必须向从机发出一个结束传送的信号。该信号是由对从机的"非应答"来实现的。然后,从机释放 SDA 线,以允许主机产生终止信号。

IIC 总线上传送的数据信号是广义的,既包括地址信号,又包括真正的数据信号。在起始信号后必须传送一个从机的地址(7 位),第 8 位是数据的传送方向位(R/$\overline{W}$),用"0"表示主机

# 第 10 章 单片机控制的数字 FM 收音机

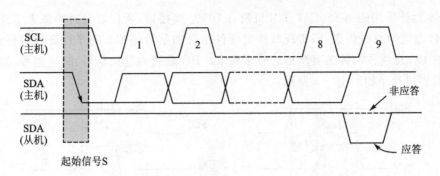

图 10 - 7 IIC 总线字节传送与应答时序

发送数据(T),用"1"表示主机接收数据(R)。每次数据传送总是由主机产生的终止信号结束。但是,若主机希望继续占用总线进行新的数据传送,则可以不产生终止信号,而马上再次发出起始信号对另一从机进行寻址。

在总线的一次数据传送过程中,可以有以下三种组合方式:

① 主机向从机发送数据,数据传送方向在整个传送过程中不改变。总线上传送的数据格式如下:

| S | 从机地址 | 0 | A | 数据 | A | 数据 | A/$\overline{A}$ | P |

其中,有阴影部分表示数据由主机向从机传送,无阴影部分表示数据由从机向主机传送。A 表示应答,$\overline{A}$ 表示非应答(高电平)。S 表示起始信号,P 表示终止信号。此规定后面同样适用。

② 主机在发送第一个字节后,立即从从机读数据。传送数据格式如下:

| S | 从机地址 | 1 | A | 数据 | A | 数据 | $\overline{A}$ | P |

③ 在传送过程中,当需要改变传送方向时,起始信号和从机地址都被重复产生一次,但两次的读/写方向位正好反向。传送数据格式如下:

| S | 从机地址 | 0 | A | 数据 | A/$\overline{A}$ | S | 从机地址 | 1 | A | 数据 | $\overline{A}$ | P |

IIC 总线的寻址在协议中有如下明确的规定:采用 7 位的寻址字节(寻址字节是起始信号后的第一个字节),寻址字节的位定义如下:

| D7 | D6 | D5 | D4 | D3 | D2 | D1 | D0 |
|---|---|---|---|---|---|---|---|
| 从机地址 | | | | | | | R/$\overline{W}$ |

其中 D7~D1 位组成从机的地址。D0 位是数据传送方向位,为"0"时表示主机向从机写数据,为"1"时表示主机由从机读数据。主机发送地址时,总线上的每个从机都将这 7 位地址码与自己的地址进行比较,如果相同,则认为自己正被主机寻址,根据 R/$\overline{W}$ 位将自己确定为发送器或接收器。从机的地址由固定部分和可编程部分组成。在一个系统中可能希望接入多个相同的从机,从机地址中可编程部分决定了该类器件可接入总线的最大数目。

由于本设计采用的 AT89C51 单片机没有 IIC 总线接口，所以要通过模拟来实现，利用软件实现 IIC 总线的数据传送，即实现软件与硬件结合的信号模拟。为了保证数据传送的可靠性，标准的 IIC 总线数据传送有严格的时序要求。IIC 总线的起始信号、终止信号、发送"0"及发送"1"的模拟时序如图 10-8 所示。

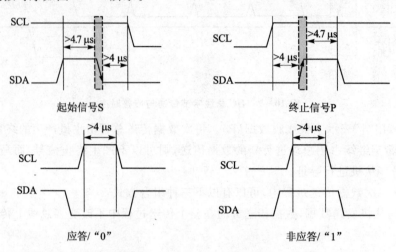

图 10-8　IIC 总线数据传送模拟时序

**4. TEA5767 模块部分原理图**

如图 10-9 所示，R2 和 R3 是 IIC 总线的数据线和时钟线的上拉电阻，C5 是天线的匹配电容，天线用 30 cm 左右的铜导线代替。E1 是外接天线，C6、C7 和 R4、R5 构成音频输出网络，8 脚接地，选择为工作模式。模块 10 脚接单片机 P2.0，模块 9 脚接单片机 P2.1。

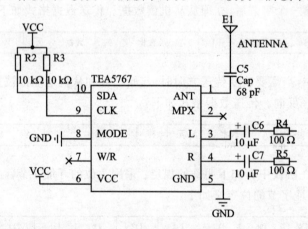

图 10-9　TEA5767 模块部分原理图

## 10.3.3　功放模块

TDA2030 是美国国家半导体公司推出的一款单声道 A 类音频放大芯片功放集成电路，它采用 TO—220 封装，外围器件少，性能优异，并且具有频率响应宽和速度快等特点，很适合用于音频放大电路中。其电路原理图如图 10-10 所示。

# 第 10 章 单片机控制的数字 FM 收音机

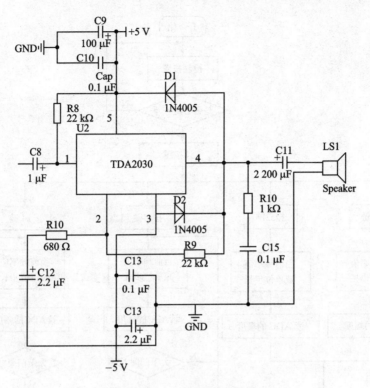

图 10-10 功放电路原理图

## 10.4 软件设计

本节介绍如何在前面实现的硬件平台上实现软件设计过程。首先介绍软件设计的流程。

### 10.4.1 软件设计流程

软件采用可移植性强的 C 语言来设计,主要由两大部分组成:一个是模拟 IIC 总线程序,另一个是对芯片寄存器进行操作的主程序。

对芯片寄存器进行操作的关键是设置接收频率,接收频率的设置参数可以通过下式得到,即

$$PLL=[4\times(f_{RF}+f_{IR})]/f_{REFS}$$

式中:$f_{RF}$ 为接收频率(单位 kHz);$f_{IR}$ 为中频(TEA5767 为 225 kHz);$f_{REFS}$ 为参考频率(由 TEA5767 外接晶振而定),本设计外接 32.768 kHz 晶振。

软件设计的核心是单片机与 TEA5767 的通信,单片机通过 IIC 总线向 TEA5767 写入相关参数来控制无线 FM 模块运行,实现对 TEA5767 的频率选择。TEA5767 的软件读/写控制流程如图 10-11 所示。

本系统总的程序流程图如图 10-12 所示。

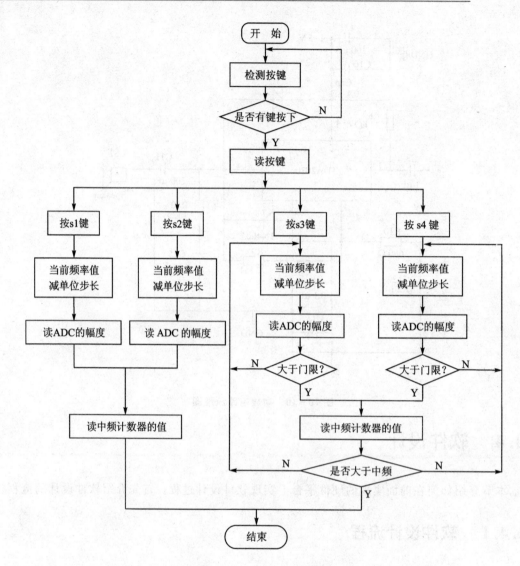

图 10-11 软件设计流程图

## 10.4.2 程序代码及注释

根据软件流程图,写出相应的程序如下。

(1) 主程序

```
#include <reg52.h>
#include <stdio.h>
#include <stdlib.h>
#include <string.h>
#include "uart.h"                //添加串口头文件
#include "I2C.h"                 //添加 IIC 头文件
sbit s1 = P3^4;                  //手动减小键 P3.4 口
```

## 第 10 章 单片机控制的数字 FM 收音机

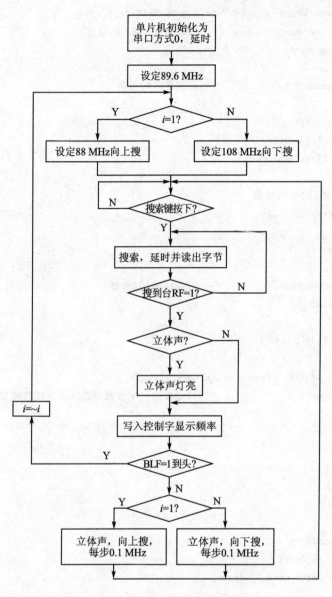

图 10-12 系统软件程序流程图

```
sbit s2 = P3^5;                    //手动增加键 P3.5 口
sbit s3 = P3^6;                    //自动减小键 P3.6 口
sbit s4 = P3^7;                    //自动增加键 P3.7 口
#define max_freq 108000            //最大接收频率 108 MHz,这里的单位是 kHz
#define min_freq 87500             //最小接收频率 87.5 MHz
unsigned int max_pll = 0x339B;     //108 MHz 时的 PLL,芯片内部寄存器有 14 位用于设置频率
unsigned int min_pll = 0x299D;     //87.5 MHz 时的 PLL
```

/* 要写入 TEA5767 的数据,数据字节 1 是 0x2A,左右声道正常工作,不采用搜索模式,第一字节后 6 位和第二字节为 PLL 频率设定,初始频率设定为 89.8 MHz;第三字节 0x40 为设定搜索停止标准,ADC 输出值大小为 7 时停止搜索;第四字节 0x11 是设定晶振频率为 32.786 MHz,SWPORT1 输出准备好信号;第五字节是 6.5 MHz 锁相环参考频率关闭 */

```c
unsigned char radio_write_data[5] = {0x2A,0xB6,0x40,0x11,0x40};
unsigned char radio_read_data[5];          //TEA5767 读出的状态
unsigned long frequency;
unsigned int pll;
void delay_ms(unsigned int i)              //毫秒延时函数
{
    unsigned int j,k;
    for(j = i;j>0;j-- )
        for(k = 125;k>0;k-- );
}
//延时片刻后通过 IIC 写入数据
void radio_write(void)
{
    unsigned char i;
    iic_start();
    iic_write8bit(0xC0);                   //TEA5767 写地址
    if(!iic_testack())
    {
        for(i = 0;i<5;i ++ )
        {
            iic_write8bit(radio_write_data[i]);
            iic_ack();                     //每发送一字节都要进行总线应答测试
        }
    }
    iic_stop();
}
//由频率计算 PLL
void get_pll(void)
{
    unsigned char hlsi;
    unsigned int twpll = 0;
    hlsi = radio_write_data[2]&0x10;
    if(hlsi)
        pll = (unsigned int)((float)((frequency + 225) * 4)/(float)32.768);   //频率单位:kHz
    else
        pll = (unsigned int)((float)((frequency - 225) * 4)/(float)32.768);   //频率单位:kHz
}
//由 PLL 计算频率
void get_frequency(void)
{
    unsigned char hlsi;
    unsigned int npll = 0;
    npll = pll;
    hlsi = radio_write_data[2]&0x10;
    if(hlsi)
```

## 第10章 单片机控制的数字FM收音机

```c
        frequency = (unsigned long)((float)(npll) * (float)8.192 - 225);    //频率单位:kHz
    else
        frequency = (unsigned long)((float)(npll) * (float)8.192 + 225);    //频率单位:kHz
}
//读TEA5767状态,并转换成频率
void radio_read(void)
{
    unsigned char i;
    unsigned char temp_l,temp_h;
    pll = 0;
    iic_start();
    iic_write8bit(0xC1);               //TEA5767读地址
    if(!iic_testack())
    {
        for(i = 0;i<5;i++)
        {
            radio_read_data[i] = iic_read8bit();
            iic_ack();                 //总线应答
        }
    }
    iic_stop();
    temp_l = radio_read_data[1];
    temp_h = radio_read_data[0];
    temp_h& = 0x3F;
    pll = temp_h * 256 + temp_l;
    get_frequency();
}
/*手动设置频率,mode = 1时为 + 0.01 MHz; mode = 0时为 - 0.01 MHz,不用考虑TEA5767用于搜台的相
关位SM和SUD*/
void search(bit mode)                  //模式输入在P3.4和P3.5口
{
    radio_read();
    if(mode)
    {
        frequency += 10;               //每次增加10 kHz
        if(frequency>max_freq)
            frequency = min_freq;      //如果超过最高频率,那么就回到最低频率重新搜索
    }
    else
    {
        frequency -= 10;
        if(frequency<min_freq)
            frequency = max_freq;      /*如果低于最低频率,那么就回到最高频率向下进行减搜索*/
    }
    get_pll();
```

```c
        radio_write_data[0] = pll/256;      //得到PLL设定位的高位
        radio_write_data[1] = pll % 256;    //得到PLL设定位的低位
        radio_write_data[2] = 0x41;         //设定搜索停止
        radio_write_data[3] = 0x11;         //设定晶振频率
        radio_write_data[4] = 0x40;         //关6.5 MHz锁相环参考频率
        radio_write();
}
//自动搜台,mode = 1时频率增加搜台;mode = 0时频率减小搜台,但这个好像不能循环搜台
void auto_search(bit mode)
{
        radio_read();
        if(mode)
        {
                radio_write_data[2] = 0xB1;  //当ADC输出值为7时停止搜索
                frequency += 20;              //搜索频率间隔为20 kHz
                if(frequency>max_freq)
                        frequency = min_freq;
        }
        else
        {
                radio_write_data[2] = 0x41;
                frequency -= 20;
                if(frequency<min_freq)
                        frequency = max_freq;
        }
        get_pll();
        radio_write_data[0] = pll/256 + 0x40;   //加0x40是将SM置为1为自动搜索模式
        radio_write_data[1] = pll % 256;
        radio_write_data[3] = 0x11;             //SSL1和SSL0控制搜索停止条件
        radio_write_data[4] = 0x40;
        radio_write();
        radio_read();
        while(!(radio_read_data[0]&0x80))       //搜台成功标志
        {
                radio_read();
        }
}
void main()
{
        P3 = 0xFF;
        UART_Init();
        radio_write();
        while(1)
        {
                if(s1 == 0)
```

# 第 10 章　单片机控制的数字 FM 收音机

```
        {   delay_ms(1);                //按键去抖动
            if(s1 == 0)
            {
                while(s1 == 0);
                search(0);
                send_fre(frequency);
            }
        }
        if(s2 == 0)
        {   delay_ms(1);
            if(s2 == 0)
            {
                while(s2 == 0);
                search(1);
                send_fre(frequency);
            }
        }
        if(s3 == 0)
        {   delay_ms(1);
            if(s3 == 0)
            {
                auto_search(0);
                send_fre(frequency);
            }
        }
        if(s4 == 0)
        {   delay_ms(1);
            if(s4 == 0)
            {
                auto_search(1);
                send_fre(frequency);
            }
        }
    }
}
```

（2）模拟 IIC 总线协议程序

```
sbit SDA = P2^0;                //数据输出接口定义为 P2.0 口
sbit SCL = P2^1;                //时钟输出接口定义为 P2.1 口
void Delayus(unsigned int number)
{
    while(number -- );
}
void DelayMs(unsigned int number)
{
```

```c
    unsigned char temp;
    for(;number!=0;number--)
    {
        for(temp=112;temp!=0;temp--);
        {}
    }
}
void iic_start()
{
    SDA = 1;
    Delayus(4);
    SCL = 1;
    Delayus(4);
    SDA = 0;
    Delayus(4);
    SCL = 0;
    Delayus(4);
}
void iic_stop()
{
    SCL = 0;
    Delayus(4);
    SDA = 0;
    Delayus(4);
    SCL = 1;
    Delayus(4);
    SDA = 1;
    Delayus(4);
}
void iic_ack()
{
    SDA = 0;
    Delayus(4);
    SCL = 1;
    Delayus(4);
    SCL = 0;
    Delayus(4);
    SDA = 1;
    Delayus(4);
}
void iic_NoAck()
{
    SDA = 1;
    Delayus(4);
    SCL = 1;
```

```c
    Delayus(4);
    SCL = 0;
    Delayus(4);
    SDA = 0;
}
bit iic_testack()
{
    bit ErrorBit;
    SDA = 1;
    Delayus(4);
    SCL = 1;
    Delayus(4);
    ErrorBit = SDA;
    Delayus(4);
    SCL = 0;
    return ErrorBit;
}
void iic_write8bit(unsigned char input)
{
    unsigned char temp;
    for(temp = 8;temp!= 0;temp -- )
    {
        SDA = (bit)(input&0x80);
        Delayus(4);
        SCL = 1;
        Delayus(4);
        SCL = 0;
        Delayus(4);
        input = input<<1;
    }
}
unsigned char iic_read8bit()
{
    unsigned char temp,rbyte = 0;
    for(temp = 8;temp!= 0;temp -- )
    {
        SCL = 1;
        Delayus(4);
        rbyte = rbyte<<1;
        rbyte = rbyte|((unsigned char)SDA);
        SCL = 0;
    }
    return rbyte;
}
```

(3) 串口通信头文件程序(参考)

```
/* --------------------------
函数名: UART_Init()
功能:   串口初始化
        通信有关参数初始化
        将串口波特率设定为 9 600 bps
   -------------------------*/
void UART_Init()                    /* 通信有关参数初始化 */
{
    PCON &= 0x7F;
    TH1 = 0xFD;                     /* 设置 T1 */
    TL1 = 0xFD;                     /* 选择通信速率 */
    TMOD = 0x21;                    /* T1 = MODE2, T0 = MODE1 */
    PS = 1;                         /* 优先级设置 */
    EA = 1;
    ET1 = 0;
    SM0 = 0;
    SM1 = 1;                        /* SM0 = 0, SM1 = 1, 模式 1, 10 位 */
    SM2 = 0;                        /* 无校验 */
    TR1 = 1;
    REN = 1;
    RI = 0;
    TI = 0;
    ES = 1;
}
/* ----------------------------
函数名: send()
功能: 用户函数, 发送一字节数据
   ----------------------------*/
void send(unsigned char mydata)
{
    ES = 0;
    TI = 0;
    SBUF = mydata;
    while(!TI);
    TI = 0;
    ES = 1;
}
/* ----------------------------
函数名: send_s()
功能: 用户函数, 发送一个字符串
   ----------------------------*/
void comm(char * parr)
{
    do
```

第 10 章　单片机控制的数字 FM 收音机

```
    {
        SBUF = * parr ++ ;          //发送数据
        while(!TI);                 //等待发送完成标志为1
        TI = 0;                     //标志清零
    }while( * parr);                //保持循环直到字符为 '\0'
}
void send_fre(unsigned long f)
{
    float a;unsigned char buf[20];
    a = ((float)f)/1000;
    sprintf(buf,"fre: % f \r\n\0",a);
    comm(buf);
}
```

## 10.5　实例总结

　　本章详细介绍了数字 FM 收音机的设计过程。该收音机的设计具有电路简单易懂、体积小、易调谐的特点,同时该收音机系统还具有抗干扰能力强、频带宽、音质好的优点。在本系统设计中,无线 FM 模块的选择较为关键,这里采用相关厂家生产的 TEA5767 模块来实现比较省时省力。此外读者在学习时,应该重点掌握 TEA5767 寄存器的含义及使用。

# 第 11 章
# 具有语音报时功能的电子时钟系统

电子时钟系统是采用数字电路实现对年、月、日、时、分、秒进行数字显示的技术装置,广泛用在家庭、车站、办公室等多种场所,成为日常生活中不可缺少的必需品。例如壁挂式 LED 数码管显示的日历钟逐渐受到人们的欢迎。LED 数字显示的日历钟,其显示清晰直观,可以夜视,且还可以扩展出多种功能。本文将实现具有语音报时功能的电子时钟。下面首先对该系统的组成和功能做一概要说明。

## 11.1 实例说明

该系统主要是单片机读取时钟芯片的时间信息,然后将该信息一方面通过 LED 数码管显示出来,另一方面通过语音芯片以语音的方式播放出来;此外,用户通过按键可以设置时间和控制语音。

本系统以单片机为核心,结合 DS1302 时钟电路模块、ISD1760 语音电路模块、LED 数码管显示模块、按键控制模块和一些辅助电路模块来实现整体的功能。整个系统的框图如图 11-1 所示。

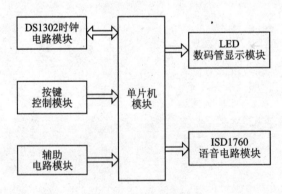

图 11-1 系统框图

在该系统中,DS1302 时钟模块可以对年、月、日、时、分、秒进行计数,且具有闰年补偿等多种功能。单片机可以对时间信息做更进一步的处理,例如阴历和阳历的转换等。ISD1760 模块可以对当前时间进行语音报时,也可以通过按键来调整时间,这样就组成了一个集多功能于一体的电子时钟。

## 11.2 设计思路分析

在本系统中,按功能要求的划分可将具有语音报时功能的电子时钟分为三大部分:时间处理部分、时间计算与调整部分和时间显示部分,如图 11-2 所示。根据每部分要实现的功能,选择合适的硬件电路,编写相应的程序。最终把这三部分有机地组合到一起,实现设计所要求的全部功能。

本设计的关键方面有:

① 有精确的时钟源,能够准确计时;同时能对时间进行调整,以保证系统上电后能有一个准确的起始时间。

② 系统需要一个显示模块,以便实时、直观地显示当前时间。

③ 同时还需要一个语音播报模块,可将当前时间读取出来,并以语音的形式准确地播放出来。

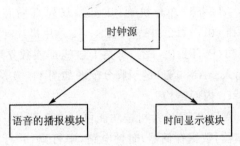

图 11-2 电子时钟三大部分

## 11.3 硬件设计

前面分析了系统的总体工作原理,使读者对各个模块的功能有了清楚的了解,接下来开始介绍如何对整个系统中功能模块的硬件电路进行设计。

### 11.3.1 系统电源模块

本系统采用的是 7805 电压转换芯片,它可以得到稳定的 5 V 电源,如图 11-3 所示。

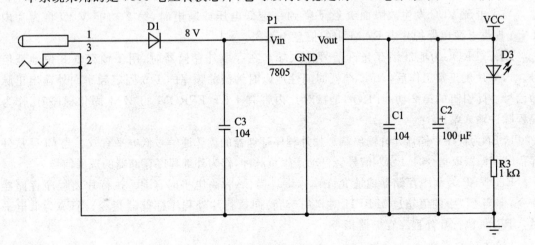

图 11-3 系统电源模块电路

## 11.3.2 单片机模块

本系统采用的是 AT89S52 芯片,其片内 ROM 全都采用 Flash ROM,它能以 3 V 的超低压工作;同时也与 MCS-51 系列单片机完全兼容。该芯片内部的存储器为 8 KB ROM 存储空间,同样具有 89C51 的功能,还具有在线编程可擦除技术,当对电路进行调试时,如果是为了修改程序错误或给程序新增功能而需要对芯片烧入程序时,则不需要多次拔插芯片,这样就不会对芯片造成损坏。

AT89S52 单片机为 40 引脚双列直插芯片,有 4 个 I/O 口 P0、P1、P2 和 P3,MCS-51 单片机共有 4 个 8 位的 I/O 口(P0,P1,P2,P3),每条 I/O 线都能独立地作为输出或输入。AT89S52 的引脚分配图如图 11-4 所示。

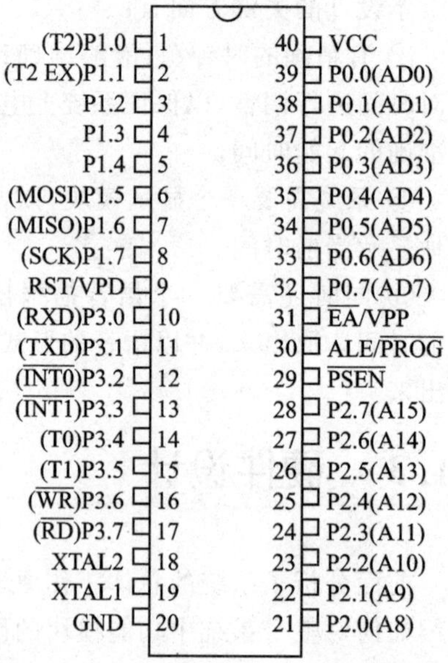

**1. 内部结构**

AT89S52 单片机按功能可分为 8 部分:CUP,程序存储器,数据存储器,时钟电路,串行口,并行 I/O 口,中断系统,定时器/计数器。

**2. 引脚定义及功能**

(1) 电源及时钟引脚

VCC 接 +5 V 电源。

GND 接地。

XTAL1 和 XTAL2 为时钟引脚,外接晶体引线端。当使用芯片内部时钟时,此两引脚端用于外接石英晶体和微调电容;当使用外部时钟时,用于接外部时钟脉冲信号。

图 11-4 AT89S52 单片机引脚分配

(2) 控制引脚

RST/VPD。RST 是复位信号输入端,VPD 是备用电源输入端。当 RST 输入端保持 2 个机器周期以上高电平时,单片机完成复位初始化操作。

当主电源 VCC 发生故障而突然下降到一定低电压或断电时,第 2 功能 VPD 将为片内 RAM 提供电源以保护片内 RAM 中的信息不丢失。

ALE/$\overline{PROG}$ 为地址锁存允许信号输入端。在存取外存储器时,用于锁存低 8 位地址信号。当单片机正常工作后,ALE 端就周期性地以时钟振荡频率的 1/6 固定频率向外输出正脉冲信号。此引脚的第 2 功能 $\overline{PROG}$ 是在对片内带有 4 KB EPROM 的 8751 固化程序时,作为编程脉冲输入端。

$\overline{PSEN}$ 为程序存储器允许输出端。片外程序存储器的读选通信号低电平有效。当 CPU 从外部程序存储器取指令时,$\overline{PSEN}$ 信号会自动产生负脉冲,作为外部程序存储器的选通信号。

$\overline{EA}$/VPP 为程序存储器地址允许输入端。当 $\overline{EA}$ 为高电平时,CPU 执行片内程序存储器指令,但当 PC 中的值超过 0FFFH 时,将自动转向执行片外程序存储器指令;当 $\overline{EA}$ 为低电平时,CPU 只执行片外程序存储器指令。

(3) I/O 口引脚

P0.0~P0.7 为 P0 口 8 位双向 I/O 口。

## 第11章 具有语音报时功能的电子时钟系统

P1.0~P1.7 为 P1 口 8 位准双向 I/O 口。

P2.0~P2.7 为 P2 口 8 位准双向 I/O 口。

P3.0~P3.7 为 P3 口 8 位准双向 I/O 口。

**3. 片外总线结构**

片外总线结构分为三部分：数据总线 Data Bus(DB)、地址总线 Address Bus (AB)和控制总线 Control Bus(CB)。

**4. AT89S52 的主要特性**

- 0~240 h 的数据记录容量；
- 兼容 MCS - 51 产品；
- 8 KB 可擦写 1 000 次的在线可编程 ISP 闪存；
- 3.0~5.5 V 的工作电压范围；
- 0 Hz~24 MHz 全静态工作；
- 3 级程序存储器加密；
- 256 B 内部 RAM；
- 32 条可编程 I/O 线；
- 3 个 16 位定时器/计数器；
- 8 个中断源；
- UART 串行通道；
- 低功耗空闲方式和掉电方式；
- 通过中断终止掉电方式；
- 看门狗定时器；
- 双数据指针；
- 灵活的在线编程(字节和页模式)。

本系统中的单片机以及辅助电路如图 11-5 所示。

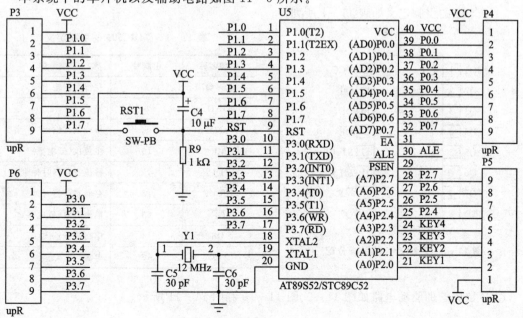

图 11-5 单片机以及辅助电路

### 11.3.3 LED 显示模块

本系统采用八段 LED 数码管动态扫描方式,之所以采用动态扫描方式,是为了使之在与单片机连接时占用单片机的 I/O 口最少。

**1. 显示器的结构**

常用的七段显示器的结构如图 11-6 所示,发光二极管的阳极连在一起的称为共阳极显示器,阴极连在一起的称为共阴显示器。1 位显示器由 8 个发光二极管组成,其中 7 个发光二极管的 a～g 控制 7 个笔画的亮或暗,另一个 DP 控制 1 个小数点的亮和暗,这种笔画的七段显示器能显示的字符较少,字符的形状有些失真,但施控简单,使用方便。

**2. LED 数码管**

LED 数码管的引脚分布如图 11-7 所示。

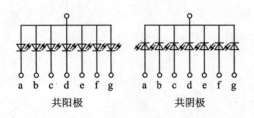

图 11-6 七段显示器的结构

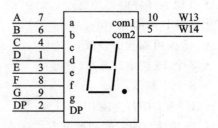

图 11-7 LED 数码管的引脚分布

在该模块中,LED 数码管是以动态扫描的方式显示的,单片机把要显示的数据以 8 位串行的形式发给 74HC595,74HC595 把串行数据转换成并行数据送给 LED 数码管显示。

74HC595 的引脚分配如图 11-8 所示。

74HC595 的引脚定义如表 11-1 所列。

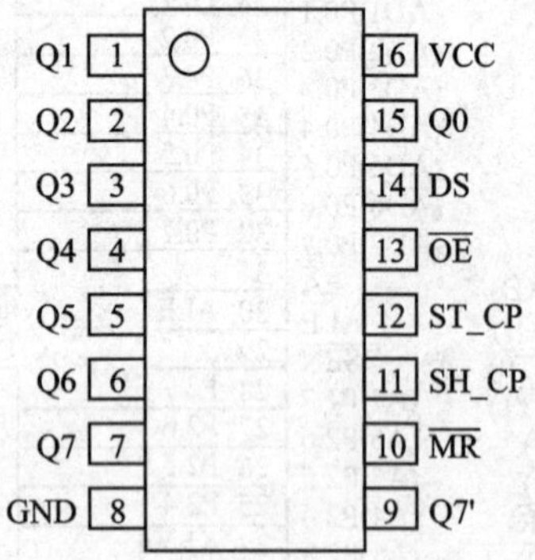

表 11-1 74HC595 的引脚定义

| 引脚名称 | 引脚号 | 描 述 |
|---|---|---|
| Q0～Q7 | 15,1～7 | 并行数据输出 |
| GND | 8 | 地 |
| Q7′ | 9 | 串行数据输出 |
| MR | 10 | 主复位(低电平) |
| SH_CP | 11 | 移位寄存器时钟输入 |
| ST_CP | 12 | 存储寄存器时钟输入 |
| OE | 13 | 输出有效(低电平) |
| DS | 14 | 串行数据输入 |
| VCC | 16 | 电源 |

图 11-8 74HC595 的引脚分配

LED 数码管的驱动电路如图 11-9、图 11-10 和图 11-11 所示。

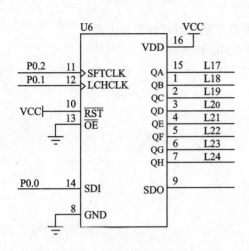

图 11-9　LED 数码管的驱动电路 1

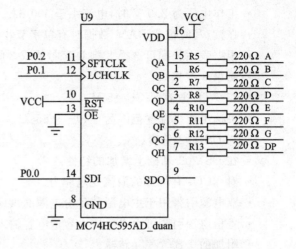

图 11-10　LED 数码管的驱动电路 2

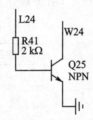

图 11-11　LED 数码管的驱动电路 3

## 11.3.4　时钟电路模块

本系统采用 DS1302 时钟芯片实现时钟。DS1302 芯片是一种高性能的时钟芯片,是 DALLAS 公司推出的涓流充电时钟芯片,内含一个实时时钟/日历和 31 B 静态 RAM,可通过简单的串行接口与单片机进行通信。实时时钟/日历电路提供秒、分、时、月、年的信息,每月的天数和闰年的天数可自动调整,时钟操作可通过 AM/PM 指示来决定采用 24 或 12 小时格式。DS1302 与单片机之间能简单地采用同步串行的方式进行通信。DS1302 工作时的功耗很低,保持数据和时钟信息时的功率小于 1 mW。双电源引脚用于主电源和备份电源的供应。VCC1 为可编程充电电源,附加 7 B 存储器,广泛应用于电话、传真、便携式仪器以及电池供电的仪器仪表等产品。

**1. DS1302 芯片的主要性能指标**

下面将 DS1302 芯片的主要性能指标综合归纳如下:

- 实时时钟具有能计算 2100 年之前的秒、分、时、日、星期、月、年的能力,还具有闰年调整的能力。
- 31 个 8 位暂存数据存储 RAM。
- 串行 I/O 口方式使得引脚数量最少。
- 2.0～5.5 V 的宽范围工作电压。

- 工作电压为 2.0 V 时,电流小于 300 nA。
- 在读/写时钟或 RAM 数据时有单字节和多字节字符组两种传送方式。
- 根据表面装配可选择 8 脚 DIP 封装或 8 脚 SOIC 封装。
- 简单 3 线接口。
- 与 TTL 兼容,VCC=5 V。
- 可选工业级温度范围为 −40~+85 ℃。
- 与 DS1202 兼容。
- 在 DS1202 基础上增加的特性。
- 对 VCC1 有可选的涓流充电能力。
- 双电源引脚用于主电源和备份电源的供应。
- 备份电源引脚可由电池或大容量电容输入。
- 附加的 7 B 暂存存储器。

**2. DS1302 的结构及工作原理**

DS1302 的引脚分配图如图 11-12 所示,引脚描述如表 11-2 所列。

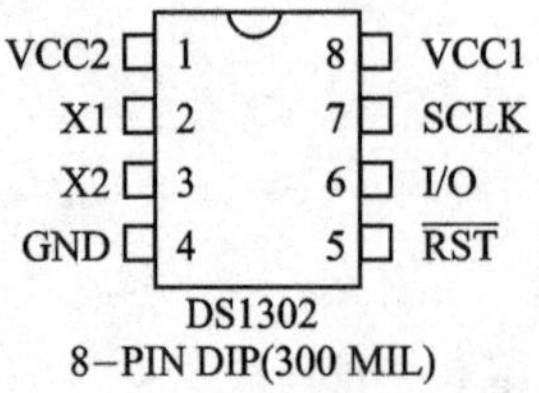

图 11-12 DS1302 的引脚分配

表 11-2 DS1302 的引脚功能描述

| 引脚号 | 引脚名称 | 定义 |
| --- | --- | --- |
| 1,8 | VCC2,VCC1 | 电源供电引脚 |
| 2,3 | X1,X2 | 32.768 kHz 晶振引脚 |
| 4 | GND | 地 |
| 5 | $\overline{RST}$ | 复位脚 |
| 6 | I/O | 数据输入/输出引脚 |
| 7 | SCLK | 串行时钟引脚 |

在如图 11-12 所示的 DS1302 的引脚排列中,VCC1 为后备电源,VCC2 为主电源。在主电源关闭的情况下,也能保持时钟的连续运行。DS1302 由 VCC1 或 VCC2 两者中较大者供电。当 VCC2 大于 VCC1+0.2 V 时,VCC2 给 DS1302 供电。当 VCC2 小于 VCC1 时,DS1302 由 VCC1 供电。X1 和 X2 是振荡源,外接 32.768 kHz 晶振。$\overline{RST}$是复位/片选线,通过把$\overline{RST}$输入驱动置高电平来启动所有的数据传送。$\overline{RST}$输入有两种功能:首先,$\overline{RST}$接通控制逻辑,允许地址/命令序列送入移位寄存器;其次,$\overline{RST}$提供终止单字节或多字节数据的传送手段。当$\overline{RST}$为高电平时,所有的数据传送被初始化,允许对 DS1302 进行操作。如果在传送过程中$\overline{RST}$置为低电平,则会终止此次数据传送,I/O 引脚变为高阻态。上电运行时,在 VCC≥2.5 V 之前,$\overline{RST}$必须保持低电平。只有在 SCLK 为低电平时,才能将$\overline{RST}$置为高电平。I/O 为串行数据输入/输出端(双向),后面有详细说明。SCLK 始终是输入端。

在控制指令字输入后的下一个 SCLK 时钟的上升沿,I/O 脚的数据被写入 DS1302,数据输入从低位即位 0 开始。同样,在紧跟 8 位控制指令字后的下一个 SCLK 脉冲的下降沿读出 DS1302 的数据,读出数据也是从低位即位 0 开始到高位即位 7。

如图 11-13 所示为 DS1302 在系统模块中的电路。

# 第 11 章 具有语音报时功能的电子时钟系统

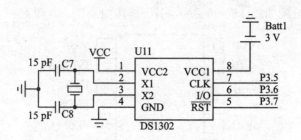

图 11-13 DS1302 在系统模块中的电路

## 11.3.5 语音报时模块

本系统采用的是 ISD1700 系列芯片,该芯片是华邦公司新近推出的单片优质语音录放电路,能提供多项新功能,包括内置专利的多信息管理系统、新信息提示(vAlert)、双运作模式(独立 & 嵌入式),以及可定制的信息操作指示音效。芯片内部包含自动增益控制、麦克风前置放大器、扬声器驱动电路及振荡器与内存等的全方位整合系统功能。ISD1760 的特点如下:

- 可录、放音十万次,存储内容可以断电保留一百年。
- 两种控制方式,两种录音输入方式,两种放音输出方式,2.0~5.5 V 的宽范围工作电压。
- 可处理多达 255 段以上信息。
- 有丰富多样的工作状态提示。
- 多种采样频率对应多种录放时间。
- 音质好,电压范围宽,应用灵活,价廉物美。

根据 ISD1760 的特性,可以利用震荡电阻来自己确定芯片的采样频率,从而决定芯片的录放时间和录放音质。ISD1760 的内部结构如图 11-14 所示。

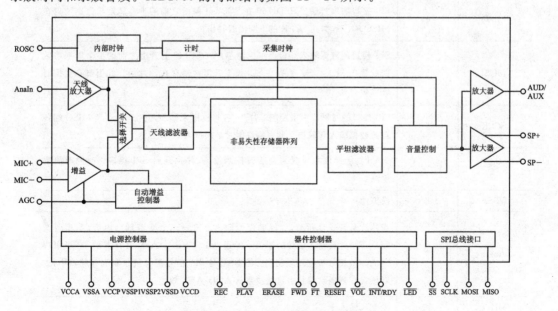

图 11-14 ISD1760 的内部结构

ISD1760 的引脚分配如图 11-15 所示,引脚描述如表 11-3 所列。

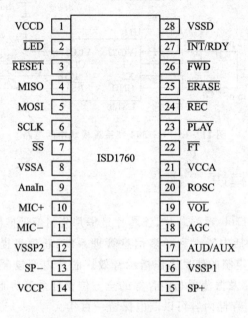

图 11-15 ISD1760 的引脚分配

表 11-3 ISD1760 的引脚功能描述

| 引脚名称 | 引脚号 | 功 能 |
| --- | --- | --- |
| VCCD | 1 | 数字电路电源 |
| $\overline{\text{LED}}$ | 2 | LED 指示信号输出 |
| $\overline{\text{RESET}}$ | 3 | 芯片复位 |
| MISO | 4 | SPI 接口的串行输出,ISD1760 在 SCLK 下降沿之前的半个周期将数据放置在 MISO 端。数据在 SCLK 的下降沿时移出 |
| MOSI | 5 | SPI 接口的数据输入端口。主控制芯片在 SCLK 上升沿之前的半个周期将数据放置在 MOSI 端。数据在 SCLK 上升沿被锁存在芯片内。此引脚在空闲时应该被拉高 |
| SCLK | 6 | SPI 接口的时钟。由主控制芯片产生,并被用来同步芯片 MOSI 和 MISO 端各自的数据输入和输出。此引脚空闲时必须拉高 |
| $\overline{\text{SS}}$ | 7 | 为低时,选择该芯片成为当前被控制设备,并且开启 SPI 接口。空闲时需要拉高 |
| VSSA | 8 | 模拟地 |
| AnaIn | 9 | 当芯片录音或直通时,为辅助模拟输入。需要一个交流耦合电容(典型值为 0.1 μF),并且输入信号的幅值不能超出 1.0 VPP。APC 寄存器的 D3 可以决定 AnaIn 信号会立刻录制到存储器中,与 Mic 信号混合被录制到存储器中,或者被缓存到喇叭端经由直通线路从 AUD/AUX 输出 |
| MIC+ | 10 | 麦克风输入+ |

续表 11-3

| 引脚名称 | 引脚号 | 功　能 |
| --- | --- | --- |
| MIC- | 11 | 麦克风输入- |
| VSSP2 | 12 | 负极 PWM 喇叭驱动器 |
| SP- | 13 | 喇叭输出- |
| VCCP | 14 | PWM 喇叭驱动器电源 |
| SP+ | 15 | 喇叭输出+ |
| VSSP1 | 16 | 正极 PWM 喇叭驱动器 |
| AUD/AUX | 17 | 辅助输出,决定于 APC 寄存器的 D7,用来输出一个 AUD 或 AUX。AUD 是一个单端电流输出,而 AUX 则是一个单端电压输出。两者能够被用来驱动一个外部扬声器。出厂默认设置为 AUD。APC 寄存器的 D9 可以使其掉电 |
| AGC | 18 | 自动增益控制 |
| $\overline{VOL}$ | 19 | 音量控制 |
| ROSC | 20 | 振荡电阻 ROSC 用一个电阻连接到地,它决定芯片的采样频率 |
| VCCA | 21 | 模拟电路电源 |
| $\overline{FT}$ | 22 | 在独立芯片模式下,当 $\overline{FT}$ 一直为低时,AnaIn 直通线路被激活。AnaIn 信号被立刻从 AnaIn 经由音量控制线路发射到喇叭以及 AUD/AUX 输出。该引脚有一个内部上拉设备和一个内部防抖动设计,当在 SPI 模式下,SPI 无视这个抖动输入,而且直通线路被 APC 寄存器控制,允许使用按键开关来控制搜索开始和结束 |
| $\overline{PLAY}$ | 23 | 播放控制端 |
| $\overline{REC}$ | 24 | 录音控制端 |
| $\overline{ERASE}$ | 25 | 擦除控制端 |
| $\overline{FWD}$ | 26 | 快进控制端 |
| $\overline{INT}/RDY$ | 27 | 一个开路输出。独立模式下,该引脚在录音、放音、擦除和快进操作时保持为低;当保持为高时即进入空闲状态。在 SPI 模式下,在完成 SPI 命令后会产生一个低信号的中断。一旦中断消除,该引脚变回高 |
| VSSD | 28 | 数字地 |

ISD1760 有两种控制模式,一种是 SPI 总线控制模式,另一种是独立按键控制模式。在本系统中采用 SPI 总线控制模式,单片机可以通过 SPI 总线直接发送各种控制命令,这样更方便灵活。ISD1760 的 SPI 接口时序如图 11-16 所示。

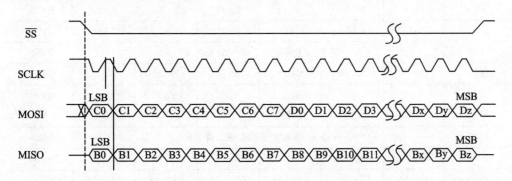

图 11-16　ISD1760 的 SPI 接口时序

单片机在通过 SPI 总线对 ISD1760 进行操作时,有着固定的数据格式和发送数据的先后顺序,命令和数据的发送顺序如表 11-4 所列。

表 11-4　SPI 总线命令和数据的发送顺序

| MSB | | | | | | | LSB |
|---|---|---|---|---|---|---|---|
| 字节 1：命令字节 | | | | | | | |
| Bit 7 | Bit 6 | Bit 5 | Bit 4 | Bit 3 | Bit 2 | Bit 1 | Bit 0 |
| C7 | C6 | C5 | C4 | C3 | C2 | C1 | C0 |
| MSB | | | | | | | LSB |
| 字节 2：数据字节 1 | | | | | | | |
| Bit 15 | Bit 14 | Bit 13 | Bit 12 | Bit 11 | Bit 10 | Bit 9 | Bit 8 |
| X/D7 | X/D6 | X/D5 | X/D4 | X/D3 | X/D2 | X/D1 | X/D0 |
| MSB | | | | | | | LSB |
| 字节 3：数据字节 2/起始地址字节 1 | | | | | | | |
| Bit 23 | Bit 22 | Bit 21 | Bit 20 | Bit 19 | Bit 18 | Bit 17 | Bit 16 |
| X/S7 | X/S6 | X/S5 | X/S4 | D11/S3 | D10/S2 | D9/S1 | D8/S0 |
| MSB | | | | | | | LSB |
| 字节 4：数据字节 3/起始地址字节 2 | | | | | | | |
| Bit 31 | Bit 30 | Bit 29 | Bit 28 | Bit 27 | Bit 26 | Bit 25 | Bit 24 |
| X | X | X | X | X | S10 | S9 | S8 |
| MSB | | | | | | | LSB |
| 字节 5：结束地址字节 1 | | | | | | | |
| Bit 39 | Bit 38 | Bit 37 | Bit 36 | Bit 35 | Bit 34 | Bit 33 | Bit 32 |
| E7 | E6 | E5 | E4 | E3 | E2 | E1 | E0 |
| MSB | | | | | | | LSB |
| 字节 6：结束地址字节 2 | | | | | | | |
| Bit 47 | Bit 46 | Bit 45 | Bit 44 | Bit 43 | Bit 42 | Bit 41 | Bit 40 |
| X | X | X | X | X | E10 | E9 | E8 |
| MSB | | | | | | | LSB |
| 字节 7：结束地址字节 3 | | | | | | | |
| Bit 55 | Bit 54 | Bit 53 | Bit 52 | Bit 51 | Bit 50 | Bit 49 | Bit 48 |
| X | X | X | X | X | X | X | X |
| LSB | | | | | | | MSB |
| 字节 1：状态寄存器 0(低字节) | | | | | | | |
| Bit 0 | Bit 1 | Bit 2 | Bit 3 | Bit 4 | Bit 5 | Bit 6 | Bit 7 |
| CMD_Err | 存满 | 上电 | 使能位 | 中断 | A0 | A1 | A2 |
| LSB | | | | | | | MSB |
| 字节 2：状态寄存器 0(高字节) | | | | | | | |
| Bit 8 | Bit 9 | Bit 10 | Bit 11 | Bit 12 | Bit 13 | Bit 14 | Bit 15 |
| A3 | A4 | A5 | A6 | A7 | A8 | A9 | A10 |
| LSB | | | | | | | MSB |
| 字节 3：数据字节 1 或 SR0(低字节) | | | | | | | |
| Bit 16 | Bit 17 | Bit 18 | Bit 19 | Bit 20 | Bit 21 | Bit 22 | Bit 23 |
| D0/CMD_Err | D1/存满 | D2/上电 | D3/使能位 | D4/中断 | D5/A0 | D6/A1 | D7/A2 |
| LSB | | | | | | | MSB |
| 字节 4：数据字节 2 或 SR0(高字节) | | | | | | | |
| Bit 24 | Bit 25 | Bit 26 | Bit 27 | Bit 28 | Bit 29 | Bit 30 | Bit 31 |
| D8/A3 | D9/A4 | D10/A5 | D11/A6 | D12/A7 | D13/A8 | D14/A9 | D15/A10 |

## 第 11 章 具有语音报时功能的电子时钟系统

续表 11-4

| LSB | | | | 字节 5：SR0(低字节) | | | | MSB |
|---|---|---|---|---|---|---|---|---|
| Bit 32 | Bit 33 | Bit 34 | Bit 35 | Bit 36 | Bit 37 | Bit 38 | | Bit 39 |
| CMD_Err | 存满 | 上电 | 使能位 | 中断 | A0 | A1 | | A2 |
| LSB | | | | 字节 6：SR0(高字节) | | | | MSB |
| Bit 40 | Bit 41 | Bit 42 | Bit 43 | Bit 44 | Bit 45 | Bit 46 | | Bit 47 |
| A3 | A4 | A5 | A6 | A7 | A8 | A9 | | A10 |
| LSB | | | | 字节 7：SR0(低字节) | | | | MSB |
| Bit 48 | Bit 49 | Bit 50 | Bit 51 | Bit 52 | Bit 53 | Bit 54 | | Bit 55 |
| CMD_Err | 存满 | 上电 | 使能位 | 中断 | A0 | A1 | | A2 |

ISD1760 在本系统中的具体硬件电路如图 11-17 所示。

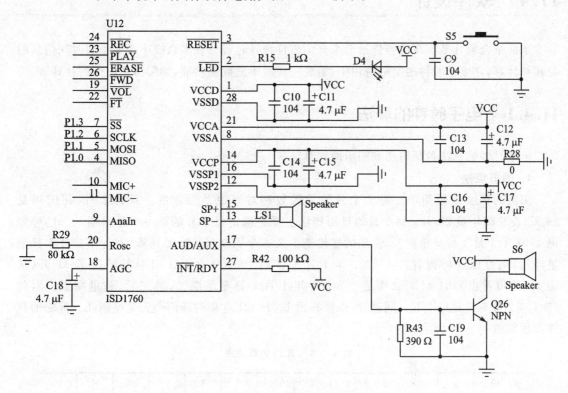

图 11-17　ISD1760 在本系统中的电路

## 11.3.6　按键控制模块

键盘电路如图 11-18 所示。本设计采用的是四个独立的按键,以单片机 P1.4~P1.7 口作为键盘输入接口,通过上拉电阻接到 VCC。当有键按下时,P1 口的相应端口变为低电平;

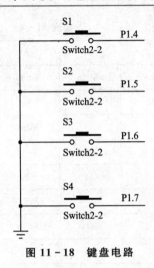

图 11-18 键盘电路

当无键按下时,P1 口的相应端口变为高电平。由于按键是一个机械的开关,故在键按下时,开关闭合;在键松开时,开关断开。但是,由于机械开关的撞击作用,开关在动作时会产生抖动,这时可通过硬件或软件方法来解决。

独立式按键是直接利用 I/O 口构成单个按键电路,其特点是每个按键单独占用一个 I/O 口,按键之间没有相互影响。本系统采用的是低电平有效,此外,上拉电阻保证了在按键断开时 I/O 口有确定的高电平,以确保整个单片机系统的稳定。

这四个独立按键的功能是调整系统的时间,以实现对时间进行设定、增加、减小和确定的控制。

## 11.4 软件设计

下面结合前几节实现的硬件平台来介绍软件设计过程。在本系统中主要是对时间信息的处理和计算,在电子时钟的实际应用中,需要完成以下实际的功能,如阳历和阴历的计算等。

### 11.4.1 电子时钟的算法

电子时钟的算法包括阴历和阳历两种算法。

**1. 阳历算法**

阳历的算法比较简单。每十个月的总天数相对来说是固定的。只有 2 月,在闰年是 29 天,在非闰年是 28 天。每个月的日历排法主要是确定每个月的第一天是星期几。已经知道 1901 年 1 月 1 日是星期二,星期的变化是 7 天一个周期,比如,要计算 1901 年 2 月 1 日是星期几,则可以这样推算:从 1901 年 1 月 1 日到 1901 年 2 月 1 日总共经过了 31 天(从表 11-5 可看出),31 对 7 取模是 3;1901 年 1 月 1 日是星期二,加三后,是星期五。因此 1901 年 2 月 1 日是星期五。同理,可以推算出 1901—2100 年的任何一天是星期几。算法的软件流程如图 11-19 所示。

表 11-5 阳历的算法表

| 月 份 | 1 | 2 | 3 | 4 | 5 | 6 | 7 | 8 | 9 | 10 | 11 | 12 |
|---|---|---|---|---|---|---|---|---|---|---|---|---|
| 闰年/天 | 31 | 29 | 31 | 30 | 31 | 30 | 31 | 31 | 30 | 31 | 30 | 31 |
| 非闰年/天 | 31 | 28 | 31 | 30 | 31 | 30 | 31 | 31 | 30 | 31 | 30 | 31 |

**2. 阴历算法**

阴历的算法比较复杂,它包括两部分:一部分是阳历日与阴历日的对应关系;另一部分是阳历日与农历节气的对应关系。下面只介绍与设计有关的阴历日与阳历日的对应关系。

首先做一个数据表,如表 11-6 所列,该数据表中的每 2B 表示一个阴历年某月份的天

# 第 11 章 具有语音报时功能的电子时钟系统

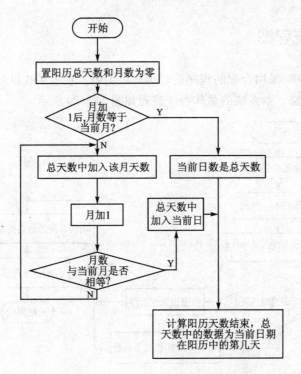

**图 11-19 阳历算法的软件设计流程**

数。这 2 B(共 16 位)的具体意义如下:

**表 11-6 阴历算法的数据对应表**

| 位 数 | 0 | 1 | 2 | 3 | 4 | 5 | 6 | 7 | 8 | 9 | 10 | 11 | 12 | 13 | 14 | 15 |
|---|---|---|---|---|---|---|---|---|---|---|---|---|---|---|---|---|
| 数 据 | ! | ! | ! | ! | ! | 1 | ! | ! | ! | 1 | ! | 1 | x | x | x | x |

注:"!"代表 0 或 1。"xxxx"4 位可表示数值范围 0~15。

其中"!"中的"0"表示 30 天,"1"表示 29 天。"x x x x"表示该年中是否有闰月,数值"0"表示无闰月,"1~12"表示某一个闰月。闰月一般是 29 天;但在二百年(1901—2100 年)中,闰月是 30 天,这可用一个特殊语句来解决。这里二百年需要 200×2=400 B 存储区来构成阴历压缩数据表。

有了阴历数据表之后,主要任务是确定阳历日与阴历日的对应关系。已经知道阳历年的 1901 年 2 月 1 日,那么对应的阴历年是怎么计算呢?可用以下算法算出:

- 从阳历年 1901 年 1 月 1 日到 1901 年 2 月 1 日,一共是 31 天。
- 因为阴历年 1900 年 11 月有 29 天,因此 31-29=2(天)。原来阳历年 1901 年 1 月 1 日对应的阴历日是 11 日,则有 11+2=13。
- 因为阴历 1900 年的 12 月有 30 天,而 13<30,所以阳历年 1901 年 2 月 1 日所对应的阴历年是 1900 年 12 月 13 日。如果上一步相加得出的天数大于当前阴历月的总天数,则应该继续减去当前阴历月的总天数,直到符合条件。当月份增加时,还要通过阴历数据表查看是否要经过闰月。

对于其他任何一个阳历日与阴历日的对应关系,都可通过以上算法求得结果。

## 11.4.2 程序流程图

在程序设计过程中,采用合理的程序设计结构很关键。在本系统设计过程中,主程序采用了自上而下的设计思路。本系统的总体程序流程如图 11-20 所示。

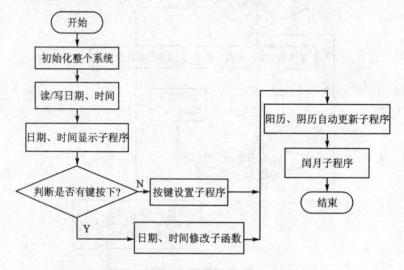

图 11-20 系统的总体程序流程

按键控制模块的流程图如图 11-21 所示。

## 11.4.3 程序代码及注释

```
#include <reg51.h>
#include <intrins.h>
#include <math.h>
#include <stdio.h>
#define uchar unsigned char
#define uint unsigned int

#define sec 0x80
#define min 0x82
#define hou 0x84
#define dat 0x86
#define mou 0x88
#define wek 0x8A
#define yer 0x8C
#define read 0x01
//语音芯片
#define  PU     0x01
#define  RESET  0x03
```

## 第 11 章 具有语音报时功能的电子时钟系统

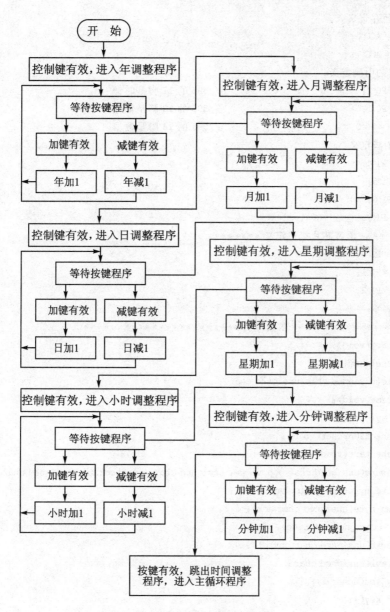

图 11-21 按键控制模块的流程

```
#define   CLI_INT      0x04
#define   RD_STATUS    0x05
#define   WR_APC2      0x65
#define   WR_NVCFG     0x46
#define   G_ERASE      0x43
#define   SET_PLAY     0x90
#define   SET_REC      0x91
//DS1302 引脚定义
sbit T_CLK = P3^5;
sbit T_IO = P3^6;
sbit T_RST = P3^7;
```

```c
//DS1302 暂存定义
sbit ACC0 = ACC^0;
sbit ACC7 = ACC^7;
//74HC595 的引脚定义
sbit CLK = P0^2;              //595 的 11 脚是时钟
sbit STR = P0^1;              //595 的 12 脚是锁存
sbit RData = P0^0;            //595 的 14 脚是数据
//设置键引脚定义
sbit SET = P1^4;
sbit UP = P1^5;
sbit dw = P1^6;
sbit out = P1^7;
/***********语音芯片接口定义********/
sbit MISO = P1^0;
sbit MOSI = P1^1;
sbit SCLK = P1^2;
sbit SS = P1^3;
/********************函数声明*********************/
void Scan_Key(void);
void id_case1_key();
void Set_id(unsigned char,unsigned char);
void readtime(void);
void display1(void);
void s_connectionreset(void);
void s_transstart(void);
char s_measure(unsigned char *p_value, unsigned char *p_checksum, unsigned char mode);
char s_write_byte(unsigned char value);
char s_read_byte(unsigned char ack);
void delay (unsigned int time);
void sendbyte(unsigned char bbyte1);
void display1(unsigned char k);
void delay_1ms(uchar i);
uchar Read_key();

void ISD_Init(void);
void RdStatus(void);
void ISD_WR_APC2();
void ISD_WR_NVCFG(void);
void Get_Add(uchar cNum, uint *StartAdd, uint *EndAdd);
void SetPLAY(uchar cNum);
void SetREC(uchar cNum);
void ISD_PU(void);
void ClrInt(void);
void ISD_Reset(void);
void init_SPI();
```

# 第 11 章 具有语音报时功能的电子时钟系统

```c
void Erase_All(void);
uchar ISD_SendData(uchar BUF_ISD);
uchar SR0_L = 0,SR0_H = 0,SR1 = 0;
void ISD_CLK_DAY();
void ISD_CLK_TMP();
/********************* 变量定义 *********************/
unsigned char xdata id = 0,timecount,re_disp = 0;       //timecount 控制闪烁的频率
unsigned char xdata ahour = 0,aminute = 0,asecond = 0,adate = 0,amouth = 0,ayear = 0;
                                                        //读回的时间
bit year,mouth,date,hour,minute,second,flag,tlamp;      //时间变量控制要修改的时间闪烁,
                                                        //flag 控制闪烁
unsigned char code tab[] = {0x3F,0x06,0x5B,0x4F,0x66,0x6D,0x7D,0x07,0x7F,0x6F,0xFF};
                                                        /* 个位 0~9 的数码管段码 */
unsigned char code tab2[] = {0xBF,0x86,0xDB,0xCF,0xE6,0xED,0xFD,0x87,0xFF,0xEF,0xFF};
                                                        /* 个位 0~9 的数码管段码带小数点 */
unsigned char xdata year_lunar,month_lunar,day_lunar;   //农历的年、月、日
unsigned char dispcount = 0;                            //用于控制当前显示第几个数
unsigned char xdata back = 0;                           //按键返回值
unsigned char xdata sound = 0;                          //语音播放日期控制
unsigned char code weima[] = {0x01,0x02,0x04,0x08,0x10,0x20,0x40,0x80};     //位选数组
unsigned char xdata buffer[] = {2,0,0,0,0,0,0,0,0,0,0,0,0,0,0,0,0,0,0,0,0,0,0,0};
                                                        //显示缓冲区
unsigned char xdata buf[] = {2,0,0,0,0,0,0,0,0,0,0,0,0,0,0,0,0,0,0,0,0,0,0,0}; //显示缓存
//语音地址
code uint table[] = {
                0x0019,0x0020, //0
                0x0024,0x0025, //1
                0x0028,0x0029, //2
                0x0030,0x0031, //3
                0x0036,0x0037, //4
                0x0039,0x0040, //5
                0x0042,0x0043, //6
                0x0048,0x0049, //7
                0x0050,0x0051, //8
                0x0055,0x0056, //9
                0x0059,0x0060, //10
                0x0062,0x0063, //时 11
                0x0068,0x0069, //分 12
                0x0070,0x0071, //年 13
                0x0076,0x0077, //月 14
                0x0079,0x0080, //日 15
};
/**************************************************************
公历年对应的农历数据,每年 3 B,格式为:
第一字节 BIT7~4 位表示闰月月份,值为 0 则无闰月,BIT3~0 对应农历第 1~4 月的大小;
```

第二字节 BIT7~0 对应农历第 5~12 月的大小；

第三字节 BIT7 表示农历第 13 个月的大小。月份对应的位为 1 表示本农历月大(30 天)，为 0 表示本农历月小(29 天)。第三字节 BIT6~5 表示春节的公历月份，BIT4~0 表示春节的公历日期

```c
*************************************************************/
uchar code year_code[] = {
                    0x5C,0xAB,0x3A,    //2009
                    0x0A,0x95,0x4E,    //2010
};
/********************月份数据表********************/
uint code day_code[] = {
                    0x0000,0x001F,0x003B,0x005A,0x0078,0x0097,
                    0x00B5,0x00D4,0x00F3,0x0111,0x0130,0x014E
};
/********************返回月大小********************/
/********************公历转农历********************/
void solartolunar(void)
{
    uchar temp1,temp2,temp3;
    uchar month_p;
    uchar year;
    uchar month;
    uchar day;
    unsigned int temp4,table_addr;
    bit flag2,flag_y;
    readtime();
    year = ayear;
    month = amouth;
    day = adate;

    temp1 = year/16;                              //BCD->hex 先把数据转换为十六进制
    temp2 = year % 16;
    year = temp1 * 10 + temp2;
    temp1 = month/16;
    temp2 = month % 16;
    month = temp1 * 10 + temp2;
    temp1 = day/16;
    temp2 = day % 16;
    day = temp1 * 10 + temp2;
    table_addr = (year - 9) * 0x03;               //跳到下一年的起始地址
    temp1 = year_code[table_addr + 2]&0x60;       //取当年春节所在的公历月份
    temp1 = _cror_(temp1,5);                      //字节的多次循环右移
    temp2 = year_code[table_addr + 2]&0x1F;       //取当年春节所在的公历日
    if(temp1 == 0x01) temp3 = temp2 - 1;          //计算当年春节离当年元旦的天数,春
                                                  //节只会在公历 1 月或 2 月

    else temp3 = temp2 + 0x1F - 1;
```

```
        temp4 = day_code[month - 1] + day - 1;                    //计算春节公历日离当年元旦的天数
        if((month>0x02)&&(year % 0x04 == 0)) temp4 = temp4 + 1;   //如果春节公历月大于2月并且
                                                                   //该年的2月为闰月,则天数加1
        if(temp4> = temp3)                                         //判断当前公历日在春节前还是春节后
        {
            temp4 = temp4 - temp3;                                 //当前公历日在春节后或者春节当日,则使
                                                                   //用下面代码进行运算
            month = 0x01;
            month_p = 0x01;                                        //month_p 为月份指向,如果当前公历日在春
                                                                   //节前或者春节当日,则 month_p 指向 1 月
            flag2 = get_lunar_day(month_p,table_addr);             //检查该农历月为大月还是小月,大月
                                                                   //返回 1,小月返回 0
            flag_y = 0;
            if(flag2 == 0) temp1 = 0x1D;                           //小月 29 天
            else temp1 = 0x1E;                                     //大月 30 天
            temp2 = year_code[table_addr]&0xF0;
            temp2 = _cror_(temp2,4);                               //从阴历数据表中取该年的闰月月份,
                                                                   //若为 0 则该年无闰月

            while(temp4> = temp1)
            {
                temp4 = temp4 - temp1;
                month_p = month_p + 1;
                if(month == temp2)                                 //该月为闰月
                {
                    flag_y = ~flag_y;
                    if(flag_y == 0) month += 1;
                }
                else month += 1;
                flag2 = get_lunar_day(month_p,table_addr);
                if(flag2 == 0) temp1 = 0x1D;
                else temp1 = 0x1E;
            }
            day = temp4 + 1;
        }
        else                                                       //公历日在春节前,则使用下面代码进
                                                                   //行运算
        {
            temp3 = temp3 - temp4;
            if(year == 0) year = 99;
            else year = year - 1;
            table_addr = table_addr - 0x03;
            month = 0x0C;
            temp2 = year_code[table_addr]&0xF0;
            temp2 = _cror_(temp2,4);
            if(temp2 == 0) month_p = 0x0C;
```

```c
            else month_p = 0x0D;                        //month_p 为月份指向,如果当年有闰
                                                        //月,则一年有 13 个月,月指向 13,如
                                                        //果无闰月,则指向 12
            flag_y = 0;
            flag2 = get_lunar_day(month_p,table_addr);
            if(flag2 == 0) temp1 = 0x1D;
            else temp1 = 0x1E;
            while(temp3>temp1)
            {
                temp3 = temp3 - temp1;
                month_p = month_p - 1;
                if(flag_y == 0) month = month - 1;
                if(month == temp2) flag_y = ~flag_y;
                flag2 = get_lunar_day(month_p,table_addr);
                if(flag2 == 0) temp1 = 0x1D;
                else temp1 = 0x1E;
            }
            day = temp1 - temp3 + 1;
    }
    year_lunar = year;
    temp1 = month/10;
    temp1 = _crol_(temp1,4);
    temp2 = month % 10;
    month_lunar = temp1|temp2;
    temp1 = day/10;
    temp1 = _crol_(temp1,4);
    temp2 = day % 10;
    day_lunar = temp1|temp2;
}

void delay (unsigned int time)
{
    unsigned int a,b;
    for(a = 0;a<time;a ++ )
    {
        for(b = 0;b<88;b ++ );
    }
}
//--------------------------------
void s_connectionreset(void)
{
    unsigned char i;
    DATA = 1; SCK = 0;                        //准备
    for(i = 0;i<9;i ++ )                      //DATA 保持高,SCK 时钟触发 9 次,发送
                                              //启动传输,通信即复位
```

## 第 11 章  具有语音报时功能的电子时钟系统

```c
    {   SCK = 1;
        SCK = 0;
    }
    s_transstart();                          //启动传输
}
//------------------------------
void s_transstart(void)
{
    DATA = 1; SCK = 0;
    _nop_();
    SCK = 1;
    _nop_();
    DATA = 0;
    _nop_();
    SCK = 0;
    _nop_();_nop_();_nop_();
    SCK = 1;
    _nop_();
    DATA = 1;
    _nop_();
    SCK = 0;
}
//------写字节函数---------
char s_write_byte(unsigned char value)
{
    unsigned char i,error = 0;
    for (i = 0x80;i>0;i/ = 2)                //高位为1,循环右移
    {   if (i & value) DATA = 1;             //与要发送的数相"与",结果为发送的位
        else DATA = 0;
        SCK = 1;
        _nop_();_nop_();_nop_();
        SCK = 0;
    }
    DATA = 1;                                //释放数据线
    SCK = 1;
    error = DATA;                            //检查应答信号,确认通信正常
    SCK = 0;
    return error;                            //error = 1 通信错误
}
//--------读数据----------
char s_read_byte(unsigned char ack)
{
    unsigned char i,val = 0;
    DATA = 1;                                //数据线为高
    for (i = 0x80;i>0;i/ = 2)                //右移位
```

```c
        {
            SCK = 1;
            if (DATA) val = (val | i);              //读数据线的值
            SCK = 0;
        }
        DATA = !ack;                                //如果是校验,读取完后结束通信
        SCK = 1;
        _nop_();_nop_();_nop_();
        SCK = 0;
        DATA = 1;                                   //释放数据线
        return val;
}
/*****************************DS1302 读写程序***********************/


/*****************************************************************
函 数 名:RTInputByte()
功    能:实时时钟写入 1 B
说    明:往 DS1302 写入 1 B 数据(内部函数)
入口参数:d 为写入的数据
返 回 值:无
*****************************************************************/
void RTInputByte(unsigned char d)
{
    unsigned char i;
    ACC = d;
    for(i = 8; i>0; i--)
    {
        T_IO = ACC0;                               //相当于汇编中的 RRC
        T_CLK = 1;
        T_CLK = 0;
        ACC = ACC >> 1;
    }
}
/*****************************************************************
函 数 名:RTOutputByte()
功    能:实时时钟读取 1 B
说    明:从 DS1302 读取 1 B 数据(内部函数)
入口参数:无
返 回 值:ACC
*****************************************************************/
unsigned char RTOutputByte(void)
{
    unsigned char i;
    for(i = 8; i>0; i--)
    {
        ACC = ACC >>1;                             //相当于汇编中的 RRC
```

# 第 11 章　具有语音报时功能的电子时钟系统

```
            ACC7 = T_IO;
            T_CLK = 1;
            T_CLK = 0;
        }
        return(ACC);
    }
/****************************************************************
    函 数 名：Write1302()
    功    能：往 DS1302 写入数据
    说    明：先写地址,后写命令/数据（内部函数）
    调    用：RTInputByte(), RTOutputByte()
    入口参数：ucAddr 为 DS1302 地址，ucData 为要写的数据
    返 回 值：无
****************************************************************/
void Write1302(unsigned char ucAddr, unsigned char ucDa)
{
    T_RST = 0;
    T_CLK = 0;
    T_RST = 1;
    RTInputByte(ucAddr);                          //地址,命令
    RTInputByte(ucDa);                            //写 1 B 数据
    T_CLK = 1;
    T_RST = 0;
}
/****************************************************************
    函 数 名：Read1302()
    功    能：读取 DS1302 某地址的数据
    说    明：先写地址,后读命令/数据（内部函数）
    调    用：RTInputByte(), RTOutputByte()
    入口参数：ucAddr 为 DS1302 地址
    返 回 值：ucData 为读取的数据
****************************************************************/
unsigned char Read1302(unsigned char ucAddr)
{
    unsigned char ucData;
    T_RST = 0;
    T_CLK = 0;
    T_RST = 1;
    RTInputByte(ucAddr);                          //地址,命令
    ucData = RTOutputByte();                      //读 1 B 数据
    T_CLK = 1;
    T_RST = 0;
    return(ucData);
}
/************************74HC595 发送数据函数*********************/
```

```c
void sendbyte(unsigned char bbyte1)
{
    unsigned char f;
    for(f = 0;f<8;f ++ )
    {
        RData = bbyte1&0x80;
        CLK = 0; CLK = 1;
        bbyte1<< = 1;
    }
}
/ ********************外中断_读按键函数********************/
void int0(void) interrupt 0 using 2
{
    EX0 = 0;
    back = Read_key();
    if((back!= 0)&&(back!= 2)&&(back!= 3)){Scan_Key();back = 0;}
    EX0 = 1;
}
/ *************************拆字函数**************************/
void chai_zi(void)
{
    buffer[2] = ayear/16;
    buffer[3] = ayear % 16;
    buffer[4] = amouth/16;
    buffer[5] = amouth % 16;
    buffer[6] = adate/16;
    buffer[7] = adate % 16;
    buffer[8] = ahour/16;
    buffer[9] = ahour % 16;
    buffer[10] = aminute/16;
    buffer[11] = aminute % 16;
    buffer[12] = asecond/16;
    buffer[13] = asecond % 16;
    buffer[15] = month_lunar/16;
    buffer[16] = month_lunar % 16;
    buffer[17] = day_lunar/16;
    buffer[18] = day_lunar % 16;
}
/ ***********************读取时间日期函数**********************/
void readtime(void)
{
    adate = Read1302(dat|read);          //读的地址比写的地址高一个字节,所以地址
                                         //"或"上 0x01
    amouth = Read1302(mou|read);
    ayear = Read1302(yer|read);
```

```c
    ahour = Read1302(hou|read);
    aminute = Read1302(min|read);
    asecond = Read1302(sec|read);
}
/*************************** 语音芯片 ********************/
//语音芯片初始化
void ISD_Init(void)
{
    init_SPI();
    ISD_Reset();
    do{
        ISD_PU();
        ISD_WR_APC2();
        RdStatus();
    }while((SR0_L&0x01)||(!(SR1&0x01)));
}
//语音芯片SPI初始化
void init_SPI()
{
    SS = 1;
    SCLK = 1;
    MOSI = 0;
}
//全部删除
void Erase_All(void)
{
    ISD_SendData(G_ERASE);
    ISD_SendData(0x00);
    SS = 1;
    delay_1ms(100);                    //延迟100 ms
}
//发送数据
uchar ISD_SendData(uchar BUF_ISD)
{
    uchar i,data_in = BUF_ISD;
    SS = 0;
    for(i = 0;i<8;i++)
    {
        SCLK = 0;
        MOSI = (data_in&0x01)?1:0;
        data_in>>= 1;
        data_in = (MISO == 1)?(data_in|= 0x80):(data_in|= 0x00);
        SCLK = 1;
    }
    return(data_in);
```

```c
}
//语音芯片上电
void ISD_PU(void)
{
    ISD_SendData(PU);
    ISD_SendData(0x00);
    SS = 1;
    delay_1ms(10);
}
//清除中断
void ClrInt(void)
{
    ISD_SendData(CLI_INT);
    ISD_SendData(0x00);
    SS = 1;
    delay_1ms(50);                                    //延迟 50 ms
}
//复位
void ISD_Reset(void)
{
    ISD_SendData(RESET);
    ISD_SendData(0x00);
    SS = 1;
    delay_1ms(50);
}
//读取状态
void RdStatus(void)
{
    ISD_SendData(RD_STATUS);
    ISD_SendData(0x00);
    ISD_SendData(0x00);
    SS = 1;
    delay_1ms(10);                                    //延迟 10 ms
    SR0_L = ISD_SendData(RD_STATUS);
    SR0_H = ISD_SendData(0x00);
    SR1 = ISD_SendData(0x00);
    SS = 1;
    delay_1ms(10);
}
//设置 APC2
void ISD_WR_APC2()
{
    ISD_SendData(WR_APC2);
    ISD_SendData(0x08);
    ISD_SendData(0x08);
```

# 第 11 章 具有语音报时功能的电子时钟系统

```c
    SS = 1;
    delay_1ms(50);
    ISD_WR_NVCFG();
}
//永久写入寄存器
void ISD_WR_NVCFG(void)
{
    ISD_SendData(WR_NVCFG);
    ISD_SendData(0x00);
    SS = 1;
    delay_1ms(50);
}
//取出当前语音的首末地址
void Get_Add(uchar cNum, uint * StartAdd, uint * EndAdd)
{
    * StartAdd = table[cNum * 2];
    * EndAdd = table[cNum * 2 + 1];
}
//定点播放
void SetPLAY(uchar cNum)
{
    uint Add_ST,Add_ED;
    uchar Add_ST_H = 0, Add_ST_L = 0, Add_ED_H = 0, Add_ED_L = 0;
    do{
        RdStatus();
    }while((SR0_L&0x01)||(!(SR1&0x01)));
    ClrInt();
    Get_Add(cNum, &Add_ST, &Add_ED);
    Add_ST_L = (uchar)(Add_ST&0x00FF);
    Add_ST_H = (uchar)((Add_ST>>8)&0x00FF);
    Add_ED_L = (uchar)(Add_ED&0x00FF);
    Add_ED_H = (uchar)((Add_ST>>8)&0x00FF);
    ISD_SendData(SET_PLAY);
    ISD_SendData(0x00);
    ISD_SendData(Add_ST_L);
    ISD_SendData(Add_ST_H);
    ISD_SendData(Add_ED_L);
    ISD_SendData(Add_ED_H);
    ISD_SendData(0x00);
    SS = 1;
    delay_1ms(50);                          //延迟 50 ms
    do{
        RdStatus();
    }while((SR0_L&0x01)||((SR1&0x04)));
    ClrInt();
```

}
/**********************语音播放*************************************/
void ISD_CLK_DAY()
{
    uchar m = 0, n = 0;
    //语音播报 XXX 年
    SetPLAY(2);                             //2
    SetPLAY(0);                             //0
    SetPLAY(buffer[2]);                     //年的高位为 0
    SetPLAY(buffer[3]);                     //年的低位为 9
    SetPLAY(13);
    //语音播报 XXX 月
    m = buffer[4];
    n = buffer[5];
    if(m == 1) SetPLAY(10);                 //月的高位
    if(n != 0) SetPLAY(buffer[5]);          //月的低位
    SetPLAY(14);
    //语音播报 XXX 日
    m = buffer[6];
    if(m == 1) SetPLAY(10);                 //日的高位
    else if(m == 2)
    {
        SetPLAY(2);                         //日的高位
        SetPLAY(10);
    }
    else if(m == 3)
    {
        SetPLAY(3);                         //日的高位
        SetPLAY(10);
    }
    SetPLAY(buffer[7]);                     //日的低位
    SetPLAY(15);
    //语音播报星期 XXX
    m = buffer[14];
    SetPLAY(16);
    if(m == 7) SetPLAY(15);
    else SetPLAY(m);
    delay_1ms(10);
    //语音播报 XXX 时
    m = buffer[8];
    n = buffer[9];
    if(m == 1) SetPLAY(10);
    else if(m == 2)
    {
        SetPLAY(2);
```
```

```
        SetPLAY(10);
    }
    if(n!= 0)
    {
        SetPLAY(n);                              //时的低位
        SetPLAY(11);
    }
    else SetPLAY(11);
    //语音播报 XXX 分
    m = buffer[10];
    n = buffer[11];
    if(m == 1) SetPLAY(10);
    if(m == 2)
    {
        SetPLAY(2);
        SetPLAY(10);
    }
    if(m == 3)
    {
        SetPLAY(3);
        SetPLAY(10);
    }
    if(m == 4)
    {
        SetPLAY(4);
        SetPLAY(10);
    }
    if(m == 5)
    {
        SetPLAY(5);
        SetPLAY(10);
    }
    if(n!= 0)
    {
        SetPLAY(n);                              //分钟的低位
        SetPLAY(12);
    }
    else    SetPLAY(12);
}
/*********************** 延时 1 ms ***************************/
void delay_1ms(uchar i)
{
    uchar data j,k;
    for(j = 0;j<i;j ++ )
        for(k = 0;k<200;k ++ );
```

```c
}
/********************读按键********************/
uchar Read_key()
{
    uchar i,n,w[4] = {0x0E,0x0D,0x0B,0x07};
    n = P2&0x0F;
    while(n!= 0x0F)
    {
        delay_1ms(50);
        n = P2&0x0F;
        if(n == 0x0F) return 0;
        else
        {
            for(i = 0;i<4;i ++ )
            {
                if(n == w[i])break;
            }
            while(n!= 0x0F)
            {
                n = P2&0x0F;
            }
            delay_1ms(50);
            while(n!= 0x0F)
            {
                n = P2&0x0F;
            }
        }
        return i + 1;
    }
}
/*********按键扫描选择显示日期与时间以及闪烁位***************/
void Scan_Key(void)
{
    if(back == 1)
    {
        re_disp = 0;
        id ++ ;
        sound = 1;
        if(id>7)
            id = 0;
    }
    if((sound == 0)&&(back == 2))
    {
        ISD_CLK_DAY();
    }
```

```c
    if(back == 4)
    {
        re_disp = 0;
        id = 0;
        sound = 0;
    }
    if(id == 0){year = 0;mouth = 0;date = 0;hour = 0;minute = 0;second = 0;}
    if(id == 1){hour = 1;id_case1_key();}
    if(id == 2){hour = 0;minute = 1;id_case1_key();}
    if(id == 3){minute = 0;second = 1;id_case1_key();}
    if(id == 4){second = 0;year = 1;id_case1_key();}
    if(id == 5){year = 0;mouth = 1;id_case1_key();}
    if(id == 6){mouth = 0;date = 1;id_case1_key();}
}
/******************加减键与显示***************************/
void id_case1_key(void)
{
    if (back == 2)
    {
        re_disp = 0;
        Set_id(id,1);
    }
    if (back == 3)
    {
        re_disp = 0;
        Set_id(id,2);
    }
}
/*********************** 设定时间的加减范围************/
void Set_id(unsigned char sel,unsigned char sel_1)
{
    signed char max,mini,address,item;
    if(sel == 1) {address = hou; max = 23;mini = 0;}
    if(sel == 2) {address = min; max = 59;mini = 0;}
    if(sel == 3) {address = sec; max = 0;mini = 0;}
    if(sel == 4) {address = yer; max = 99;mini = 0;}
    if(sel == 5) {address = mou; max = 12;mini = 1;}
    if(sel == 6) {address = dat; max = 31;mini = 1;}
    if(sel == 7) {address = wek; max = 7;mini = 1;}
    P1 = 0xFF;
    item = Read1302(address|read)/16 * 10 + Read1302(address|read) % 16;
                                                //将时间转化为十进制数
    if(sel_1 == 1)
        item ++ ;
    if(item>max)
```

```c
            item = mini;
        if(sel_1 == 2)
            item-- ;
        if(item<mini)
            item = max;
        P1 = 0xFF;
        Write1302(0x8E,0x00);                    //允许写
        Write1302(address,item/10 * 16 + item % 10);   //将修改后的时间转化为十六进制数写入1302
        Write1302(0x8E,0x80);                    //禁止写
}
/ *************************MCU 初始化 ******************************/
void init_mcu(void)
{
    TMOD = 0x11;
    TH1 = (-40000)/256;
    TL1 = (-40000) % 256;
    TH0 = (-1000)/256;
    TL0 = (-1000) % 256;
    ET1 = 1;
    ET0 = 1;
    TR0 = 1;
    TR1 = 1;
    EX0 = 1;
    IT0 = 1;
    PT0 = 1;                                     //T0 作为高级中断
    EA = 1;
    Write1302(0x8E,0x80);
}
/ *************************** 主函数 **************************/
void main()
{
    init_mcu();
    ISD_Init();
    //v_Set1302(RTC);
    while(1)
    {
        readtime();                              //读当前时间
        if(back!= 0) {Scan_Key();back = 0;}      //按键后进行的操作
        solartolunar();                          //计算农历日期
        if(back!= 0) {Scan_Key();back = 0;}      //按键后进行的操作
        chai_zi();                               //将时间分解送入显示缓冲区
        if(back!= 0){Scan_Key();back = 0;}       //按键后进行的操作
    }
}
```

## 11.5 实例总结

本章介绍了具有语音报时功能的电子时钟的设计过程,系统主要分为三大部分:时间处理部分、时间计算与调整部分和时间显示部分。本例在设计时需要重点把握的方面有:

① 设置精确的时钟源,能够准确地计时;同时能对时间进行调整,以保证系统上电后有一个准确的起始时间。

② 系统需要实时、直观地显示当前时间,因此就需要通过一个显示模块来实现。

③ 需要一个语音播报模块,把当前的时间读取出来,并以语音的形式准确地播放出来。

此外,掌握电子时钟的算法也是软件设计的关键,读者应该对比领会阳历算法与阴历算法的特点及不同。

# 第四部分 网络与通信

# 第 12 章
# 无线交通灯控制系统

随着我国经济的高速发展,人们对私家车和公交车的需求越来越大。与此同时,大量增加的私家车和公交车会对我国交通系统带来沉重的压力。社会要发展,交通事业决不能停步不前。有鉴于此,人性化、智能化的交通控制系统势在必行。目前使用的交通信号灯控制方式很多,本章介绍一种基于 51 单片机的无线交通灯控制系统。

## 12.1 实例说明

本系统以单片机为控制核心,主要包括无线收发模块、LED 三色控制模块、驱动电路模块、数码管模块以及单片机控制模块。

系统通过无线收发模块检测路面的情况上传给单片机,单片机模块把接收到的信息经过处理,然后通过驱动电路来控制 LED 三色灯的状态和数码管的计时信息,从而完成交通灯的整个工作过程。

无线收发模块负责传输交通灯控制信号,该模块由发射板和接收板组成。

发射板用于产生并发射交通灯控制信号;接收板用于接收发射的交通灯控制信号,并将该交通灯控制信号传送到单片机进行解析,以控制所述信号灯显示。其中控制信号的产生和解析由单片机控制系统完成,要求能产生交通灯的两组控制信号;控制信号的发送和接收由 315 MHz 的无线发射和接收模块完成。该系统发射板能以 5 s 为周期产生两组不同地址码的信号,两块接收板接收到信号后能使 LED 灯亮,并以 5 s 为周期自动熄灭。

此外,该系统要求能控制单一路口的一组 2 个交通灯和十字路口的两组 4 个交通灯,其中单片机选用 AT89C51;编解码器选用 PT 2262/2272,无线收发模块采用 315 MHz 的发射器和接收器,信号灯的显示用 LED。

本系统的功能框图如图 12-1 所示。

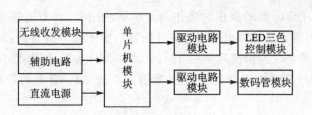

图 12-1 系统功能框图

## 12.2 设计思路分析

在本系统中,按照功能模块的划分可将无线交通灯控制系统划分为三大部分,即信息收发模块、单片机处理控制模块和信息显示模块,如图 12-2 所示。根据每一部分要实现的功能,选择合适的硬件电路及编写相应的程序。最终把这三个部分有机地组合到一起,以实现设计所要求的全部功能。

本设计的关键问题有以下几点:
- 如何准确接收交通指挥中心传来的指挥信息。
- 系统如何准确地控制 LED 三色灯的显示状态。
- 如何使系统中 LED 三色灯和数码管的驱动电路工作。

针对以上关键问题,在接下来的硬件设计中将给出详细答案。

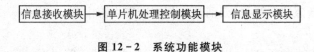

图 12-2 系统功能模块

## 12.3 硬件设计

在了解了系统设计思路之后,下面来学习硬件设计过程。首先是单片机模块的设计。

### 12.3.1 单片机模块

本系统采用 AT 89C51 高性能 CMOS 8 位单片机。片内含有 8 KB 的可反复擦写的程序存储器和 12 B 的随机存取数据存储器(RAM)。器件采用 Atmel 公司高密度、非易失性存储技术生产,兼容标准 MCS-51 指令系统,片内配置 8 位中央处理器(CPU)和 Flash 存储单元。单片机是整个系统的核心,指挥着整个系统的工作。该系统中用到的单片机上的硬件资源有:I/O 口、定时器、串口和中断等。下面对本系统中主要用到的定时器和中断进行详细介绍。

**1. 定时器**

定时器/计数器简称定时器,其作用主要包括产生各种时标间隔和记录外部事件的数量等,是微机中最常用且最基本的部件之一。51 单片机有 2 个 16 位的定时器/计数器,即定时器 0(T0)和定时器 1(T1)。T0 由 2 个定时寄存器 TH0 和 TL0 构成,T1 则由 TH1 和 TL1 构成,它们都分别映射在特殊功能寄存器中,从而可以通过对特殊功能寄存器中这些寄存器的读/写来实现对这两个定时器的操作。当作为定时器使用时,每个机器周期定时寄存器自动加1,所以定时器也可看做是计量机器周期的计数器。由于每个机器周期为12个时钟振荡周期,所以定时的分辨率是时钟振荡频率的1/12。当作为计数器使用时,只要在单片机外部引脚T0(或T1)上有从1到0电平的负跳变,计数器就自动加1。计数的最高频率一般为振荡频率的1/24。

T0或T1无论用做定时器还是计数器都有方式0、方式1、方式2和方式3这4种工作方式。

方式0为13位方式。它由TL1的低5位和TH1的8位构成13位计数器(TL1的高3位无效)。

方式1为16位方式。它与工作方式0基本相同,区别仅在于工作方式1的计数器TL1和TH1组成16位计数器,从而比工作方式0有更宽的定时/计数范围。

方式2为8位自动装入时间常数方式。

方式3为2个8位方式。工作方式3只适用于定时器0。

**2. 中 断**

所谓的中断就是,当CPU正在处理某项事务时,如果外界或内部发生了紧急事件,要求CPU暂停正在处理的工作而去处理该紧急事件,待处理完后,再回到原来中断的位置继续执行原来被中断的程序,这个过程称为中断。

从中断的定义可以看到,中断应具备中断源、中断响应和中断返回这三个要素。中断源发出中断请求,单片机对中断请求进行响应,当中断响应完成后应进行中断返回,返回到被中断的位置继续执行原来被中断的程序。

51单片机的中断源共有两类,分别是外部中断和内部中断。

(1) 外部中断源

外部中断0(INT0)来自P3.2引脚,当采集到低电平或下降沿时,产生中断请求。

外部中断1(INT1)来自P3.3引脚,当采集到低电平或下降沿时,产生中断请求。

(2) 内部中断源

定时器/计数器0(T0)中断。当为定时功能时,计数脉冲来自片内;当为计数功能时,计数脉冲来自片外P3.4引脚。当发生溢出时,产生中断请求。

定时器/计数器1(T1)中断。当为定时功能时,计数脉冲来自片内;当为计数功能时,计数脉冲来自片外P3.5引脚。当发生溢出时,产生中断请求。

串行口中断是为完成串行数据传送而设置的。当单片机完成接收或发送一组数据时,产生中断请求。

中断响应过程为:中断源发出中断请求→对中断请求进行响应→执行中断服务程序→返回主程序。这个过程可分为三个阶段来完成。

在本模块中,为了使本系统能够稳定工作,还专门设计了防止系统死机或者跑飞的看护电路,它包括系统电压监控和复位模块,此处采用性能稳定的SP708S专用集成电路来实现此功能。

**3. SP708S的工作原理**

SP708R/S/T属于微处理器监控电路,可监控某些数字电路的供电,如微处理器、微控制器或存储体。这一系列芯片适用于一些要求对电源进行监控的便携式电池供电设备。使用该系列芯片可有效降低系统的复杂性。该系列芯片的看门狗功能可持续对系统的工作状态进行监控。下文将对SP706P/R/S/T~SP708R/S/T的更多工作特性及优点进行描述。

## 第 12 章　无线交通灯控制系统

当 VCC 降低到 1 V 时，RESET 输出不再下降，其为开路。如果高阻抗 CMOS 逻辑输入端没有被驱动，则其有可能发生漂移，得到一个不确定的电压值。如果一个下拉电阻被加到 RESET 引脚上，则任何干扰电荷或漏极电流都将被导向地端，并保持 RESET 为低。电阻值在这里并不重要，100 kΩ 左右即可，太大不能通过 RESET 信号，太小不能将 RESET 拉至地。

SP708R/S/T 系列提供 4 个关键功能：
- 在上电、下电及掉电情况下复位输出。
- 如果看门狗输入引脚在 1.6 s 内没有接收到一个信号，则一个独立的看门狗输出将为低电平。
- 一个 1.25 V 的阈值检测器供电失败警告，可对低电压检测或监控一个非 +3.3 V/+3.0 V 的电源。
- 一个低电平手动复位允许外部按键开关产生 RESET 信号。

下面详细介绍这几个关键的功能。

(1) 复位输出

一个微处理器复位输入可启动微处理器(以一种已知的状态)。SP708R/S/T 系列将在上电过程中产生复位，在下电或掉电过程中阻止代码运行错误。

在上电过程中，一旦 VCC 达到 1 V，RESET 将为一个稳定的逻辑低电平，一般为 0.4 V 或者更低。当 VCC 升高后，RESET 将保持 LOW。当 VCC 超过复位阈值时，一个内部定时器将产生 200 ms 的 RESET 信号，一旦 VCC 跌至复位阈值以下时(如系统掉电)，RESET 保持低电平。如果在初始化复位过程中产生掉电，则复位脉冲将至少持续 140 ms。在下电过程中，一旦 VCC 跌至复位阈值以下，RESET 将保持 LOW，并稳定在 0.4 V 或更低，直到 VCC 低于 1 V。

高电平 RESET 输出是 RESET 输出的一种简单补充，当 VCC 低于 1.1 V 时保持有效。一些微处理器，如 Intel 的 80C51，需要高电平复位脉冲。

(2) 看门狗定时器

SP706P/R/S/T~SP708R/S/T 系列看门狗电路可监控微处理器的工作状态。如果微处理器在 1.6 s 内没有发出 WDI(WatchDog Input：看门狗输入)信号，或 WDI 没有进入触发态，则 WDO 将为 LOW。当 RESET 信号发出以后，WDI 为触发态，看门狗定时器将被清 0，并停止计数。当 RESET 被释放，WDI 被拉为 HIGH 或 LOW，定时器将开始计数，此时可以检测到脉宽至少为 50 ns。

一般情况下，WDO 可与微处理器的 NMI(Non-Maskable Interrupt：不可屏蔽中断)输入引脚连接。当 VCC 跌至复位阈值以下时，WDO 将持续为 LOW，且不受看门狗定时器的约束。一般，其将产生一个 NMI 信号，但是 RESET 同时将为低，NMI 信号将被系统忽略。

如果 WDI 保持为无连接状态，那么 WDO 可以作为低线输出。因为浮空状态的 WDI 禁止内部定时器，仅当 VCC 低至复位阈值以下时，WDO 为 LOW，其可作为低线输出。

(3) 手动复位

手动复位(MR)输入允许 RESET 被外部按键触发。开关可产生一个最低 140 ms 的 RESET 脉冲。MR 与 TTL/CMOS 逻辑兼容，所以其可以驱动外部逻辑线路。SP706P/R/S/T~SP708R/S/T 的 MR 能够被用来强制一个看门狗溢出以产生一个 RESET 脉冲，这时需将 WDO 连接至 MR 即可。SP708S 复位的时序如图 12-3 所示。

有了 SP708S 模块的监控，系统就能够更加稳定地运行。单片机模块的硬件设计电路如图 12-4 所示。

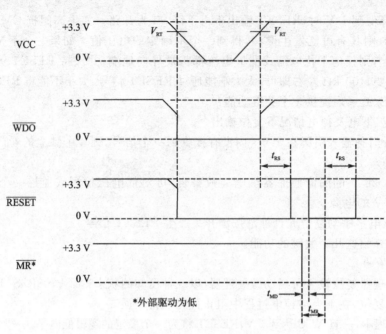

图 12-3　SP708S 复位时序

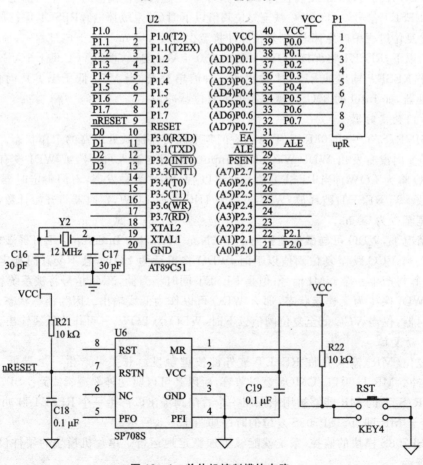

图 12-4　单片机控制模块电路

## 12.3.2 无线收发模块

无线收发模块由发射和接收控制两部分组成,如图 12-5 和图 12-6 所示。发射部分由编码芯片 PT2262 和 DF 数据发射模块组成,接收部分主要由解码芯片 PT2272 和 DF 接收模块组成。下面介绍无线收发模块主要元件的工作原理。

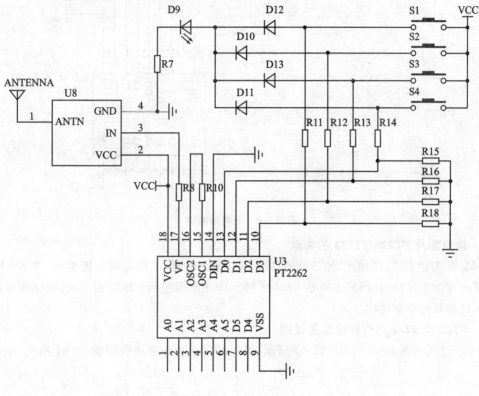

图 12-5 无线发射端

**1. 编码芯片 PT2262/2272 芯片原理**

PT2262/2272 是中国台湾普城公司生产的一种采用 CMOS 工艺制造的低功耗低价位通用编解码电路,最多可有 12 位(A0~A11)三态地址端引脚(悬空,接高电平,接低电平),任意组合可提供 531441 地址码,PT2262 最多可有 6 位(D0~D5)数据端引脚,设定的地址码和数据码从 17 脚串行输出,可用于无线遥控发射电路。

编码芯片 PT2262 发出的编码信号由地址码、数据码和同步码组成一个完整的码字,解码芯片 PT2272 接收到信号后,其地址码经过两次比较核对后,VT 脚才输出高电平,与此同时相应的数据脚也输出高电平,如果发送端一直按住按键,则编码芯片也会连续发射。当发射机没有按键按下时,PT2262 不接通电源,其 17 脚为低电平,所以 315 MHz 的高频发射电路不工作。当有按键按下时,PT2262 得电工作,其第 17 脚输出经调制的串行数据信号,当 17 脚为高电平期间,315 MHz 的高频发射电路起振并发射等幅高频信号;当 17 脚为低电平期间,315 MHz 的高频发射电路停止振荡,所以高频发射电路完全受控于 PT2262 的 17 脚输出的数字信号,从而对高频电路完成幅度键控(ASK 调制)相当于调制度为 100% 的调幅。

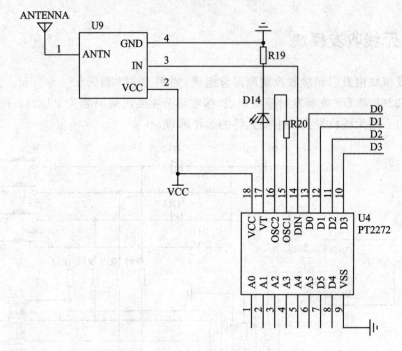

图 12 - 6　无线接收端

**2. 编码芯片 PT2262/2272 的特点**

CMOS 工艺制造,低功耗,外部元器件少,RC 振荡电阻,工作电压范围宽,达 2.6～15 V,数据最多可达 6 位,地址码最多可达 531441 种。应用范围包括车辆防盗系统、家庭防盗系统、遥控玩具和其他电器遥控。

**3. PT2262/2272 的引脚定义及说明**

PT2262 的外形和引脚如图 12 - 7 所示,其引脚定义和功能说明如表 12 - 1 所列。

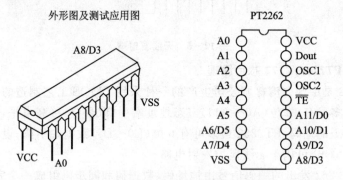

图 12 - 7　PT2262 的外形和引脚图

表 12 - 1　PT2262 的引脚功能说明

| 引脚名称 | 引脚号 | 说　明 |
|---|---|---|
| A0～A11 | 1～8,10～13 | 地址引脚,用于进行地址编码,可置为"0"、"1"、"F"(悬空) |
| D0～D5 | 13～10,8～7 | 数据输入端,有一个为"1"即有编码发出,内部下拉 |
| VCC | 18 | 电源正端(+) |

续表 12-1

| 引脚名称 | 引脚号 | 说 明 |
|---|---|---|
| VSS | 9 | 电源负端（－） |
| $\overline{TE}$ | 14 | 编码启动端，用于多数据的编码发射，低电平有效 |
| OSC1 | 16 | 振荡电阻输入端，与 OSC2 所接电阻一起决定振荡频率 |
| OSC2 | 15 | 振荡电阻振荡器输出端 |
| Dout | 17 | 编码输出端（正常时为低电平） |

PT2272 的外形和引脚如图 12-8 所示，引脚定义和功能说明如表 12-2 所列。

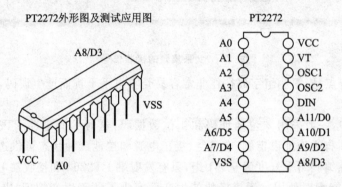

图 12-8 PT2272 的外形和引脚图

表 12-2 PT2272 的引脚功能说明

| 引脚名称 | 引脚号 | 说 明 |
|---|---|---|
| A0～A11 | 1～8,10～13 | 地址引脚，用于进行地址编码，可置为"0"，"1"，"F"（悬空），必须与 PT2262 一致，否则不解码 |
| D0～D5 | 13～10,8～7 | 地址或数据引脚，当作为数据引脚时，只有在地址码与 PT2262 一致时，数据引脚才能输出与 PT2262 数据端对应的高电平，否则输出低电平，锁存型只有在接收到下一数据时才能转换 |
| VCC | 18 | 电源正端（＋） |
| VSS | 9 | 电源负端（－） |
| DIN | 14 | 数据信号输入端，来自接收模块输出端 |
| OSC1 | 16 | 振荡电阻输入端，与 OSC2 所接电阻一起决定振荡频率 |
| OSC2 | 15 | 振荡电阻振荡器输出端 |
| VT | 17 | 解码有效确认输出端（常低）。解码有效时变成高电平（瞬态） |

地址码和数据码都用宽度不同的脉冲来表示，两个窄脉冲表示"0"；两个宽脉冲表示"1"；一个窄脉冲和一个宽脉冲表示"F"，也就是地址码的"悬空"。如图 12-9 所示为采集到的接收信号。

PT2262 每次发射时至少发射 4 组字码，PT2272 只有在连续两次检测到相同地址码加数据码时才会把数据码中的"1"驱动相应的数据输出端为高电平和驱动 VT 端同步为高电平。

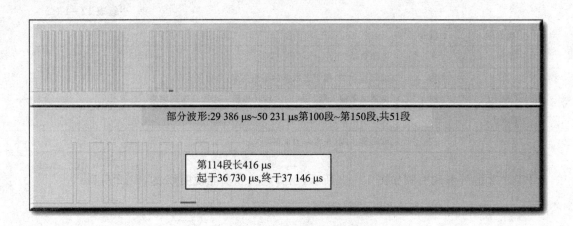

图 12-9 采集到的接收信号

因为无线发射的特点是,第一组字码往往非常容易受零电平干扰而产生误码,所以程序可以做丢弃处理。

在通常使用中,一般采用 8 位地址码和 4 位数据码,这时编码电路 PT2262 和解码电路 PT2272 的第 1~8 脚为地址设定脚,有悬空、接正电源和接地三种状态可供选择。3 的 8 次方为 6 561,所以地址编码不重复度为 6 561 组,只有发射端 PT2262 和接收端 PT2272 的地址编码完全相同时,才能配对使用。遥控模块的生产厂家为了便于生产管理,出厂时遥控模块的 PT2262 和 PT2272 的 8 位地址编码端全部悬空,这样用户可以很方便地选择各种编码状态,用户如果想改变地址编码,则只要将 PT2262 和 PT2272 的 1~8 脚设置相同即可,例如将发射机的 PT2262 的第 1 脚接地,第 5 脚接正电源,其他引脚悬空,那么只要接收机的 PT2272 的第 1 脚也接地,第 5 脚接正电源,其他引脚悬空就能实现配对接收。当两者地址编码完全一致时,接收机对应的 D1~D4 端输出约 4 V 互锁高电平控制信号,同时 VT 端也输出解码有效高电平信号。用户可将这些信号加一级放大,便可驱动继电器或功率三极管等进行负载遥控开关操纵了。

**4. DF 数据收发模块**

PT2262/PT2272 和 DF 数据模块共同组成了无线收发模块的完整电路。

DF 数据发射模块的工作频率为 315 MHz,采用声表谐振器 SAW 稳频,频率稳定度极高,当环境温度在 $-25\sim+85$ ℃之间变化时,频飘仅为 $3\times10^{-6}$ Hz/℃,特别适合多发一收无线遥控及数据传输系统。声表谐振器的频率稳定度仅次于晶体,而一般 LC 振荡器的频率稳定度及一致性较差,即使采用高品质微调电容,温差变化及振动也很难保证已调好的频点不会发生偏移。

DF 数据发射模块未设编码集成电路,而增加了一只数据调制三极管 Q1,如图 12-10 所示,这种结构使得它可以方便地与其他固定编码电路和滚动码电路及单片机接口,而不必考虑编码电路的工作电压和输出幅度信号值的大小。比如在用 PT2262 或者 SM5262 等编码集成电路配接时,直接将它们的数据输出端第 17 脚接至 DF 数据模块的输入端即可。

DF 数据模块具有较宽的 3~12 V 的工作电压范围,当电压变化时,发射频率基本不变,使得与发射模块配套的接收模块无需任何调整就能稳定地接收。当发射电压为 3 V 时,空旷地传输距离为 20~50 m,发射功率较小;当电压为 5 V 时,为 100~200 m;当电压为 9 V 时,

## 第 12 章 无线交通灯控制系统

为 300~500 m。当发射电压为 12 V 时,为最佳工作电压,具有较好的发射效果;当发射电压大于 12 V 时,功耗增大,有效发射功率不再明显提高。不同的电路参数,有不同的发射功率及发射距离,要想获得较好的发射效果,必须接天线,天线最好选用 25 cm 长的导线,远距离传输时最好能够竖立起来,因为无线电信号传输时受很多因素的影响,所以一般实用距离只有标称距离的一半甚至更少,这点开发时需要注意。

DF 数据模块采用 ASK 方式调制,以降低功耗。当数据信号停止时,发射电流降为零,数据信号与 DF 发射模块输入端之间可通过电阻或者直接连接而不能用电容耦合,否则 DF 发射模块将不能正常工作。数据电平应接近 DF 数据模块的实际工作电压,以获得较高的调制效果。

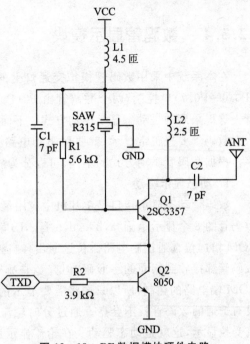

图 12-10 DF 数据模块硬件电路

### 12.3.3 三色 LED 灯模块

在本系统中,采用相应颜色的 LED 灯来代替实际控制的 LED 三色灯;采用三极管来驱动 LED;在这里假设是一个南北路和东西路的十字路口,那么南北路的红灯和东西路的绿灯应该同时亮起;南北路的绿灯和东西路的红灯也应该同时亮起。单片机只需六个 I/O 口即可完成对这些灯状态的控制,具体硬件电路如图 12-11 所示。

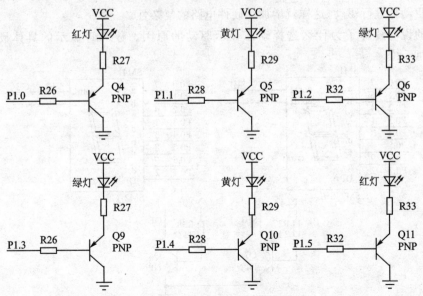

图 12-11 三色 LED 灯控制电路

### 12.3.4 数码管显示模块

在本系统中采用数码管模拟交通灯上的数字显示板。数码管的七段由 AT89C51 的 P0 (P0.0~P0.7)口控制,两个数码管由 P2(P2.0~P2.1)口选通,中间由 PNP 三极管作为驱动管。这里采用的是动态显示驱动方式。下面进行详细介绍。

数码管要想正常显示,就要用驱动电路来驱动数码管的各个段码,从而显示出想要的数字。根据数码管驱动方式的不同,可以分为静态驱动和动态驱动两类。

**1. 动态显示驱动**

数码管动态显示接口是单片机中应用最为广泛的一种显示方式之一,动态驱动是将所有数码管的 8 个显示笔画"a,b,c,d,e,f,g,DP"的同名端连在一起,另外为每个数码管的公共极 COM 增加位选通控制电路。位选通由各自独立的 I/O 线控制,当单片机输出字形码时,所有数码管都接收到相同的字形码,但究竟是哪个数码管会显示出字形,取决于单片机对位选通 COM 端电路的控制,所以只要将需要显示的数码管的选通控制打开,该位就显示出字形,而没有选通的数码管就不会亮。通过分时轮流控制各个数码管的 COM 端,使得各个数码管轮流受控显示,这就是动态驱动。在轮流显示过程中,每位数码管的点亮时间为 1~2 ms,由于人的视觉暂留现象及发光二极管的余晖效应,尽管实际上各位数码管并非同时点亮,但只要扫描的速度足够快,给人的印象就是一组稳定的显示数据,而不会有闪烁感。所以,动态显示的效果与静态显示的是一样的,而且还能节省大量 I/O 端口,且功耗更低。

**2. 静态显示驱动**

静态驱动也称直流驱动。静态驱动是指每个数码管的每个段码都由一个单片机的 I/O 端口驱动,或者使用如 BCD 码、二-十进制译码器译码进行驱动。静态驱动的优点是编程简单,显示亮度高;缺点是占用 I/O 端口多,如驱动 5 个数码管进行静态显示需要 5×8=40 根 I/O 端口(要知道一个 AT89C51 单片机可用的 I/O 端口只有 32 根)。因此,实际应用时必须增加译码驱动器进行驱动,这样就增加了硬件电路的复杂性。

上面的说明解释了为什么选择动态显示驱动的原因。数码管显示的具体硬件电路如图 12-12 所示。

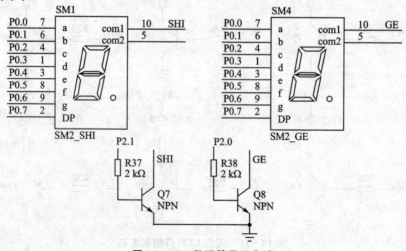

**图 12-12 数码管显示电路**

## 12.3.5　电源模块

本系统的电源采用了交流 220 V 输入,这样设计主要是便于整个系统取电。220 V 交流输入后先经过整流桥整流,之后经过滤波输入到 TOP222Y。TOP222Y 是 TOPSwitch-II 系列单片开关电源,仅有三只引脚,外围元件很少,是基本无须调试的 TOP 系列专用开关电源电路。TOP222Y 在密封环境中使用,在 85~265 V 交流电压下,可输出 7 W 左右的最大功率;而在开放条件下使用时,输出功率可达 15 W。

TOP222Y 是宽电压范围的单片开关电源模块,可通过外接少量外围元件组成功率在 15 W 以下的高效率电源。为提高输出电压的稳压精度,电压采样电路使用了高精度可调稳压管 TL431,并通过光电耦合将负反馈电压回馈至 TOP222Y 的控制端。通过合理的印刷板设计,可使电路工作稳定可靠,电磁辐射降至最小,也可有效地抗外部电磁干扰,具有较好的电磁兼容性能。输出直流电路采用了 LC 滤波电路,可有效消除次级电路中的高频干扰信号。交流输入电压范围为 85~265 V(47~440 Hz),直流输出为 5 V/0.8 A,纹波小于 50 mV。该电源具有约 1% 的电压调整率和负载调整率,整机效率可达 70% 以上。工作温度范围为 0~75 ℃。

电源模块的具体硬件电路如图 12-13 所示。

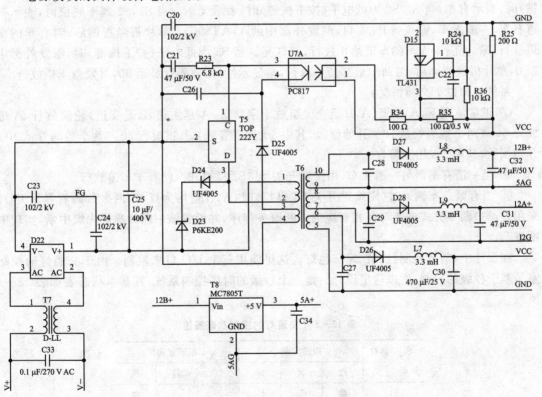

图 12-13　系统供电电源电路

至此整个系统的硬件电路就设计完了,读者也可根据自己的兴趣优化设计方案,这样可以更好地锻炼实际的设计能力。

## 12.4 软件设计

下面介绍如何在上面硬件系统的基础上编写程序。首先介绍整个系统的工作流程。

按照路口交通运行的实际情况，本系统是循环显示系统，可根据交通灯的显示规律来设计软件。设有一个十字路口东、西、南、北四个方向，以东、西路口绿灯亮为一个循环的开始，则一个循环过程中各路口的状态为：

① 东西路口绿灯亮，红灯灭，黄灯灭，倒计时显示；南北路口绿灯灭，红灯亮，黄灯灭，倒计时显示。

② 东西路口绿灯灭，红灯灭，黄灯闪，红灯亮，倒计时显示；南北路口绿灯亮，红灯灭，黄灯灭，倒计时显示。

③ 南北路口绿灯灭，红灯灭，黄灯闪，红灯亮，倒计时显示；东西路口绿灯亮，红灯灭，黄灯灭，倒计时显示。

④ 东西路口绿灯灭，红灯灭，黄灯闪，红灯亮，倒计时显示；南北路口绿灯亮，红灯灭，黄灯灭，倒计时显示。至此本次循环结束。以后重复以上 4 个步骤即可。当发生紧急事件时，按下按钮执行中断程序，四个路口红灯全亮，延时一定时间后，恢复中断前的状态。

分别以 S1,S2 模拟南北路(A)和东西路(B)上的车检测信号，当 S1,S2 为高电平(不按按键)时，表示有车；当 S1,S2 为低电平(按下按键)时，表示无车。当 S1,S2 属不同值时，表示一道有车、一道无车，输入到 P3.3 口，触发外部中断 1，AT89C51 单片机经查询后，对有车的车道放行，绿灯亮；对无车的车道禁止放行，红灯亮。当 S3 为低电平(按下按键)时，触发外部中断 0，单片机经查询后，对两车道都禁止放行，全显示红灯，数码管显示 00，对紧急车辆放行。

系统模拟以下交通情况：

① 正常情况下，A,B 道(A,B 道交叉组成十字路口，A 是主道，B 是支道)轮流放行，A 道放行 60 s(两个数码管从 60 s 开始倒数，其中 5 s 用于警告)，B 道放行 30 s(两个数码管从 30 s 开始倒数，其中 5 s 用于警告)。

② 当一道有车而另一道无车(用按键开关 S1,S2 模拟)时，使有车车道放行。

③ 当有紧急车辆通过(用按键开关 S3 模拟)时，A,B 道均为红灯(两个数码管显示 00)。采用外部中断 0 方式进入与其相对应的中断服务程序，并设置该中断为高优先级中断，实现中断嵌套。

在设计中，需要控制红、黄、绿三色灯。这里使用三个 I/O 口来控制。由于交通灯的控制室是基于秒级的控制，所以这里设计的是一个秒级的时序控制系统，其基本状态表如表 12-3 所列。

表 12-3 交通灯的控制状态描述

| 路灯状态 | 南北方向 | | | 东西方向 | | |
|---|---|---|---|---|---|---|
| | 红 | 黄 | 绿 | 红 | 黄 | 绿 |
| S1 | ● | ○ | ○ | ○ | ○ | ● |
| S2 | ○ | ● | ○ | ○ | ● | ○ |
| S3 | ○ | ○ | ● | ● | ○ | ○ |

## 12.4.1 程序设计流程

本系统总的程序流程图如图 12-14 所示。

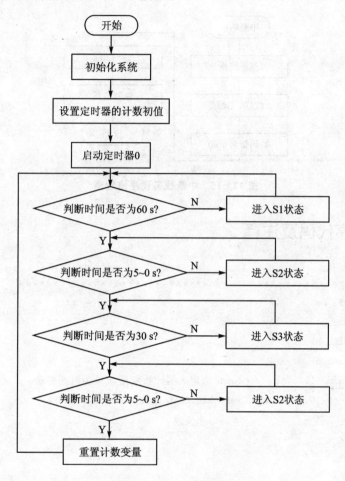

图 12-14 系统程序流程图

在软件实现过程中,需要对指示灯点亮的时间计时,本设计中采用单片机内部的定时器来计数,这样的计数会更加精确。将单片机的定时器 0 设置为模式 1,每 100 ms 溢出一次,定时器中断对溢出次数进行计时,这样就可以准确地进行秒级的计数了。主程序采用查询方式定时,由 R2 寄存器确定调用 0.1 s 延时子程序的次数,从而获取交通灯的各种时间。子程序采用定时器 0、方式 1、查询式定时,定时器定时 100 ms,R3 寄存器确定循环 10 次,从而获取 1 s 的延时时间。

一道有车而另一道无车的中断服务程序首先要保护现场,因而需用到延时子程序和 P1 口,故需保护的寄存器有 R3,P1,TH1 和 TL1。保护现场时还需关中断,以防止高优先级中断(紧急车辆通过所产生的中断)出现时导致程序混乱。然后,关中断,恢复现场,再开中断,返回主程序。

紧急车辆出现时的中断服务程序也需要保护现场,但无需关中断(因其为高优先级中断),然后执行相应的服务,待交通灯信号出现后延时 20 s,以确保紧急车辆通过交叉路口。然后,恢复现场,返回主程序。

交通信号灯模拟控制系统主程序及中断服务程序流程图如图 12-15 所示。

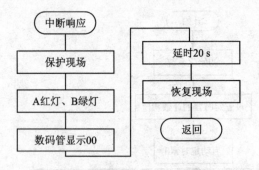

图 12-15 中断服务程序流程图

## 12.4.2 程序代码及注释

```
/***************************************************/
#include <reg52.h>
#include <stdio.h>
#include <stdlib.h>
#include <string.h>
char count = 0, num = 15, i, j;    /* count 为定时器计数变量, num 为时刻变量 */
char number[] = {0x3F,0x06,0x5B,0x4F,0x66,0x6D,0x7D,0x07,0x7F,0x6F};
bit flag = 0;                      //1 s 的标志变量
//交通灯控制位
sbit P1.0 = P1^0;
sbit P1.1 = P1^1;
sbit P1.2 = P1^2;
sbit P1.3 = P1^3;
sbit P1.4 = P1^4;
sbit P1.5 = P1^5;
sbit P1.6 = P1^6;
//数码管显示位控制
sbit P2.0 = P2^0;
sbit P2.1 = P2^1;
//PT2272 接收端
sbit D0 = P3.0;
sbit D1 = P3.1;
sbit D2 = P3.2;
sbit D3 = P3.3;
```

# 第 12 章 无线交通灯控制系统

```
/******************************************************************
** 函数名称：delayms()
** 函数功能：ms 延时函数
** 入口参数：延时时间 i
** 出口参数：无
******************************************************************/
    void delayms(unsigned char i)
    {   unsigned char j;
        while(i--)
        {   for(j=0;j<125;j++)
            {;}
        }
    }
/******************************************************************
** 函数名称：Timer_srv() interrupt 1
** 函数功能：定时器中断函数
** 入口参数：无
** 出口参数：无
******************************************************************/
Timer_srv() interrupt 1 using 1
{
    TH0 = 0x3C;
    TL0 = 0xAF;                  /*重新设置定时器初值*/
    count++;                     //定时器计数加1,表示已经计数100 ms
    if(count == 10)
    {
        count = 0;
        flag = 1;
    }                            //计满10次,定时器计数变量count初始化,并标志已计时1 s
}
/******************************************************************
** 函数名称：light()
** 函数功能：交通灯显示
** 入口参数：无
** 出口参数：无
******************************************************************/
void light(void)
{
    while(1)
    {
        P1_0 = !P1_0;            //P1.0,S1状态打开,南北方向红灯
        P1_3 = !P0_3;            //P1.3,S1状态打开,东西方向绿灯
        Display(num);
```

```c
while(num<60&&num>5)
{
    while(!flag)            //等待 1 s
        flag = 0;
    num -- ;
    Display(num);           //60 s 倒计时显示
}
P1_0 = !P1_0;               //关闭 S1 状态
P1_3 = !P1_3;
P1_1 = !P1_1;               //打开 S2 状态,南北方向黄灯
P1_4 = !P1_4;               //打开 S2 状态,南北方向黄灯
while(num> = 0&&num< = 5)
{
    while(!flag)            //等待 1 s
    flag = 0;
    num -- ;
    Display(num);           //5 s 倒计时显示
}
P1_1 = !P1_1;               /* 黄灯闪烁 */
P1_4 = !P1_4;
if(0 == num)
{
    while(!flag)            //等待 1 s
        flag = 0;
    num -- ;
    Display(num);
}                           //判断时刻为 0,重置数据
P1_2 = !P1_2;               //关闭 S2 状态,打开 S3 状态,南北方向绿灯
P1_5 = !P1_5;               //关闭 S2 状态,打开 S3 状态,东西方向红灯
while(num< = 30&&num>5)
{
    while(!flag)            //等待 1 s
        flag = 0;
    num -- ;
    Display(num);           //30 s 倒计时显示
}
P1_2 = !P1_2;               //关闭 S3
P1_5 = !P1_5;
P1_1 = !P1_1;               //打开 S2
P1_4 = !P1_4;
while(num> = 0&&num< = 5)
{
    while(!flag)            //等待 1 s
```

```c
            flag = 0;
        num--;
        Display(num);          //5 s 倒计时显示
    }
    P0_1 = !P0_1;              /*闪烁*/
    if(0 == num)
    {
        while(!flag)           //等待1 s
            flag = 0;
        num = 60;              //重置计数
    }
    }
}
/******************************************************************
** 函数名称: Display(int n)
** 函数功能: 数码管显示函数
** 入口参数: 要显示的数字 n
** 出口参数: 无
******************************************************************/
void Display(int n)
{
    P2.0 = 1;
    P0 = number[n%10];
    delayms(1);
    P2 = 0x00;
    P2.1 = 1;
    P0 = number[n/10];
    delayms(1);
    P2 = 0x00;
}
/******************************************************************
** 函数名称: PT2272_init()
** 函数功能: PT2272 初始化函数
** 入口参数: 无
** 出口参数: 无
******************************************************************/
void PT2272_init(void){
    PT2272_DDR_D0 &= ~_BV(PT2272_D0);
    PT2272_DDR_D1 &= ~_BV(PT2272_D1);
    PT2272_DDR_D2 &= ~_BV(PT2272_D2);
    PT2272_DDR_D3 &= ~_BV(PT2272_D3);
    PT2272_DDR_VT &= ~_BV(PT2272_VT);
    PT2272_PCMSK_VT |= _BV(PT2272_PCINT_VT);
```

```c
        GICR |= _BV(PT2272_GINT_VT);
        SREG |= _BV(SREG_I);
}
/***************************************************************
**函数名称：ISR(PT2272_PCINT_VT_VECT)
**函数功能：PT2272中断处理函数
**入口参数：无
**出口参数：无
***************************************************************/
ISR(PT2272_PCINT_VT_VECT){
    uint8_t tmp = PT2272_PIN_VT;
    PT2272_DATA = 0x00;
    PT2272_FLAG = 0x00;
    if( (tmp & _BV(PT2272_VT)) == _BV(PT2272_VT) ){
        PT2272_DATA |= ((PT2272_PIN_D3 >> PT2272_D3) & 0x1) << 0x3;
        PT2272_DATA |= ((PT2272_PIN_D2 >> PT2272_D2) & 0x1) << 0x2;
        PT2272_DATA |= ((PT2272_PIN_D1 >> PT2272_D1) & 0x1) << 0x1;
        PT2272_DATA |= (PT2272_PIN_D0 >> PT2272_D0) & 0x1;
        PT2272_FLAG = 0x01;
    }
}
/*************** 主函数 *************************/
void main()
{
    TMOD = 0x01;
    TH0 = 0x3C;
    TL0 = 0xAF;
    EA = 1;
    ET = 1;
    TR0 = 1;                /*开定时器0中断*/
    P0 = 0x00;              /*初始化P0*/
    PT2272_init();          //PT2272初始化
    light();                /*调用显示子程序*/
    while(1);
}
```

到此为止，本例的软件设计已介绍完，读者可在此基础上根据自己的想法加入自己的设计思想。

## 12.5 实例总结

本章详细介绍了无线交通灯控制系统的整个设计过程。本例设计出来的无线交通灯可以实现很好的交通疏导功能，但有些部分也可以加以改进，以使整个系统具有更高的性能和更具

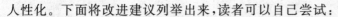

人性化。下面将改进建议列举出来,读者可以自己尝试:

① 系统可加装热能探测器,以探测车辆内燃机运转辐射出的热量,从而使单片机能够判断出哪条道有车,哪条道无车,迅速对路面交通状况做出反应,提高交通效率。

② 系统可加装红外线接收器,相应地,在紧急车辆(如消防车、救护车等)上加装红外线发射器。这样,在离交通信号灯较远处,紧急车辆就可以打开红外线发射器以使交通信号灯全部显示红灯,避免因交通问题导致不必要的人命伤亡和金钱损失。

③ 系统可加装一点阵式 LED 中文显示屏,用以显示温度、天气情况和空气指数等,以方便司机了解外界情况。

多加了这些功能后,会使成本增加,但是这样确实可以提高交通疏导效率,疏通交通堵塞和避免不必要的损失。

# 第 13 章

# GPS 经纬度信息显示系统的设计

GPS(Global Positioning System,全球定位系统)是以接收导航卫星信号为基础的非自主式导航与定位系统。它以全球覆盖、全天候、连续实时提供高精度的三维位置、三维速度和时间信息的能力而具有很好的导航和定位功能。目前,GPS 全球定位技术已日趋成熟,在经济、军事和社会生活中的很多领域得到了广泛应用,正发挥着日益重要的作用。在实际应用中,GPS 接收机收到轨道卫星的信号后,经过解调输出的信息是标准格式的 GPS 定位数据,该数据必须经过进一步处理才能在用户数据终端上显示。本章介绍使用 Garmin 公司的 GPS25—LVS 系列 OEM(Original Equipment Manufacturer)接收板与单片机实现实时经纬度信息显示的设计方法。

## 13.1 实例说明

该系统以 Atmel 公司的 AT89C51 单片机为核心控制器件,通过串行口与 GPS 模块 HOLUX GR—87 通信,接收 GPS 模块输出的时间和定位信息,该输出信息格式采用 NMEA—0183 标准格式中的 GPRCM 语句。单片机接收到定位信息和时间信息后,将 GPS 模块输出的时间信息进行时差调整,再将所获取的位置和时间信息通过显示终端显示。经过调试后,本系统可以接收 GPS 定位信息和时间信息,并把经度、纬度和时间通过屏幕显示出来。

## 13.2 设计思路分析

本系统主要是针对用户接收机的开发,在现有的 GPS 接收模块 GR—87 的基础上,利用单片机对 GR—87 输出的信息(时间、经度、纬度、海拔、速度等)进行提取和处理,然后通过显示模块显示出来,从而实现实时定位和导航的功能。

### 13.2.1 GPS OEM 板组成结构及原理

GPS 接收机的原始设备制造生产商线路板(Original Equipment Manufacturer)即 GPS

## 第 13 章 GPS 经纬度信息显示系统的设计

OEM 板是获得 GPS 系统服务的关键设备,其内部含有基本的 GPS 信号接收和解算单元以及必要的输入/输出接口,具有性能可靠、易于开发的特点,而小巧的尺寸使其可以方便地与其他设备组合,适用于多种应用场合。

以 Garmin 公司生产的 GPS25 系列 GPS OEM 板为例,其结构原理图如图 13-1 所示,主要由变频器、GPS 信号通道、数字基带处理、本振、存储器、中央处理器和输入/输出接口构成。它接收天线获取的卫星信号,经过变频、放大、滤波、相关和混频等一系列处理后,可以实现对天线视界内卫星的跟踪、锁定和测量。在获取了卫星的位置信息和测算出卫星信号的传播时间之后,就可计算出当前天线的位置。

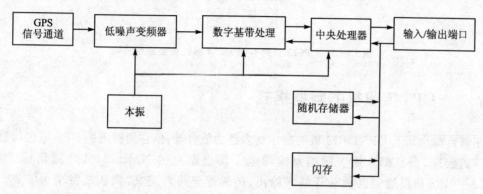

**图 13-1　GPS25 系列 GPS OEM 板结构原理图**

GPS25—LVS 系列 OEM 板采用单一 5 V 供电,内置保护电池,有 RS-232 和 TTL 两种电平自动输出 NMEA—0183 格式(ASCII 字符型)语句,是目前应用最广泛的 GPS 接收处理板,能够满足各种导航的需求,且具有很高的性价比和强有力的市场竞争力。其主要性能特点如下:

- 有并行 12 条通道,可同时接收 12 颗卫星的信号;
- 定位时间是,重捕时小于 2 s,热启动时为 15 s,冷启动时为 45 s,自动搜索时为 90 s;
- 定位精度是,非差分 15mRMS,差分 5mRMS;
- 可接收实时差分信号用于精确定位,信号格式为 RTCM SC—104,波特率自适应;
- 每秒 1 个脉冲信号输出,精度指标高达 $10^{-6}$ s;
- 双串口(TTL)输出,波特率可由软件设置(1 200~9 600 b/s);
- 环境工作温度为 -35~+85 ℃;
- 外形尺寸为 46.5 mm×69.8 mm×11.4 mm;
- 质量为 31 g;
- 输入电压为 5.0(1±5%)V DC;
- 灵敏度为 -166dBw;
- 后备电源为板置 3 V 锂电池(10 年寿命);
- 功耗为 1 W;
- 天线接口为 50 Ω MCX 接头有源天线(5 V);
- 电源/数据口为单排 12 插针。

GPS25 系列 GPS OEM 板的典型应用结构如图 13-2 所示。用户通过输入/输出接口,采用异步串行通信方式与 GPS OEM 板进行信息交换。输入语句由用户编制，主要功能是对 GPS OEM 板进行初始化，对导航模式和输出数据格式进行设定。GPS OEM 板输出语句向用户设备提供定位信息，包括纬度、经度、速度和时间等。

图 13-2　GPS25 系列 GPS OEM 板的典型应用结构

### 13.2.2　GPS 接收机的数据格式

尽管目前市场上 GPS OEM 板的型号众多且功能各异，但它们输出的 GPS 定位信息大多都是串行数据，而且都采用美国国家海洋电子协会制定的 NMEA—0183 通信标准格式。NMEA—0183 协议语句以 ASCII 格式输出，传输速率可自定义，默认波特率为 4 800 b/s。GPS 接收机以 NMEA—0183 标准格式输出 GPS 定位数据，数据终端设备需要实时从 GPS 输出的 NMEA—0183 数据流中得到位置信息。

**1. NMEA—0183 输入语句**

NMEA—0183 输入语句是指 GPS OEM 板可以接收的语句。下面以 PGRMO（输出语句开关）语句为例进行介绍。

PGRMO 语句可以打开或关闭某个指定的输出语句。语句格式如下：

$$\$PGRMO,\langle1\rangle,\langle2\rangle*hh\langle CR\rangle\langle LF\rangle$$

其中，〈1〉表示语句名称。

〈2〉表示语句模式。包括：

0=关闭〈1〉中指定的语句。

1=打开〈1〉中指定的语句。

2=关闭所有的输出语句。

3=打开所有的输出语句（GPALM 语句除外）。

4=恢复出厂时的语句设置。

关于 PGRMO 语句的使用说明如下：

① 如果语句模式是 2,3 或 4，则语句名称的区域将不会检查其有效性，该区域可以为空。

② 如果语句模式是 0 或者 1，则语句名称的区域必须是当前 GPS 接收机能够输出的语句。

③ 如果语句模式或者语句名称中有一个是无效的，则 PGRMO 将不会生效。

④ "$PGRMO,GPALM,1"命令将会使 GPS 接收机输出全部的历史信息，其他 NMEA—0183 语句的传输将被临时挂起。

## 2. NMEA—0183 输出语句

NMEA—0183 输出语句有 6 种,包括 GGA,GSA,GSV,RMC,VTG,GLL。可通过 GPS 串口调试软件发送相应的命令语句给 GPS OEM 板,此后 GPS OEM 板会根据设置参数决定每隔若干毫秒发送哪种或哪几种 NMEA 语句。下面以 GPRMC 语句为例进行介绍。

GPRMC 语句输出一组当前 GPS OEM 板接收的定位信息。语句格式如下:

$GPRMC,〈1〉,〈2〉,〈3〉,〈4〉,〈5〉,〈6〉,〈7〉,〈8〉,〈9〉,〈10〉,〈11〉,〈12〉*hh〈CR〉〈LF〉

其中,〈1〉表示 UTC 时间,格式为 hhmmss(时分秒);

〈2〉表示定位状态,A=有效定位,V=无效定位;

〈3〉表示纬度,格式为 ddmm.mmmm(度分)(前面的 0 也将被传输);

〈4〉表示纬度半球 N(北半球)或 S(南半球);

〈5〉表示经度,格式为 dddmm.mmmm(度分)(前面的 0 也将被传输);

〈6〉表示经度半球 E(东经)或 W(西经);

〈7〉表示地面速率,000.0~999.9 节(前面的 0 也将被传输);

〈8〉表示地面航向,000.0~359.9 度(以真北为参考基准,前面的 0 也将被传输);

〈9〉表示 UTC 日期,格式为 ddmmyy(日月年);

〈10〉表示磁偏角,000.0~180.0 度(前面的 0 也将被传输);

〈11〉表示磁偏角方向,E(东)或 W(西);

〈12〉表示模式指示,仅 NMEA—0183 3.00 版本输出,A=自主定位,D=差分,E=估算,N=数据无效。

## 13.3 硬件设计

本系统的设计方案是使用常见的 AT89C51 型单片机作为处理器,利用 AT89C51 单片机的串行接口接收 GPS25—LVS 型 GPS OEM 板输出的 NMEA—0183 语句数据,并通过软件方法筛选出其中有用的定位数据,最后通过单片机的并行接口输出至 YM1602C 型通用液晶显示模块进行显示。系统硬件结构图如图 13-3 所示。

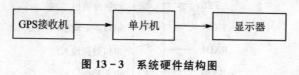

图 13-3 系统硬件结构图

### 13.3.1 单片机模块

本系统采用 AT89C51 单片机。AT89C51 是一种低功耗高性能的 8 位单片机,采用了 CMOS 工艺和 Atmel 公司的高密度非易失性存储器(NVRAM)技术。它包含一个 8 位中央处理器;256 个 RAM 单元,其中能作为寄存器供用户使用的仅有前面的 128 个,余下的被专用寄存器占用;片内含有 4 KB 的 Flash 可编程可擦除的存储器;有 4 个 8 位的 I/O 口,1 个全双工串行口以及 5 个中断源。单片机模块的外围电路包括晶振电路和复位电路,下面分别介绍。

(1) 晶振电路

AT89C51 的内部有一个用于构成振荡器的高增益反相放大器。通过 XTAL1 和 XTAL2 外部接上一片作为反馈元件的晶体,与 C1 和 C2 构成了并联谐振电路,使其构成自激振荡器。电容的值具有微调的作用,这里取 30 pF。

AT89C51 的工作频率范围为 0~24 MHz。此处选用 11.059 2 MHz 的晶振,机器周期为 1 $\mu$s,该晶振可以满足本系统的要求。此外,晶振不能离单片机太远,否则使用外部晶振进行软件调试时就会发生找不到信号的问题。

(2) 复位电路

复位有硬件和软件两种。复位的作用是使程序自动从 0000H 开始执行,因此只要在 AT89C52 单片机的 RESET 端加上一个高电平信号,并持续 10 ms 以上即可。RESET 端接有一个上电复位电路,它是由一个小的电解电容和一个接地的电阻组成的。人工复位电路只需采用一个按钮来给 RESET 端加上高电平信号。

本系统采用上电复位电路。上电时,电容 C 通过电阻 R 充电,维持宽度大于 10 ms 的正脉冲,以完成上电复位功能。电容 C 充电结束后,RESET 端出现低电平,CPU 正常工作。在此取典型值 $R=10\ \text{k}\Omega$,$R_1=1\ \text{k}\Omega$,$C=10\ \mu\text{F}$。

上电复位实现的时间为

$$T = R \times C = 10\ \text{k}\Omega \times 10\ \mu\text{F} = 100\ \text{ms} \geqslant 10\ \text{ms}$$

### 13.3.2 GPS 接收模块

GPS25—LVS 系列 OEM 接收板采用 12 脚的接口,接口各引脚的功能如图 13-4 所示。设计中使用了串口 1 或 12 脚的 NMEA 输出,串口 1 可用于 PC 对 OEM 接收板进行参数设置,12 脚 NMEA 输出用于单片机信息处理。

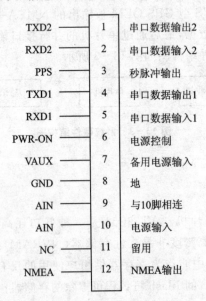

图 13-4 GPS25—LVS 系列 OEM 接收板引脚接口功能

## 第 13 章　GPS 经纬度信息显示系统的设计

GPS25 电路如图 13-5 所示,其中 LVS 板引脚 TXD1 和 RXD1 通过 MAX232 电平转换,与单片机 AT89C51 串口 TXD 和 RXD 连接,用于对 GR—87 进行设置后,采集 GR—87 的 GPS 定位和时间信息。

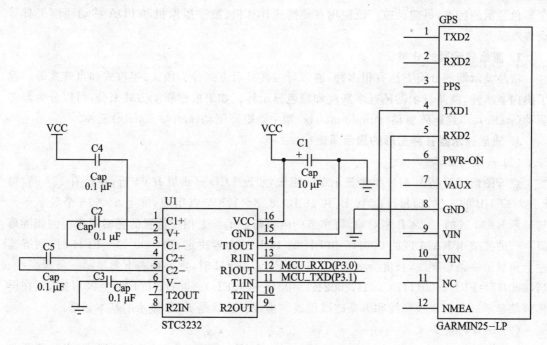

图 13-5　GPS25 电路图

### 13.3.3　LCD1602 显示模块

在日常生活中,人们对液晶显示器并不陌生。液晶显示模块已成为很多电子产品的通用器件,如在计算器、万用表、电子表及很多家用电子产品中都可以看到,它显示的主要是数字、专用符号和图形。在单片机的人-机交互界面中,一般的输出方式有以下几种:发光管、LED 数码管和液晶显示器。本系统采用 LCD1602 液晶显示器。在单片机系统中应用液晶显示器作为输出器件有以下几个优点:

① 显示质量高。由于液晶显示器的每个点在收到信号之后就一直保持其色彩和亮度,恒定发光,而不像阴极射线管显示器(CRT)那样需要不断刷新其亮点。因此,液晶显示器的画质高且不会闪烁。

② 数字式接口。液晶显示器都是数字式的,因此,与单片机系统的接口更加简单可靠,操作更加方便。

③ 体积小、质量轻。液晶显示器通过显示屏上的电极来控制液晶分子状态以达到显示的目的,在质量上比相同显示面积的传统显示器要轻得多。

④ 功耗低。相对而言,液晶显示器的功率主要消耗在其内部的电极和驱动 IC 上,因而耗电量比其他显示器要小得多。

下面介绍液晶显示的原理和液晶显示器的分类。

**1. 液晶显示原理**

液晶显示是利用液晶的物理特性,通过电压对其显示区域进行控制,当有电时就有显示,这样即可以显示出图形。液晶显示器具有厚度薄、适用于大规模集成电路直接驱动、易于实现全彩色显示的特点,目前已被广泛应用在便携式计算机、数字摄像机和 PDA 移动通信工具等众多产品上。

**2. 液晶显示器的分类**

液晶显示器的分类方法有很多种,通常可按其显示方式分为段式、字符式和点阵式等。除了黑白显示外,液晶显示器还有多灰度和彩色显示等。如果根据驱动方式来分,可以分为静态驱动(static)、单纯矩阵驱动(simple matrix)和主动矩阵驱动(active matrix)三种。

**3. 液晶显示器各种图形的显示原理**

(1) 线段的显示

点阵图形式液晶由 $M×N$ 个显示单元组成,假设 LCD 显示屏有 64 行,每行有 128 列,每 8 列对应 1 B 的 8 位,即每行由 16 B、共 16 B×8/B=128 个点组成,屏上 64×16 个显示单元与显示 RAM 区的 1 024 B 相对应,每字节的内容与显示屏上相应位置的亮暗对应。例如屏幕第一行的亮暗由 RAM 区的 000H~00FH 的 16 B 的内容决定,当(000H)=FFH 时,则屏幕左上角显示一条短亮线,长度为 8 个点;当(3FFH)=FFH 时,则屏幕右下角显示一条短亮线;当(000H)=FFH,(001H)=00H,(002H)=00H…(00EH)=00H,(00FH)=00H 时,则在屏幕顶部显示一条由 8 条亮线和 8 条暗线组成的虚线。这就是 LCD 显示的基本原理。

(2) 字符的显示

用 LCD 显示一个字符时比较复杂,因为一个字符由 6×8 或 8×8 点阵组成,因此既要找到与显示屏幕上某几个位置对应的显示 RAM 区的 8 B,还要使每字节的不同位为"1",而其他位为"0",为"1"的点亮,为"0"的不亮。这样就组成了某个字符。但对于内带字符发生器的控制器来说,显示字符就比较简单了,可以让控制器工作在文本方式下,再根据 LCD 上开始显示的行列号及每行列数找出显示 RAM 对应的地址,然后设立光标,在此处送上该字符对应的代码即可。

(3) 汉字的显示

汉字的显示一般采用图形的方式。需要事先从微机中提取要显示的汉字的点阵码(一般用字模提取软件),每个汉字占 32 B,分左右两半,每半各占 16 B,左边为 1,3,5…右边为 2,4,6…根据在 LCD 上开始显示的行列号及每行的列数可以找出显示 RAM 对应的地址,设立光标,并在此处送上要显示的汉字的第一个字节,光标位置加 1,送第二个字节,换行按列对齐,送第三个字节……直到 32 B 显示完毕即可在 LCD 上得到一个完整的汉字。

字符型液晶显示模块是一种专门用于显示字母、数字和符号等的点阵式 LCD,目前常用 16×1,16×2,20×2 和 40×2 等的模块。下面主要介绍 1602 字符型液晶显示器。

**4. LCD1602 的基本参数及引脚功能**

LCD1602 分为带背光和不带背光两种,基控制器大部分为 HD44780,带背光的比不带背光的厚,是否带背光在应用中并无差别,两者尺寸差别如图 13-6 所示。

(1) LCD1602 主要技术参数

- 显示容量为 16×2 个字符;
- 芯片工作电压为 4.5~5.5 V;

# 第13章 GPS经纬度信息显示系统的设计

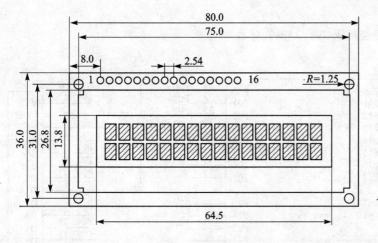
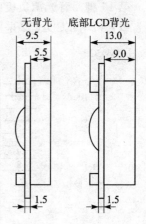

图 13-6  LCD1602 尺寸图

- 工作电流为 2.0 mA(5.0 V);
- 模块最佳工作电压为 5.0 V;
- 字符尺寸为 $2.95 \times 4.35 (W \times H) mm^2$。

(2) 引脚功能说明

LCD1602采用标准的14脚(无背光)或16脚(带背光)接口,各引脚接口说明如表13-1所列。

表 13-1  引脚接口说明表

| 引脚号 | 引脚名称 | 引脚说明 | 引脚号 | 引脚名称 | 引脚说明 |
|---|---|---|---|---|---|
| 1 | VSS | 电源地 | 6 | E | 使能信号 |
| 2 | VDD | 电源正极 | 7~14 | D0~D7 | 数据 |
| 3 | VL | 液晶显示偏压 | 15 | BLA | 背光源正极 |
| 4 | RS | 数据/命令选择 | 16 | BLK | 背光源负极 |
| 5 | R/W | 读/写选择 | | | |

各引脚的具体作用是:

第1脚  VSS为电源地。

第2脚  VDD接5 V正电源。

第3脚  VL为液晶显示器对比度调整端,当接正电源时对比度最弱,当接地时对比度最高。对比度过高时会产生"鬼影",使用时可通过一个10 kΩ的电位器来调整对比度。

第4脚  RS为寄存器选择端,高电平时选择数据寄存器,低电平时选择指令寄存器。

第5脚  R/W为读/写信号线,高电平时进行读操作,低电平时进行写操作。当RS和R/W共同为低电平时可以写入指令或者显示地址;当RS为低电平而R/W为高电平时,可以读忙信号;当RS为高电平而R/W为低电平时,可以写入数据。

第6脚  E端为使能端,当E端由高电平跳变成低电平时,液晶模块执行命令。

第7~14脚  D0~D7为8位双向数据线。

第15脚  背光源正极。

第16脚　背光源负极。

单片机与LCD1602电路连接图如图13-7所示。

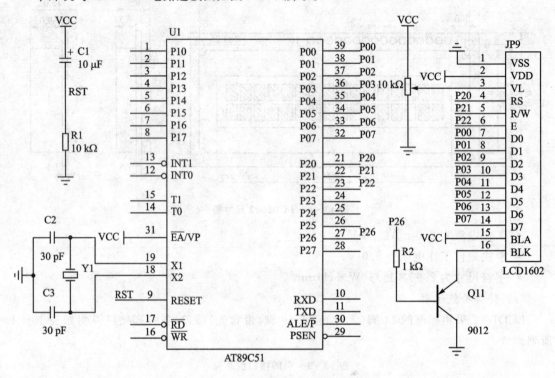

图13-7　单片机与LCD1602连接图

## 13.4　软件设计

硬件电路设计好之后,就需要对软件进行设计。基于MCS-51系列单片机的GPS独立定位设备的软件系统由4个模块组成,分别是:系统初始化模块、信号接收模块、信号处理模块和数据显示模块。下面逐一介绍。

**1. 系统初始化模块**

在用户对设备加电时,就是对单片机的硬件端口进行初始化操作。对GPS OEM板初始化要做如下操作:输入"＄PGRMO,,2＊"语句,禁止GPS OEM板所有输出语句;输入"＄PGRMO,GPRMC,1＊"语句,允许GPS OEM板输出"＄GPRMC"语句数据。对液晶显示模块进行初始化要做如下操作:设置显示模式为16字×2行;将定位数据指针指向80H,即屏幕第0行第1列;显示屏清屏;开显示屏和设置光标;显示光标移动设置。

**2. 信号接收模块**

该模块的功能是使单片机的串口接收从GPS OEM板发来的GPS定位数据,然后做如下操作:判断接收的字符是否是"＄"字符;如果是则将记录标志位置1;把纬度数据计数变量和经度数据计数变量置0;把逗号计数变量置0。

**3. 信号处理模块**

负责从接收的定位数据中分离出纬度和经度信息数据,操作如下:先判断送来的是否是

## 第13章　GPS经纬度信息显示系统的设计

","字符;判断逗号的个数;分别提取第3和第5个逗号后的数据,因为这两个数据分别代表了当前的纬度和经度数据,把分离出的数据送数据显示模块显示。

**4. 数据显示模块**

负责将有用的定位信息数据显示在相应点位置。

主程序的设计流程如图13-8所示。其具体操作内容如下:

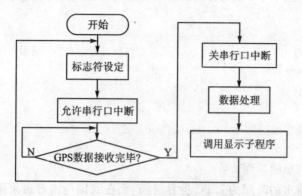

图13-8　主程序流程图

① 对AT89C51单片机进行初始化。允许串口中断,选择串口的中断工作方式1,选择定时器1作为波特率发生器,选择定时器1的工作方式2。波特率计算公式为

$$波特率 = \frac{2^{SMOD}}{32} \times \frac{f_{osc}}{12 \times (256 - TH1)}$$

系统时钟取11.0592 MHz,则对于波特率9 600 b/s,有TH1=FDH。

具体初始化程序如下:

```
TMOD = 0x20;            //选择定时器1为定时方式,选择定时器工作方式2
TL1 = 0xFD;
TH1 = 0xFD;             //波特率为9 600 b/s
SCON = 0x50;            //允许串行中断,选择中断工作方式1
PCON = 0x00;            //选择SMOD = 0
IE = 0x90;              //串口中断允许,CPU中断允许
TR1 = 1;                //启动定时器1
```

② 调用串口中断服务子程序,提取GPS信息,采集了时间、经度、纬度、日期等信息后,对时间和日期修正后再发送到显示模块进行显示。

ⓐ 单片机对GPS信息的采集。

GR—87模块输出的是数据流,每秒钟更新一次数据。使用单片机对其输出的数据流中的数据进行提取,以方便用户直接读取。首先打开串口中断服务子程序,开始接收数据;接着判断其是否含有"$"符号;然后根据逗号的个数来判断数据的类型;最后分别存储时间、经度、纬度、日期等信号;若接收到"*"则接收结束。

用C语言编程,其主要程序如下:

```
void serial() interrupt 4 using 1        //打开串口中断程序
{   ...
    if (SBUF == 0x24)                    //判断是否含有"$"符号
```

```
        {   record = 1;
            ...
        }
    if (record == 1)                        //开始处理 GPRMC 中的数据信息
    {   if(SBUF == 0x2c)
            numbercoma ++ ;                 //利用 GPRMC 数据中的逗号个数判断数据类型
        }
        ...
        if(SBUF == '*')                     //判断是否含有"*"符号
        {   numbercoma = 0;
            record = 0;
            ...
        }
    }
```

ⓑ 时间和日期信息的处理。

由于 GPS 模块输出的时间为 UTC 世界时间,而在我国境内普遍采用的是北京时间,其时差为 8 小时,即北京时间比 UTC 时间快 8 小时,所以应该在 GPS 接收到的时间上加 8 小时,如果超过 24 小时,则进入第二天,对日期加 1,并对时间减去 24 小时即为准确的北京时间。其程序如下:

```
processstimeanddate()
{
    a = date[0] * 10 + date[1];
    b = month[0] * 10 + month[1];
    c = year[0] * 10 + year[1];
    d = time[0] * 10 + time[1] + 8;         //对 UTC 时间加 8 小时为北京时间
    if(d>24)
    {   d = d - 24;
        a ++ ;                              //判断时间若超过 24 小时,则时间减 24,日期加 1
        switch(a)
            case 29:…break;                 //若为普通年的 2 月,则进入下一月
            case 30:…break;                 //若为闰年的 2 月,则进入下一月
            case 31:…break;                 //若为 4,6,9,11 月,则进入下一月
            case 32:…break;                 //若为 1,3,5,7,8,10,12 月,则进入下一月
        if(month> = 13)
        {   month = 1;year ++ ; }           //月份超过 12,则进入下一年
    }
}
```

ⓒ LCD1602 初始化程序

```
#include <reg51.h>
#include <intrins.h>
sbit rs = P2^0;
sbit rw = P2^1;
sbit ep = P2^2;
```

## 第13章 GPS经纬度信息显示系统的设计

```c
unsigned char code dis1[] = {"显示内容1"};
unsigned char code dis2[] = {"显示内容2"};
void delay(unsigned char ms)
{
    unsigned char i;
    while(ms--)
    {
        for(i = 0; i < 250; i++)
        {
            _nop_();
            _nop_();
            _nop_();
            _nop_();
        }
    }
}
bit lcd_bz()
{
    bit result;
    rs = 0;
    rw = 1;
    ep = 1;
    _nop_();
    _nop_();
    _nop_();
    _nop_();
    result = (bit)(P0 & 0x80);
    ep = 0;
    return result;
}
void lcd_wcmd(unsigned char cmd)
{
    while(lcd_bz());                    //判断LCD是否忙碌
    rs = 0;
    rw = 0;
    ep = 0;
    _nop_();
    _nop_();
    P0 = cmd;
    _nop_();
    _nop_();
    _nop_();
    _nop_();
    ep = 1;
    _nop_();
```

```c
        _nop_();
        _nop_();
        _nop_();
        ep = 0;
}
void lcd_pos(unsigned char pos)
{
        lcd_wcmd(pos | 0x80);
}
void lcd_wdat(unsigned char dat)
{
        while(lcd_bz());                        //判断LCD是否忙碌
        rs = 1;
        rw = 0;
        ep = 0;
        P0 = dat;
        _nop_();
        _nop_();
        _nop_();
        _nop_();
        ep = 1;
        _nop_();
        _nop_();
        _nop_();
        _nop_();
        ep = 0;
}
void lcd_init()
{
        lcd_wcmd(0x38);
        delay(1);
        lcd_wcmd(0x0C);
        delay(1);
        lcd_wcmd(0x06);
        delay(1);
        lcd_wcmd(0x01);
        delay(1);
}
void main(void)
{
        unsigned char i;
        lcd_init();                             //初始化LCD
        delay(10);
        lcd_pos(0x01);                          //设置显示位置
        i = 0;
```

```
        while(dis1[i] != '\0')
        {
            lcd_wdat(dis1[i]);              //显示字符
            i ++ ;
        }
        lcd_pos(0x42);                      //设置显示位置
        i = 0;
        while(dis2[i] != '\0')
        {
            lcd_wdat(dis2[i]);              //显示字符
            i ++ ;
        }
    }
```

## 13.5 实例总结

本章首先介绍了 GPS 导航技术原理以及 GPS OEM 板的简单工作原理,然后介绍了一个基于 MCS-51 系列单片机的 GPS 独立定位设备系统设计。利用 GPS 信息处理系统解决了 GPS 标准数据格式的解读以及信息的提取、转换和显示问题,能够准确地显示经纬度的信息,在实际生活中有比较广泛的应用。该系统与电子地图、GSM 模块或 CDMA 模块等连接后,可以实现可视化的导航和定位功能。

# 第五部分  汽车与医疗电子

# 第 14 章
# 公交车自动报站系统设计

目前一些大中城市的公交车报站系统主要有三种方式：

① 人工报站。一般报站人员都是当地人,用方言进行报站,这给外地乘客带来很大不便,这种报站方式将逐渐被其他方式取代。

② 半自动报站。这种报站方式一般是由司机控制的,比第①种有了较大改进。但是,有时由于司机疏忽,也会出现错报、漏报的现象。同时,由于需要司机参与,也有一定的安全隐患。

③ 自动报站。这种报站方式实现了智能化,无需司机参与,系统自动识别车站,而且比较准确,现在研究这种报站方式的较多。

本章将介绍的公交车自动报站系统是运用红外线技术作为发射和接收信号来实现的,它成本较低,有利于推广。

## 14.1  实例说明

本系统是一种自动播报公交车站名的智能系统,由车载设备及车站设备两大部分组成。该系统采用一块单片机(AT89C52)作为自动报站的检测和驱动核心,通过 ISD4004 语音芯片来控制报站。当车载红外接收机接收到车站发出的红外信号后,经过单片机处理,以决定语音芯片中的哪段语音进行播音,语音芯片根据该播放地址由扬声器播放特定的语音信息。

本系统具有公交汽车行驶中能自动、适时地向乘客播报站点的功能。这种公交车辆自动报站方法的特征如下。

安装在公交站点的发射端执行如下步骤：每隔一定时间向外发送该站点的数据信息,该数据信息包括该站点的唯一标志号。

安装在公交车上的接收端执行如下步骤：在站点的发射区域内,接收所述发射端发送的数据信息,对所述数据信息进行匹配校验,验证通过后发出语音提示报站。

## 14.2 设计思路分析

### 14.2.1 红外线发射和接收模块

红外线发射和接收利用的是光电转换原理。红外线发射装置把电信号转换成光信号。将电信号转换成光信号的核心器件是三只红外发光二极管,在其两端加上固定电压以产生连续的光信号。红外接收装置采用光敏三极管来实现,从而能够把红外发光二极管所发出的红外光转换成电信号;但由于此时的电信号较弱,不足以驱动电路及负载正常工作,故采用模拟放大电路对信号进行放大处理,使其能够保证后面的电路及负载正常工作。由于红外线发射装置和红外线接收装置的有效作用距离有限,所以必须尽量减少光源能量的损失。为使发光二极管的光源能量能够最大限度地被光敏三极管接收,可以采用透镜聚光技术,该技术使其作用距离可达到8~9 m,甚至更远,这样就可以满足公交车报站的需要了。本系统在站台上装上红外线发射装置,在公交车上装上红外线接收装置,当公交车即将到达站台时,红外线接收装置的光敏三极管收到红外线发射装置的光信号,经过模拟放大电路,输出低电平,这时单片机就会控制语音芯片实现报站的功能;当公交车没有到达站台时,模拟电路输出高电平,单片机不执行任何操作。

### 14.2.2 单片机模块

单片机控制模块是该系统的核心模块,本例采用 AT89C52 单片机。AT89C52 是一种低功耗高性能的 8 位单片机,采用了 CMOS 工艺和 Atmel 公司的高密度非易失性存储器技术。它包含一个 8 位中央处理器和 256 B 的 RAM 单元,其中能作为寄存器供用户使用的仅有前面的 128 B,余下的被专用寄存器占用;片内含有 4 KB 的 Flash 可编程可擦除存储器;有 4 个 8 位 I/O 口,1 个全双工串行口以及 5 个中断源,基本能够满足本系统开发的需要。当单片机的相应引脚接收到红外接收装置的低电平信号时,就会通过软件方式来控制语音芯片,从而实现报站;当单片机的相应引脚未接收到红外信号(高电平)时,不执行任何操作。

### 14.2.3 语音模块

该模块采用 ISD4004 芯片实现语音报站。ISD4004 的主要特点是记录声音。它没有段长度限制,并且声音记录不需要 A/D 转换和压缩;快速闪存作为存储介质,无需电源,可保存数据长达一百年,重复记录 10 000 次以上。由于 ISD4004 的工作电压是 3 V,而单片机的工作电压是 5 V,因此,需要有变压电路。ISD4004 的工作功率较小,所以需要通过功放电路实现播报。本章主要介绍播报已经录制好的语音,至于录音的过程在此不做介绍。

## 14.3 硬件设计

本系统硬件的基本组成是：红外发射装置、红外接收装置、AT89C52 单片机、ISD4004 语音芯片和扬声器等。

该系统的硬件电路原理框图如图 14-1 所示。

图 14-1 硬件电路原理框图

本系统的基本工作原理是：车站的红外发射装置发出红外信号，车载系统的接收装置通过红外光电传感器检测到信号，经过信号处理电路后把光信号转换成电信号，然后把电信号送给单片机，单片机对电信号进行处理后发出指令，执行语音模块，完成自动报站。

### 14.3.1 单片机的选择和外围电路的设计

因为公交车自动报站系统设计需要较大的存储容量，所以要选择一个数据和程序容量都较大的单片机，这样就不用扩展数据存储器和程序存储器了。这里选用了 Atmel 公司的 AT89C52 单片机作为本设计硬件电路的主控芯片，功能强大的 AT89C52 单片机可适合许多复杂系统控制的应用场合。

AT89C52 有 40 个引脚，32 个外部双向输入/输出端口，同时内含 2 个外部中断口，3 个 16 位可编程定时器/计数器，2 个全双工串行通信口，2 个读/写口线。AT89C52 可以按照常规方法进行编程，也可以在线编程。其将通用微处理器与 Flash 存储器结合在一起，特别是可以反复擦写的 Flash 存储器能有效降低开发成本。

AT89C52 单片机的 ALE/PROG 端除输出地址锁存允许脉冲外，在编程期间还作为编程脉冲输入端，参与控制对 Flash 存储器的读、写、加密和擦除等操作。而 EA/VPP 端在寻址片内 8 KB Flash 程序存储器时，必须连到 VCC 端，如果将此端连到 GND 端，将会迫使单片机寻址外部 0000H～1FFFH 范围的程序存储器。如果加密位被编程了，则 AT89C52 的 CPU 将对 EA 的状态进行采样并锁存，EA 的状态不得与实际使用的内部或外部程序存储器的状态发生矛盾。

### 14.3.2 晶振电路

AT89C52 的内部有一个用于构成振荡器的高增益反相放大器。通过 XTAL1 和 XTAL2 外部接上一片作为反馈元件的晶体，与 C1 和 C2 构成了并联谐振电路，使其构成自激振荡器。电容的值具有微调的作用，这里取 30 pF。外部晶振电路的具体接法如图 14-2 所示。

AT89C52 的工作频率范围为 0～24 MHz，此处选

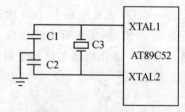

图 14-2 外部晶振电路

用 12 MHz 的晶振,机器周期为 1 μs,这个晶振可以满足该系统的要求。并且晶振不能离单片机太远,否则使用外部晶振进行软件调试时就会出现找不到信号的情况。

### 14.3.3 复位电路

复位有硬件和软件两种,复位的作用是使程序自动从地址 0000H 开始执行,因此只要在 AT89C52 单片机的 RESET 端加上一个高电平信号,并持续 10 ms 以上即可;RESET 端接有一个上电复位电路,它由一个小的电解电容和一个接地的电阻组成。人工复位电路只需采用一个按钮来给 RESET 端加上高电平信号即可实现。

本系统采用手动和上电复位方式,其电路如图 14-3 所示。上电时,电容 $C$ 通过电阻 $R$ 充电,维持宽度大于 10 ms 的正脉冲,完成上电复位功能。电容 $C$ 充电结束后,RESET 端出现低电平,CPU 正常工作。在此取典型值 $R=10\ \text{k}\Omega$,$R_1=1\ \text{k}\Omega$,$C=10\ \mu\text{F}$。

上电复位实现的时间为

$$T = R \times C = 10\ \text{k}\Omega \times 10\ \mu\text{F} = 100\ \text{ms} \geqslant 10\ \text{ms}$$

当需要手动复位时,按下开关按钮 K,电容 $C$ 通过开关 K 和电阻 $R_1$ 放电,RESET 端电位上升到高电平,实现手动复位;开关 K 松开后,电容 $C$ 重新充电,充电结束后,CPU 重新工作。$R_1$ 是限流电阻,阻值不能过大,否则就起不到复位作用了。

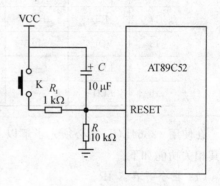

图 14-3 手动和上电复位电路

### 14.3.4 显示和驱动电路的设计

用来显示的器件很多,比如数码管、LCD 和点阵式 LCD。数码管只能显示数字,LCD 可以显示汉字、符号、数字和图形。本系统采用点阵式 LCD 显示。

LCD12864 是一种图形点阵液晶显示器,主要由行驱动器/列驱动器及 128×64 全点阵液晶显示器组成,可完成图形显示,也可显示 8×4(16×16 点阵)个汉字。LCD12864 的引脚说明如表 14-1 所列。

表 14-1 LCD12864 的引脚说明

| 引脚号 | 引脚名称 | 电 平 | 引脚功能描述 |
| --- | --- | --- | --- |
| 1 | VSS | 0 | 电源地 |
| 2 | VDD | +5.0 V | 电源电压 |
| 3 | V0 | — | 液晶显示器驱动电压 |
| 4 | D/I(RS) | H/L | D/I="H",表示 DB7~DB0 为显示数据;<br>D/I="L",表示 DB7~DB0 为指令数据 |
| 5 | R/W | H/L | R/W="H",E="H"时,数据被读到 DB7~DB0 中;<br>R/W="L",E="H→L"时,数据被写到 IR 或 DR 中 |

续表 14-1

| 引脚号 | 引脚名称 | 电平 | 引脚功能描述 |
|---|---|---|---|
| 6 | E | H/L | R/W="L",E 信号为下降沿时,锁存 DB7~DB0;<br>R/W="H",E="H"时,DDRAM 数据读到 DB7~DB0 中 |
| 7~14 | DB0~DB7 | H/L | 数据线 |
| 15 | CS1 | H/L | CS1="H"时,选择芯片(右半屏)信号 |
| 16 | CS2 | H/L | CS2="H"时,选择芯片(左半屏)信号 |
| 17 | RST | H/L | 复位信号,低电平复位 |
| 18 | VOUT | −10 V | LCD 驱动负电压 |
| 19 | LED+ | — | LED 背光板电源 |
| 20 | LED− | — | LED 背光板电源 |

在使用 12864LCD 前必须先了解以下功能器件才能进行编程。LCD12864 内部功能器件及其相关功能如下。

(1) 指令寄存器 IR

IR 用于寄存指令码,与数据寄存器寄存数据相对应。当 D/I=0 时,在 E 信号下降沿作用下,指令码写入 IR。

(2) 数据寄存器 DR

DR 用于寄存数据,与指令寄存器寄存指令相对应。当 D/I=1 时,在 E 信号下降沿作用下,图形显示数据写入 DR;或在 E 信号高电平作用下,由 DR 读到 DB7~DB0 数据总线。DR 和 DDRAM 之间的数据传输是模块内部自动执行的。

(3) 忙标志 BF

BF 标志提供内部的工作情况。BF=1 表示模块在内部操作,此时模块不接受外部指令和数据。BF=0 表示模块为准备状态,随时可接受外部指令和数据。

利用 STATUS READ 指令,可将 BF 读到 DB7 总线,从而检验模块之工作状态。

(4) 显示控制触发器 DFF

此触发器用于控制模块显示屏幕的开和关。DFF=1 为开显示(DISPLAY ON),DDRAM 的内容即显示在屏幕上;DFF=0 为关显示(DISPLAY OFF)。

DFF 的状态由指令 DISPLAY ON/OFF 和 RST 信号控制。

(5) XY 地址计数器

XY 地址计数器是一个 9 位计数器。高 3 位为 X 地址计数器,低 6 位为 Y 地址计数器。XY 地址计数器实际上是作为 DDRAM 的地址指针,X 地址计数器为 DDRAM 的页指针,Y 地址计数器为 DDRAM 的 Y 地址指针。

X 地址计数器没有记数功能,只能用指令设置。

Y 地址计数器具有循环记数功能,各显示数据写入后,Y 地址自动加 1,Y 地址指针从 0 到 63。

(6) 显示数据 RAM(DDRAM)

DDRAM 用来存储图形显示数据。数据为 1 表示显示选择,数据为 0 表示显示非选择。LCD12864 的点阵为 128×64,即每行显示 128 点,每列显示 64 点。此种型号的液晶显示屏以中间位置为界限平均划分为左半屏和右半屏分别显示,均为 64×64 点阵,而且各自都有独立的片选信号以控制屏幕选择。先显示左半屏,左半屏全部显示完后才能显示右半屏。显示屏上的显示数据由显示数据随机存储器 DDRAM 提供。DDRAM 每字节中的每 1 位,对应显示屏上的 1 个点。当位值为 1 时,显示对应点;反之,不显示。DDRAM 的地址与显示位置的关系如图 14-4 所示。每半屏显示数据共有 512 B 的 DDRAM,分为 8 个数据页来管理,这些页对应显示屏从上到下编号为 0~7 的页,每页 64 B,涵盖半边显示屏的 64 行×64 列×8 位的点阵数据。向显示屏写数据实际上是向 DDRAM 中写数据,DDRAM 不同页和不同列中的字节数据唯一对应显示屏一行的 8 个显示点。例如,向 DDRAM 第 0 页的第 0 列写入数据 00010100 B,则显示屏左上角第 0 列的 8 个显示点只有从上往下的第 3 和第 5 点显示。不同页和不同列 DDRAM 的寻址,通过左半屏和右半屏各自的页地址计数器和列地址计数器实现,因此在对显示屏 DDRAM 写显示数据前,需要先设置页地址和列地址。

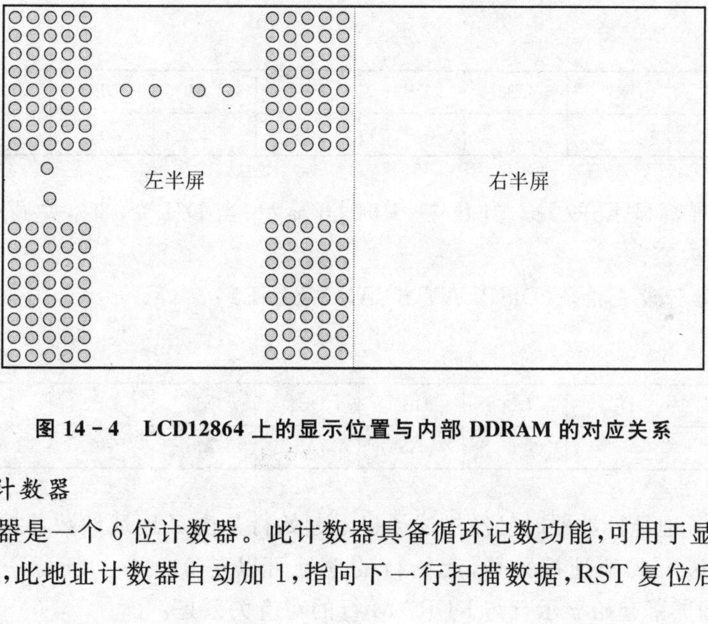

图 14-4 LCD12864 上的显示位置与内部 DDRAM 的对应关系

(7) Z 地址计数器

Z 地址计数器是一个 6 位计数器。此计数器具备循环记数功能,可用于显示行扫描同步。当一行扫描完成,此地址计数器自动加 1,指向下一行扫描数据,RST 复位后 Z 地址计数器为 0。

Z 地址计数器可以用指令 DISPLAY START LINE 来预置。因此,显示屏幕的起始行就由此指令控制,即控制 DDRAM 的数据从哪一行开始显示在屏幕的第一行。此模块的 DDRAM 共 64 行,因此屏幕可以循环滚动显示 64 行。

LCD12864 类液晶显示模块(即 KS0108B 及其兼容控制驱动器)的指令系统比较简单,总共只有 7 种。其指令表如表 14-2 所列。

表14-2 LCD12864指令表

| 指令名称 | 控制信号 | | 控制代码 | | | | | | | |
|---|---|---|---|---|---|---|---|---|---|---|
| | R/W | D/I | DB7 | DB6 | DB5 | DB4 | DB3 | DB2 | DB1 | DB0 |
| 显示开/关控制 | 0 | 1/0 | 0 | 0 | 1 | 1 | 1 | 1 | 1 | 1 |
| 显示起始行设置 | 0 | 0 | 1 | 1 | X | X | X | X | X | X |
| 页地址设置 | 0 | 0 | 1 | 0 | 1 | 1 | 1 | X | X | X |
| 列地址设置 | 0 | 0 | 0 | 1 | X | X | X | X | X | X |
| 读状态 | 1 | 0 | BUSY | 0 | ON/OFF | RST | 0 | 0 | 0 | 0 |
| 写显示数据 | 0 | 1 | 写数据 | | | | | | | |
| 读显示数据 | 1 | 1 | 读数据 | | | | | | | |

各指令功能分别介绍如下。

(1) 显示开/关控制指令(DISPLAY ON/OFF)

指令格式是:

| R/W | D/I | DB7 | DB6 | DB5 | DB4 | DB3 | DB2 | DB1 | DB0 |
|---|---|---|---|---|---|---|---|---|---|
| 0 | 1/0 | 0 | 0 | 1 | 1 | 1 | 1 | 1 | 1 |

该指令设置屏幕显示开/关。当 D/I=1 时,开显示;当 D/I=0 时,关显示。此操作不影响 DDRAM 中的内容。

(2) 显示起始行设置指令(DISPLAY START LINE)

指令格式是:

| R/W | D/I | DB7 | DB6 | DB5 | DB4 | DB3 | DB2 | DB1 | DB0 |
|---|---|---|---|---|---|---|---|---|---|
| 0 | 0 | 1 | 1 | A5 | A4 | A3 | A2 | A1 | A0 |

前面在介绍 Z 地址计数器时已经描述了显示起始行是由 Z 地址计数器控制的。A5~A0 的 6 位地址自动送入 Z 地址计数器,起始行的地址可以是 0~63 的任意一行。例如:选择 A5~A0 为 62,则屏幕起始显示行与 DDRAM 行的对应关系是:

DDRAM 行:62 63 0 1 2 3 …… 28 29

屏幕显示行:1 2 3 4 5 6 …… 31 32

(3) 页地址设置指令(SET PAGE "X ADDRESS")

指令格式是:

| R/W | D/I | DB7 | DB6 | DB5 | DB4 | DB3 | DB2 | DB1 | DB0 |
|---|---|---|---|---|---|---|---|---|---|
| 0 | 0 | 1 | 0 | 1 | 1 | 1 | A2 | A1 | A0 |

所谓页地址就是 DDRAM 的行地址,8 行为 1 页,模块共有 64 行即 8 页,A2~A0 表示 0~7 页。读/写数据操作对地址没有影响,由本指令或 RST 信号改变复位后的页地址为 0。

## 第14章 公交车自动报站系统设计

（4）列（Y）地址设置指令（SET Y ADDRESS）

指令格式是：

| R/W | D/I | DB7 | DB6 | DB5 | DB4 | DB3 | DB2 | DB1 | DB0 |
|---|---|---|---|---|---|---|---|---|---|
| 0 | 0 | 0 | 1 | A5 | A4 | A3 | A2 | A1 | A0 |

此指令的作用是将 A5～A0 送入 Y 地址计数器，作为 DDRAM 的 Y 地址指针。在对 DDRAM 进行读/写操作后，Y 地址指针自动加 1，指向下一个 DDRAM 单元。

（5）读状态指令（STATUS READ）

指令格式是：

| R/W | D/I | DB7 | DB6 | DB5 | DB4 | DB3 | DB2 | DB1 | DB0 |
|---|---|---|---|---|---|---|---|---|---|
| 1 | 0 | BUSY | 0 | ON/OFF | RST | 0 | 0 | 0 | 0 |

当 R/W=1 且 D/I=0 时，在 E 信号为"H"的作用下，状态分别输出到数据总线（DB7～DB0）的相应位，其中：

- BUSY BUSY=1，内部正在进行操作；BUSY=0，内部为空闲状态。
- ON/OFF ON/OFF=1，显示打开；ON/OFF=0，显示关闭。
- RST RST=1，内部正在初始化，此时组件不接受任何指令和数据。

（6）写显示数据指令（WRITE DISPLAY DATA）

指令格式是：

| R/W | D/I | DB7 | DB6 | DB5 | DB4 | DB3 | DB2 | DB1 | DB0 |
|---|---|---|---|---|---|---|---|---|---|
| 0 | 1 | D7 | D6 | D5 | D4 | D3 | D2 | D1 | D0 |

D7～D0 为显示数据。此指令把 DB7～DB0 写入相应的 DDRAM 单元，Y 地址指针自动加 1。

（7）读显示数据指令（READ DISPLAY DATA）

指令格式是：

| R/W | D/I | DB7 | DB6 | DB5 | DB4 | DB3 | DB2 | DB1 | DB0 |
|---|---|---|---|---|---|---|---|---|---|
| 1 | 1 | D7 | D6 | D5 | D4 | D3 | D2 | D1 | D0 |

此指令把 DDRAM 的内容 D7～D0 读到数据总线 DB7～DB0，Y 地址指针自动加 1。

读/写数据指令每执行完一次读/写操作后，列地址就自动增 1。必须注意的是，在进行读操作之前，必须有一次空读操作，紧接着再读才会读出所需要单元中的数据。

图 14-5 为 AT89C52 与 LCD12864 的硬件连接图。

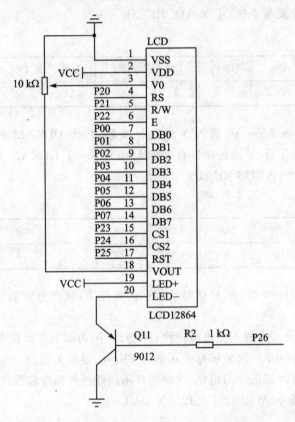

图 14-5 AT89C52 与 LCD12864 的硬件连接图

## 14.3.5 放音电路的设计

放音电路采用 ISD4004 芯片。ISD4004 系列语音存储芯片采用 CMOS 技术,内含振荡器、防混淆滤波器、平滑滤波器、音频放大器、自动静噪及高密度多电平闪烁存储阵列,内置微控制器串行通信接口。芯片所有操作必须由微控制器控制,操作命令可通过串行通信接口(SPI 或 Microwire)送入。外部音源信号在芯片内采用多电平直接模拟量存储技术,信息可进行多段处理,每个采样值直接存储在片内闪烁存储器中,因此能够非常真实、自然地再现语音、音乐、音调和效果声。存于片内闪烁存储器中的信息,可在断电情况下保存一百年。芯片工作电压为 3 V,工作电流为 25~30 mA,维持电流 1 μA,不耗电,单片录放时间为 8~16 min,可反复录音 10 万次。

图 14-6 是 ISD4004 语音芯片和功放电路。ISD4004 工作于 SPI 串行接口,按照同步串行数据传输的 SPI 协议,所有串行数据的传输开始于单片机主控器发送给 ISD4004 的片选信号 $\overline{SS}$ 下降沿。$\overline{SS}$ 在传输期间必须保持低电平,在两条指令之间则保持高电平。来自串行数据输入端 MOSI 引脚的数据在串行同步时钟上升沿被锁存,对 ISD4004 串行数据输出端 MISO 引脚的数据在 SCLK 的下降沿被移出。ISD4004 的任何一个录音和放音操作(含快进)都是按分段地址进行的,每段包含若干行,每行相当于存储单元,在行地址时钟信号 RAC 的控制下进行录/放信息的存储管理。RAC 信号周期为 200 ms,高电平占空比为 3/4。当录音和放音

操作到达内部存储单元地址的末尾时,会产生一个 OVF 或 EOM 结束标志信号,如果遇到 EOM 或 OVF,则产生一个低电平有效的 $\overline{\text{INT}}$ 中断信号,该中断状态在下一个 SPI 周期开始时被清除。

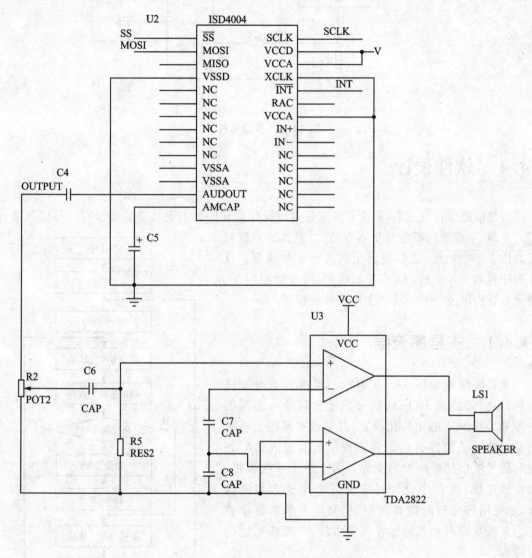

图 14-6 ISD4004 语音芯片和功放电路

单片机 AT89C52 的 P1.0～P1.3 引脚接红外接收电路,控制报站器工作过程中是否放音。P3.0 接 ISD4004 的片选引脚 $\overline{\text{SS}}$,控制 ISD4004 的选通与否。P3.1 接 ISD4004 的串行输入引脚 MOSI,从该引脚读入放音的地址,从单片机输出数据,从 ISD4004 接收数据。P3.3 和 P3.4 分别接 ISD4004 的串行时钟引脚 SCLK 和中断引脚 $\overline{\text{INT}}$。对于 ISD4004 芯片所需要的连接还有音频信号输出引脚 AUDOUT,该引脚通过一个滤波电容与功放电路连接,AMCAP 为自动静音端,使用时通过一个电容接地。为了使 ISD4004 正常工作,变压电路如图 14-7 所示。

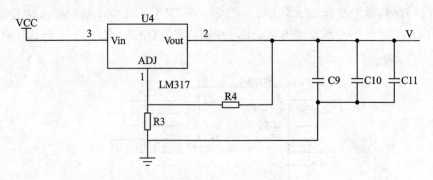

图 14-7 变压电路

## 14.4 软件设计

硬件电路设计好之后,就需要对软件进行设计。软件的主要功能是通过对红外信号进行实时查询,来准确判断信号是否有效,并查找信号所对应的语音存储地址,之后取出信息进行实时播报。软件程序包括主控程序、信号查询程序、语音播报程序、数据传送程序及 ISD4004 的上电和掉电程序。

### 14.4.1 主程序流程

主程序流程如图 14-8 所示。系统上电时要进行初始化,完成对 I/O 口、信号单元及信号标志位的清零和 ISD4004 的初始化设置,并完成在系统上电时自检和产品信息广告的语音播报。然后进入信号查询和语音播报的循环控制流程。为了防止系统误报、漏报或连报,在程序设计时应充分考虑这方面的因素,如采用信号延时防抖判定,信号电平的高低交错标志判断及信号单元地址查表等方法,以提高系统的可靠性。

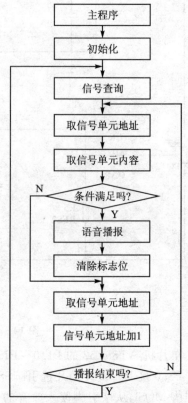

图 14-8 主程序流程图

### 14.4.2 信号查询子程序

信号查询子程序的流程如图 14-9 所示,程序对红外信号进行查询,并对到来的有效信号进行分单元标记储存,以便将参数传递给主程序。

# 第 14 章 公交车自动报站系统设计

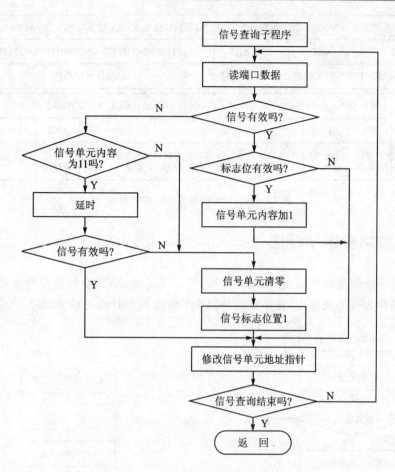

图 14-9 信号查询子程序流程图

## 14.4.3 语音播报子程序

  ISD4004 芯片的所有操作都必须由微控制器来控制操作命令,然后通过串行通信协议 SPI 接口送入。SPI 控制寄存器用于控制芯片的录放音、信息检索、上电、掉电、开始和停止等功能,这些功能通过软件编程指令改变 SPI 控制寄存器的控制位来实现。SPI 控制寄存器的控制位如图 14-10 所示,指令格式是:8 位控制码+16 位地址码。ISD4004 的任何操作在运行位 C4 置 1 时开始,置 0 时结束,如果遇到 EOM 或 OVF,则产生一个中断。使用"读"指令使中断状态位移出 ISD4004 的 MISO 引脚时,控制及地址数据也同步从 MOSI 端移入。因此,要注意移入的数据是否与器件当前进行的操作兼容。当然,也允许在一个 SPI 周期里,同时执行读状态和开始新的操作(即新移入的数据与器件当前的操作可以不兼容)。

  语音播报子程序要严格按照以上 ISD4004 的要求编程,其流程如图 14-11 所示。当系统确认当前播报信号有效时,通过查找语音存放地址,得到 16 位的播报地址。首先要调用上电子程序,送上电指令,然后等待约 25 μs 的延迟,再传送 16 位放音起始地址参数和 8 位从指定地址开始放音的指令,最后分别调用数据发送子程序,完成信息的播报。

| 串行输出MISO引脚的控制命令字:8位控制码+16位地址码(XXXXX000A15…A0) | | | |
|---|---|---|---|
| OVF | EOM | XXXXXX | P0P1P2P3P4P5P6P7P8P9P10P11P12P13P14P15 |
| 录音满标志 | 放音结束标志 | 补充位(随机) | 16位行地址指针 |

| 串行输入MOSI引脚的控制命令字:8位控制码+16位地址码(XXXXX000A15…A0) | | | | | | |
|---|---|---|---|---|---|---|
| C4 | C3 | C2 | C1 | C0 | XXX | A15…A1A0 |
| 1:开始<br>0:停止 | 1:放音<br>0:录音 | 1:上电<br>0:掉电 | 1:忽略输入地址寄存器的内容<br>0:使用输入地址寄存器的内容 | 1:允许快进模式<br>0:禁止 | 补充位<br>(随机) | 16位地址 |

图 14-10 SPI 控制寄存器的控制位

## 14.4.4 数据发送子程序

数据发送子程序流程图如图 14-12 所示,其主要功能是将 16 位放音地址和 8 位功能控制指令数据按照 SPI 协议标准,在串行时钟同步下传送到 ISD4004 的 MOSI。

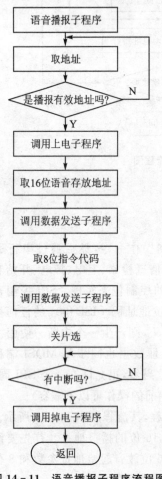

图 14-11 语音播报子程序流程图

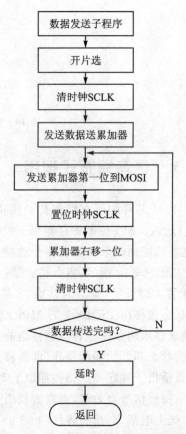

图 14-12 数据发送子程序流程图

## 14.4.5 上电、掉电子程序

ISD4004 可实现电源操作模式的管理,通过指令编程完成上电和掉电的操作,其程序流程如图 14-13 和图 14-14 所示。芯片掉电后进入低功耗状态,耗电电流为 1 μA 左右,只有在上电操作完成后芯片才能正常工作。

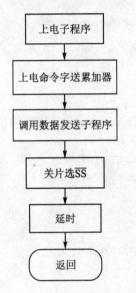

图 14-13 上电子程序流程图

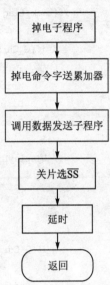

图 14-14 掉电子程序流程图

## 14.4.6 部分源代码

**1. 主程序**

```
#include <reg52.h>
#include <string.h>
#define uchar unsigned char
#define uint unsigned int
//主函数
void main()
{
    bit back_flag = 0;
    InitSystem();
    WriteCommandLCM(0x01);
    //WriteCommandLCM(0x06);
    DisplayListChar(0,0,"Next Station:");
    while(1);
    {
        G_Keyvalue = KeyScan();
```

```c
switch(G_Keyvalue)
{
    case NEXTSTATION:
    {
        MP3_NEXT = 0;
        WriteCommandLCM(0x01);
        DisplayListChar(0,0,"Next Station:");
        if(back_flag == 1)
        {
            if(G_CurrentStation_NUM <= 0)
            {
                WriteCommandLCM(0x01);
                DisplayListChar(0,0,"First Station:");
                DisplayListChar(0,1,stationcode[G_CurrentStation_NUM]);
            }
            DisplayListChar(0,1,stationcode[TOTAL_STATION_NUM -
                        (G_CurrentStation_NUM + 1)]);
        }
        else
        {
            if(G_CurrentStation_NUM >= (TOTAL_STATION_NUM - 1))
            {
                WriteCommandLCM(0x01);
                DisplayListChar(0,0,"Last Station:");
                DisplayListChar(0,1,stationcode[G_CurrentStation_NUM]);
            }
            DisplayListChar(0,1,stationcode[(G_CurrentStation_NUM + 1)]);
        }
        break;
    }
    case PRESTATION:
    {
        MP3_PRE = 0;
        WriteCommandLCM(0x01);
        DisplayListChar(0,0,"Pre Station:");
        if(back_flag == 1)
        {
            if(G_CurrentStation_NUM >= (TOTAL_STATION_NUM - 1))
            {
                WriteCommandLCM(0x01);
                DisplayListChar(0,0,"Last Station:");
                DisplayListChar(0,1,stationcode[G_CurrentStation_NUM]);
            }
            DisplayListChar(0,1,stationcode[TOTAL_STATION_NUM -
                        (G_CurrentStation_NUM - 1)]);
```

```c
            }
            else
            {
                if(G_CurrentStation_NUM <= 0)
                {
                    WriteCommandLCM(0x01);
                    DisplayListChar(0,0,"First Station:");
                    DisplayListChar(0,1,stationcode[G_CurrentStation_NUM]);
                }
                DisplayListChar(0,1,stationcode[(G_CurrentStation_NUM-1)]);
            }
            break;
        }
        case STATIONPLAY:
        {
            MP3_PLAY = 0;
            G_CurrentStation_NUM ++ ;
            if(G_CurrentStation_NUM > (TOTAL_STATION_NUM - 1))
            {
                back_flag = 1;
            }
            else
            {
                WriteCommandLCM(0x01);
                DisplayListChar(0,0,"Arrive Station:");
                DisplayListChar(0,1,stationcode[G_CurrentStation_NUM]);
            }
            break;
        }
        case RESET:
        {
            MP3_RESET = 0;
            WriteCommandLCM(0x01);
            G_CurrentStation_NUM = -1;
            DisplayListChar(0,0,"Hello the Word!");
            DisplayListChar(0,1,"<< == Welcome == >>");
            break;
        }
        default:break;
        }
    }
}

void Delay(uint t)
{
```

```c
    uint x,y;
    for(x = 0;x<t;x ++ )
        for(y = 0;y<110;y ++ );
}
//I/O 初始化
void InitIO(void)
{
    P0 = 0xFF;
    P1 = 0xFF;
    P2 = 0xFF;
    P3 = 0xFF;
}
//写数据
void WriteDataLCM(uchar WDLCM)
{

    //LCM_E = 0;
    LCM_RW = 0;
    LCM_RS = 1;
    LCM_Data = WDLCM;
    LCM_E = 1;
    Delay(5);                       //延时
    LCM_E = 0;
}
//写指令
void WriteCommandLCM(uchar WCLCM)
{
    //LCM_E = 0;
    LCM_RW = 0;
    LCM_RS = 0;
    LCM_Data = WCLCM;
    LCM_E = 1;
    Delay(5);
    LCM_E = 0;
}
//初始化子程序
void LCMInit(void)                  //LCM 初始化
{
    P2 = 0x00;
    //LCM_E = 0;
    LCM_RW = 0x0;
    WriteCommandLCM(0x38);
    WriteCommandLCM(0xFC);
    WriteCommandLCM(0x01);
    WriteCommandLCM(0x80);
```

# 第14章 公交车自动报站系统设计

```c
}
//按指定位置显示一个字符
void DisplayOneChar(uchar X, uchar Y, uchar DData)
{
    Y &= 0x1;
    X &= 0xF;                          //限制X不能大于15,Y不能大于1
    if (Y) X |= 0x40;                  //当要显示第2行时,地址码+0x40
    X |= 0x80;                         //算出指令码
    WriteCommandLCM(X);                //这里不检测忙信号,发送地址码
    WriteDataLCM(DData);
}
//按指定位置显示一串字符
//void DisplayListChar(uchar X, uchar Y, uchar code * DData)
//说明:x(0~15):x参数;y(0~1):y参数;DData(字符串):要显示的内容(英文、数字、符号)

void DisplayListChar(uchar X, uchar Y, uchar code * DData)
{
    uchar ListLength,j;
    ListLength = strlen(DData);
    Y &= 0x1;
    X &= 0xF;                          //限制X不能大于15,Y不能大于1
    if (X <= 0xF)                      //X坐标应小于0xF
    {
        for(j = 0;j<ListLength;j++)
        {
            DisplayOneChar(X, Y, DData[j]);//显示单个字符
            X++;
        }
    }
}
//显示自定义字符
//void mychar(char xx,char yy,uchar * character,uchar saveto)
//说明:xx(0~15):x参数;yy(0~1):y参数;character:要显示字符的列表地址,在程序前面有定义
//saveto(1~7):字符保存的RAM,每屏最多显示7个自定义字符
//(0x00~0x0H:自定义字符)
void mychar(char xx,char yy,uchar * character,uchar saveto)
{
    uchar add = (saveto<<3) | 0x40;
    uchar i;                           //临时变量,每一行的值

    for(i = 0;i<8;i++)
    {
        WriteCommandLCM(add + i);
        WriteDataLCM( *(character + i));
    }
```

```c
        DisplayOneChar(xx,yy,saveto);              //显示字符
        DisplayListChar(0,0,"The MyProject...");
        DisplayListChar(4,1,"2009");
        mychar(8,1, character0,1);
        DisplayListChar(9,1,"12");
        mychar(11,1, character1,2);
        DisplayListChar(12,1,"10");
        mychar(14,1, character2,3);
        Delay(1000);
        for(i = 0;i<16;i ++ )
        {
            WriteCommandLCM(0x18);
            Delay(500);
        }
        for(i = 0;i<16;i ++ )
        {
            WriteCommandLCM(0x1C);
            Delay(500);
        }
    }
    void Displayname(void)
    {
        mychar(11,0, ying_1,1);
        mychar(12,0, ying_2,2);
        mychar(11,1, ying_3,3);
        mychar(12,1, ying_4,4);

        mychar(14,0, dian_1,5);
        mychar(15,0, dian_2,6);
        mychar(14,1, dian_3,7);
        mychar(15,1, dian_4,8);
        Delay(1000);

        for(i = 0;i<16;i ++ )
        {
            WriteCommandLCM(0x18);
            Delay(500);
        }
        WriteCommandLCM(0x01);

        mychar(14,0, huang_1,1);
        mychar(15,0, huang_2,2);
        mychar(14,1, huang_3,3);
        mychar(15,1, huang_4,4);
        Delay(1000);
```

```c
for(i = 0;i<16;i ++ )
{
    WriteCommandLCM(0x18);
    Delay(500);
}
for(i = 0;i<16;i ++ )
{
    WriteCommandLCM(0x1C);
    Delay(500);
}
WriteCommandLCM(0x01);

mychar(14,0, wen_1,1);
mychar(15,0, wen_2,2);
mychar(14,1, wen_3,3);
mychar(15,1, wen_4,4);
Delay(1000);
for(i = 0;i<16;i ++ )
{
    WriteCommandLCM(0x18);
    Delay(500);
}
for(i = 0;i<16;i ++ )
{
    WriteCommandLCM(0x1C);
    Delay(500);
}
WriteCommandLCM(0x01);

mychar(14,0, juan_1,1);
mychar(15,0, juan_2,2);
mychar(14,1, juan_3,3);
mychar(15,1, juan_4,4);
Delay(1000);
for(i = 0;i<16;i ++ )
{
    WriteCommandLCM(0x18);
    Delay(500);
}
for(i = 0;i<16;i ++ )
{
    WriteCommandLCM(0x1C);
    Delay(500);
}
WriteCommandLCM(0x01);
```

```c
}
//================================================================
void Displayheat(void)
{
    mychar(12,0, xin_1,1);
    mychar(13,0, xin_2,2);
    mychar(14,0, xin_3,3);
    mychar(15,0, xin_4,4);
    mychar(12,1, xin_5,5);
    mychar(13,1, xin_6,6);
    mychar(14,1, xin_7,7);
    mychar(15,1, xin_8,8);
    Delay(1000);
    for(i = 0;i<16;i ++ )
    {
        WriteCommandLCM(0x18);
        Delay(500);
    }
    for(i = 0;i<16;i ++ )
    {
        WriteCommandLCM(0x1C);
        Delay(500);
    }
}
//开机画面
void DisplayInit(void)
{
    Displayheat();
    Delay(1000);
    WriteCommandLCM(0x01);
    Displayname();
    Delay(1000);
    WriteCommandLCM(0x01);
    Displaydata();
    Delay(2000);
}
void InitSystem(void)
{
    InitIO();
    LCMInit();
    DisplayInit();
}
uchar KeyScan(void)
{
    if(0xF0 != (KEY_PORT & 0xF0))
```

```c
        Delay(5);
        if(0xF0 != (KEY_PORT & 0xF0))
        {
            switch(KEY_PORT & 0xF0)
            {
                case KEY1: G_Keyvalue = 1;break;
                case KEY2: G_Keyvalue = 2;break;
                case KEY3: G_Keyvalue = 3;break;
                case KEY4: G_Keyvalue = 4;break;
                default:   G_Keyvalue = 0;break;
            }
        }
    else
    {G_Keyvalue = 0;}
    return G_Keyvalue;
}
```

**2. 数据发送**

```c
/* isd4004.h */
#include <reg52.h>
#define uchar unsigned char
#define uint unsigned int

sbit SS = P3^0;                                         //片选
sbit SCLK = P3^3;                                       //ISD4004 时钟
sbit MOSI = P3^1;                                       //数据输入
sbit MISO = P3^2;                                       //数据输出
sbit ISD_INT = P3^4;                                    //中断
sbit RAC = P3^5;

uchar PR = 1;                                           //PR = 1 录音,PR = 0 放音
/////////////////函数声明区/////////////////////////
void delay4004(unsigned int time);
void spi_send(uchar data4004);                          //ISD4004 SPI 发送数据函数
void isd_stop(void);                                    //发送停止指令
void isd_pu(void);                                      //上电指令
void isd_pd(void);                                      //掉电指令
void isd_play(void);                                    //播放指令
void isd_rec(void);                                     //录音指令
void isd_setplay(uchar adl,uchar adh);                  //设置播放模式指令
void isd_setrec(unsigned char adl,unsigned char adh);   //设置录音模式指令
//unsigned char chk_isdovf(void)                        //检查是否溢出函数
void init12864(uchar c_command,uchar c_time);
void print12864(uchar c_12864add,uchar c_12864hdate,uchar c_12864ldate,uchar c_12864time);
```

```c
uchar keyboard(uchar c_break);
void delay4004(unsigned int time)                    //延迟 n 微秒
{
    while(time--)
    {
        ;
    }
}
//ISD4004 SPI 串行发送子程序,8 位数据
void spi_send(uchar data4004)
{
    unsigned char isx_counter;
    SS = 0;                                          //SS = 0,打开 SPI 通信端
    SCLK = 0;
    for(isx_counter = 0; isx_counter<8; isx_counter++)   //先发低位再发高位,依次发送
    {
        if (((data4004&0x01) == 1)
            MOSI = 1;
        else
            MOSI = 0;
        SCLK = 0;                                    //下降沿发送数据
        delay4004(2);
        SCLK = 1;
        data4004 = data4004>>1;
    }
}
//发送 stop 指令
void isd_stop(void)
{
    delay4004(10);
    SS = 0;
    spi_send(0x30);
    SS = 1;
    //delay4004ms(50);
}
//发送上电指令,并延迟 50 ms
void isd_pu(void)
{
    delay4004(10);
    SS = 0;
    spi_send(0x20);
    SS = 1;
    //delay4004ms(50);
```

## 第14章 公交车自动报站系统设计

```c
}
//发送掉电指令,并延迟 50 ms
void isd_pd(void)
{
    delay4004(10);
    SS = 0;
    spi_send(0x10);
    SS = 1;
    //delay4004ms(50);
}
//发送 play 指令
void isd_play(void)
{
    spi_send(0xF0);
    SS = 1;
}
//发送 rec 指令
void isd_rec(void)
{
    spi_send(0xB0);
    SS = 1;
}
//发送 setplay 指令
void isd_setplay(uchar adl,uchar adh)
{
    delay4004(1);
    spi_send(adl);                          //发送放音起始地址低位
    delay4004(2);
    spi_send(adh);                          //发送放音起始地址高位
    delay4004(2);
    spi_send(0xE0);                         //发送 setplay 指令字节
    SS = 1;
}
//发送 setrec 指令
void isd_setrec(unsigned char adl,unsigned char adh)
{
    delay4004(1);
    spi_send(adl);                          //发送放音起始地址低位
    delay4004(2);
    spi_send(adh);                          //发送放音起始地址高位
    delay4004(2);
    spi_send(0xA0);                         //发送 setrec 指令字节
    SS = 1;
```

}
//检查芯片是否溢出(读 OVF,并返回 OVF 值)
/* unsigned char chk_isdovf(void)
{
    SS = 0;
    delay4004(2);
    SCLK = 0;
    delay4004(2);
    SCLK = 1;
    SCLK = 0;
    delay4004(2);
    if (MISO == 1)
    {
        SCLK = 0;
        SS = 1;                                    //关闭 SPI 通信端
        isd_stop();                                //发送 stop 指令
        return 1;                                  //OVF 为 1,返回 1
    }
    else
    {
        SCLK = 0;
        SS = 1;                                    //关闭 SPI 通信端
        isd_stop();                                //发送 stop 指令
        return 0;                                  //OVF 为 0,返回 0
    }
} */
void isd4004(uchar c_select)
{
    uint isd4004add = 0;
    SS = MOSI = MISO = SCLK = ISD_INT = RAC = 1;
    init12864(0x01,0);
    print12864(0x80,'o','k',0);
    if(c_select == 'A')
    {
        print12864(0x80,'A','!',0);
        isd_pu();
        delay4004(5118);
        delay4004(5118);
        isd_pu();
        delay4004(5118);
        delay4004(5118);
        delay4004(5118);
        delay4004(5118);

```c
        isd_setrec(0x00,0x00);
        delay4004(2);
        isd_rec();
        while(1)
        {
            if(ISD_INT == 0) {print12864(0x90,'e','d',0);break;}
            if(RAC == 0)
            {
                delay4004(20000); isd4004add ++ ;
                print12864(0x90,isd4004add/1000 + 0x30,isd4004add % 1000/100 + 0x30,0);
                print12864(0x92,isd4004add % 100/10 + 0x30,isd4004add % 10 + 0x30,0);
                if(keyboard(0))break;
            }
        }
        isd_stop();
        isd_pd();
    }
    if(c_select == 'B')
    {
        isd4004add = 0;
        print12864(0x98,'B','!',0);
        isd_pu();
        delay4004(5118);
        isd_setplay(0x00,0x00);
        isd_play();
        while(1)
        {
            if(ISD_INT == 0) print12864(0x90,'e','d',0);
            if(RAC == 0)
            {
                delay4004(20000); isd4004add ++ ;
                print12864(0x90,isd4004add/1000 + 0x30,isd4004add % 1000/100 + 0x30,0);
                print12864(0x92,isd4004add % 100/10 + 0x30,isd4004add % 10 + 0x30,0);
                if(keyboard(0))break;
            }
            if(keyboard(0)){print12864(0x82,'f','a',0); break;}
        }
        isd_stop();
        isd_pd();
    }
    if(c_select == 'C')
    {
        isd4004add = 0;
```

```c
            print12864(0x98,'B','!',0);
            isd_pu();
            delay4004(5118);
            isd_setplay(0x05,0x00);
            isd_play();
            while(1)
            {
                if(ISD_INT == 0) print12864(0x90,'e','d',0);
                if(RAC == 0)
                {
                    delay4004(2000); isd4004add ++ ;
                    print12864(0x90,isd4004add/1000 + 0x30,isd4004add % 1000/100 + 0x30,0);
                    print12864(0x92,isd4004add % 100/10 + 0x30,isd4004add % 10 + 0x30,0);
                    if(keyboard(0))break;
                }
                if(keyboard(0)){print12864(0x82,'f','a',0); break;}
            }
            isd_stop();
            isd_pd();
        }
        if(c_select == 'D')
        {
            print12864(0x80,'A','!',0);
            isd_pu();
            delay4004(5118);
            isd_pu();
            delay4004(5118);
            delay4004(5118);
            isd_setrec(0x10,0x00);
            delay4004(2);
            isd_rec();
            while(1)
            {
                print12864(0x90,'e','d',0);
                if(RAC == 0)
                {
                    delay4004(2000); isd4004add ++ ;
                    print12864(0x90,isd4004add/1000 + 0x30,isd4004add % 1000/100 + 0x30,0);
                    print12864(0x92,isd4004add % 100/10 + 0x30,isd4004add % 10 + 0x30,0);
                    if(keyboard(0))break;
                }
            }
            isd_stop();
```

        }
    }

## 14.5　实例总结

　　本章通过运用红外线收发技术，结合语音芯片 ISD4004 实现了基于单片机 AT89C52 的公交车自动报站系统。这种公交车辆自动报站设计的重点是：对安装在公交站点的发射端，每隔一定时间向外发送该站点的数据信息，数据信息包括该站点的唯一标志号；对安装在公交车上的接收端，在站点的发射区域内，接收所述发射端发送的数据信息，并对所述数据信息进行匹配校验，验证通过后发出语音提示报站。本系统开发的成本不高，具有代表性意义，希望读者学习时认真加以理解和掌握。

# 第 15 章
# 汽车自动刹车系统设计

随着居民生活水平的提高,汽车也越来越多地进入寻常百姓家,但是随之带来的安全问题也越来越多。据美国国家高速公路安全委员会(NHTSA)的调研表明,在道路交通致死事故中,因驾驶员过失造成的约占 90%,而因车辆故障造成的仅占约 3%。尽管采用越来越多的被动安全技术(如安全气囊、安全带、行人保护和吸能车体等)减轻了事故的伤害程度,但引发交通事故的根本原因都未得到解决。当车速和车距不断变化时,驾驶员不能准确地判断刹车时间,这样对于驾驶经验不丰富的司机来说,不能及时刹车,就会造成交通事故。为了避免此类交通事故的发生,汽车自动刹车系统的开发势在必行。本章将详细介绍一种采用 51 单片机控制的汽车自动刹车系统的设计。

## 15.1 实例说明

本汽车自动刹车系统由三部分组成,包括信号采集系统、数据处理系统和执行机构。信号采集系统和执行机构分别与数据处理系统连接。信号采集系统由测距模块、测速模块、显示器和安全距离调节器组成,它们分别接入数据处理系统;执行机构包括汽车马达,马达与数据处理系统连接,马达的输出轴上套装有一个齿轮套,该齿轮套与一个带齿轮的支柱相啮合,再将该支柱与刹车齿轮组相啮合。在不改变原车结构的条件下,即可安装使用,且体积小,易于安装操作,可避免车祸的发生,保证人、车安全。

其中,测距模块采用超声波测距原理来实现,测速模块运用霍尔传感器来测试汽车的速度。数据处理系统主要由单片机来实现,由单片机把测量的数据与事先设定好的车速和安全车距进行比较,根据汽车的车速,来判断车距是否是安全车距,当不是安全车距时,单片机就控制执行机构进行刹车,当是安全车距时,就不做处理,这样就实现了自动刹车的功能。

对于该系统中的执行机构,由于不在 51 单片机系统开发的范畴之内,不属于本书的内容,因此将不做具体介绍。

## 15.2 设计思路分析

下面主要介绍信号采集系统中的测距原理和测速原理,并简要介绍自动刹车原理。

## 15.2.1 超声波测距原理

超声波是指频率高于 20 kHz 的声波。超声波传感器是能够产生超声波和接收超声波的装置,这里用它作为超声波测距的核心部件。超声波传感器是利用压电效应的原理将电能和超声波相互转化,即在发射超声波时,将电能转换为超声波,发射超声波;而在收到回波时,将超声振动转换成电信号。超声波测距的原理是测出超声波从发射到遇到障碍物返回所经历的时间,再乘以超声波的速度就得到 2 倍的声源与障碍物之间的距离。即超声波发生器在某一时刻发出的一个超声波信号,当超声波遇到被测物体后反射回来,就被超声波接收器所接受。这样只要计算出从发生信号到接收返回信号所用的时间,就可算出超声波发生器与反射物体的距离,具体的计算公式为:$S=(C \times T)/2$,其中 $S$ 为超声波发生器与反射物体的距离,$C$ 为超声波的速度,$T$ 为超声波往返所用的时间。另外,超声波速度 $C$ 与温度有关,如温度变化不大,可认为是基本不变的,常温下取 344 m/s。

## 15.2.2 霍尔传感器测速原理

霍尔传感器是对磁敏感的传感元件,常用于开关信号采集的有 CS3020 和 CS3040 等,这种传感器是一个 3 端器件,外形与三极管相似,只要接上电源和地即可工作,输出通常是集电极开路(OC)门输出,工作电压范围宽,使用非常方便。三根引脚分别是 VCC,GND 和输出。本系统用霍尔传感器来测速必须用一个铁质的测速齿轮配合使用。将该齿轮固定在汽车车轮的转轴上,将霍尔传感器固定在距齿轮外圆 1 mm 的探头上,霍尔传感器的对面粘贴小磁钢,当测速齿轮随着车轮转动时,就改变了磁通密度,霍尔传感器就输出一个脉冲信号。因此就可以通过测量脉冲的频率(即汽车车轮的转速)来测量汽车的速度了。具体计算公式为:$V = d \times n$,其中,$V$ 为汽车的车速,单位为 m/s;$d$ 为汽车车轮的周长,单位为 m,可以通过测量车轮的半径求出其周长;$n$ 为汽车车轮的转速,即霍尔传感器输出的脉冲信号的频率,单位为 r/s。

## 15.2.3 自动刹车原理

根据超声波传感器测距原理可以测量汽车之间的车距,同时,汽车的车速也可以通过霍尔传感器间接测出,把测量的结果通过单片机输出到 LED 数码管显示出来。事先,可以根据车速和刹车所需的时间确定车速与安全车距之间的对应关系,即车速在一定范围内,安全车距也有一个范围,如果实际车距小于安全车距,那么就通过单片机控制汽车的刹车系统,实现自动减速。这样,就可以有效地防止汽车追尾事故的发生。

## 15.3 硬件设计

在确定了系统的总体结构,选定了测距和测速模块之后,下面开始进行整个系统的硬件设计。

该硬件系统主要由数据收集模块、控制模块和执行模块等构成。数据收集模块主要由超声波测距和霍尔测速两部分组成,车距和车速的测量数据输入到以单片机为核心的控制模块中,通过 LED 数码管显示出来,同时,通过以单片机为核心的控制模块进行分析,控制汽车的刹车系统。

硬件框架图如图 15-1 所示。

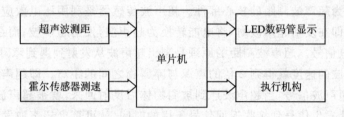

图 15-1 硬件框架图

超声波发射电路由单片机 P1.0 端口输出的 40 kHz 的方波信号经过三极管功率放大,推动超声换能器工作,发出超声波,经前方汽车反射后,到达超声波接收器。

超声波接收电路是以集成电路 CX20106A 为核心,将超声波接收器输入的超声波电信号进行放大、整形、输出。集成电路 CX20106A 为一款红外线检波接收的专用芯片,接收的信号频率为 38 kHz,与超声波 40 kHz 频率比较接近,完全可以用于超声波的接收。

霍尔传感器测速电路主要由霍尔传感器的输出端与单片机连接组成。霍尔传感器是对磁敏感的传感元件,这里采用 CS3020 传感器,外形与三极管相似,只要接上电源和地即可工作,输出通常是集电极开路(OC)门输出,工作电压范围宽,使用非常方便。VCC 接电源,GND 接地,输出端接单片机 STC89C51 的 P3.3 引脚,这样即可用 INT1 计数器对脉冲进行计数了,从而可以计算出汽车的速度。

单片机控制模块采用 STC89C51RC,它有如下特点:
- 增强型 6 时钟/机器周期,12 时钟/机器周期 8051 CPU。
- 工作电压为 3.4~5.5 V(5 V 单片机) / 2.0~3.8 V(3 V 单片机)。
- 工作频率范围为 0~40 MHz,相当于普通 8051 的 0~80 MHz,实际工作频率可达 48 MHz。
- 用户应用程序空间为 4 KB/8 KB/13 KB/16 KB/20 KB/32 KB/64 KB。
- 片上集成 128 B/512 B RAM。
- 通用 I/O 口(32/36 个),复位后为 P1/P2/P3/P4 是准双向口/弱上拉(普通 8051 传统 I/O 口);P0 口是开漏输出,作为总线扩展使用时,不用加上拉电阻,作为 I/O 口使用时,需加上拉电阻。
- ISP(在系统可编程)/IAP(在应用可编程),无需专用编程器/仿真器即可通过串口(P3.0/P3.1)直接下载用户程序,8 KB 程序 3 s 即可完成下载。
- EEPROM 功能。
- 看门狗。
- 内部集成 MAX810 专用复位电路(D 版本才有),外部晶体为 20 MHz 以下时,可省去外部复位电路。
- 共 3 个 16 位定时器/计数器,其中定时器 0 还可以当做 2 个 8 位定时器使用。
- 4 路外部中断,下降沿中断或低电平触发中断,Power Down 模式可由外部中断低电平触发中断方式唤醒。
- 通用异步串行口(UART)，还可用定时器软件实现多个 UART。
- 工作温度范围为 0～75 ℃/－40～＋85 ℃。

基于 STC89C51RC 单片机具有的这些特点，它完全能够满足本系统开发的需求。

超声波反射电路和霍尔传感器电路图如图 15-2 所示，超声波接收电路图如图 15-3 所示。

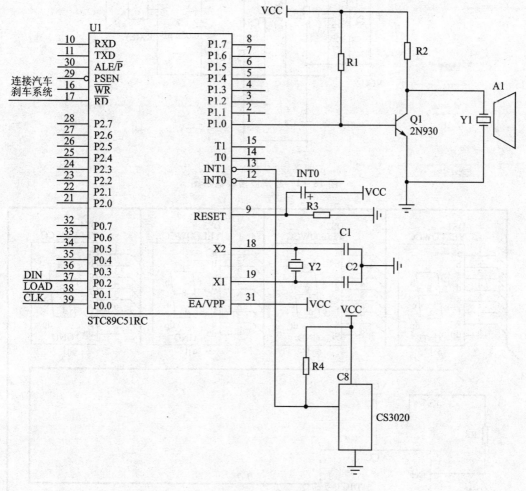

图 15-2　超声波反射电路和霍尔传感器电路图

LED 显示电路由单片机的 P1 口控制 MAX7219 驱动数码管，这里用四位数码管显示，用前两位显示车速，后两位显示车距。数码管显示电路图如图 15-4 所示。

数据处理系统主要是由以单片机为核心部件的控制电路组成的。单片机通过 P1.0 引脚经反相器来控制超声波的发送，然后单片机不停地检测 INT0 引脚，当 INT0 引脚的电平由高电平变为低电平时，就认为超声波已经返回。内部定时器 T0 工作在定时方式，T0 在超声波发射时开始计数，当 INT0 引脚变为低电平后，停止计数，T0 所计时间即为超声波往返传播时间，单片机对该数据进行处理，即可测出距离。

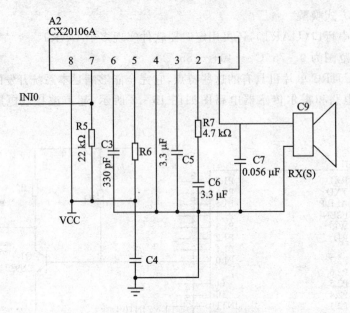

图 15-3 超声波接收电路图

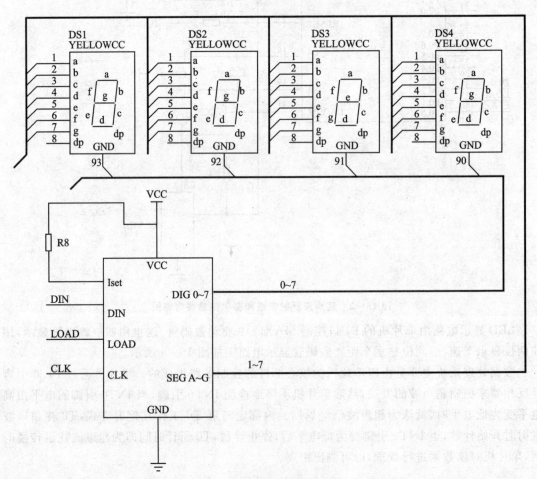

图 15-4 数码管显示电路图

单片机外部中断口 INT1 接霍尔传感器的输出,车轮每转一圈产生一次 INT1 中断请求,单片机对 INT1 中断请求的次数进行计数。启动 INT1,同时调用延时 1 s 子程序,当 1 s 到时,INT1 中断请求的次数停止累加,并将在 1 s 内的计数值转换成汽车的时速,送至显示缓冲区供显示程序调用。

同时,单片机要进行车距与车速的比较,在一定车速的情况下,当车距不在安全车距时,单片机就通过 P3.7 控制刹车系统,进行减速刹车,从而有效防止事故的发生。

## 15.4 软件设计

本节介绍如何在前面实现的硬件平台上实现软件设计过程,首先介绍软件设计的流程。该系统的程序主要包括超声波发生程序、显示程序、中断子程序。主程序的功能通过超声波测距和霍尔传感器测速在数码管上显示出来,同时由数据处理系统根据事先设置好的车距和车速范围发出信号,控制汽车刹车系统的执行机构。

### 15.4.1 软件流程

本例由于系统的功能需求直接明了,所以软件流程也相应清晰。软件设计流程如图 15-5 所示。

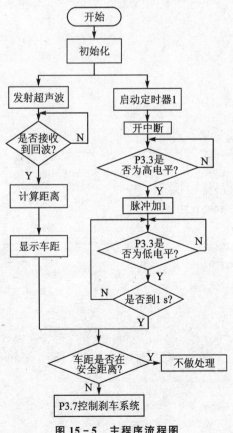

图 15-5 主程序流程图

从图 15-5 中可以看出，单片机上电工作后，超声波测距模块和霍尔传感器测速模块同时工作。在超声波测距程序中，首先进行系统初始化，设置定时器 0 的工作模式，通过 P1.0 引脚发出超声波信号，INT0 接收超声波信号，当 INT0 为低电平时，就是接收到回波信号，此时，定时器 0 的数据就是超声波来回传播所用的时间。通过公式 $S=(C \times T)/2$ 即可算出车距。

在霍尔传感器测速程序中，首先在系统初始化的情况下，调用延时 1 s 子程序，P3.3 进行脉冲计数，如果计时时间到 1 s，则调用速度计算程序，并将速度的各位数据存入显示缓存，然后送数码管显示。

## 15.4.2　程序初始化与主程序

```c
void main()
{
    test = 0;
    EA = 1;
    IT0 = 0;
    TMOD = 0x10;
    TH1 = 0x00;
    TL1 = 0x00;
    EX0 = 1;
    ET0 = 1;
    ET1 = 1;
    TMOD = 0x10;
    TX = 0;
    while(1)
    {
        while(echo == 0)
            succeed_flag = 1;
        if(succeed_flag == 1)
        {
            temp = timeH * 256 + timeL;
            temp = (temp/1000)/2;
            temp *= 340;
            temp = temp/10;
            succeed_flag = 0;

            delay(20);
            EX0 = 1;
            TH1 = 0x00;
            TL1 = 0x00;
            TR0 = 1;
        }
        if(succeed_flag == 0)
        {
```

```
            distance = 0;
            feng = 1;
        }
        display();
    }
}
```

## 15.4.3  中断子程序

本例在超声波测距程序中使用了定时器 0 中断(工作在定时方式)和外部中断 0。两个相互配合,当 INT0 变为低电平时,定时器 0 停止计时,然后通过运算得到车间距离。初始化程序如下:

```
...
TMOD = 0x01;                    //定时器 0,设置为定时工作方式
TH0 = 0x3C;                     //定时初值,50 ms
TL0 = 0xB0;
EA = 1;
ET0 = 1;                        //定时器中断 0 使能
EX0 = 1;                        //外部中断 0 使能
EX1 = 1;                        //外部中断 1 使能
TR0 = 1;                        //启动定时器 0
...
```

定时器 0 定时中断服务程序如下:

```
void timer0( ) interrupt 1 using 1
{
    time_count = time_count + 50;   //定时时间变量累加
    TH0 = 0x3C;                     //定时初值,50 ms
    TL0 = 0xB0;
}
```

INT0 外部中断服务程序如下:

```
void int0( ) interrupt 0 using 2
{
    EA = 0;
    TR0 = 0;                        //定时器 0 停止计时
    EA = 1;
}
```

在霍尔传感器测速程序中使用了外部中断 1,调用 1 s 延时子程序便于计算速度,当 1 s 时间到,外部中断 1 就停止工作,此时根据车轮的周长即可计算出速度了。

INT1 外部中断服务程序如下:

```
void int1( ) interrupt 2  using 3
```

```c
{
    EA = 0;
    circle ++ ;                        //计数脉冲累加
    EA = 1;
}
```

程序中的变量 time_count 和 circle 是全局变量,time_count 在定时中断中不断累加时间,当 INT0 产生中断时,停止累加,此时就是超声波传播的时间。circle 在外部中断计数脉冲时不断累加,到 1 s 时,停止累加,计算车速。

## 15.4.4 超声波发生子程序

```c
void send( )                           //发送子程序
{
    unsigned int n;
    EA = 1;                            //开总中断
    TR0 = 1;
    TX = 0;
    for(n = 15;n>0;n -- )
    {
        delay8us(3);                   //电平保持 25 μs
        TX = !TX;
    }
    delayms(1000);                     //延时 1 s 等待返回声波
}
```

## 15.4.5 显示子程序

```c
void display(uint temp)
{
    uchar h,i;
    data[0] = temp/10;
    data[1] = temp % 10;
    h = 0xFE;
    for(i = 0;i<2;i ++ )
    {
        P1 = h;
        P0 = displaydata[data[i]];
        delay(5);
        h = (h<<1) + 1;
    }
}
void exter( ) interrupt 0
```

## 第15章 汽车自动刹车系统设计

```c
{
    timeH = TH1;
    timeL = TL1;
    succeed_flag = 1;
    EX0 = 0;
    TR1 = 0;
}
void timer1() interrupt 3
{
    TH1 = 0;
    TL1 = 0;
}
```

## 15.4.6　延时子程序

```c
void delay1s(void)
{
    unsigned char h,i,j,k;
    for(h = 5;h>0;h--)
        for(i = 4;i>0;i--)
            for(j = 116;j>0;j--)
                for(k = 214;k>0;k--);
}
void delay(uint z)
{
    uint x,y;
    for(x = z;x>0;x--)
        for(y = 110;y>0;y--);
}
void delay8us(unsigned char x)
{
    unsigned char y;
    for (x = 0;x<y;x++)
        for (y = 0;y<1;y++);
}
void delayms(unsigned char x)              //1 ms 延时子程序
{
    unsigned char y;
    for (x = 0;x<y;x++)
        for (y = 0;y<120;y++);
}
```

## 15.5 实例总结

本章介绍了汽车自动刹车系统的整个设计过程。本例设计的汽车刹车系统开发成本低廉,体积小巧,安装很方便,应用广泛,有利于推广。

读者在学习本系统设计的过程中,可以根据需要做进一步的完善,其中在硬件方面,显示模块可以采用比较先进的液晶 LCD 代替数码管,执行机构需要查阅相关的书籍;在软件方面,具体的程序需要根据流程图编写,经过调试,即可实现。

# 第 16 章

# 多功能智能电动小车设计

智能系统作为现代的新发明,可以按照预先设定的模式在一个环境里自动地运作,不需要人为的管理,可应用于科学勘探等用途。智能电动车是其中的一个体现。本章设计的简易智能电动车,采用 AT89S51 单片机作为小车的检测和控制核心;采用金属感应器 TL—Q5MC 来检测路上感应到的铁片,从而把反馈到的信号送给单片机,使单片机按照预定的工作模式控制小车在各区域按预定的速度行驶,并且单片机按照所选择的不同工作模式,也可控制小车顺着 S 形铁片行驶;采用霍尔元件 A44E 检测小车行驶速度;采用 LCD1602 实时显示小车行驶的时间,当小车停止行驶后,也可轮流显示小车的行驶时间、行驶距离、平均速度以及各速度区行驶的时间。

## 16.1 实例说明

根据整个系统的功能,可以把该系统划分为测速模块、控制模块、按键设置模块、路面检测模块、LCD 显示模块和单片机模块,这几个功能模块组合起来就构成了一个完整的智能小车系统,具体系统框图如图 16-1 所示。

单片机模块在这个系统中起着核心的控制作用,智能小车通过按键设置可完成不同的运行模式。

智能小车走动的模式有以下三种:

① 直线型。满足设计任务的基本要求,能稳定地走完全程。之后按顺序循环不断地显示走完全程所用的时间、走完高速区所用的时间和走完低速区所用的时间这三个时间;或者通过两个按键以及 LCD 显示的菜单选择所要查看的内容,如平均速度、全程距离以及上述三个时间。

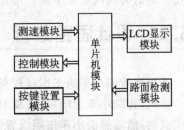

图 16-1 系统框图

车辆从起跑线出发。在第一段路程 B~C 区(3~6 m)以低速行驶,通过时间不低于 10 s;第二段路程 C~D 区(2 m)以高速行驶,通过时间不得多于 4 s;第三段路程 D~E 区(3~6 m)以低速行驶,通过时间不低于 10 s。具体示意如图 16-2 所示。

② S 型。小车能自动感应到前面或后面的铁片,即第一次转弯后若感应到的是错误的方

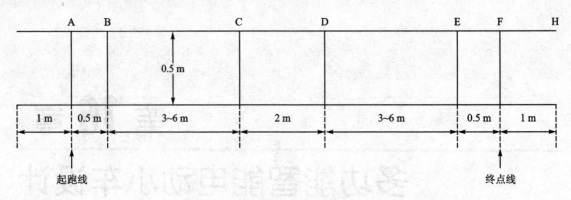

图 16-2 直线模式

向,则小车会后退自动调整方向,沿着 S 形的铁片走。当走完 S 形铁片后的一定时间里,小车自动停止。之后自动进入菜单,由操控人员自己选择要查看的内容,如时间、平均速度和所走的距离。具体示意如图 16-3 所示。

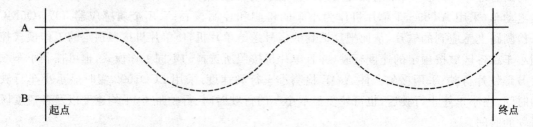

图 16-3 S 型模式

车辆沿着 S 形铁片行驶,自动转弯,自动寻找正确方向和铁片。当离开 S 形铁片跑道或者感应不到铁片一段时间时,小车自动停止,并记录行驶时间、路程、平均速度并通过 LCD 显示出来。

③ 自动型。小车先以一定的速度走完全程,之后再以一定的速度倒退回起点,再调整速度在一定的时间内走完全程。走完后 LCD 显示的内容与直线型显示的内容相同。

## 16.2 设计思路分析

下面把智能小车的工作过程与设计思路做一描述。

首先,智能小车上电后,需要对它进行运行模式的设置,该设置过程是通过按键控制模块来完成的;然后智能小车按照设置的运行模式自动运行,直到该工作模式结束,其间不再需要人为的控制,完全由小车自动完成;在智能小车运行的同时,LCD 显示模块可以显示智能小车的工作状况,比如运行时间、运行的距离和运行的速度等。

智能小车的自动运行,主要靠单片机模块来指挥测速模块、控制模块和路面检测模块共同完成。

## 16.3 硬件设计

在详细了解了整个系统的工作过程之后,就可以进行整个系统的具体硬件设计了。在硬件设计中,同样按照功能模块来设计,这样更便于对整个系统以及各个模块进行直接管理,可大大提高工作效率。

### 16.3.1 单片机模块

在整个系统中,起到控制和枢纽作用的单片机模块无疑是其中最重要的部分。本设计中采用的是 Atmel 公司的带有 8 KB Flash 的 8 位微控制器 AT89C51 作为单片机芯片,它完全与 MCS-51 系列单片机兼容(从指令集到引脚)。芯片采用 40 脚双列直插式封装,32 个 I/O 口,芯片工作电压为 3.8～5.5 V,工作温度为 0～70 ℃(商业级),工作频率可高达 30 MHz,芯片的外形和引脚如图 16-4 所示。

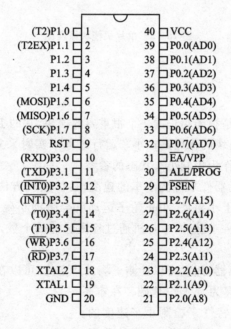

**图 16-4 AT89C51 外形和引脚图**

AT89C51 是一种低功耗、高性能 CMOS 8 位微控制器,具有 8 KB 在系统可编程 Flash 存储器,使用高密度非易失性存储器技术制造,与工业 80C51 产品指令和引脚完全兼容。片上 Flash 允许程序存储器在系统可编程,亦适于常规编程器。单片机模块包括复位电路和晶振电路,需要注意的是电源输入要加上去耦电容,电路原理图如图 16-5 所示。

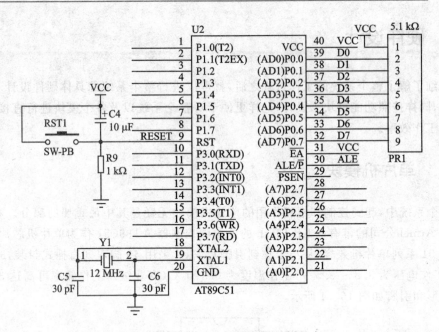

图 16-5 单片机模块原理图

## 16.3.2 测速模块

在本系统中,测速模块是智能小车的一个很重要的模块,它的工作正常与否直接影响到小车的正常工作状况。测速模块的作用是在小车运行过程中实时采集小车运行的速度,并把速度传递给单片机,供单片机作为控制小车状态的参考。

本设计采用霍尔开关元器件来检测小车的速度,具体实现方法是:把霍尔器件 A44E 安装在固定轴上,在轮子上装上小磁铁;小车轮子运动就会带动小磁铁转动;当霍尔器件 A44E 感应到小磁铁时,就会输出一个脉冲;单片机通过检测脉冲的个数,再根据小车车轮的半径算出小车的速度。

霍尔器件是一种磁传感器,用它可以检测磁场及其变化,可以在各种与磁场有关的场合中使用。霍尔器件以霍尔效应为其工作基础。在本系统中,正是利用其所具有的特性来检测小车速度的。霍尔元件具有体积小、频率响应宽度大、动态特性好、对外围电路要求简单、对电源要求不高、安装方便、使用寿命长和价格低廉等特点。霍尔开关只对一定强度的磁场起作用,抗干扰能力强,因此不会受周围环境的影响。

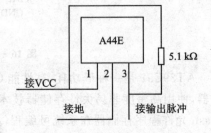

图 16-6 测速模块电路

测速模块的具体硬件电路如图 16-6 所示。

## 16.3.3 路面检测模块

在本系统中,小车有多种运行模式,在自动和 S 型模式中,需要小车自行对路面情况进行判断,这就需要对路面的情况进行检测;这里采用的是铁片感应器 TL—Q5MC,通过铁片感应器 TL—Q5MC 来对路面的状况进行检测,把检测的信息传递给 51 单片机,单片机通过采集到的信息来控制小车的运行状态。

路面检测模块的原理图如图 16-7 所示。

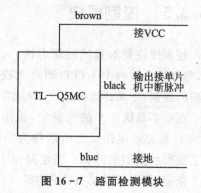

图 16-7 路面检测模块

## 16.3.4 LCD 显示模块

在本系统中,要对智能小车的一些信息进行显示,例如运行的速度和运行的距离等。这里采用的是 1602 字符液晶模块,它能同时显示 16×2(16 字 2 行)即 32 个字符。1602 液晶模块的控制器采用的是 HD44780。1602 液晶模块的详细说明如表 16-1 所列。

表 16-1　1602 液晶模块的引脚说明

| 引脚号 | 引脚名称 | 引脚说明 | 备注 |
| --- | --- | --- | --- |
| 1 | VSS | 电源地 | VSS 为地电源 |
| 2 | VDD | 电源正极 | VDD 接 5 V 正电源 |
| 3 | VL | 液晶显示偏压 | VL 为液晶显示器对比度调整端,接正电源时对比度最弱,接地时对比度最高,对比度过高时会产生"鬼影",使用时可以通过一个 10 kΩ 的电位器来调整对比度 |
| 4 | RS | 数据/命令选择 | RS 为寄存器选择,高电平时选择数据寄存器,低电平时选择指令寄存器 |
| 5 | R/W | 读/写选择 | R/W 为读/写信号线,高电平时进行读操作,低电平时进行写操作。当 RS 和 R/W 共同为低电平时,可以写入指令或者显示地址;当 RS 为低电平而 R/W 为高电平时,可以读忙信号;当 RS 为高电平而 R/W 为低电平时,可以写入数据 |
| 6 | EN | 使能信号 | E 端为使能端,当 E 端由高电平跳变成低电平时,液晶模块执行命令 |
| 7~14 | D0~D7 | 数据 | |
| 15 | BLA | 背光源正极 | 背光源正极 |
| 16 | BLK | 背光源负极 | 背光源负极 |

根据表 16-1 的 1602 液晶模块引脚表,可以很容易地设计出 LCD 显示的硬件电路,LCD 液晶显示模块的硬件电路如图 16-8 所示。

为节约电源电量并且不影响 LCD 的功能,LCD 的背光用单片机进行控制,使 LCD 的背光在小车行驶过程中不点亮,因为行驶时不需要看其显示;在其他需要查看显示内容时 LCD 背光点亮。

### 16.3.5 控制模块

控制模块是本系统的动力核心,它用来驱动小车前进,单片机通过两个 I/O 口即可完成对智能小车速度和方向的控制,下面详细介绍这个控制电路。

在对本系统小车的控制中,采用的是由双极性管组成的 H 桥驱动电路。之所以称为"H 桥驱动电路"是因为它的形状酷似字母 H。该电路由 4 个三极管组成"H"的 4 条退,而电机就是"H"中的横杠。

H 桥式电机驱动电路包括 4 个三极管和 1 个电机。要使电机运转,必须导通对角线上的一对三极管。根据不同三极管对的导通情况,电流可能会从左至右或从右至左流过电机,从而控制电机的转向。H 桥驱动电路的结构如图 16-9 所示。

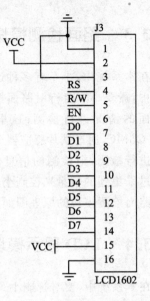

图 16-8 LCD 液晶显示模块电路

要使电机运转,必须使对角线上的一对三极管导通。

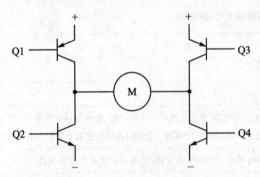

图 16-9 H 桥驱动电路的结构图

例如,如图 16-10 所示,当 Q1 管和 Q4 管导通时,电流就从电源正极经 Q1 从左至右穿过电机,然后再经 Q4 回到电源负极。按图中电流箭头所示,该流向的电流将驱动电机顺时针转动。当三极管 Q1 和 Q4 导通时,电流将从左至右流过电机,从而驱动电机按特定方向转动(电机周围的箭头指示为顺时针方向)。

图 16-11 所示为另一对三极管 Q2 和 Q3 导通的情况,电流将从右至左流过电机。当三极管 Q2 和 Q3 导通时,电流将从右至左流过电机,从而驱动电机沿另一方向转动(电机周围的箭头表示为逆时针方向)。

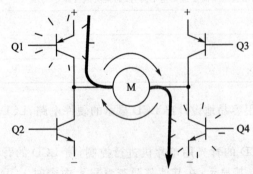

图 16-10 H 桥电路驱动电机顺时针转动

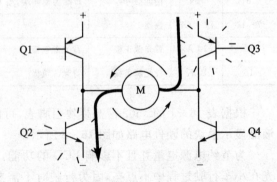

图 16-11 H 桥电路驱动电机逆时针转动

单片机是通过定时器 T0 中断控制输出方波的方式来控制速度的。

采用 H 桥驱动电路只需要两个 I/O 口即可保证简单地实现对转速和方向的控制,稳定性很高,是一种广泛采用的调速技术。

控制模块的详细硬件电路如图 16-12 所示。

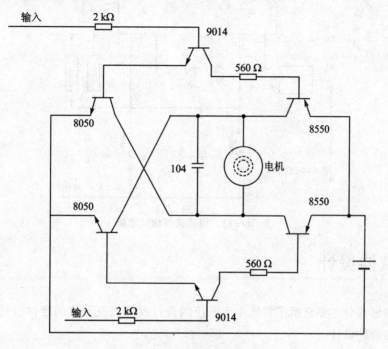

图 16-12　控制模块电路

## 16.3.6　模式选择模块

模式选择模块即按钮控制模块,它通过一个 74LS00"与非"门和两个不带锁按键来控制单片机的两个中断口,从而通过按动按键来选择小车走动的路型和小车的速度(快速、中速、慢速);走完路程小车停止后还可以通过按键选择想要在 LCD 上查看的信息,比如总时间、走过各段路程的时间、平均速度和总路程等。模式选择模块的硬件电路如图 16-13 所示。

在图 16-13 中可以看到,测速模块和路面检测模块的输出与模式控制按键一起分别接到单片机的两个外部中断引脚上,这样就很好地利用了单片机的外部中断;因为已经知道测速模块和路面检测模块都是在小车运行中开始工作的,而模式控制按键则是在小车停止下来时才工作的,所以它们之间的功能互不干扰。

到此为止,智能小车的硬件电路设计已经介绍完毕,在上述模块中,每个模块都有很多种实现方法,由于篇章有限,这里只列举出以上几种,读者也可以按照自己的思路进行设计。

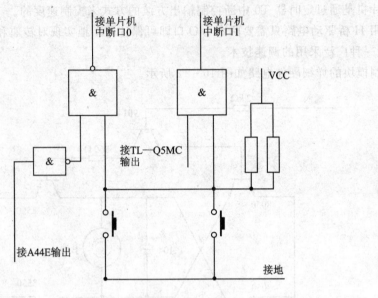

图 16-13 模式选择模块电路

## 16.4 软件设计

本章的前面部分主要介绍了智能小车系统的设计原理以及具体的硬件设计过程,下面介绍智能小车的软件设计。

### 16.4.1 软件设计流程

本系统的功能主要就是控制小车的运行,在前面硬件设计中已经将整个系统划分为不同的功能模块;在软件设计中同样可以根据系统硬件的相应模块,把软件的功能也模块化,这样软件会有很好的可读性和维护性能。

本系统的软件流程图如图 16-14 所示。

### 16.4.2 定时器和中断处理程序

在本系统中用到了单片机的两个外部中断和定时器。定时器用来控制智能小车的运行速度,外部中断用来检测小车的运行速度以及对路面的检测和小车的运行模式的选择。根据系统功能的要求,需要对定时器和外部中断的相关寄存器进行初始化设置。

```
/*-------------------- 中断初始化 --------------------*/
void INTInit(void)
{
    EA = 1;                    //开总中断
    IT0 = 1;                   //INT0 边沿触发
    PX0 = 1;                   //INT0 优先级为高级
```

# 第 16 章  多功能智能电动小车设计

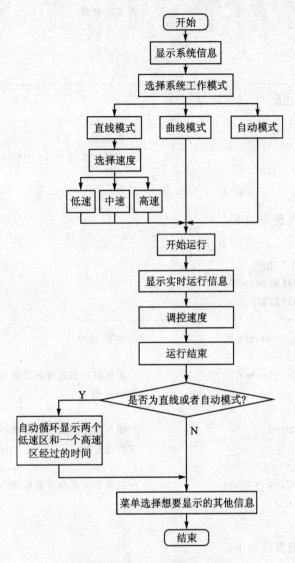

图 16-14  系统软件流程图

```
    EX1 = 1;                          //开 INT1 中断
    IT1 = 1;                          //INT1 边沿触发
    PX1 = 1;                          //INT1 优先级为高级
    Clock0_Init();                    //初始化时钟中断
    TMOD = 0x11;                      //T0/T1 定时方式 1
    ET0 = 0x01;                       //开 T0 中断
    ET1 = 0x01;                       //开 T1 中断
}


/*---------------- 定时器 0 初始化 ----------------------*/
void Clock0_Init(void)
{
    TR0 = 0x01;                       //启动 T0
```

```c
    TH0 = Thx0;                                 //定时初值
    TL0 = Tlx0;
}

/*----------------- 定时器 1 初始化 ---------------------*/
void Clock1_Init(void)
{
    TR1 = 0x01;                                 //启动 T1
    TH1 = 0x3C;                                 //定时初值每 50 ms 中断一次
    TL1 = 0x0B0;
}
```

外部中断 0 的处理程序如下:

```c
/*----------------- 外部中断 0 --------------------
外部中断 0 有两个功能:
(1) 作为菜单选择的 Next 键;
(2) 作为测速的计数器。
-----------------------------------------------*/
void SpeedINT(void) interrupt 0                 //中断 INT0
{
    if (SelectedAll == False)                   //如果模式和速度还没有选择完毕,则此中断作为
                                                //Next 键
        Next = True;
    if (Running == True)                        //如果模式和速度已经选择完毕,则此中断作为
                                                //测速中断
        SpeedCount ++ ;
    if (ChoosingDisplay == True)                //如果是在选择要显示的内容
        Next = True;
}
```

外部中断 1 的处理程序如下:

```c
/*----------------- 外部中断 1 --------------
外部中断 1 有两个功能:
(1) 作为菜单选择的确定键/返回键;
(2) 控制速度。
-----------------------------------------------*/
void CtrSpeedINT(void) interrupt 2              //中断 INT1
{
    if (SelectedAll == False)                   //如果模式和速度还没有选择完毕,则此中断作为
                                                //确定键
    {
        if (IsSelectingMode == True)            //模式选择标志
            ModeSelected = True;
        if (IsSelectingSpeed == True)           //速度选择标志
            SpeedSelected = True;
```

```c
}

if (Running == True)                    //如果模式和速度已经选择完毕,则此中断作为
                                        //控速中断
{
    if (Area0 == 0)                     //经过第一条铁线(即起跑线),开始计时,开始测速
    {
        EX0 = 1;
        Clock1_Init();
        P31 = 0;                        //过起跑线,背光灭
    }
    if (Area0 == 1)
        LowSpeedArea1StartTime = PassTime;  //读取进入第一个低速区的时刻
    if (Area0 == 2)
        LowSpeedArea1EndTime = PassTime;    //读取离开第一个低速区的时刻
    if (Area0 == 3)
        HighSpeedAreaEndTime = PassTime;    //读取离开高速区的时刻
    if (Area0 == 4)
        LowSpeedArea2EndTime = PassTime;    //读取离开第二个低速区的时刻
    if(AutoMode == 1)                   //自动模式
    {
        PassLine ++ ;
        switch(PassLine)
        {
            case 5:PassLineID = 1;break;
            case 10:PassLineID = 2;break;
            default:PassLineID = PassLineID;break;
        }
    }
    else
    {
        if (SelectedMode == Line)       //直线模式
        {
            Thx0 = Thx[Area0 ++ ];
            Tlx0 = Tlx[Area1 ++ ];
            if (Area0 == 5)
                EX1 = 0;
        }
        else                            //S型模式
        {
            Nocurve ++ ;
            Round ++ ;
            if(Roundid == 1&&Round == 2)
            {Round ++ ;Roundid = 0;}
            Back = 0;
```

```c
                Back0 = 0;
                EX1 = 0;
            }
        }
        IE1 = 0;
    }
    if (AutoDisplay == True)                    //自动显示
    {
        GoToChoosingDisplay = True;
    }
    if (ChoosingDisplay == True)                //手动选择显示
    {
        SelectedShow = True;
        SelectedReturn = True;
        Selected = True;
    }
}
```

定时器 0 的中断处理函数,该中断程序主要是控制小车的运行速度。

```c
void Time0INT(void) interrupt 1              //T0 中断
{
    if(AutoMode == 1)                        //选择自动模式
    {
        IsT0INT *= -1;
            switch(PassLine)                 //路程的计算
            { case 2    :PrepareDistance = Distance;break;
              case 3    :FirstDistance = Distance - PrepareDistance;break;
              case 4    :SecondDistance = Distance - PrepareDistance - FirstDistance;break;
              case 5    :ThirdDistance = Distance - PrepareDistance - FirstDistance -
                                        SecondDistance;break;
              default   :break;
            }
        switch(PassLineID)
        {
            case 0:
                {
                    if(IsT0INT == 1){TR0 = 0x01;TH0 = 0xEC;TL0 = 0x78;}     //定时 5 ms
                    else{TR0 = 0x01;TH0 = 0xB1;TL0 = 0xE0;}                 //定时 20 ms
                }break;
            case 1:
                {
                    if(PassLine == 5)
                    {
FirstHigh = (int)(65536 - 20 * FirstDistance/(15 * Count * Rate - FirstDistance) * 1000);
SecondHigh = (int)(65536 - 20 * SecondDistance/(15 * Rate - SecondDistance) * 1000);
```

```c
                ThirdHigh = (int)(65536 - 20 * FirstDistance/(15 * Count * Rate - FirstDistance) * 1000);
                        TR0 = 0x01;TH0 = 0xF4;TL0 = 0x48;
                    }
                }break;
            case 2:
                {
                        AutoMode = 0;SelectedMode = Line;
                        Area0 = Area1 = 0;PassTime = 0;Distance = 0;
                        TR0 = 0x01;TH0 = 0xF4;TL0 = 0x48;
                        Thx[0] = Thx[1] = ((FirstHigh & 0xF0)>>8);
                        Tlx[0] = Tlx[1] = (FirstHigh & 0x0F);
                        Thx[2] = Thx[2] = ((SecondHigh & 0xF0)>>8);
                        Tlx[2] = Tlx[2] = (SecondHigh & 0x0F);
                        Thx[3] = Thx[3] = ((ThirdHigh & 0xF0)>>8);
                        Tlx[3] = Tlx[3] = (ThirdHigh & 0x0F);
                        Thx[4] = Thx[4] = 0xFF;
                        Tlx[4] = Tlx[4] = 0xFF;
                }break;
            default:break;
        }
    }
    else
    {
        if (SelectedMode == Line)                          //选择为直线模式
        {
            IsT0INT *= -1;
            if (Area0<5)
            {
                if(IsT0INT == 1)
                    Clock0_Init();                         //初始化 Clock0
                else
                {
                    TR0 = 0x01;                            //启动 T0
                    TH0 = Thx1;                            //定时初值
                    TL0 = Tlx1;
                }
            }
            else
                IsT0INT = -1;
        }
        else
        {
            IsT0INT2 *= -1;
            if(IsT0INT2 == 1)
            {TR0 = 0x01;TH0 = 0xD8;TL0 = 0xF0;}            //定时 10 ms
```

```
        else
        {TR0 = 0x01;TH0 = 0xB1;TL0 = 0xE0;}              //定时 20 ms
        Back ++ ;
        if(Back> = 90)
            Back0 = 70;
        if((Nocurve<2)&&(Back0>0)&&Back!= 0)
        {
            if(Back0< = 65)
            Roundid = 1;
            Back0 -- ;
        }
        if((Nocurve>2)&&Back> = 450)
        {Stop = 1;IsT0INT2 = -1;}
        if(Stop == 1)                                     //停止
            flag = 6;
    }
    }
    TF0 = 0;
}
```

### 16.4.3 LCD 显示处理程序

在整个系统中,LCD 显示模块主要是显示智能小车的路程、运行速度、运行时间和运行模式设置的相关信息,LCD 显示模块的程序如下:

```
/* -------------------- 显示路程 ---------------------------*/
void DisplayDistance(void)
{
    int Distance1 = 0x30;
    int Distance2 = 0x30;
    int Distance3 = 0x30;
    int Distance4 = 0x30;

    if (((int)(Distance * 100) < 100)                     //判断运行路程
    {
        Distance1 += 0;
        Distance2 += (int)(Distance * 100)/10;
        Distance3 += (int)(Distance * 100) % 10;
    }
    else if (((int)(Distance * 100) > 100 && (int)(Distance * 100) < 1000)   //判断运行路程
    {
        Distance1 += (int)(Distance * 100)/100;
        Distance2 += (int)(Distance * 100)/10 % 10;
        Distance3 += (int)(Distance * 100) % 10;
    }
```

# 第 16 章　多功能智能电动小车设计

```c
        else
        {
            Distance1 += (int)(Distance*100)/1000;
            Distance2 += (int)(Distance*100)/100%10;
            Distance3 += (int)(Distance*100)/10%10;
            Distance4 += (int)(Distance*100)%10;
        }

        if((int)(Distance*100) < 1000)
        {
            DisplaySingleChar(0x05,1,Distance1);
            DisplaySingleChar(0x06,1,'.');
            DisplaySingleChar(0x07,1,Distancc2);
            DisplaySingleChar(0x08,1,Distance3);
        }
        else
        {
            DisplaySingleChar(0x04,1,Distance1);
            DisplaySingleChar(0x05,1,Distance2);
            DisplaySingleChar(0x06,1,'.');
            DisplaySingleChar(0x07,1,Distance3);
            DisplaySingleChar(0x08,1,Distance4);
        }
}
/*-----------------显示平均速度--------------------*/

void DisplayAVGSpeed(void)
{
    int Speed1 = 0x30;                              //初始化为"0"的 ASCII 码
    int Speed2 = 0x30;
    int Speed3 = 0x30;

    if((int)(Distance/PassTime*100) < 100)
    {
        Speed1 += 0;
        Speed2 += (int)(Distance/PassTime*100)/10;
        Speed3 += (int)(Distance/PassTime*100)%10;
    }
    else
    {
        Speed1 += (int)(Distance/PassTime*100)/100;
        Speed2 += (int)(Distance/PassTime*100)/10%10;
        Speed3 += (int)(Distance/PassTime*100)%10;
    }
```

```
    DisplaySingleChar(0x05,1,Speed1);
    DisplaySingleChar(0x06,1,'.');
    DisplaySingleChar(0x07,1,Speed2);
    DisplaySingleChar(0x08,1,Speed3);
}
/*--------------------- 显示时间 ---------------------------*/
void DisplayTime(void)
{
    char PassTime1 = 0x30;
    char PassTime2 = 0x30;
    char PassTime3 = 0x30;
    char PassTime4 = 0x30;

    if ((int)PassTime * 100<100)                             //时间未够 1 s
    {
        PassTime1 += 0;
        PassTime2 += (int)(PassTime * 100)/10;
        PassTime3 += (int)(PassTime * 100)%10;
    }
    else if ((int)(PassTime * 100) > 100 && (int)(PassTime * 100) < 1000) //够 1 s 而未够 10 s
    {
        PassTime1 += (int)(PassTime * 100)/100;
        PassTime2 += (int)(PassTime * 100)/10 % 10;
        PassTime3 += (int)(PassTime * 100) % 10;
    }
    else
    {
        PassTime1 += (int)(PassTime * 100)/1000;
        PassTime2 += (int)(PassTime * 100)/100 % 10;
        PassTime3 += (int)(PassTime * 100)/10 % 10;
        PassTime4 += (int)(PassTime * 100) % 10;
    }

    if ((int)(PassTime * 100) < 1000)
    {
        DisplaySingleChar(0x05,1,PassTime1);
        DisplaySingleChar(0x06,1,'.');
        DisplaySingleChar(0x07,1,PassTime2);
        DisplaySingleChar(0x08,1,PassTime3);
    }
    else
    {
        DisplaySingleChar(0x04,1,PassTime1);
        DisplaySingleChar(0x05,1,PassTime2);
        DisplaySingleChar(0x06,1,'.');
```

## 第 16 章 多功能智能电动小车设计

```
        DisplaySingleChar(0x07,1,PassTime3);
        DisplaySingleChar(0x08,1,PassTime4);
    }
}
```

### 16.4.4  主程序及注释

```c
void main()
{
    P01 = 0;
    P02 = 0;
    P03 = 0;
    P04 = 0;
    P31 = 1;                              //单片机复位,背光开

    Delay(40);                            //延时等待 LCD 启动
    LCDInit();                            //初始化 LCD
    DisplayString(0x0,0," Starting... ");
    DisplayString(0x0,1,"Designed By 202");
    Delay(300);
    WriteCmd(LCD_CLS);

    EA = 1;                               //开总中断
    EX0 = 1;                              //开 INT0 中断
    IT0 = 1;                              //INT0 边沿触发
    EX1 = 1;                              //开 INT1 中断
    IT1 = 1;                              //INT1 边沿触发

    SelectedAll = False;                  //开始模式和速度选择

    /*------------------------ 模式选择 ----------------------------*/
    DisplayString(0x0,0,"Choose The Mode ");
    DisplayString(0x0,1,"you want.       ");
    Delay(50);
    WriteCmd(LCD_CLS);

    IsSelectingMode = True;
    while(1)
    {
        WriteCmd(LCD_CLS);
        DisplayString(0x0,0,"   Line Mode    ");
        DisplayString(0x0,1,"Next         Yes");

        Delay(300);                       //延时消除抖动
```

```c
        while (1)                              //不断检测中断,直到按确定键或 Next 键
        {
            if (Next == True)                  //如果按 Next 键则直接跳出
                break;
            if (ModeSelected == True)          //如果按确定键则设置模式为 Line 并跳出
            {
                SelectedMode = Line;
                break;
            }                                  //如果任何键都没有按下则一直显示等待
        }

        if (ModeSelected == True)              //按下了确定键,退出模式选择
        {
            IsSelectingMode = False;
            break;
        }

        if (Next == True)                      //按下了 Next 键,显示下一个菜单项
        {
            Next = False;
            WriteCmd(LCD_CLS);
            DisplayString(0x0,0,"  Curve Mode    ");
            DisplayString(0x0,1,"Next        Yes");

            Delay(300);                        //延时消除抖动

            while(1)                           //不断检测中断,直到按确定键或 Next 键
            {
                if (Next == True)              //如果再一次按下 Next 键,则跳出
                    break;
                if (ModeSelected == True)      //如果按下确定键,则设置模式为 Curve,并跳出
                {
                    SelectedMode = Curve;
                    break;
                }
            }

            if (ModeSelected == True)          //按下了确定键,退出模式选择
            {
                IsSelectingMode = False;
                break;
            }

            if (Next == True)                  //再一次按下了 Next 键,则循环模式选择
```

```c
    {
        Next = False;
        WriteCmd(LCD_CLS);
        DisplayString(0x0,0,"   AutoMode    ");
        DisplayString(0x0,1,"Next       Yes");

        Delay(300);                            //延时消除抖动

        while(1)
        {
            if (Next == True)
                break;
            if (ModeSelected == True)
            {
                AutoMode = 1;
                break;
            }
        }
    }

    if (ModeSelected == True)
    {
        IsSelectingMode = False;
        break;
    }

    if (Next == True)
    {
        Next = False;
        continue;
    }
}

Delay(50);
WriteCmd(LCD_CLS);

/*------------------------ 速度选择 ------------------------*/
if (SelectedMode == Line && AutoMode == 0)
{
    DisplayString(0x0,0,"  Now Choose a  ");
    DisplayString(0x0,1,"  kind of Speed ");
    Delay(50);
    WriteCmd(LCD_CLS);

    IsSelectingSpeed = True;
```

```c
while(1)
{
    WriteCmd(LCD_CLS);
    DisplayString(0x0,0," Normal Speed   ");
    DisplayString(0x0,1,"Next       Yes");

    Delay(300);                             //延时消除抖动

    while(1)
    {
        if (Next == True)                   //如果按 Next 键则直接跳出
            break;
        if (SpeedSelected == True)          //如果按确定键,则设置速度为 Normal 并跳出
        {
            Thx[0] = 0xEC;Tlx[0] = 0x78;    //5 ms
            Thx[1] = 0xF0;Tlx[1] = 0x60;    //4 ms
            Thx[2] = 0x8A;Tlx[2] = 0xD0;    //30 ms
            Thx[3] = 0xF4;Tlx[3] = 0x48;    //3 ms
            SelectedSpeed = Normal;
            break;
        }                                   //如果任何键都没有按下,那么一直显示等待
    }

    if (SpeedSelected == True)              //按下了确定键,退出速度选择
    {
        IsSelectingSpeed = False;
        break;
    }


    if (Next == True)
    {
        Next = False;
        WriteCmd(LCD_CLS);
        DisplayString(0x0,0,"   Low Speed    ");
        DisplayString(0x0,1,"Next       Yes");

        Delay(300);                         //延时消除抖动

        while(1)
        {
            if (Next == True)               //如果再一次按下 Next 键,则跳出
                break;
            if (SpeedSelected == True)      //如果按下确定键,则设置速度为 Low,并跳出
            {
                SelectedSpeed = Low;        //这里没有速度设置,因为默认速度就是 Low
```

```
            break;
        }
    }

    if (SpeedSelected == True)                //按下了确定键,退出速度选择
    {
        IsSelectingSpeed = False;
        break;
    }

    if (Next == True)
    {
        Next = False;
        WriteCmd(LCD_CLS);
        DisplayString(0x0,0,"   High   Speed    ");
        DisplayString(0x0,1,"Next           Yes");

        Delay(300);                           //延时消除抖动

        while(1)
        {
            if (Next == True)                 //如果再一次按下 Next 键,则跳出
                break;
            if (SpeedSelected == True)        //如果按下确定键,则设置速度为 High,并跳出
            {
                Thx[0] = 0xE0;Tlx[0] = 0xC0;//8 ms
                Thx[1] = 0xE0;Tlx[1] = 0xC0;//8 ms
                Thx[2] = 0x63;Tlx[2] = 0xC0;//40 ms
                Thx[3] = 0xEC;Tlx[3] = 0x78;//5 ms
                SelectedSpeed = High;
                break;
            }
        }
    }

    if (SpeedSelected == True)                //按下了确定键,退出速度选择
    {
        IsSelectingSpeed = False;
        break;
    }

    if (Next == True)                         //再一次按下了 Next 键,则循环速度选择
    {
        Next = False;
```

```c
            continue;
        }

    }
}

SelectedAll = True;                              //标志模式选择和速度选择完毕

Running = True;
Delay(50);
WriteCmd(LCD_CLS);


/*---------------    显示所选择的模式和速度方案    ---------------*/
if (SelectedMode == Line)
{
    DisplayString(0x0,0,"Choosen Mode is ");
    DisplayString(0x0,1,"      Line      ");
    Delay(50);
    WriteCmd(LCD_CLS);
}
if (SelectedMode == Curve)
{

    DisplayString(0x0,0,"Choosen Mode is ");
    DisplayString(0x0,1,"     Curve      ");
    Delay(50);
    WriteCmd(LCD_CLS);
}
if (AutoMode == 1)
{
    DisplayString(0x0,0,"Choosen Mode is ");
    DisplayString(0x0,1,"    AutoMode    ");
    Delay(50);
    WriteCmd(LCD_CLS);
}

if (SelectedMode == Line)
{
    if (SelectedSpeed == Normal)
    {
        DisplayString(0x0,0,"Choosen Speed is");
        DisplayString(0x0,1,"     Normal     ");
        Delay(50);
        WriteCmd(LCD_CLS);
```

# 第16章 多功能智能电动小车设计

```
    }

    if (SelectedSpeed == Low)
    {
        DisplayString(0x0,0,"Choosen Speed is");
        DisplayString(0x0,1,"     Low        ");
        Delay(50);
        WriteCmd(LCD_CLS);
    }

    if (SelectedSpeed == High)
    {
        DisplayString(0x0,0,"Choosen Speed is");
        DisplayString(0x0,1,"     High       ");
        Delay(50);
        WriteCmd(LCD_CLS);
    }
}

INTInit();                                    //初始化所有中断
DisplayString(0x0,0,"Left Times To Go");
while (ReadyToGo -- )
{
    DisplaySingleChar(0x7,1,ReadyToGo + 0x30);
    DisplaySingleChar(0x09,1,'s');
    Delay(300);
}
WriteCmd(LCD_CLS);
DisplayString(0x05,0,"Go!!!");
Delay(100);
WriteCmd(LCD_CLS);
DisplayString(0x0,0,"   Living...    ");
DisplayString(0x0,1,"Designed by 202");


if (SelectedMode == Line && AutoMode == 0)
    flag = Area0;
else
    flag = 1;

while(flag<5)
{
    if(AutoMode == 1)                          //自动模式
    {
        switch(PassLineID)
```

```c
        {
            case 0:
                {
                    if(IsT0INT == 1)
                    {P01 = P02 = P04 = 0;P03 = 1;}
                    else
                    {P01 = P02 = P03 = P04 = 0;}
                }break;
            case 1:
                {
                    P01 = P02 = P03 = 0;P04 = 1;
                }break;
            case 2:
                {
                    P01 = P02 = P04 = 0;P03 = 1;
                }break;
            default:break;
        }
    }
    else
    {
        if(SelectedMode == Line)                //直线模式
        {
            flag = Area0;
            if(IsT0INT == 1)
            {P03 = 1;P04 = 0;P01 = P02 = 0;}
            else
            {P03 = 0;P04 = 0;P01 = P02 = 0;}
        }
        else
        {                                        //S型模式
            if((Nocurve<2)&&Round!= 0&&(Back0>0)&&Back!= 0)
            {
                if(Backid == 1)
                {P01 = 1;P02 = 0;P03 = 0;P04 = 1;}
                else
                {P01 = 0;P02 = 1;P03 = 0;P04 = 1;}
                Back = 1;
            }
            else
            {
                if(Round == 0)
                {
                    if(IsT0INT2 == 1)
                    {P01 = 0;P02 = 0;P03 = 1;P04 = 0;}
```

```
                else
                {P01 = 0;P02 = 0;P03 = 0;P04 = 0;}
            }
            else
            {
                if(P33 == 0)
                {
                    if(IsT0INT2 == 1)
                    {P01 = 0;P02 = 0;P03 = 1;P04 = 0;}
                    else
                    {P01 = 0;P02 = 0;P03 = 0;P04 = 0;}
                }
                else
                {
                    EX1 = 1;
                    if(Round % 2)
                    {
                        if(IsT0INT2 == 1)
                        {P01 = 1;P02 = 0;P03 = 1;P04 = 0;Backid = 1;}
                        else
                        {P01 = 1;P02 = 0;P03 = 0;P04 = 0;}
                    }
                    else
                    {
                        if(IsT0INT2 == 1)
                        {P01 = 0;P02 = 1;P03 = 1;P04 = 0;Backid = 0;}
                        else
                        {P01 = 0;P02 = 1;P03 = 0;P04 = 0;}
                    }
                }
            }
        }
    }

    if (IsT1INT == 1)
    {
        IsT1INT = 0;
        ComputeTime();
        ComputeSpeedANDDistance();
    }
}

//补中断路程,加上最后一次中断缺失的路程
ComputeSpeedANDDistance();
```

```
P04 = 1;P03 = 0;P01 = P02 = 0;Delay(90);
P03 = 0;P04 = 0;                              //行程结束,小车停止
P31 = 1;                                      //行程结束,背光开
ET0 = 0x0;                                    //关 T0 中断
ET1 = 0x0;                                    //关 T1 中断
EX1 = 0x01;                                   //开 INT1 中断
Running = False;

AutoDisplay = True;                           //默认情况下直线模式会自动显示各个区域
                                              //经过的时间
WriteCmd(LCD_CLS);

if (SelectedMode == Line)                     //直线模式才显示
{
    while(1)
    {
        if (GoToChoosingDisplay == True)
            break;
        Delay(200);
        WriteCmd(LCD_CLS);
        Delay(200);
        DisplayString(0,0," LowSpeedArea1");
        DisplayString(0,1," Costed ");
        DisplaySingleChar(0x0C,1,'s');
        LowSpeedArea1PassTime = LowSpeedArea1EndTime - LowSpeedArea1StartTime;
        DisplaySingleChar(0x0A,1,LowSpeedArea1PassTime % 10 + 0x30);
        if (LowSpeedArea1PassTime > 9)         //通过第一个低速区的时间超过 9 s
            DisplaySingleChar(0x0B,1,LowSpeedArea1PassTime/10 + 0x30);

        if (GoToChoosingDisplay == True)
            break;
        Delay(200);
        WriteCmd(LCD_CLS);
        Delay(200);
        DisplayString(0,0," HighSpeedArea ");
        DisplayString(0,1," Costed ");
        DisplaySingleChar(0x0C,1,'s');
        HighSpeedAreaPassTime = HighSpeedAreaEndTime - LowSpeedArea1EndTime;
        DisplaySingleChar(0x0A,1,HighSpeedAreaPassTime % 10 + 0x30);
        if (HighSpeedAreaPassTime> 9)          //通过高速区的时间超过 9 s
            DisplaySingleChar(0x0B,1,HighSpeedAreaPassTime/10 + 0x30);

        if (GoToChoosingDisplay == True)
            break;
        Delay(200);
```

```
        WriteCmd(LCD_CLS);
        Delay(200);
        DisplayString(0,0," LowSpeedArea2 ");
        DisplayString(0,1," Costed ");
        DisplaySingleChar(0x0C,1,'s');
        LowSpeedArea2PassTime = LowSpeedArea2EndTime - HighSpeedAreaEndTime;
        DisplaySingleChar(0x0A,1,LowSpeedArea2PassTime % 10 + 0x30);
        if (LowSpeedArea2PassTime> 9)          //通过第二个低速区的时间超过 9 s
            DisplaySingleChar(0x0B,1,LowSpeedArea2PassTime/10 + 0x30);

    }
}

    AutoDisplay = False;

/* ----- 菜单选择想要查看的内容——总时间、总路程以及平均速度 ------*/
ChoosingDisplay = True;
WriteCmd(LCD_CLS);

/*首先显示主菜单,然后显示第一个选项*/
DisplayString(0x0,0,"Now Choose what ");
DisplayString(0x0,1,"you want to see ");
Delay(100);

while(1)
{

    WriteCmd(LCD_CLS);
    DisplayString(0x0,0,"   Costed Time   ");
    DisplayString(0x0,1,"Next         Show");

    Delay(250);                            //延时消除抖动

/* ----------------------- 第一次按键 -------------------------*/

    /*不断检测确定键和 Next 键*/
    while(1)
    {
        if (Next == True)
            break;
        if (SelectedShow == True)
            break;
    }

    /*按下了确定键,显示第一个选项的内容*/
```

```c
if (SelectedShow == True)
{
    SelectedShow = False;
    SelectedReturn = False;
    Selected = False;
    WriteCmd(LCD_CLS);
    DisplayString(0,0,"Costed Time is");
    DisplayTime();
    DisplayString(0x0A,1,"s");
    ReturnSelection = True;              //按下了确定键,此时开启返回键的功能
    AVGSpeedShow = False;
    Delay(250);                          //延时消除抖动
}

/**按下了Next键,则显示第二个选项*/
if (Next == True)                        //按下Next键,显示AVGSpeed菜单项
{
    Next = False;
    WriteCmd(LCD_CLS);
    DisplayString(0x0,0,"    AVGSpeed    ");
    DisplayString(0x0,1,"Next       Show");
    ReturnMain = False;
    ReturnSelection = False;             //按下了Next键,此时关闭返回键的功能
    AVGSpeedShow = True;                 //表明AVGSpeed选项已经显示过了

    Delay(250);                          //延时消除抖动
}

/*------------------------第二次按键--------------------------*/
/*显示第一个选项的内容后又不断检测返回键(确定键)和Next键*/
while(1)
{
    if (Next == True)
        break;
    if (Selected == True)
        break;
}

if (Next == True)
{
    Next = False;
    ReturnMain = False;
    ReturnSelection = False;             //按下了Next键,此时关闭返回键的功能
    if (AVGSpeedShow == False)           //还没有显示AVGSpeed选项,则显示它
    {                                    //即第一次选择了确定键
```

```c
            WriteCmd(LCD_CLS);
            DisplayString(0x0,0,"     AVGSpeed     ");
            DisplayString(0x0,1,"Next         Show");
            TotalDistanceShow = False;         //显示了 AVGSpeed 选项,则表明
                                               //TotalDistance 还没有显示

            Delay(250);                        //延时消除抖动
        }
        if (AVGSpeedShow == True)              //已经显示过 AVGSpeed 选项了,则显示下
                                               //一个选项
        {                                      //即第一次选择了 Next 键
            WriteCmd(LCD_CLS);
            DisplayString(0x0,0," Total Distance ");
            DisplayString(0x0,1,"Next         Show");
            TotalDistanceShow = True;          //表明显示了 TotalDistance 选项
            Delay(250);                        //延时消除抖动
        }
    }

    if (Selected == True)                      //按下了确定键或返回键
    {
        SelectedShow = False;
        SelectedReturn = False;
        Selected = False;
        if (ReturnSelection == True)           //第一次选择了确定键,故这次按下的是返回键
            ReturnMain = True;
        if (ReturnSelection == False)
        {
            WriteCmd(LCD_CLS);
            DisplayString(0,0,"The AVGSpeed is");
            DisplayAVGSpeed();
            DisplayString(0x0A,1,"m/s");
            ReturnSelection = True;            //按下了确定键,此时开启返回键的功能

            Delay(250);                        //延时消除抖动
        }
        TotalDistanceShow = False;
    }

    if (ReturnMain == True)                    //按下了返回键,返回主菜单
    {
        ReturnMain = False;
        continue;
    }
```

/*------------------------第三次按键----------------------*/

/*如果没有返回主菜单,则继续检测 Next 键和确定键*/

```c
while(1)
{
    if (Next == True)
        break;
    if (SelectedShow == True)
        break;
}

/*按下 Next 键,显示下一个选项*/
if (Next == True)
{
    Next = False;
    ReturnMain = False;
    ReturnSelection = False;              //按下了 Next 键,此时关闭返回键的功能
    if (TotalDistanceShow == True)
        ReturnMain = True;
    if (TotalDistanceShow == False)       //还没有显示 TotalDistance 选项,则显示它
    {
        WriteCmd(LCD_CLS);
        DisplayString(0x0,0," Total Distance ");
        DisplayString(0x0,1,"Next        Show");
        TotalDistanceShow = True;
        
        Delay(250);                        //延时消除抖动
    }
}

if (Selected == True)                      //按下了确定键或返回键
{
    SelectedShow = False;
    SelectedReturn = False;
    Selected = False;
    if (ReturnSelection == True)           //按下的是返回键
        ReturnMain = True;
    if (ReturnSelection == False)
    {
        if (TotalDistanceShow == False)    //表明 AVGSpeed 选项的内容还没有显示
        {
            WriteCmd(LCD_CLS);
            DisplayString(0,0,"The AVGSpeed is");
            DisplayAVGSpeed();
```

```
                DisplayString(0x0A,1,"m/s");
                ReturnSelection = True;

                Delay(250);                     //延时消除抖动
            }
            if (TotalDistanceShow == True)
            {
                WriteCmd(LCD_CLS);
                DisplayString(0,0,"Total Distance");
                DisplayDistance();
                DisplayString(0x0A,1,"m");
                ReturnSelection = True;         //按下了确定键,此时开启返回键的功能

                Delay(250);                     //延时消除抖动
            }
        }


    if (ReturnMain == True)                     //按下了返回键,返回主菜单
    {
        ReturnMain = False;
        continue;
    }


    /*-------------------------第四次按键-----------------------*/
    while(1)
    {
        if (Next == True)
            break;
        if (SelectedShow == True)
            break;
    }

    if (Next == True)                           //所有菜单项已经显示完毕,返回主菜单
    {
        Next = False;
        ReturnMain = False;
        ReturnSelection = False;
        if (TotalDistanceShow == False)
        {
            WriteCmd(LCD_CLS);
            DisplayString(0x0,0," Total Distance ");
            DisplayString(0x0,1,"Next          Show");
            TotalDistanceShow = True;
```

```c
            Delay(250);                      //延时消除抖动
        }
    }

    if (SelectedShow == True)
    {
        SelectedShow = False;
        SelectedReturn = False;
        Selected = False;
        if (ReturnSelection == True)         //按下的是返回键
            ReturnMain = True;
        if (ReturnSelection == False)
        {
            if (TotalDistanceShow == True)
            {
                WriteCmd(LCD_CLS);
                DisplayString(0,0,"Total Distance");
                DisplayDistance();
                DisplayString(0x0A,1,"m");
                ReturnSelection = True;      //按下了确定键,此时开启返回键的功能

                Delay(250);                  //延时消除抖动
            }
        }
    }

    if (ReturnMain == True)                  //按下了返回键,返回主菜单
    {
        ReturnMain = False;
        continue;
    }
    /*--------------------第五次按键--------------------*/
    while(1)
    {
        if (Next == True)
            break;
        if (SelectedShow == True)
            break;
    }

    if (Next == True)                        //所有菜单项已经显示完毕,返回主菜单
    {
        Next = False;
        ReturnMain = False;
        ReturnSelection = False;
```

# 第16章 多功能智能电动小车设计

```
        if (TotalDistanceShow == True)         //最后一个选项已经显示完毕,返回主菜单
        {
            ReturnMain = True;
        }
    }

    if (SelectedShow == True)
    {
        SelectedShow = False;
        SelectedReturn = False;
        Selected = False;
        if (ReturnSelection == True)            //按下的是返回键
            ReturnMain = True;
        if (ReturnSelection == False)
        {
            if (TotalDistanceShow == True)
            {
                WriteCmd(LCD_CLS);
                DisplayString(0,0,"Total Distance");
                DisplayDistance();
                DisplayString(0x0A,1,"m");
                ReturnSelection = True;         //按下了确定键,此时开启返回键的功能

                Delay(250);                     //延时消除抖动
            }
        }
    }
/*-------------------第六次按键-----------------------*/
    while(1)
    {
        if (Next == True)
            break;
        if (SelectedShow == True)
            break;
    }

    if (Next == True)
    {
        Next = False;
        ReturnMain = False;
        ReturnSelection = False;
    }
    if (SelectedShow == True)
    {
        SelectedShow = False;
```

```
                SelectedReturn = False;
                Selected = False;
            }
            continue;
    }
    while(1);
}
```

## 16.5 实例总结

本章详细介绍了智能小车系统的设计过程。本例设计的智能小车主要实现能够很好地控制小车的运行，能够有不同的运行模式。读者可以根据自己的兴趣，设计不同的运行程序。在设计过程中需要注意以下几点：

① 对于系统中的 LCD 显示模块，不同的液晶模块，其控制命令是有差别的，需要具体了解。

② 对 H 桥驱动电路的理解和运用。

③ 注意对单片机定时器中断和外部中断的操作。

# 第 17 章

# 医疗输液控制系统

目前,医院普遍使用的是人工监控点滴输液装置器,将液体容器挂在一定高度,利用势差将液体输入病人体内,用软管夹对软管夹紧和放松控制滴速,医护人员按药剂特性对滴速进行控制。如何使这种手工操作走向自动化或半自动化,让护理人员监控病人打点滴的进程时间得到充分利用,使能自理的病人自己掌握点滴的速度,这就要求医疗器械加速自动化与半自动化进程,提高医护质量。本章将详细介绍一种基于 51 单片机的医疗点滴输液控制系统的设计。

## 17.1 实例说明

本例介绍一种操作方便、显示直观、可集中控制、具有报警功能的智能型液体点滴速度监控系统。该系统可让医护人员在控制室(通过主机)改变不同受液者(控制从机)的输液状态,也可以直接到输液室直接改变输液状态(直接控制从机),了解病人的输液进程,及时通知并处理将快完成的输液。

整个系统由主站和从站两部分组成。主站安装在护理室,主要功能是观察各从站的工作状态和实施一些相应的简单控制功能,当从站有特殊情况报警时,主站也同时报警,提醒护理工作人员进行相应处理。从站安装在每个输液器上,以完成输液点数的设置、检测、控制和报警等功能。主、从站之间采用串口方式相连。因为从站个数较多,用 AT89C51 自带的 URAT 不易实现,为此在主、从站之间采用扩展的方式来完成通信功能,只要在主站中用一个 8 位寄存器就可完成对 256 个从站的控制。

本系统中的主站和从站包括单片机模块、按键模块、报警模块、LED 显示模块、(液面、点滴)信号采集模块、步进电机驱动模块等部分。系统中主站和从站之间采用两线制的 IIC 总线连接起来,由于 IIC 总线的特性,使得整个系统中可以接入很多的从站设备,主站可以对从站进行查看和管理。整个系统框图如图 17-1 所示。

从系统框图中看到,可以通过按键对站点进行设置,通过检测点滴和液面的实际情况来实时调整点滴的流量速度。点滴的速度是通过步进电机调整点滴瓶的高度来实现的,从而实现了实际的功能。

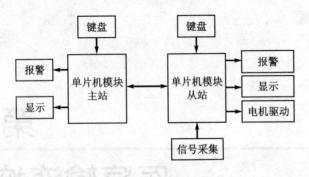

图 17-1 系统框图

## 17.2 设计思路分析

在本系统的设计中,设备有主站和从站之分,主站放在医护员的监控中心,从站安装在病床旁边。主站的作用是监控各个从站的工作情况,从站的作用是直接控制各个病床病人输液的点滴速度。下面分别介绍主站和从站的情况。

**1. 主站硬件设计**

如图 17-2 所示,主站由单片机模块、按键模块、LED 数码管显示模块和报警模块组成,通过 IIC 总线与下面的从站设备相连。主站主要是检查和控制各个从站的情况,主站和从站之间是通过 IIC 总线通信的。一个主站下面可以管理很多从站,这样可大大减少医护人员的工作量。

**2. 从站硬件设计**

从站有多个,硬件结构都相同,只是对主站而言,各从站系统所设置的 IIC 总线地址不同。只要增加 IIC 总线编址位和附加 IIC 总线驱动,一个主站可以控制成百上千个从站。

从站的键盘、LED 显示、IIC 总线、报警、复位等主体结构与主站类似,如图 17-3 所示。不同的是液滴检测信号送入 P3.5(T1)作为计数器 1 的输入;液面检测信号送入 P3.2(INT0)作为外部中断 0 的触发信号;P2.0~P2.3 的输出用来控制电机的启停和正反转,以调整液瓶的高度。

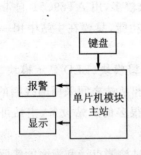

图 17-2 主站的功能框图

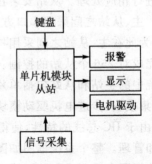

图 17-3 从站的功能框图

本系统中用到检测技术、自动控制技术和电子技术。系统可以分为传感器检测部分和智能控制部分。

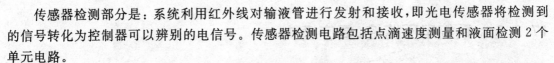

传感器检测部分是：系统利用红外线对输液管进行发射和接收，即光电传感器将检测到的信号转化为控制器可以辨别的电信号。传感器检测电路包括点滴速度测量和液面检测2个单元电路。

智能控制部分是：系统中的控制器件根据由传感器变换输出的电信号进行逻辑判断，以控制点滴的速度及数码管的显示，从而完成点滴装置的自动检测、自动调速、数码管显示及报警功能等各项任务。该控制部分主要包括单片机控制、电动机驱动和数码管动态显示3个电路。

## 17.3 硬件设计

了解的整个系统的设计思路后，下面开始进行整个系统的硬件设计。

### 17.3.1 单片机模块

本系统采用的是AT89C51高性能CMOS 8位单片机。片内含8 KB的可反复擦写的程序存储器和12 B的随机存取数据存储器(RAM)。器件采用Atmel公司高密度、非易失性存储技术生产，兼容标准MCS-51指令系统，片内配置8位中央处理器(CPU)和Flash存储单元。单片机是整个系统的核心，指挥着整个系统的工作。在该系统中用到的单片机上的硬件资源有I/O口、定时器、串口和中断等。单片机电路如图17-4所示。

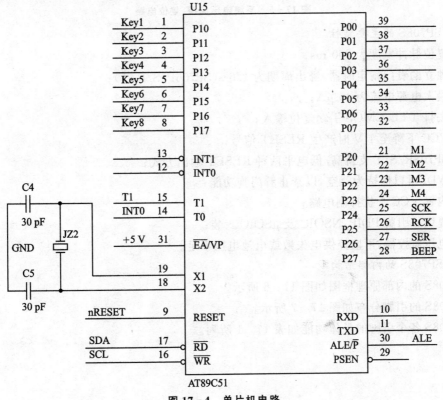

图17-4 单片机电路

### 17.3.2 系统电压监控、复位模块

在一个系统中为了使系统更有保障地运行,系统复位电路是不可缺少的。在本系统中采用的是由 SP708S 集成电路构成的系统复位电路,它可以对本系统进行手动和自动复位。复位模块的硬件电路如图 17-5 所示。

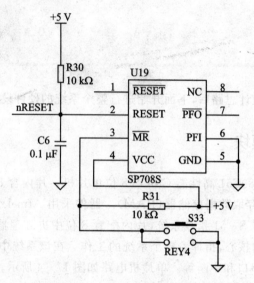

图 17-5 系统电压监控、复位电路

(1) SP708S 的主要特性
- 复位脉冲宽度为 200 ms;
- 独立的看门狗定时器,溢出周期为 1.6 s(SP706P/S/R/T);
- 最大电源电流为 40 μA;
- 去抖 TTL/CMOS 手动复位输入;
- VCC 下降至 1 V 时产生 RESET 信号;
- SP708R/S/T 支持高/低电平两种 RESET 输出方式;
- WDI 可以保持为浮空,以禁止看门狗功能;
- 内置 VCC 干扰抑制电路;
- 提供 8 引脚 PDIP,NSOIC 及 μSOIC 封装;
- 电压监控器,可监控供电失败或电池电压不足。

(2) SP708S 的内部结构

SP708S 的内部原理框图如图 17-6 所示。

SP708S 的引脚分布如图 17-7 所示。

SP708S 各个引脚的具体功能如表 17-1 所列。

## 第17章 医疗输液控制系统

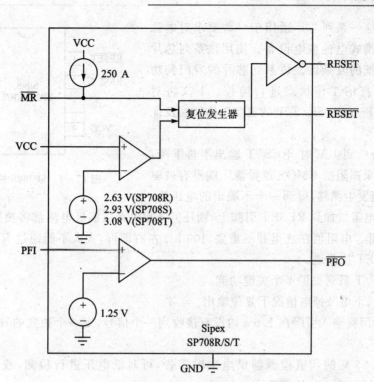

图 17-6　SP708S 原理框图

表 17-1　SP708S 各个引脚的功能

| 引脚号 | 引脚名称 | 功　能 |
| --- | --- | --- |
| 1 | $\overline{\text{RESET}}$ | 低电平有效 $\overline{\text{RESET}}$ 信号输出，当 VCC 低于复位阈值时，将输出 200 ms 的 LOW 脉冲。其保持 200 ms 的低电平，在 VCC 上升超过复位阈值，或 $\overline{\text{MR}}$ 从 LOW 上升到 HIGH 的过程中，一个看门狗溢出将不会触发 $\overline{\text{RESET}}$ |
| 2 | RESET | 高电平有效 RESET 输出，为 $\overline{\text{RESET}}$ 的补充。一旦 RESET 为高，则 $\overline{\text{RESET}}$ 为低，反之亦然。SP708R/S/T 仅有一个复位输出 |
| 3 | $\overline{\text{MR}}$ | 手动复位。当被拉至低于 0.8 V 以下时，输入触发一个复位信号。其输入为低电平有效，内部有 70 μA 上拉电流。其可被 TTL/CMOS 逻辑线驱动，或通过开关短接至地 |
| 4 | VCC | 电源输入 |
| 5 | GND | 电源地 |
| 6 | PFI | 供电失败信号输入 PFI。当电压监控器输入低于 1.25 V 时，$\overline{\text{PFO}}$ 为 LOW。如果没有使用该引脚，可将其连接至地或 VCC |
| 7 | $\overline{\text{PFO}}$ | 供电失败信号输出。此端输出一直为高直到 PFI 低于 1.25 V 为止 |
| 8 | NC | 无连接 |

(3) SP708S 的工作原理

SP708R/S/T 属于微处理器监控电路，可监控某些数字电路的供电，如微处理器、微控制器或存储体。这一系列芯片适用于一些要求对电源进行监控的便携式电池供电设备。使用该系列芯片可有效降低系统的复杂性。该系列芯片的看门狗功能可持续对系统的工作状态进行监控。下文将对SP706P/R/S/T~SP708R/S/T 的更多工作特性及优点进行描述。

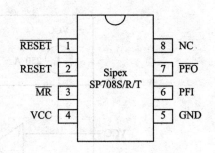

图 17 - 7　SP708S 的引脚图

当 VCC 降低到 1 V 时，RESET 输出不再下降，其为开路。如果高阻抗 CMOS 逻辑输入端没有被驱动，则其有可能发生漂移，得到一个不确定的电压值。如果一个下拉电阻被加到 RESET 引脚上，则任何干扰电荷或漏极电流都将被导向地端，并保持 RESET 为低。电阻值在这里并不重要，100 kΩ 左右即可，太大不能通过 RESET 信号，太小不能将 RESET 拉至地。

SP708R/S/T 系列提供 4 个关键功能：

- 在上电、下电及掉电情况下复位输出。
- 如果看门狗输入引脚在 1.6 s 内没有接收到一个信号，则一个独立的看门狗输出将为低电平。
- 一个 1.25 V 的阈值检测器供电失败警告，可对低电压进行检测，或者监控一个非＋3.3 V/＋3.0 V 的电源。
- 一个低电平手动复位允许外部按键开关产生 RESET 信号。

### 17.3.3　按键模块电路

在本系统中，按键电路采用了 4×4 的阵列式按键。按键电路的硬件原理图如图 17 - 8 所示。

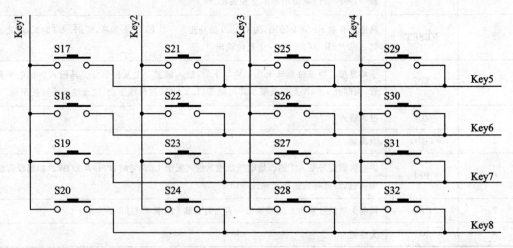

图 17 - 8　按键电路

每个按键有其行值和列值，行值和列值的组合就是识别该按键的编码。矩阵的行线和列线分别通过两个并行接口与 CPU 通信。每个按键的状态同样需变成数字量"0"和"1"，开关的一端(列线)通过电阻接 VCC,而接地是通过程序输出数字"0"来实现的。键盘处理程序的任务是:确定有无键按下,判断哪一个键按下,键的功能是什么;另外还要消除按键在闭合或断开时的抖动。两个并行口中,一个输出扫描码,使按键逐行动态接地,另一个输入按键状态,由行扫描值和回馈信号共同形成键编码从而识别按键,再通过软件查表,查出该键的功能。

### 17.3.4 点滴检测电路

在本系统中,需要对点滴的速度进行测量,那么如何来检测点滴的速度呢?通过何种测量形式能使单片机测到点滴的速度呢?归根到底就是考虑怎样把这个物理量转换成数字量。本设计中借助红外线来检测点滴的速度,液滴检测电路如图 17-9 所示,红外发射和接收电路装在滴管上,在点滴落下时阻挡了接收管接收红外线,产生一个正脉冲信号,然后把采集到的正脉冲信号传给单片机,单片机正是通过记录正脉冲的个数来检测点滴的流速的。

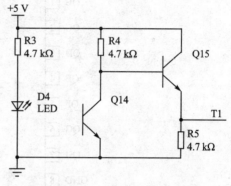

图 17-9 液滴检测电路

### 17.3.5 液面检测电路

本系统中的液面检测电路如图 17-10 所示,由 CD4609 构成的振荡电路产生 38 kHz 振荡频率用于控制红外发射管发射,在正常情况下,J2(1380)输出高电平,单片机 INT0 输入为高电平,当液面下降到设定高度(由红外发射管和 J1 的安装位置决定)时,J2 的输出会有一个下降沿跳变,用于触发单片机的外部中断 0,单片机接收到该跳变信号后就产生报警信号,并向主站发送液面报警信息。

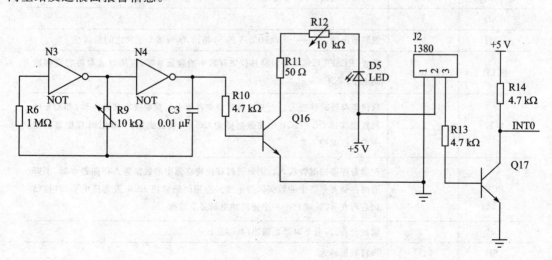

图 17-10 液面检测电路

## 17.3.6 LED 数码管显示电路

在本系统中,由于用到了 LED 数码管显示,如果仅使用单片机的 I/O 口是远远不够的,本系统采用将两片 74HC595 级联起来,实现对单片机 I/O 的扩展,以此实现对 LED 数码管的处理。

74HC595 的引脚分配如图 17-11 所示。

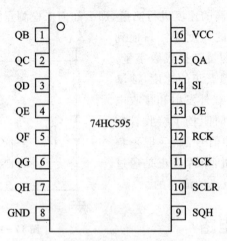

图 17-11 74HC595 引脚图

74HC595 的引脚定义说明如表 17-2 所列。

表 17-2 74HC595 的引脚定义说明

| 引脚名称 | 引脚号 | 描述 |
| --- | --- | --- |
| QA~QH | 15,1~7 | 并行数据输出,可以直接控制 8 个 LED,或者七段数码管的 8 个引脚 |
| GND | 8 | 地 |
| SQH | 9 | 级联输出端,与下一个 74HC595 的 SI 相连,实现多个芯片之间的级联 |
| SCLR | 10 | 重置(RESET),低电平时将移位寄存器中的数据清零,应用时通常将它直接连高电平(VCC) |
| SCK | 11 | 移位寄存器时钟输入。上升沿时移位寄存器中的数据依次移动一位,即 QA 中的数据移到 QB 中,QB 中的数据移到 QC 中,依次类推;下降沿时移位寄存器中的数据保持不变 |
| RCK | 12 | 存储寄存器的时钟输入。上升沿时移位寄存器中的数据进入存储寄存器,下降沿时存储寄存器中的数据保持不变。应用时通常将 RCK 置为低电平,移位结束后再在 RCK 端产生一个正脉冲更新显示数据 |
| OE | 13 | 输出允许,高电平时禁止输出(高阻态) |
| SI | 14 | 串行数据输入 |
| VCC | 16 | 电源 |

74HC595 内含有 8 位串入/串出移位寄存器和 8 位三态输出锁存器。寄存器和锁存器分别有各自的时钟输入(SCK 和 SCLR),都是上升沿有效。当 SCK 从低到高电平跳变时,串行输入数据(SI)移入寄存器;当 SCLR 从高到低电平跳变时,寄存器的数据置入锁存器。清除端(RCK)的低电平只对寄存器复位(SQH 为低电平),而对锁存器无影响。当输出允许控制(OE)为高电平时,并行输出(QA~QH)为高阻态,而串行输出(SQH)不受影响。

74HC595 最多需要 5 根控制线,即 SI,SCK,SCLR,RCK 和 OE。其中 RCK 可以直接接到高电平,用软件来实现寄存器清零;如果不需要用软件改变亮度,则 OE 可以直接接到低电平,而用硬件来改变亮度。把其余三根线与单片机的 I/O 口相接,即可实现对 LED 的控制。数据从 SI 口送入 74HC595,在每个 SCK 的上升沿,SI 口上的数据移入寄存器,在 SCK 的第 9 个上升沿,数据开始从 SQH 移出。如果把第一个 74HC595 的 SQH 与第二个 74HC595 的 SI 相接,数据即移入第二个 74HC595 中,照此一个一个接下去,可接任意多个。数据全部送完后,给 SCLR 一个上升沿,寄存器中的数据即置入锁存器。此时如果 OE 为低电平,数据即从并口 QA~QH 输出,把 QA~QH 与 LED 的 8 段相接,LED 就可以实现显示了。要想用软件改变 LED 的亮度,只需改变 OE 的占空比即行。

74HC595 的内部功能框图如图 17-12 所示。

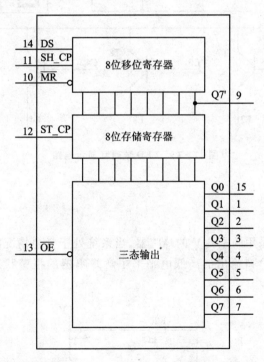

**图 17-12 74HC595 功能框图**

根据 74HC595 的功能框图可以很快设计出 74HC595 驱动 LED 数码管的显示电路。显示模块的具体硬件电路如图 17-13 所示。

根据 74HC595 的功能,就可以用该芯片来实现对 LED 数码管的控制,从而节省了单片机的 I/O 口,简化了整个系统的设计。

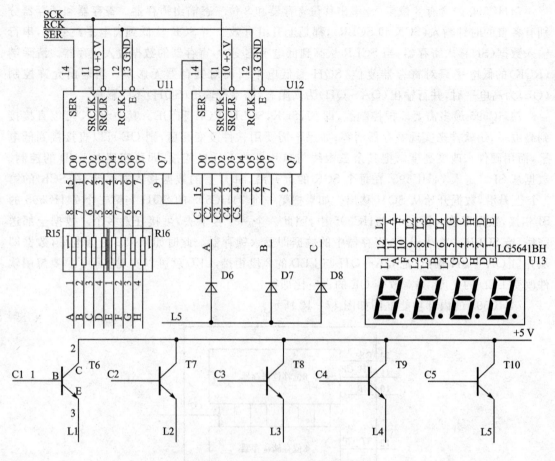

图 17-13 LED 数码管显示电路

## 17.3.7 报警电路

本系统的报警电路采用的是 5 V 的蜂鸣器,当系统处于紧急情况时可以通过鸣叫进行报警。单片机通过检测 I/O 口输出的高低电平来了解蜂鸣器的报警状态。具体的硬件设计电路如图 17-14 所示。

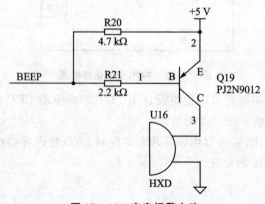

图 17-14 声音报警电路

## 17.3.8 步进电机驱动模块

在本系统中,单片机模块对采集到的点滴的速度进行相应的处理之后,相应的单片机 I/O 口控制步进电机的运转来调整点滴瓶的高度,以实现对点滴速度的调整。步进电机驱动模块的作用是驱动步进电机运转来调整点滴的速度。

步进电机驱动模块是本系统中调整速度的重要环节,下面介绍单片机是如何控制步进电机运动的。

步进电机是机电控制中一种常用的执行机构,其用途是将电脉冲转化为角位移,通俗地说就是,当步进电机驱动模块接收到一个脉冲信号,就会驱动步进电机按设定的方向转动一个固定的角度。通过控制脉冲个数即可控制角位移量,从而达到准确定位的目的;同时通过控制单片机输出的脉冲来控制电机的速度和加速度,从而达到调整的目的。

本系统中采用永磁步进电机,其原理结构如图 17-15 所示。从图中可以看出,电机共有四组线圈,四组线圈的一个端点连在一起,作为电机的电源端引出,这样一共有 5 根引出线。要使步进电机转动,只要轮流给各个端通电即可。

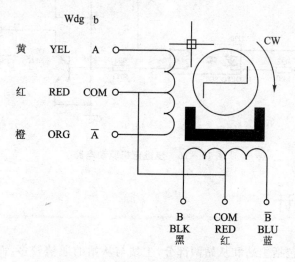

图 17-15 步进电机原理结构图

因为单片机输出的脉冲信号很小,因此先经过光电耦合器隔离,再经过三极管放大,来驱动步进电机工作,具体的驱动电路如图 17-16 所示。

图 17-16 是步进电机的驱动电路。它由 P2.0~P2.3 经三极管来控制光电耦合器的输入,并由光电耦合器输出经三极管来控制步直电机各组线圈的通断时间,从而完成步进电机的步进数和正反转控制。

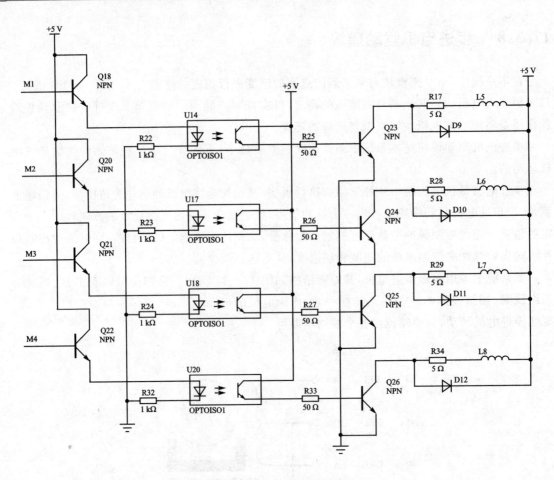

图 17-16　步进电机驱动电路

## 17.4　软件设计

本系统中的软件包括主站和从站两部分,主站与从站的通信较多,而且比较复杂,为简单起见,只对主站的软件设计做简要介绍,然后对从站的功能加以详细介绍。

### 17.4.1　主站程序设计

主站要完成的功能主要是对从站进行定点检测和巡回检测,并与从站通过 IIC 总线进行数据交换;对键盘进行扫描,根据键盘输入和通过 IIC 总线交换的数据结果进行相应的操作(如报警、LED 显示从站号和从站流速等)。主程序完成监测 IIC 总线请求和键盘的扫描,并根据键盘的输入调用相应的功能程序实现其控制功能。LED 的显示可由 T0 定时中断程序调用。键盘扫描和 LED 显示程序的编写可参考硬件设计部分。主站信息处理程序流程如图 17-17 所示,在键盘设定了检测方式之后调用子程序。若设置的是定点方式,则由键盘输入从站号后启动 IIC 总线,经过 IIC 总线进行信息交换后可得知从站的状态,并显示出来;若设置的是巡回检测方式,则每按一下键就检测一个从站,直到检完为止。

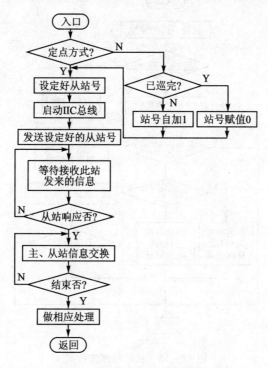

图 17-17 主站程序流程图

## 17.4.2 从站程序设计

从站的键盘扫描、LED 显示、报警及 IIC 总线的程序设计与主站类似,不同之处主要有两点:一是要实现点滴速度的检测和控制功能,二是要实现液面检测和报警功能。点滴速度检测采用硬件定时和软件定时相结合的方式进行:每当 T1 有一脉冲信号,计数器自动加 1,并启动内部定时器 T0 计时,T0 设置计时值为 50 ms,T0 每一次中断都使一寄存器加 1,这样可实现数百毫秒至数秒的定时,下一滴到来时保留其值,并重新计时。以连续 4 滴的平均时间转换为每分钟的滴数作为控制依据。

从站点滴速度检测控制程序流程图如图 17-18 所示,它由主程序循环调用。当主程序调用此程序后,按照如上原理检测点滴速度,如速度值太大或太小(与设定的极限值比较),从站报警,并启动 IIC 总线将从站号和报警信号传到主站,主站接到信号后也报警。如速度值在允许范围内,则与护理人员设定的值比较,若相差在 3 滴之内,则认为速度合适,不需调整,若超过 3 滴,则根据值的大小来控制电机正转或反转一周,以调整滴瓶的高低,从而改变流速。主程序循环调用能将速度调整到设定范围内。

液面检测电路输出作为外部中断 0 的触发信号,中断 0 的服务程序如图 17-18 所示。当外部中断 0 被响应时,说明液面已低于设定值,从站启动 IIC 总线,并将从站号和报警信号传送到主站,主站报警。

系统测试主要包括从站的点滴速度检测和调整,以及液面检测报警;主站的报警和对主、

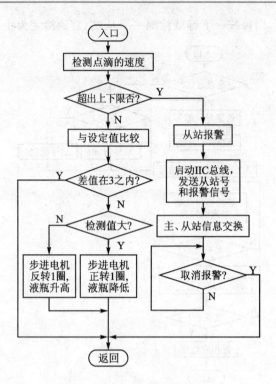

图 17-18 从站程序流程图

从站通信的检测等。经测试试验验证,本系统的从站液面检测报警、主站报警和主、从站通信检测都能很好地工作。从站的从站点滴速度检测和调整功能决定着系统的整体性能。

```c
/******** 从机 *********/
#include <reg52.h>
#define uchar unsigned char
#define uint unsigned int
#define count 10
#define node_data 0x40
uchar point = 0;
sbit M1 = P2^0;              //步进电机驱动端
sbit M1 = P2^1;              //步进电机驱动端
sbit M1 = P2^2;              //步进电机驱动端
sbit M1 = P2^3;              //步进电机驱动端
sbit SCK = P2^4;             //74HC595 时钟输入
sbit SER = P2^5;             //74HC595 数据输入
sbit RCK = P2^6;             //74HC595 控制时钟
sbit BEEP = P2^7;            //报警控制端
unsigned char flag = 0,a = 0,num = 0,speed_shed = 80;
uchar code tab[] = {0xC0,0xF9,0xA4,0xB0,0x99,0x92,0x82,0xF8,0x80,0x90};
uchar speed,speed_shed,tiao = 0,t = 0,n = 0,i;
uint age = 0,cnt = 0,cout = 0;
uint tab_speed[5];
uint time,j = 0,temp = 0;
```

```c
uchar tt,hz,hz1,hz2;
/******* 延时函数 *********/
void Delay(uint i)
{
    uint j;
    for(;i>0;i--)
        for(j=0;j<110;j++);
}
/*---------------- 中断初始化 ----------------------*/
void INTInit(void)
{
    EA = 1;                    //开总中断
    IT0 = 1;                   //INT0 边沿触发
    PX0 = 1;                   //INT0 优先级为高级
    EX1 = 1;                   //开 INT1 中断
    IT1 = 1;                   //INT1 边沿触发
    PX1 = 1;                   //INT1 优先级为高级
    Clock0_Init();             //初始化时钟中断
    TMOD = 0x11;               //T0/T1 定时方式 1
    ET0 = 0x01;                //开 T0 中断
    ET1 = 0x01;                //开 T1 中断
}


/*---------------- 定时器 0 初始化 ----------------------*/
void Clock0_Init(void)
{
    TR0 = 0x01;                //启动 T0
    TH0 = (65536 - 5000)/256;  //定时初值
    TL0 = (65536 - 5000)%256;
}


/*---------------- 定时器 1 初始化 ----------------------*/
void Clock1_Init(void)
{
    TR1 = 0x01;                //启动 T1
    TH1 = 0xFD;                //定时初值
    TL1 = 0xFD;
}
void readtoled(unsigned char a)    //LED 显示程序
{
    unsigned char i,j;
    i = read_random(a);
    j = read_random(a+1);
    if(i>99){
        disp[0] = (i/10)%10;
```

```c
        fg2 = 1;
    }
    else disp[0] = i/10;
    disp[1] = i%10;
    disp[2] = j/10;
    disp[3] = j%10;
    disp[4] = 0;
    fg1 = 1;
    str = disp[3];
    loc = 4;
}
/* LED 数码管显示数据的转换 */
void display(unsigned int m,unsigned char n)
{
    disp[0] = m/1000;
    disp[1] = (m%1000)/100;
    disp[2] = (m%100)/10;
    disp[3] = m%10;
    disp[4] = 0;
    str = disp[n-1];
}
//************************************************************
void startIIC()                    //启动 IIC 总线
{
    SDA = 1;
    SCL = 1;
    delay();
    SDA = 0;
    delay();
    SCL = 0;
}
//************************************************************
void stopIIC()                     //停止 IIC 总线
{
    SDA = 0;
    SCL = 1;
    delay();
    SDA = 1;
    delay();
    SCL = 0;
}
//************************************************************
void Ack_IIC()                     //主器件为发送方,主器件发送完数据后等待从器件的应答
{
    uchar errtime = 200;
```

```
        SDA = 1;
        SCL = 1;
        NackFlag = 0;
        while(SDA)
        {
            errtime--;
            if(errtime == 0)
            {
                stopIIC();
                NackFlag = 1;
                return;
            }
        }
        SCL = 0;
}
//******************************************************************
void sendIIC(uchar num)              //主器件发送数据到 IIC 总线
{
    uchar i;
    for(i = 0;i<8;i++)
    {
        SCL = 0;
        delay();
        SDA = num&0x80;
        SCL = 1;
        delay();
        num<<= 1;
        delay();
    }
    SCL = 0;
}
//******************************************************************
uchar receiveIIC(void)               //主器件接收 IIC 总线传来的数据
{
    uchar i,datax = 0;
    SDA = 1;
    for(i = 0;i<8;i++)
    {
        datax<<= 1;
        SCL = 0;
        delay();
        SCL = 1;
        delay();
        datax|= SDA;
    }
```

```
    SCL = 0;
    return datax;
}
// ******************************************************************
//主器件为接收方,从器件发送完数据后等待主器件的应答信号
void sendAckIIC(void)
{
    SDA = 0;
    delay();
    SCL = 1;
    delay();
    SCL = 0;
}
/ *************** 主函数 ****************/
void main()
{
    INTInit(void);              //初始化中断
    Delay(50);
    Clock0_Init();              //初始化定时器 0
    Delay(50);
    Clock1_Init();              //初始化定时器 1
    Delay(50);
    While(1)
    {
        Key_scan();             //扫描按键
        Adj_speed();            //根据实时监测来调整点滴的速度
    }
}
```

### 17.4.3 液滴速度检测程序

单片机对液滴速度检测的处理程序流程如图 17 - 19 所示,根据程序流程图,可以很轻松地编写出单片机的处理程序。液滴速度检测的具体程序如下所示。

```
// ****************** 液滴速度检测程序 *************************//
void int0_int(void)interrupt    0
{
    age ++ ;
    if(age == 999)
        age = 0;
    t ++ ;                      //对液滴进行计数
    if(t == 3)
    {
        TR1 = 1;                //定时器 1 开始计时
    }
```

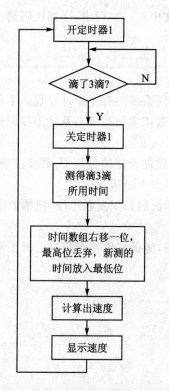

图 17-19 液滴速度检测流程图

```
if(t == 6)
{
    TR1 = 0;
    j ++ ;
    time = cout * 3;
    speed = 180000/time;        //对液滴速度进行计算
    for(i = 4;i>0;i-- )
        tab_speed[i] = tab_speed[i-1];
    tab_speed[0] = time;
    for(i = 0;i<5;i ++ )
        temp += tab_speed[i];
    if(j> = 5)
        speed = 60 * 15 * 1000/temp;
    temp = 0;
    if(j == 10)
        j = 5;
    t = 3;
    cout = 0;
    cnt = 0;
    TR1 = 1;
}
}
```

限于篇幅，其他模块的程序文中不一一列出，详细代码请读者见光盘。

## 17.5　实例总结

本章详细介绍了医疗点滴控制系统的整个设计过程。本例设计的点滴控制系统能很方便地应用到实际的医疗应用中。通过把主站与从站系统连接起来可以同时很方便地控制多个病房的点滴系统。

读者在学习整个系统硬件和软件设计的过程中，需要注意以下几方面的问题：

① 要着重学习和应用单片机的中断机制。

② 能够灵活地利用自己所掌握的知识发散思维，把抽象的物理现象转换成具有电信号特征的物理量。

③ 掌握步进电机的工作原理，能很好地控制步进电机正常运作。

# 参考文献

[1] 陈贵银,祝褔主编.单片机原理及接口技术.北京:电子工业出版社,2011.
[2] 戴佳,戴卫恒,刘博文.51单片机C语言应用程序设计实例精讲.2版.北京:电子工业出版社,2008.
[3] 谭浩强主编.C程序设计.3版.北京:清华大学出版社,2005.
[4] 郭惠,吴迅主编.单片机C语言程序设计完全自学手册.北京:电子工业出版社,2008.